COURS ÉLÉMENTAIRE

DE CHIMIE

COMPRENANT

LES MÉTALLOÏDES ET LEURS COMPOSÉS,
LES MÉTAUX ET LEURS SELS, LES CORPS ORGANIQUES
ET LEURS APPLICATIONS

A L'USAGE

**des Lycées et Collèges, des Écoles normales primaires et des aspirants
au brevet supérieur**

PAR

C. HARAUCOURT

Professeur au Lycée et à l'École des Sciences de Rouen,

PARIS

LIBRAIRIE CLASSIQUE DE F.-E. ANDRÉ-GUÉDON

E. ANDRÉ FILS, SUCCESSEUR

6, rue Casimir-Delavigne (près l'Odéon)

(CI-DEVANT, 15, RUE SÉGUIER)

COURS ÉLÉMENTAIRE

DE CHIMIE

Ouvrages de M. C. HARAUCOURT

Agrégé de l'Université, Professeur au Lycée et à l'École des sciences de Rouen

COURS ÉLÉMENTAIRE DE PHYSIQUE à l'usage des *Lycées* et *Collèges* et des candidats aux baccalauréats, contenant de nombreux exercices numériques résolus et à résoudre. *Sixième édition revue et améliorée.* 1 vol. in-8, broché............ 6 »

LEÇONS ÉLÉMENTAIRES DE PHYSIQUE à l'usage des élèves des Écoles prim. res supérieures avec de nombreux exercices numériques. **Édition entièrement conforme au programme du 11 janvier 1893.**

Première et deuxième année. 1 vol. in 12, cartonné..... .... 2 50

Troisième année. 1 vol. in-12, cartonné.. 1 20

COURS DE PHYSIQUE à l'usage de l'Enseignement secondaire des jeunes filles et des candidats au brevet supérieur, d'après les programmes officiels. *Cinquième édition.* 1 vol. in-8, broché.. 4 »

NOTIONS DE CHIMIE, à l'usage de tous les établissements d'Instruction.

Première partie (Métalloïdes). Neuvième édition. 1 vol. in-3, br.............. 2 »

Deuxième partie (Métaux). Cinquième édition. 1 vol. in-8, broché.......... 2 50

Troisième partie (Chimie organique). Septième édition. 1 vol. in-8, br... 1 80

COURS ÉLÉMENTAIRE DE CHIMIE, comprenant les métalloïdes et leurs composés les métaux et leurs sels, les corps organiques et leurs applications à l'usage des Lycées et Collèges, des Écoles normales primaires et des aspirants au brevet supérieur. *Septième édition.* 1 vol. in-8, broché .... 4 »

LEÇONS ÉLÉMENTAIRES DE CHIMIE, à l'usage des Écoles primaires supérieures. **Édition entièrement conforme au programme du 21 janvier 1893.**

Première et deuxième année. 1 vol.-12, cartonné......................... 2 50

Troisième année. 1 vol. in-12, cartonné............................... 1 60

PREMIÈRES LEÇONS DE CHIMIE, rédigées conformément au programme du 2 août 1880, à l'usage des élèves de la Classe de sixième et des Classes primaires supérieures. 1 vol. in-12, broché... 1 »

LEÇONS ÉLÉMENTAIRES D'HISTOIRE NATURELLE, à l'usage des Élèves des Écoles primaires supérieures. **Édition entièrement conforme au programme du 21 janvier 1893.**

Première année. 1 vol. in-12, cart.. 1 80

Deuxième année.. *sous presse.* » »

Troisième année.. *sous presse.* » »

NOTIONS ÉLÉMENTAIRES DE SCIENCES PHYSIQUES ET NATURELLES, à l'usage du Cours supérieur des écoles primaires, des Cours complémentaires, et des candidats du brevet élémentaire. *Vingtième édition.* 1 vol. in-12, cartonné.............. 2 40

Ouvrages de M. René LEBLANC

Inspecteur général de l'Enseignement primaire

NOTIONS DE SCIENCES PHYSIQUES ET NATURELLES appliquées à **L'AGRICULTURE** 50 expériences pour *l'école primaire, Cours supérieur* (Livre de l'élève). *Deuxième édition,* revue et corrigée. 1 volume in-12, cartonné....................... 1 »

LES SCIENCES PHYSIQUES à *l'école primaire* (Livre du maître). Leçons de choses expérimentales.

1ʳᵉ PARTIE. — 200 expériences de physique sans appareils. *Septième édition.* 1 volume in-12, broché... 1 50

2ᵉ PARTIE — 165 expériences de Chimie et de Physiologie sans laboratoire ; application aux champs d'expériences, *Septième édition.* 1 vol. in-12, broché..... 1 50

Les deux parties réunies en un volume in-12, cartonné .... 3 »

MANIPULATIONS DE CHIMIE, leçons pratiques à l'usage de tous les établissements d'Instruction. *Sixième édition,* revue et corrigée. 1 vol. in-12, br.............. 1 50

Ouvrages de M. MONNET

COURS ÉLÉMENTAIRE D'ARITHMÉTIQUE, théorique et pratique, à l'usage des Lycées, des Collèges, des Écoles normales primaires, des Écoles primaires supérieures et de tous les Établissements d'instruction, contenant un très grand nombre d'exercices résolus et à résoudre. *Treizième édition,* 1 vol. in-12, cart........................ 2 »

SOLUTIONS DES EXERCICES ET DES PROBLÈMES énoncés dans le *Cours élémentaire d'arithmétique.* 1 vol. in-12, cart....................................... 2 »

COURS ÉLÉMENTAIRE DE GÉOMÉTRIE, théorique et pratique, à l'usage des Lycées, des Collèges, des Écoles normales primaires, des Écoles primaires supérieures et de tous les Établissements d'instruction, contenant un très grand nombre d'exercices résolus et à résoudre. *Quinzième édition.* 1 vol. in-12, cart...................... 2 »

SOLUTIONS DES EXERCICES ET DES PROBLÈMES énoncés dans le *Cours élémentaire de géométrie.* 1 vol. in-12, cart.. 2 »

COURS ÉLÉMENTAIRE D'ALGÈBRE ET DE TRIGONOMÉTRIE, théorique et pratique, à l'usage des Lycées, des Collèges, des Écoles normales primaires, des Écoles primaires, supérieures et de tous les Établissements d'instruction. *Onzième édition.* 1 vol. in-12, cart .... 2 »

COURS ÉLÉMENTAIRE

DE CHIMIE

COMPRENANT

LES MÉTALLOÏDES ET LEURS COMPOSÉS, LES MÉTAUX ET LEURS SELS, LES CORPS ORGANIQUES ET LEURS APPLICATIONS

A L'USAGE

des Lycées et Collèges, des Écoles normales primaires et des aspirants au brevet supérieur

PAR

C. HARAUCOURT

Professeur au Lycée et à l'École des Sciences de Rouen

SEPTIÈME ÉDITION

PARIS

LIBRAIRIE CLASSIQUE DE F.-E. ANDRÉ-GUÉDON

E. ANDRÉ FILS, SUCCESSEUR

6, rue Casimir-Delavigne (près l'Odéon)

(CI-DEVANT, 15, RUE SÉGUIER)

1895

COURS ÉLÉMENTAIRE

DE CHIMIE

PREMIÈRE PARTIE

PREMIÈRE LEÇON

L'Eau.

1. L'eau liquide. — Nous connaissons tous l'eau ; nous avons vu bien souvent la pluie tomber, le ruisseau couler vers la rivière ou le fleuve ; et, dans nos promenades à la campagne, nous avons plus d'une fois trouvé une source limpide au flanc du côteau.

La source, le ruisseau, la rivière, le fleuve nous présentent l'eau liquide descendant vers la mer quand elle n'est pas retenue par un obstacle ou contenue dans un réservoir. Sous un petit volume, l'eau est incolore ; en grande quantité, elle prend une teinte ou jaune verdâtre ou vert bleuâtre ; c'est un liquide transparent.

2. L'eau solide. — L'hiver, quand il fait bien froid, l'eau des vases de nos appartements, l'eau stagnante des mares, l'eau courante des rivières se prend en une seule masse encore transparente, mais dure, capable de supporter des corps lourds sans se rompre et de résister à un choc ; c'est l'eau solide, c'est la glace.

L'eau n'est donc pas toujours le liquide mobile et coulant que nous sommes habitués à voir ; quand elle est suffisamment refroidie, elle prend forme, elle devient solide.

En toute saison, dans nos laboratoires, nous pouvons transformer l'eau en glace, la congeler, comme on dit ordinairement. Versons un peu d'eau dans un tube en verre mince fermé par un bout et plaçons ce tube dans un verre où nous venons de faire un mélange réfrigérant (fig. 1)[1], au bout de quelques minutes, si nous retirons le tube, nous y voyons à la place de l'eau un cylindre de glace. Il est facile de retirer cette glace du tube : on tient celui-ci quelque temps dans la main, la couche extérieure de la glace fond et le cylindre d'eau solide glisse librement hors du tube.

Fig. 1.

1. Une partie d'azotate d'ammoniaque agitée avec une partie d'eau.

Cette expérience présente encore un autre intérêt; si on l'observe de plus près, on voit la surface extérieure du verre se couvrir d'abord d'une buée, et celle-ci se convertir en une sorte de neige blanche semblable à celle dont se tapissent les carreaux de nos fenêtres pendant les grands froids de l'hiver. Nous expliquerons quelques lignes plus loin ce curieux phénomène.

3. L'eau en vapeur.—Au lieu de refroidir l'eau, chauffons-la dans un ballon muni d'un tube comme l'indique la figure 2, nous voyons le tube se couvrir à l'intérieur d'une buée qui ne tarde pas à se changer en gouttelettes liquides, et il sort par l'extrémité du tube un brouillard très apparent, mais qui devient invisible en se répandant dans l'air. L'eau est alors une vapeur ou un gaz comme l'air.

Débouchons le ballon et continuons de le chauffer, nous pourrons, en un temps assez court, faire passer toute l'eau à l'état de vapeur invisible.

Est-il toujours nécessaire de chauffer l'eau pour la faire passer à l'état de vapeur? nous pouvons le savoir en laissant dans une cour couverte une mince couche d'eau dans le fond d'un vase à large surface, comme une soucoupe ou une assiette, au bout de quelques jours, l'eau a disparu; elle est dans l'air et comme lui un gaz invisible.

Fig. 2.

Puisque l'eau abandonnée dans un vase ouvert s'évapore, c'est-à-dire se transforme en vapeur, toutes les eaux de la surface de la terre, les eaux courantes et les eaux de la mer doivent faire de même; nous comprenons alors sans peine comment l'atmosphère contient toujours de grandes quantités de vapeur d'eau, visible parfois sous forme de brouillard, mais le plus souven* invisible.

La nature nous offre donc l'eau à la fois en glace solide, en liquide transparent et en gaz.

4. L'eau et la chaleur. — C'est la chaleur qui fait ainsi changer l'état de l'eau. Donnons de la chaleur à la glace, elle fond, elle devient liquide; offrons de la chaleur au liquide et il devient vapeur.

Si nous renversons la proposition, nous devrons conclure qu'en enlevant de la chaleur à la vapeur elle deviendra de l'eau liquide, comme l'eau devient de la glace quand on la refroidit. Nous allons demander à l'expérience la preuve de ce fait. Que se passe-t-il quand nous soufflons sur un carreau de vitre froid? le carreau se couvre d'une buée en fines gouttelettes formée, par la vapeur de notre souffle qui est devenue

Fig. 3.

liquide. Faisons produire de la vapeur dans une cornue A (fig. 3), et envoyons-la dans un ballon B qui est entouré d'eau froide, nous retrouverons dans le ballon la vapeur à l'état d'eau liquide. Reprenons le ballon muni d'un tube (fig. 2) où nous avons fait passer de l'eau en vapeur et où nous avons vu cette vapeur prendre la forme d'un brouillard à sa sortie du tube. Présentons un verre devant le bout de ce tube pour y recevoir le brouillard; le verre se couvre immédiatement de buée, puis de gouttelettes d'eau qui ruissellent et tombent : c'est la vapeur refroidie au contact du verre qui a repris l'état liquide. Et nous avons bien raison de dire que la vapeur a perdu de la chaleur par son contact avec le verre, car celui-ci s'échauffe notablement en peu d'instants.

Rendons le refroidissement de la vapeur d'eau plus grand et plus brusque, non seulement cette vapeur passera en buée ou rosée, mais elle deviendra presque immédiatement une sorte de neige. C'est ce qui est arrivé dans notre première expérience où le verre contenant un mélange très froid s'est couvert rapidement de rosée glacée, comme celle qui couvre les carreaux de nos fenêtres pendant les nuits froides de l'hiver.

Cette glace en forme de palmes ou de feuilles de fougères, le givre qui se suspend l'hiver aux branches des arbres, présentent des dessins très réguliers dont les minces filaments sont taillés, et offrent des facettes brillantes. Tels aussi sont les flocons de neige; en les examinant à la loupe après les avoir recueillis sur un corps noir bien refroidi, on a peine à en croire ses yeux; on y reconnaît une foule d'étoiles diverses d'une parfaite régularité (fig. 4) et d'une inimitable élégance.

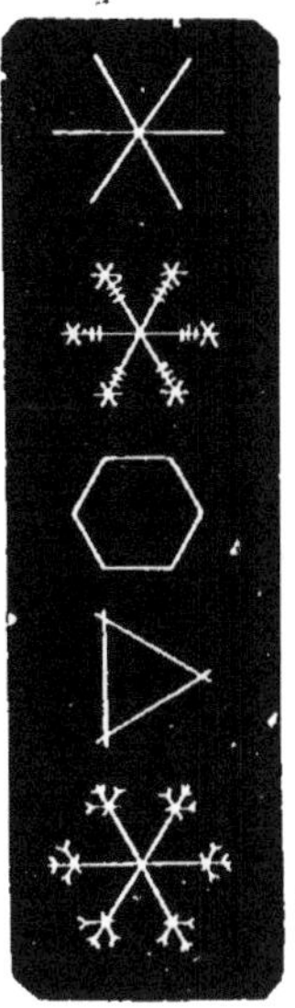

Fig. 4.

5. **L'eau comme dissolvant des autres corps.** — A qui de nous n'est-il pas arrivé de préparer un verre d'eau sucrée ? Le morceau de sucre disparaît assez rapidement dans l'eau; il s'y divise en particules si fines qu'elles sont invisibles et ne changent pas l'aspect du liquide. On dit ordinairement que le sucre fond dans l'eau; le chimiste dit que le corps solide s'est dissous dans le liquide et que celui-ci est le dissolvant du corps solide qui peut ainsi y disparaître.

L'eau dissout beaucoup de corps incolores comme le sucre, ainsi le sel de cuisine, l'alun, le salpêtre; elle en dissout d'autres colorés, comme le vitriol bleu ou sulfate de cuivre; alors elle se teinte de leur couleur. On montre facilement avec ces derniers que l'eau chargée d'un corps solide est plus lourde que l'eau ordinaire, et que la dissolution est plus rapide quand on tient le solide à dissoudre au niveau du liquide au lieu de le laisser dans le fond du verre. Il suffit de tenir des cristaux colorés suspendus dans la partie supérieure de l'eau d'un long verre (fig. 5), on voit descendre l'eau teintée qui amène autour du solide le liquide qui ne lui a encore rien pris. Tout le monde sait bien d'ailleurs qu'un morceau de sucre se dissout bien vite quand on le tient à la partie supérieure du verre d'eau, et si l'on a fait cette expérience avec quelque attention on a pu voir l'eau sucrée descendre en filets visibles au fond du verre.

Tous les corps solides ne disparaissent pas dans l'eau ni aussi facilement ni en aussi grande quantité que le sucre ou le salpêtre, mais il n'en est guère dont l'eau ne puisse dissoudre quelques parcelles par un contact très prolongé. Il y a de très grandes différences dans les quantités des divers solides que l'eau peut tenir en dissolution; ainsi un litre d'eau peut faire disparaître plus de 200 grammes de salpêtre, tandis qu'il ne peut guère tenir qu'un gramme de craie.

L'eau jouit aussi de la propriété de dissoudre les gaz : une bouteille d'eau gazeuse bien bouchée apparaît bien limpide et rien ne peut y faire supposer la présence d'un gaz; fait-on sauter le bouchon; le gaz bouillonne vivement pour sortir et il accuse ainsi très nettement sa présence.

Nous pouvons d'ailleurs montrer facilement que l'eau ordinaire contient un gaz dissous. Remplissons complètement d'eau un ballon d'un litre; fermons-le avec un bouchon muni d'un tube recourbé, le tube se remplit de l'eau déplacée par le bouchon; engageons l'extrémité libre du tube sous une éprouvette pleine d'eau et chauffons le ballon (fig. 6); au bout de quelque temps nous verrons 25 à 30 centimètres cubes de gaz occuper le haut de l'éprouvette. Avant l'expérience ce gaz était invisible dans l'eau.

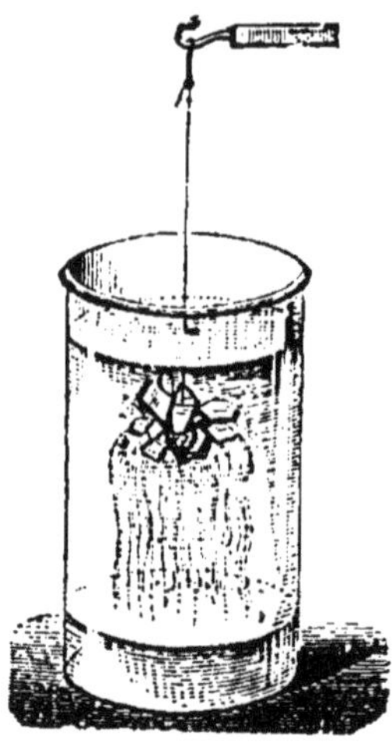

Fig. 5.

Quelle différence apercevons-nous entre l'eau qui a dissous un solide et l'eau qui ne contient absolument aucun autre corps et qui seule mérite d'être appelée *l'eau pure?* aucune au premier abord. Mais si nous mettons sur une soucoupe une eau contenant un solide dissous, l'eau pourra bien disparaître en quelques jours; mais le solide restera en dépôt ou en pellicule suivant sa quantité. C'est ainsi que l'eau sucrée, abandonnée à l'évaporation, dépose le sucre qu'elle retenait. Si le départ de l'eau en vapeur est très lent, le corps solide dissous se déposera en morceaux présentant des formes géométriques très régulières; on dit alors qu'il est en *cristaux*, qu'il a cristallisé.

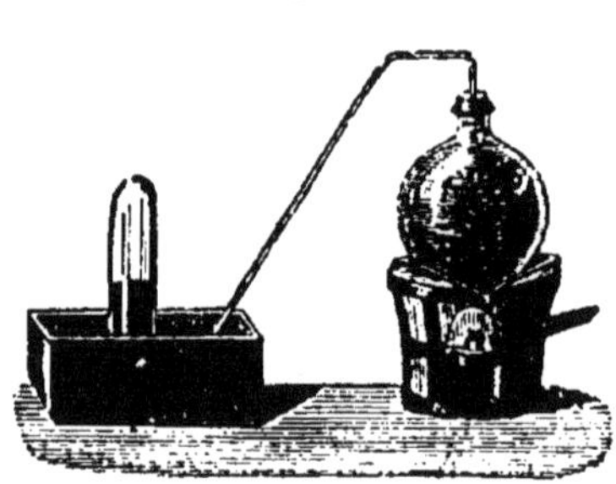

Fig. 6.

6. Les eaux courantes et l'eau distillée. — Les eaux courantes des sources, ruisseaux et rivières, les nappes d'eau souterraines que l'on trouve au fond des puits ont toutes pour origine les pluies tombées sur le sol. L'eau de la pluie coule de suite à la rivière ou bien elle s'infiltre plus ou moins profondément dans le sol suivant la nature plus ou moins poreuse de celui-ci. Dans ce contact souvent prolongé avec les terres ou les roches, les eaux dissolvent des matières minérales solubles, tout en conservant leur limpidité, et elles varient de composition suivant les localités. Ainsi certaines sources doivent aux matières qu'elles ont dissoutes des propriétés spéciales qui les rendent précieuses pour le soulagement ou la guérison de certaines maladies.

Si limpide que soit une eau naturelle, elle n'est pas pure puisqu'elle tient des matériaux solides en dissolution. L'eau de pluie n'en contient pas quand on la recueille, au moment où elle tombe, sur des surfaces propres, en pleine campagne. Mais elle n'est pas non plus absolument pure, car elle a pu entraîner dans son trajet les poussières organiques en suspension dans l'atmosphère et dissoudre les gaz de l'air.

Comment préparerons-nous donc de l'eau pure, puisque la nature ne nous en offre pas? Nous réduirons de l'eau ordinaire en vapeur en la chauffant. Puis nous refroidirons cette vapeur et elle reprendra l'état liquide. Cette opération s'appelle distillation et l'eau ainsi obtenue eau distillée. La figure 7 représente en miniature le modèle des appareils employés pour cet objet.

L'eau est chauffée dans une petite chaudière; la vapeur produite s'échappe par un tube replié et contourné en serpentin et qui passe

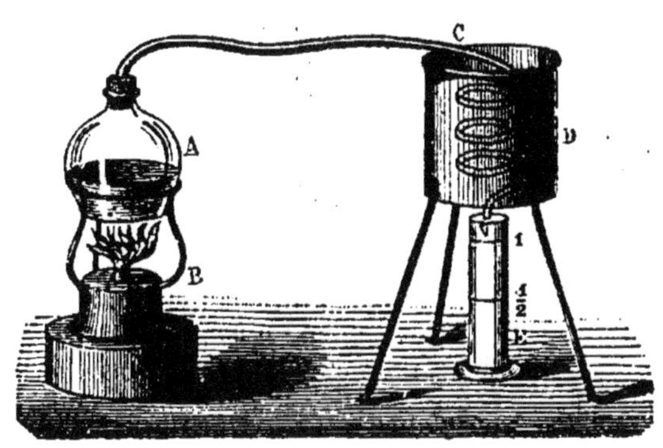

Fig. 7

dans un vase plein d'eau; la vapeur est refroidie par son contact avec le serpentin entouré d'eau souvent renouvelée, et elle coule liquide dans un vase posé au-dessous du tube pour la recueillir. Les corps solides dissous dans l'eau chauffée restent dans la chaudière, comme ils restent en dépôt quand l'eau s'évapore sur une assiette.

La nature nous présente un immense appareil distillatoire que nous n'avons eu qu'à copier : toutes les eaux libres de la surface du sol et des mers produisent des vapeurs sous l'action de la chaleur du soleil; ces vapeurs montent dans les couches élevées de l'atmosphère où elles sont refroidies, et elles retombent en neige ou en pluie pour couler ensuite vers les mers et reprendre leur perpétuel voyage.

7. Les eaux potables. — Les eaux potables ou eaux douces sont celles qui peuvent servir à l'alimentation, qui sont bonnes à boire. Les meilleures sont limpides et inodores, suffisamment aérées et d'une saveur agréable, elles ne contiennent qu'un demi-gramme au plus de matières minérales dissoutes par litre et le moins possible de matières organiques.

On ne peut pas les reconnaître avec certitude rien qu'en les goûtant, mais on a d'autres moyens très simples et à la portée de tout le monde de distinguer l'eau de bonne qualité de celle qui serait nuisible. Si les légumes y cuisent mal ou si le savon y forme des grumeaux abondants au lieu de s'y dissoudre, c'est qu'il y a trop de sels terreux, et l'eau est impropre aux usages domestiques. Si, conservée quelque temps dans des vases de verre ou de terre, elle y acquiert une mauvaise odeur d'œufs pourris, elle est de mauvaise qualité, elle contient trop de matières organiques Quand, au contraire, elle se conserve bien sans odeur, qu'elle dissout bien le savon sans grumeaux et qu'elle cuit bien les légumes, elle est bonne à boire.

L'eau distillée est très fade et ne peut pas servir de boisson. L'eau de pluie, conservée dans des citernes, a besoin d'être filtrée, puis ensuite aérée, pour remplacer la bonne eau de source, quand celle-ci fait défaut.

8. L'eau est un corps composé. — L'eau a été considérée jusqu'à la fin du siècle dernier, comme un corps simple ne renfermant qu'une seule substance, et comme un élément entrant dans la constitution de la nature entière. On la trouve en effet dans la plupart des corps. Si l'on chauffe fortement une terre ou une pierre, il en sort presque toujours de la vapeur d'eau, et quand on calcine du bois, de la laine, du sucre ou de la viande, une portion quelconque d'une plante ou d'un animal, la fumée qui se dégage renferme encore de la vapeur d'eau.

Mais l'eau n'est pas un corps simple; elle est formée de deux gaz que l'on peut séparer par l'analyse.

Pour réussir cette séparation des deux gaz qui forment l'eau, on se sert d'un vase dont le fond est traversé par deux fils de platine isolés l'un de l'autre. On remplit le vase d'eau légèrement acidulée et on renverse au-dessus de chacun des fils une petite éprouvette pleine d'eau (fig. 8). On attache aux deux fils de platine les deux fils d'une pile électrique; aussitôt on voit des bulles de gaz monter dans chacune des éprouvettes. Tout le temps que dure l'expérience, on remarque que l'éprouvette A contient plus de gaz que l'éprouvette B. Celle-ci met le double de temps à s'emplir que la première. Lorsqu'elles sont pleines, on les enlève l'une après l'autre en les bouchant avec le pouce. On présente une allumette allumée à l'éprouvette A, le gaz s'allume avec un petit bruit; c'est l'**hydrogène**. On enfonce dans l'éprouvette B une allumette qui n'a plus qu'un point rouge, le gaz la rallume et la fait brûler vivement, c'est l'**oxygène**.

Fig. 8.

On démontre ainsi que l'eau est formée de gaz hydrogène et de gaz oxygène. Cette sorte d'analyse a été réalisée pour la première fois en l'an 1800 par **Carlisle** et **Nickolson**.

Il nous faut étudier séparément chacun de ces deux gaz avant de passer en revue les autres moyens d'analyser l'eau, c'est-à-dire d'en séparer les éléments, et les procédés de synthèse qui permettent de reconstituer l'eau avec les deux gaz que nous venons d'y constater.

Questionnaire. — 1. Où trouvons-nous l'eau liquide et quel est son aspect? — 2. Où se forme l'eau solide? — Comment pouvons-nous faire de la glace? — Que se produit-il sur la surface du verre où nous faisons la glace? — 3. Comment fait-on passer l'eau en vapeur? — Quand est-elle visible ou invisible? — Comment peut-on comprendre que l'atmosphère renferme toujours de la vapeur d'eau? — 4. Qu'arrive-t-il lorsqu'on chauffe la glace, lorsque l'on chauffe l'eau? — Comment ramène-t-on la vapeur d'eau à l'état d'eau liquide? — Comment se forme la neige, la gelée blanche, le givre? — Que voit-on en examinant les flocons de neige à la loupe? — 5. Citez deux exemples de corps solides qui se dissolvent facilement dans l'eau. — Comment faut-il s'y prendre pour hâter la dissolution d'un corps solide? — L'eau dissout-elle aussi les gaz? — Comment le montre-t-on? — Qu'arrive-t-il quand on abandonne à l'air une eau contenant un solide dissous? — 6. D'où viennent les eaux courantes et que contiennent-elles? — L'eau de pluie est-elle pure? — Comment obtient-on l'eau distillée? — 7. Qu'appelle-t-on eaux potables? — Quelles sont leurs qualités? — Comment s'assure-t-on qu'une eau est ou n'est pas potable? — Quelle précaution doit-on prendre pour employer l'eau de pluie comme boisson? — 8. L'eau est-elle un corps simple? — Comment sépare-t-on les gaz qui la forment? — Quel nom leur donne-t-on? — Quand cette analyse a-t-elle été faite d'abord et par qui?

DEUXIÈME LEÇON

L'Oxygène.

1. Un moyen d'obtenir l'oxygène. — Nous connaissons déjà l'oxygène comme un gaz qui fait partie de l'eau et qui rallume une allumette n'ayant plus qu'un point rou-

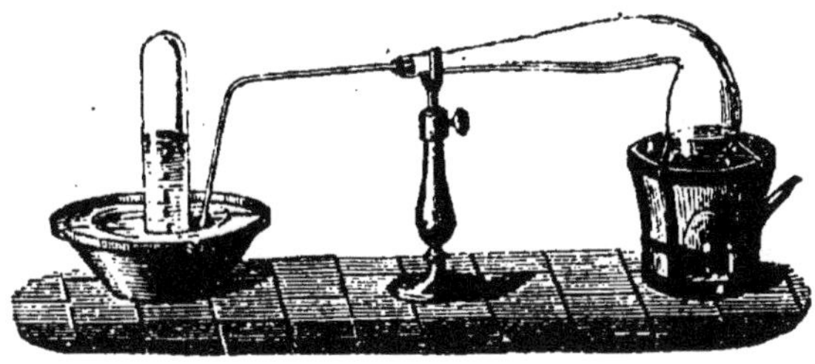

Fig. 9.

ge. Mais ce n'est pas de l'eau que nous allons le tirer : ce serait trop coûteux et il nous faudrait trop de temps pour en obtenir un litre. Nous prenons un corps qui a l'apparence du sel de cuisine et que nous appelons du *chlorate de potasse* (un nom que nous expliquerons plus tard). Nous le mettons dans une petite cornue que nous fermons d'un bouchon muni d'un tube recourbé et nous chauffons la cornue après avoir engagé l'extrémité libre du tube sous une éprouvette ou un flacon plein d'eau renversé sur une cuve à eau ou une terrine (fig. 9). Le flacon ou l'éprouvette se remplit promptement du gaz. Nous remplissons successivement une éprouvette et cinq flacons, puis nous enlevons la cornue du feu.

Le gaz oxygène peut se conserver longtemps dans les flacons si on les laisse renversés sur la cuve à eau ou sur des soucoupes contenant une petite couche d'eau qui en ferme l'ouverture, comme l'indique la figure 10. L'eau ne dissout pas sensiblement le gaz.

Fig. 10.

2. Propriétés caractéristiques de l'oxygène. — L'oxygène est un gaz incolore ; il est sans odeur et sans saveur ; il pèse un peu plus que l'air : un litre d'oxygène pèse 1 gramme 437. Sa propriété saillante est de *rallumer les corps qui n'ont plus qu'un point en ignition et de faire brûler avec un très vif éclat ceux qui brûlent déjà.*

Pour vérifier cette propriété, on prend l'éprouvette pleine d'oxygène ; on la retourne (fig. 11) et on y plonge une bougie que l'on vient d'éteindre et dont la mèche conserve encore un point incandescent. La bougie se rallume instantanément avec une très légère explosion et elle brûle avec un vif éclat. On la retire ; on l'éteint en conservant toujours un point incandescent, et on l'introduit de nouveau dans l'éprouvette, elle se rallume encore. Cette expérience, que l'on peut répéter plusieurs fois de suite, est très saisissante ; elle suffirait à elle seule à prouver la propriété caractéristique de l'oxygène ; mais d'habitude on fait brûler dans ce gaz successivement plusieurs corps.

3. Corps brûlés dans l'oxygène. — 1re EXPÉRIENCE. — Le premier que nous allons faire brûler, c'est le charbon. Nous en attachons un morceau à un fil de fer planté dans un large bouchon et nous l'allumons, il brûle, mais sans éclat. Nous renversons un des flacons pleins d'oxygène en laissant au fond un peu d'eau et nous y plongeons le charbon allumé (fig. 12); celui-ci brûle alors avec une vive clarté en projetant des étincelles étoilées très brillantes. Il revient peu à peu à son premier éclat et il s'éteint. Nous pouvons remarquer que le charbon a diminué de volume; une partie a disparu. L'oxygène a disparu aussi. Mais comme *rien ne se perd dans la nature*, nous devons pouvoir retrouver les deux corps sous une autre forme. Nous les retrouvons en effet

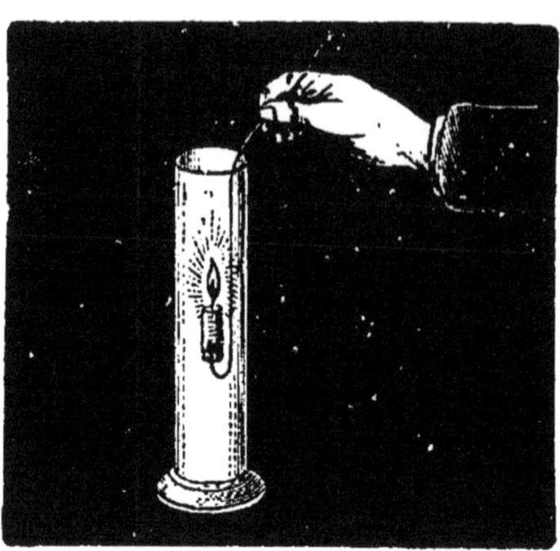

Fig. 11.

dans le gaz qui remplit le flacon et dont l'eau du fond va dissoudre une portion. L'oxygène a formé avec le charbon un nouveau corps où il est aussi bien dissimulé qu'il peut l'être dans l'eau ordinaire avec l'hydrogène.

2° Expérience. —Plaçons sur un fil de fer terminé en anneau un petit godet de terre, dans le godet un petit morceau de phosphore; allumons celui-ci et plongeons le tout dans un flacon plein d'oxygène, le phosphore brûle avec un si vif éclat que le regard peut à peine le supporter (fig. 13). Le phosphore disparaît et l'oxygène aussi. Mais on voit d'épaisses fumées blanches remplir le flacon et dont une partie se dépose en poudre fine sur les parois, tandis que l'autre se dissout dans l'eau qui couvre le fond : c'est le nouveau corps que l'oxygène et le phosphore ont formé en s'unissant intimement.

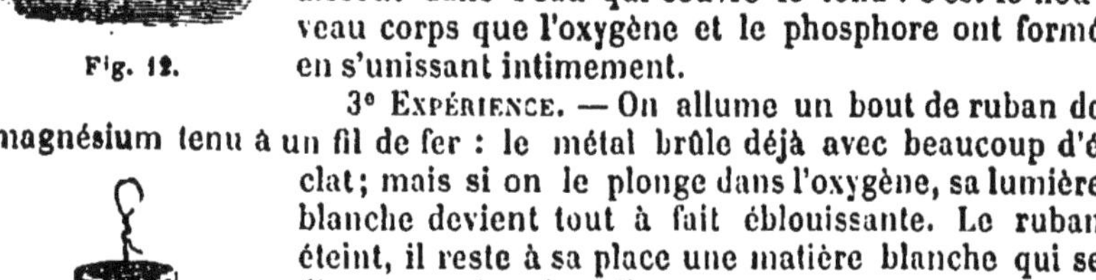

Fig. 12.

3° Expérience. —On allume un bout de ruban de magnésium tenu à un fil de fer : le métal brûle déjà avec beaucoup d'éclat; mais si on le plonge dans l'oxygène, sa lumière blanche devient tout à fait éblouissante. Le ruban éteint, il reste à sa place une matière blanche qui se dissout à peine dans l'eau.

4° Expérience. — Le fer lui-même va brûler dans l'oxygène aussi facilement que le charbon, et il suffira d'un morceau d'amadou enflammé pour y mettre le feu. Pour réaliser cette expérience, prenons un ressort de montre, chauffons-le au rouge pour lui enlever son élasticité et roulons-le en spirale autour d'une baguette de verre. Plantons une de ses extrémités dans un bouchon et à l'autre attachons un morceau d'amadou; allumons l'amadou et descendons la spirale de fer dans un flacon d'oxygène dont le fond est

Fig. 13.

couvert de quelques centimètres d'eau (fig. 14). L'amadou met le feu au
fer, et du fer enflammé jaillissent des milliers d'étincelles en même temps
qu'il tombe dans l'eau des globules fondus qui bruissent au contact du
liquide froid et s'incrustent parfois dans le verre. C'est une des plus belles
expériences que l'on puisse faire. Lorsqu'il n'y
a plus d'oxygène, le fer s'éteint et le flacon est
parfois tapissé d'une poussière de rouille.

Ainsi, nous avons démontré surabondam-
ment que l'oxygène fait brûler les corps avec
un vif éclat, non seulement ceux, comme le
charbon et le phosphore, que nous pouvons
voir brûler dans l'air, mais même le fer. Nous
en concluons que si nous pouvions insuffler
de l'oxygène au lieu d'air dans nos foyers, le
charbon y brûlerait avec une bien plus grande
vivacité et dans le même temps produirait
bien plus de chaleur. Mais il faudrait pour
cela savoir produire l'oxygène à très bon marché.

Fig. 14

4. **Découverte de l'oxygène.** — On attribue la découverte de l'oxygène à
Priestley, savant chimiste anglais qui vivait à la fin du siècle dernier.
C'est le 1er août 1774 que ce savant obtint le gaz qui rallume les corps
presque éteints, en concentrant la lumière solaire avec une lentille de
verre sur une poudre rouge dont se couvre le mercure quand on le chauffe
fortement et longtemps. A la même époque, un grand chimiste suédois,
Schèele, obtenait aussi le gaz oxygène par un autre moyen

Questionnaire. — 1. Pourquoi ne retire-t-on pas l'oxygène de l'eau lorsque
l'on veut en peu de temps plusieurs litres de ce gaz? — Comment l'obtient-on?
— Et comment peut-on le conserver dans les vases, éprouvettes ou flacons qui le
contiennent? — 2. Quelle est la propriété saillante de l'oxygène et comment
peut-on la vérifier? — 3. Qu'arrive-t-il lorsque l'on plonge dans un flacon d'oxygène un morceau de charbon allumé? — Que deviennent l'oxygène et le charbon?
— Que se produit-il quand on descend dans un flacon d'oxygène un morceau de
phosphore allumé? — Du magnésium? — Comment s'y prend-on pour faire brûler
le fer et que se passe-t-il? — Que peut-on conclure quand on a vu l'oxygène faire
brûler vivement les corps? — 4. Qui a découvert l'oxygène?

TROISIÈME LEÇON

L'Hydrogène.

1. **Moyen de préparer l'hydrogène.** — L'hydrogène est le second des
deux gaz que nous avons trouvés dans l'eau. Pour en obtenir rapidement
plusieurs litres, nous mettons du zinc en morceaux et de l'eau au fond
d'un flacon à deux tubulures, dont l'une porte un tube droit à entonnoir,
l'autre un tube recourbé se rendant sous une éprouvette renversée sur
une terrine ou sur la cuve à eau (fig. 15). Rien ne se produit; mais si l'on

verse par le tube à entonnoir un peu d'acide sulfurique, vulgairement

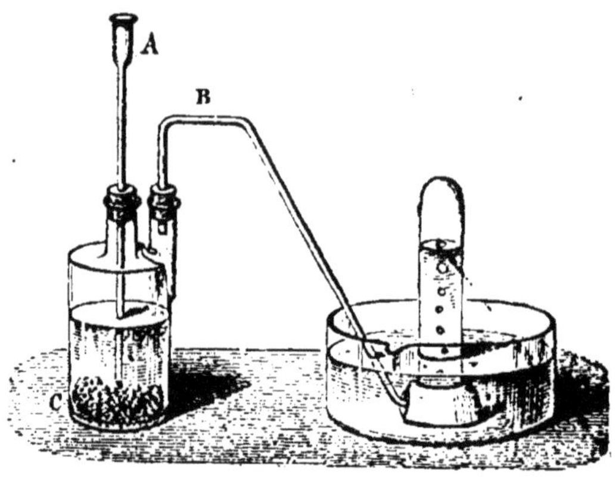

Fig. 15.

appelé huile de vitriol, à cause de son apparence huileuse, un fort bouillonnement apparaît dans le flacon et le gaz hydrogène se dégage en bulles à l'extrémité du tube qui plonge dans la cuve.

On laisse perdre le premier qui sort parce qu'il est mélangé de l'air du flacon, puis on recueille successivement plusieurs éprouvettes d'hydrogène, que l'on conserve sur la cuve à eau ou sur des soucoupes contenant assez de liquide pour fermer l'ouverture des éprouvettes.

2. Propriétés caractéristiques de l'hydrogène. — L'hydrogène pur est un gaz incolore et inodore. L'odeur désagréable que présente ce corps lorsqu'il est préparé avec le zinc du commerce dérive de produits étrangers formés en même temps que l'hydrogène par les impuretés du métal.

Fig. 16.

Jusqu'à ces derniers temps l'hydrogène était regardé comme un gaz permanent. M. Pictet l'a obtenu liquide à — 140° sous la pression de 600 atmosphères; il l'a même solidifié au moyen du refroidissement produit par la détente. L'hydrogène a présenté alors sous cette forme les caractères d'un métal.

Le gaz hydrogène est très léger, le plus léger de tous les corps. Il brûle

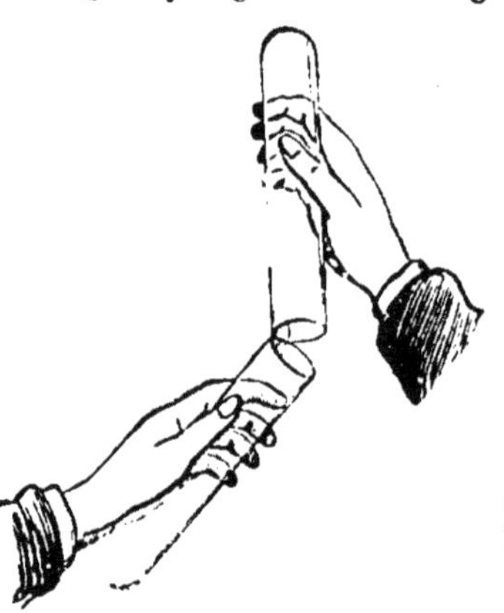
Fig. 17.

avec une petite détonation quand on approche une allumette enflammée de l'orifice du vase qui le renferme; voilà ses deux caractères les plus saillants. Il en a encore d'autres, comme de passer facilement au travers des membranes où on l'enferme, comme de donner une flamme peu brillante mais très chaude. Nous allons les vérifier tous par l'expérience.

3. L'hydrogène est très léger. — S'il est vrai que le gaz hydrogène est très léger, il doit toujours tendre à monter. Si donc on prend une éprouvette pleine de ce gaz et qu'on la tienne quelque temps l'ouverture en haut, l'hydrogène pourra

s'en aller facilement. Si, au contraire, on tient l'éprouvette l'ouverture
en bas, comme l'indique la figure 16, le gaz ne s'en échappera pas. En
effet, en approchant d'une flamme cette dernière éprouvette après l'avoir
tenue ainsi quelques minutes, on voit le gaz prendre feu en même temps
qu'on l'entend détoner; tandis que rien ne brûle ni ne détone quand on
présente la première éprouvette à la flamme.

Cette première expérience permet de comprendre la suivante où l'on
transvase le gaz hydrogène dans une éprouvette vide, c'est-à-dire ne contenant que de l'air. On tient verticalement, l'ouverture en bas, une éprouvette que l'on vient de prendre sur la table. On apporte au-dessous d'elle
une éprouvette d'hydrogène (fig. 17); au bout de quelques minutes, on
approche d'une bougie allumée l'éprouvette supérieure; il y a une détonation et le gaz brûle; l'éprouvette inférieure approchée de la bougie ne
produit rien, ni détonation ni inflammation de gaz. C'est évidemment que
l'hydrogène a passé promptement de l'une dans l'autre.

Enfin une preuve plus saisissante encore consiste à gonfler d'hydrogène
des bulles de savon : on les voit s'élever comme de petits ballons ; et l'on
peut les enflammer pendant leur ascension. Pour produire ces bulles, on
peut remplir d'hydrogène une vessie à
robinet, la munir d'un tube, plonger le
tube dans l'eau de savon et presser sur
la vessie (fig. 18). Mais il est plus simple de remplacer le tube qui laisse
sortir le gaz dans l'appareil producteur
par un tube de caoutchouc que l'on
termine d'un petit bout de tube de verre ;
c'est ce dernier que l'on plonge dans
l'eau de savon et que l'on retire pour
laisser la bulle se former par le gaz qui
sort du tube.

Fig. 18.

L'hydrogène ne pèse que 9 centigrammes environ par litre, quand
l'air en pèse 130; il est donc 14 fois plus léger que l'air. C'est la raison
qui l'a fait employer au gonflement des aérostats.

4. L'hydrogène se diffuse facilement. — L'hydrogène traverse assez rapidement certains corps que nous regardons comme très peu poreux : tel
est le plâtre solide ou la terre de pipe, ou la porcelaine dite dégourdie qui
n'a subi qu'une cuisson. On le prouve en remplissant d'hydrogène un large
tube de verre dont on a fermé l'extrémité supérieure avec un tampon de
graphite ou de plâtre et que l'on tient sur une cuve à mercure. On voit ce
dernier liquide monter dans le tube à mesure que le gaz sort par le
tampon.

On peut faire plus simplement une expérience analogue en se servant
de gaz d'éclairage au lieu d'hydrogène. On ouvre un bec de gaz; on couvre
l'orifice avec une feuille de papier, et, si on présente une allumette enflammée au-dessus de la feuille, le gaz s'allume : il a traversé le papier
qui paraissait devoir s'opposer à son passage.

Les petits ballons rouges ou blancs qui sont vendus comme jouets
d'enfants ou donnés dans les grands magasins sont parfois gonflés à l'hydrogène. Ils se dégonflent alors assez promptement, parce que l'hydrogène passe au travers de la membrane de caoutchouc; l'air y rentre,
mais moins vite que l'hydrogène n'en sort; aussi quand ces ballons sont

a demi dégonflés si on les approche d'une flamme, il y a une détonation.

5. L'hydrogène mélangé d'air détone quand on l'enflamme. — Prenons sur la cuve à eau une éprouvette pleine d'hydrogène, tenons-la quelques instants à la main, l'ouverture en dessus; une partie du gaz s'échappe et il est remplacé par l'air. Présentons l'ouverture de l'éprouvette à une bougie allumée, le mélange gazeux s'enflamme instantanément et produit une détonation qui briserait le vase si on opérait avec un flacon à minces parois au lieu d'opérer avec une éprouvette à parois épaisses. Nous verrons dans une leçon suivante que le mélange d'hydrogène et d'oxygène peut détoner très fortement.

6. L'hydrogène en brûlant donne de l'eau. — Pour vérifier ce fait important, que l'hydrogène en brûlant donne de l'eau, reprenons le flacon à deux tubulures où nous produisons de l'hydrogène et munissons l'une des

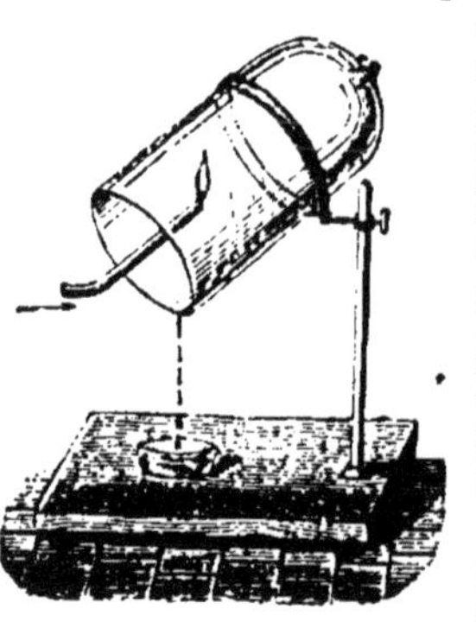

Fig. 19

tubulures d'un tube droit étiré en pointe. L'hydrogène se dégage par ce tube. Nous ne présenterons pas de suite au jet de gaz une allumette enflammée, nous risquerions de mettre le feu à un mélange d'air et d'hydrogène qui détonerait et pourrait briser le flacon avec explosion. Nous attendrons cinq à six minutes, plutôt plus que moins, et alors le jet gazeux s'enflammera sans explosion et brûlera avec une petite flamme très pâle, si peu brillante qu'on la voit à peine au grand jour.

Rien dans cette expérience ne révèle au premier abord que la combustion de l'hydrogène produise de l'eau. Mais si nous mettons au-dessus du tube effilé où brûle le gaz une cloche bien sèche (fig. 19) nous voyons les parois de la cloche se couvrir de buée, puis des gouttelettes d'eau ruisseler et finalement l'eau tomber de la cloche goutte à goutte. L'hydrogène a donc bien engendré de l'eau, et il mérite le nom qui lui a été donné et qui signifie générateur de l'eau.

Ne croyons pas cependant que l'on puisse produire beaucoup d'eau dans cette expérience, même en la prolongeant un quart d'heure et plus; nous apprendrons plus tard qu'il faudrait brûler plus de onze cents litres de gaz hydrogène et ne rien perdre de la vapeur d'eau formée, pour obtenir seulement un litre d'eau liquide.

Ainsi tout jet d'hydrogène enflammé produit de l'eau en vapeur invisible, et cette vapeur prend la forme liquide et devient sensible lorsqu'elle est refroidie suffisamment.

7. La flamme de l'hydrogène peut chanter. — Au-dessus du jet d'hydrogène enflammé descendons lentement en guise de cheminée un large tube ouvert. A un moment donné un son musical se produit, plus aigu ou plus grave, selon qu'on enfonce le tube plus ou moins. Un autre tube plus mince ou plus gros, plus long ou plus court, produit un autre son, et l'on voit la flamme s'effiler, trembloter et quelquefois s'éteindre; en même temps le tube se couvre à l'intérieur de gouttelettes d'eau, ce qui vérifie encore l'expérience précédente. On a donné à cet appareil le nom d'harmonica chimique.

On peut en effet produire plusieurs sons avec des tubes de longueurs et de diamètres différents; mais il faut convenir qu'il ne serait pas bien commode de s'en servir pour jouer un air de musique.

8. La flamme de l'hydrogène est très chaude. — On peut s'en convaincre facilement en y plaçant un fil de fer qui y rougit très promptement et qui peut même y fondre s'il est très fin. Cette flamme devient encore bien plus chaude quand on y insuffle du gaz oxygène : alors elle donne la plus haute température que nous sachions produire. Mais il faut prendre la précaution de ne laisser mélanger les deux gaz que très près de l'endroit où ils brûlent, pour éviter les explosions. On emploie un chalumeau dont la figure 21 donne le détail. On voit que les deux gaz venant chacun de leur réservoir, arrivent par deux tubes distincts jusqu'au bout de l'appareil. On enflamme d'abord l'hydrogène et on ouvre peu à peu le robinet du tube à oxygène.

Si on envoie le jet enflammé qui sort de ce chalumeau contre un morceau de chaux, celui-ci devient incandescent au point touché et il projette une lumière éblouissante. On l'appelle la **lumière de Drummond** du nom de celui qui l'a le premier produite, ou encore **lumière oxhydrique**, pour rappeler les gaz qui la forment. Elle est employée dans les cours pour les projections, quand le soleil fait défaut.

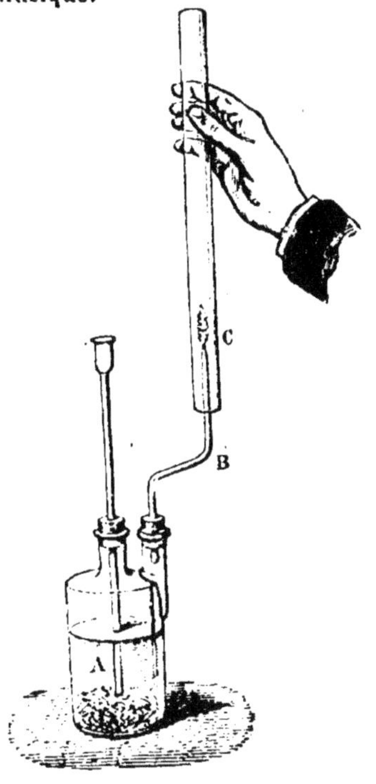

Fig. 20.

9. Si nous résumons, sous une forme brève, les principaux faits que nous avons constatés jusqu'ici, nous noterons spécialement: 1° que l'eau est un corps formé de deux gaz, l'hydrogène qui peut brûler et l'oxygène qui fait brûler les corps; 2° que l'hydrogène en brûlant régénère de l'eau.

Nous reviendrons plus loin sur les proportions de ces deux gaz nécessaires à la formation de l'eau.

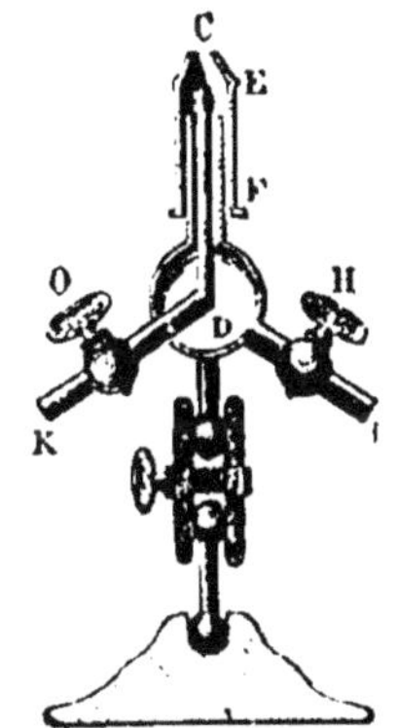

Fig. 21.

Questionnaire. — 1. Quel est le moyen d'obtenir rapidement du gaz hydrogène? — 2. Quelles sont les propriétés caractéristiques de ce gaz? — 3. Comment montre-t-on que l'hydrogène est très léger? — Dire comment on le transvase? — Que deviennent les bulles de savon que l'on gonfle avec ce gaz? — Quel est le poids d'un litre d'hydrogène et combien de fois est-il plus léger que l'air? — 4. Comment fait-on voir que l'hydrogène passe rapidement au travers des corps peu poreux qui le contiennent? — Citer l'expérience simple que l'on réalise avec le gaz d'éclairage? — 5. Dire comment on montre que l'hydrogène mélangé d'air détone quand on l'en flamme? — 6. Décrire l'expérience qui prouve que l'hydrogène en brûlant donne de l'eau? — Pourquoi faut-il laisser dégager le gaz quelque temps avant de l'enflammer? — Quelle quantité de gaz faudrait-il brûler pour produire un litre d'eau? — 7. Comment fait-on chanter la flamme de l'hydrogène et que se produit-il dans le tube? — 8. Cette flamme est-elle chaude? — A quoi peut-elle servir?

QUATRIÈME LEÇON

L'Air.

1. Moyen de constater la présence de l'air. — Nous ne voyons pas l'air; mais bien des phénomènes dont nous sommes tous les jours les témoins nous révèlent sa présence : c'est lui qui fait avancer le petit bateau à voiles que nous posons sur l'eau d'un bassin, comme c'est lui qui pousse les navires sur les flots de la mer. Entre nos yeux et les objets qui nous entourent, il est invisible; mais au lointain, il se colore, le jour d'une belle nuance d'azur, et le soir et le matin, au lever ou au coucher du soleil, il prend des teintes diverses très variées et souvent fort jolies.

Il remplit tous les vases que nous considérons comme vides parce qu'il n'y a dedans ni corps solide, ni corps liquide apparent : nous pouvons facilement nous en convaincre en posant sur une bouteille un entonnoir

Fig. 22.

dont le col joint bien avec le col de la bouteille et en remplissant d'eau l'entonnoir; l'eau tombe d'abord dans la bouteille, mais elle s'arrête tout à coup, empêchée dans sa chute par l'air invisible qui remplit le vase et qui ne peut s'échapper. Plongeons verticalement dans l'eau une cloche que nous tenons par le bouton (fig. 22), le liquide ne pénètre pas dans la cloche; et c'est si bien l'air qui s'y oppose que, si nous inclinons peu à peu la cloche, nous voyons le gaz faire bouillonner le liquide et s'échapper en bulles très apparentes. Pour rendre ces bulles encore plus visibles, nous apportons au-dessus d'elles un long vase renversé et plein

Fig. 23.

d'eau; les bulles d'air montent aussi haut qu'elles peuvent aller, c'est-à-dire qu'elles se rassemblent dans le haut du vase qui leur est offert. Si alors nous relevons la cloche, que nous avons inclinée, l'eau en occupe une partie, elle y est venue remplacer l'air disparu.

Nous pouvons encore donner une autre preuve très saisissante de l'existence de l'air dans un flacon vide en apparence. Nous fermons le flacon d'un bouchon traversé de deux tubes; l'un t à entonnoir, plongeant jusqu'au fond, l'autre t' recourbé et se rendant sous une éprouvette pleine d'eau (fig. 24); en versant de l'eau par l'entonnoir, nous verrons l'éprouvette se remplir du gaz que l'eau a chassé du flacon. Remplaçons le tube t' par un tube droit horizontal, et effilé au bout; plaçons une bougie allumée devant la pointe de ce tube et versons de l'eau dans le flacon; le courant d'air qui sort par le tube incline la flamme de la bougie et peut même l'éteindre.

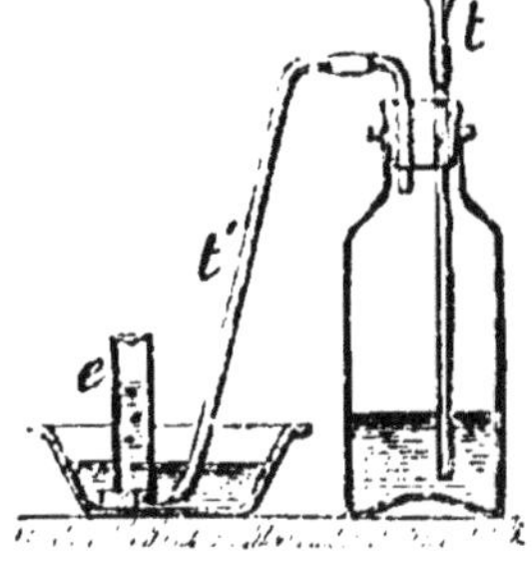

Fig. 24.

Ainsi toutes les fois qu'on remplit d'eau un flacon, l'air qu'il contenait s'en va. Inversement si on vide un flacon d'abord plein d'eau, le flacon se remplit d'air. On peut donc avoir à volonté de l'air d'un endroit quelconque, puisqu'il suffit d'y vider un vase plein d'eau et de le bien boucher quand il est vide.

2. L'air et les corps qui brûlent. — Une bougie allumée brûle complètement dans une chambre où on la laisse. Un petit morceau de phosphore que l'on enflamme brûle également sans laisser de résidu, en produisant d'abondantes vapeurs blanches qui se répandent dans l'air En est-il de même dans un flacon ou une cloche quand le volume d'air est limité? C'est ce que l'expérience va nous apprendre.

Sur une assiette un peu profonde, versons une couche d'eau de quelques centimètres d'épaisseur; plaçons sur l'eau un large bouchon portant une bougie allumée et couvrons la bougie d'une cloche ou d'un bocal dont les bords plongent dans l'eau de l'assiette. Nous mettons ainsi la bougie dans un volume d'air limité, sans communication avec le dehors. Elle brûle d'abord comme à l'air libre; mais sa flamme pâlit bientôt et ne tarde guère à s'éteindre. En même temps, si on observe bien, on voit que l'eau a monté un peu dans le bocal. Et cependant rien ne semble changé à l'intérieur du vase, le gaz y est resté aussi transparent; il y en a seulement un peu moins, puisque l'eau occupe une partie du volume primitif, et la bougie ne peut brûler dans ce qui reste.

Répétons cette expérience avec le phosphore. Plaçons un morceau de ce corps dans une petite coupelle de terre posée sur un gros bouchon qui flotte sur la cuve à eau; enflammons-le et couvrons le tout d'une cloche (fig. 25). Le phosphore brûle vivement en produisant une lueur très vive, et la cloche s'emplit d'épaisses fumées blanches. Peu à peu les lueurs s'affaiblissent et s'éteignent. Les fumées mettent quelque temps à diminuer et à disparaître. Quand le contenu de la cloche s'est éclairci, l'eau est montée d'environ un cinquième, et il reste du phosphore dans la coupelle. Ce n'est donc pas le corps à brûler qui a fait défaut; c'est l'air qui n'a plus eu, à un moment donné, la propriété de faire brûler le combustible.

Fig. 25.

On conclut de ces deux expériences que le renouvellement de l'air est nécessaire pour entretenir le feu, et que les corps en brûlant enlèvent à l'air une partie de sa substance, la seule qui ait le pouvoir de les faire brûler. Si, en effet, on transvase la portion de l'air qui reste dans la cloche et qu'on y plonge une bougie allumée, celle-ci s'éteint aussitôt; on pouvait le prévoir d'ailleurs, puisque le phosphore a refusé d'y brûler.

3. L'air renferme deux gaz différents. — La combustion du phosphore sous une cloche montre que l'air est formé de deux gaz, l'un qui fait brûler les corps et l'autre qui les éteint. Le premier est le gaz oxygène que nous connaissons pour y avoir fait brûler avec un très vif éclat le charbon, le phosphore et le fer; le second est le gaz azote. L'air n'est donc pas plus que l'eau un élément puisqu'il apparaît comme formé du gaz oxygène éminemment propre à entretenir la combustion et du gaz azote qui affaiblit l'action de l'oxygène. L'azote y entre pour environ quatre cinquièmes et l'oxygène pour un cinquième seulement.

4. L'azote. — Lorsqu'on veut obtenir le gaz azote, on répète l'expérience précédente : on brûle du phosphore sous une grande cloche, dans un volume d'air limité, et quand le combustible s'est éteint, on attend que les vapeurs blanches aient disparu en se dissolvant dans l'eau. On constate qu'il reste un gaz incolore comme l'air, un gaz qui éteint les corps enflammés et dans lequel un animal ne peut vivre.

L'azote ainsi obtenu n'est pas pur. Si on veut l'avoir plus pur on fait passer, sur du cuivre chauffé contenu dans un tube, de l'air provenant

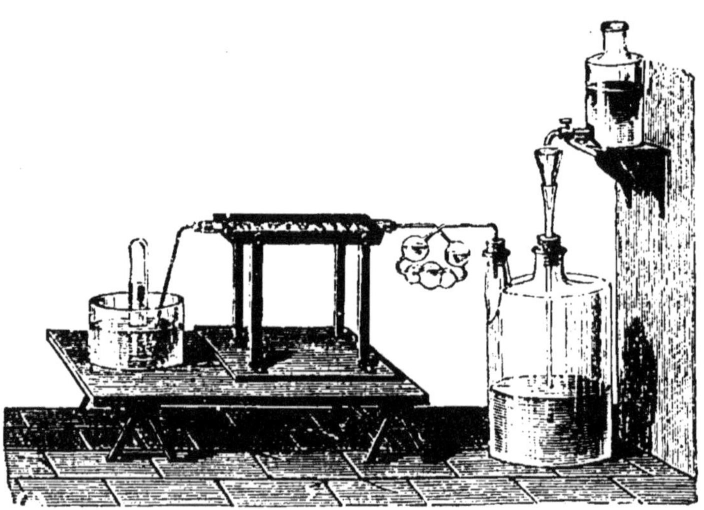

Fig. 26.

d'un flacon à deux tubulures (fig. 26). On verse lentement de l'eau dans le flacon; l'air qu'il contient en est peu à peu chassé; il passe dans de la potasse qui lui enlève son acide carbonique et il arrive sur le cuivre chauffé qui lui prend son oxygène. On ne recueille que de l'azote à l'extrémité de l'appareil.

5. Analyse de l'air. — Lorsqu'on veut connaître avec exactitude la proportion des deux gaz dont l'air est formé, on peut opérer sur un volume déterminé ou bien sur un poids connu. Dans le premier cas, on prend un volume mesuré d'air, on en absorbe l'oxygène avec une substance solide ou liquide et on mesure le gaz restant; on obtient ainsi le volume de l'azote; en le retranchant du volume primitif, on a celui de l'oxygène.

Une des méthodes les plus simples consiste à employer le phosphore qui absorbe l'oxygène de l'air à la température ordinaire, et qui doit à cette propriété de paraître lumineux dans l'obscurité. On introduit dans un large tube gradué, renversé sur l'eau, un volume d'air connu, soit 100 centimètres cubes. On y fait passer un long morceau de phosphore que l'on y maintient (fig. 27); celui-ci s'entoure de vapeurs blanches parce qu'il prend l'oxygène; il a tout pris lorsqu'il ne paraît plus lumineux dans l'obscurité et il faut pour atteindre ce résultat plusieurs heures en été, plus d'un jour en hiver. On retire alors le bâton de phosphore et on lit le volume de gaz restant : on trouve 79 centimètres cubes. On peut donc affirmer que

Fig. 27.

$$100 \text{ litres d'air contiennent } \begin{cases} 79 \text{ litres d'azote} \\ 21 \text{ litres d'oxygène.} \end{cases}$$

Analyse par le phosphore à chaud. — Lorsqu'on veut faire une analyse d'air en quelques minutes, on mesure l'air dans un tube gradué et on transvase le gaz dans une petite cloche courbe. On envoie dans la cloche un petit fragment de phosphore. On chauffe, à l'aide d'une lampe à alcool, le haut de la cloche où l'on a fait tenir le phosphore (fig. 28); celui-ci s'enflamme et absorbe l'oxygène. Quand les vapeurs blanches ont disparu on transvase le gaz de la cloche courbe dans un tube gradué et on lit son volume, c'est le volume de l'azote.

Analyse par l'acide pyrogallique et la potasse. — On a encore un autre moyen de faire rapidement l'analyse de l'air sans avoir recours à une substance inflammable comme le phosphore. On prend un certain volume d'air dans un tube gradué reposant

Fig. 28.

sur le mercure. On y fait passer à l'aide d'une pipette une solution de potasse; on agite et on lit le volume du gaz dans le tube. On y introduit alors une solution d'acide pyrogallique qui noircit en absorbant l'oxygène. Cette absorption est complète en quelques instants. On lit le volume du résidu gazeux et on connaît la quantité d'azote contenue dans l'air.

Les méthodes qui précèdent ont l'avantage d'être faciles mais elles ont l'inconvénient d'être peu exactes; on opère en effet sur de petits volumes d'air qu'il est difficile de mesurer très exactement. Aussi les chimistes ont-ils eu recours pour fixer exactement la composition de l'air aux méthodes d'analyse en poids.

6. **Analyse de l'air en poids.** — Le principe de la méthode d'analyse de l'air en poids est de faire passer l'air d'abord dépouillé des gaz autres que

l'oxygène et l'azote sur un corps solide qui retient l'oxygène, à constater le poids de l'oxygène ainsi retenu et le poids de l'azote devenu libre. Dans la méthode employée par MM. Dumas et Boussingault, l'oxygène est absorbé par le cuivre chauffé au rouge dans un tube, et l'azote est appelé dans un grand ballon d'abord vide. L'augmentation de poids du ballon donne le poids de l'azote, celle du tube contenant le cuivre, le poids de l'oxygène.

Voici les nombres trouvés :

$$100 \text{ grammes d'air contiennent} \begin{cases} 77 \text{ grammes d'azote} \\ 23 \text{ grammes d'oxygène.} \end{cases}$$

7. Composition de l'air dissous dans l'eau. — Si on fait l'analyse de l'air que les eaux naturelles retiennent en dissolution, on trouve que cet air renferme 32 litres d'oxygène sur 100 litres : c'est plus que l'air ordinaire. Et cette présence de l'air est un fait d'une grande importance, car c'est aux dépens de ce gaz que respirent les poissons et tous les animaux aquatiques. Nous avons déjà dit que l'air en dissolution dans les eaux de sources leur communique une saveur fraîche et agréable, tandis que l'eau distillée qui est dépourvue d'air est fade et insipide. C'est en chauffant l'eau que nous avons fait dégager l'air qu'elle retenait; mais ce gaz s'en échappe encore quand l'eau se congèle ; et les petites bulles dont se trouvent criblés les blocs de glace n'ont pas d'autre origine.

La composition de l'air dissous dans l'eau fait dire aux chimistes que l'air est un mélange dont les deux gaz principaux, l'oxygène et l'azote se dissolvent dans l'eau comme si chacune d'eux était seul. D'ailleurs, en mêlant 21 litres d'oxygène à 79 litres d'azote, on obtient un gaz doué de toutes les propriétés que l'on connaît à l'air.

8. Autres corps contenus dans l'air. — L'azote et l'oxygène sont les principes fondamentaux de l'air ; mais il y existe d'autres substances que l'on retrouve dans tous les lieux, bien qu'elles soient souvent en très petite quantité.

C'est d'abord *la vapeur d'eau*, variable avec le degré d'humidité. On la met en évidence en la forçant à se déposer en buée ou en gouttelettes sur la paroi extérieure d'une carafe, dont le liquide est plus froid que l'air de la chambre où l'on apporte le vase, telle est aussi la buée des carreaux de nos appartements et la rosée que l'on trouve souvent le matin sur les plantes.

C'est, en second lieu, *le produit gazeux que donne le charbon en brûlant* et que nous étudierons dans une des leçons suivantes.

C'est enfin ces milliers de corps si petits qu'ils échappent d'habitude à la vue et qui ne deviennent visibles que lorsqu'ils sont rassemblés sous forme de poussière ou bien très vivement éclairés par un rayon de soleil pénétrant dans une chambre obscure.

Ces mille petits riens contiennent des débris d'une infinité de corps. Ils contiennent aussi des germes organisés qui sont les agents des transformations que l'air fait subir aux substances végétales ou animales: c'est parmi eux qu'existent les germes de la putréfaction, du changement du vin en vinaigre, et dans certains lieux les agents des fièvres paludéennes et de certaines maladies contagieuses.

Malgré cette apparente complexité, l'air est à très peu de chose près le même partout. Qu'on en prenne à diverses époques, dans différents lieux, à différentes hauteurs, et qu'on l'analyse, on lui trouve toujours la même composition générale. L'atmosphère ne varie pas sensiblement quant à la nature et à la quantité des gaz qui la forment.

9. L'air active le feu. — Que faisons-nous pour faire brûler plus vivement le charbon ou le bois dans nos foyers? Nous dirigeons avec un soufflet de l'air sur le combustible; nous ouvrons le cendrier de nos poêles ou bien nous dégageons la grille sur laquelle repose le coke ou la houille; alors, à l'arrivée de l'air la flamme prend plus de développement. Fermons-nous au contraire les ouvertures, ou bien couvrons-nous de cendres les charbons allumés, la combustion cesse de se propager. Il lui faut de l'air pour qu'elle puisse s'effectuer, ainsi que nous le démontre avec évidence l'expérience de chaque jour.

10. L'air et les êtres vivants. — L'air est indispensable à tous les êtres vivants, qui meurent lorsqu'ils en sont privés. Ceux même qui vivent dans l'eau ne font pas exception à la règle; ils ne peuvent vivre que dans de l'eau aérée; ils périraient dans de l'eau récemment bouillie ou privée d'air. Enfermés dans un espace limité, ils pourraient continuer quelque temps à vivre, mais ils ne tarderaient pas à s'affaiblir et à périr, comme la bougie allumée placée sous une cloche s'affaiblit et s'éteint. Il faut de l'air à l'animal pour vivre, comme il faut de l'air à la bougie pour brûler, et c'est à l'oxygène que l'air doit ses propriétés.

Questionnaire. — 1. Comment peut-on montrer que l'air remplit les vases que nous croyons vides parce qu'il n'y a ni solide, ni liquide? — Dire comment on fait sortir en une sorte de vent l'air contenu dans un flacon? — Comment obtient-on de l'air d'un endroit quelconque? — 2. Qu'arrive-t-il lorsqu'on couvre d'une cloche une bougie allumée et quelles sont les deux observations que l'on peut faire? — Comment se conduit le phosphore allumé, dans une atmosphère limitée? — 3. Quels sont les deux gaz dont l'air est formé? — 4. Comment obtient-on le gaz azote et quelles sont ses propriétés? — 5 et 6. Dans quelles proportions l'azote et l'oxygène sont-ils dans l'air ordinaire et dans l'air que l'eau a dissous? — 7. Quelles sont les principales méthodes d'analyse de l'air en volumes? — Comment fait-on l'analyse en poids? — 8. Quels sont les autres corps contenus dans l'air? — Comment fait-on voir qu'il y a de la vapeur d'eau? — 9. Quelle est l'action de l'air sur le feu? — 10. L'air est-il nécessaire aux êtres animés?

CINQUIÈME LEÇON

Corps simples et Corps composés.
Combinaison chimique.

1. Définition. — Nous appelons corps simples ceux dont on ne peut retirer autre chose que leur propre substance, et corps composés ceux dont on peut, par un traitement convenable, retirer deux ou plusieurs substances différentes.

Tout le monde connaît l'or et l'argent, le fer et le cuivre rouge, et même le mercure, ce liquide mobile d'un éclat blanc et brillant que l'on appelait autrefois du vif-argent. A n'importe quelle opération on soumette l'un de ces corps il est impossible de le dédoubler, voilà des corps simples.

Nous savons déjà que l'air est formé de deux gaz, l'oxygène qui fait brûler le charbon, la bougie, le phosphore, et l'azote qui n'entretient pas la combustion. Nous avons appris à retirer de l'eau l'oxygène et l'hydrogène. L'eau et l'air sont des corps composés.

2. Exemple d'un corps composé dont on sépare les éléments. — Ajoutons un autre exemple à ceux que nous ont offerts l'eau et l'air. Prenons une poudre rouge que nous appellerons pour l'instant de la rouille de mer-

Fig. 29.

cure, parce qu'elle se forme sur le mercure comme la rouille ordinaire sur le fer. Plaçons-la au fond d'un tube de verre et chauffons (fig. 29). Nous verrons peu à peu se former sur le tube, au-dessus de la partie chauffée, un anneau miroitant. Si alors nous présentons à l'entrée du tube une allumette qui n'a plus qu'un point rouge, elle se rallumera et brûlera vivement. L'examen de l'anneau nous fera reconnaître qu'il est formé de fines gouttelettes de mercure. La chaleur a donc dégagé deux corps de la poudre rouge chauffée; le mercure qui s'est déposé sur le tube, et le gaz qui a rallumé l'allumette et que nous reconnaissons pour de l'oxygène par cette propriété. Donc la poudre rouge est un corps composé.

3. Les éléments des anciens et les corps simples connus. — Les anciens admettaient quatre corps simples qu'ils appelaient les quatre éléments et qu'ils supposaient capables de former tous les corps connus : C'étaient l'eau, l'air, la terre et le feu. Aucun de ces quatre corps ne mérite l'épithète de simple : l'eau et l'air sont composés, nous l'avons montré; la terre et le feu le sont également, nous le prouverons dans la suite.

On connaît aujourd'hui 65 corps simples dont la plupart n'ont que peu ou point d'emploi, mais dont quelques-uns sont très répandus et très utiles.

4. Noms des corps simples. — Il n'y a pas eu de règle unique suivie lorsqu'il s'est agi de donner des noms aux corps simples. Les plus anciennement connus ont conservé les noms sous lesquels on les désigne depuis longtemps, ainsi l'or, l'argent, le cuivre, le fer, l'étain, le zinc, le plomb. D'autres tirent leur nom de leur couleur: tels sont le chlore dont le nom veut dire jaune verdâtre et l'iode, ainsi appelé à cause de la couleur violette qu'il prend en vapeur quand on le chauffe. Certains autres corps ont été désignés par un mot qui rappelle leur propriété essentielle : l'azote parce qu'il prive de la vie et l'hydrogène parce qu'il engendre l'eau. Enfin les plus récemment connus ont, à la suite du nom du corps ordinaire où ils existent, une terminaison en ium : ainsi l'alumine, principe des terres grasses, la magnésie, et la potasse, sont connues depuis longtemps, les corps simples qu'on y a découverts dans notre siècle ont été appelés aluminium, magnésium, potassium.

5. Les métaux et les métalloïdes. — A première vue, on peut faire deux groupes dans les corps simples. Dans l'un on place les corps comme l'or, l'argent, le cuivre, le fer, etc., qui ont un éclat spécial, une surface très brillante lorsqu'ils viennent d'être coupés, limés ou coulés; ce sont les métaux. Dans l'autre rentrent les corps sans éclat comme le soufre, le charbon et les gaz oxygène, azote, etc. ; ce sont les corps non métalliques que l'on désigne habituellement sous le nom de métalloïdes.

Les métaux ont donc comme caractère apparent l'éclat spécial appelé éclat métallique, qu'on peut toujours leur donner par le frottement, et qu'ils conservent plus ou moins longtemps sans se ternir. Ils sont, de plus, bons conducteurs de la chaleur et de l'électricité. L'expérience de la transmission de l'électricité par les fils métalliques est faite sur une vaste échelle dans les fils télégraphiques, dont la plupart bordent nos lignes de chemins de fer. Quant à la preuve que les métaux conduisent bien la chaleur, on la vérifie en plongeant dans un foyer l'un des bouts d'une tige de fer ou de cuivre dont on tient l'autre à la main ; on ne tarde pas à sentir que la tige s'est échauffée.

Les métalloïdes n'ont aucun de ces trois caractères ; ils sont sans éclat, ils ne conduisent ni l'électricité ni la chaleur : tout le monde sait bien que l'on peut tenir, sans crainte de se brûler, un morceau de charbon assez près du point où il est allumé.

6. Variété des métaux. — Les métaux sont nombreux et très différents les uns des autres dans leur aspect et leurs usages. Tous sont solides, à l'exception du mercure qui est liquide, mais celui-ci se congèle et devient solide aussi en un lingot brillant, si on le refroidit jusqu'à 40° au-dessous de zéro.

La plupart des métaux, d'abord bien brillants, se ternissent peu à peu, se voilent d'un enduit où rien ne se reconnaît de la couleur et de l'éclat primitif. Le plomb, si brillant quand on vient de le couper, se couvre d'un enduit gris, le fer se rouille, le cuivre se revêt d'une couche verdâtre. L'or conserve sa couleur et son éclat ; l'argent aussi, bien qu'un peu moins. Ces deux derniers sont les métaux précieux ; mais leur inaltérabilité est à vrai dire la seule propriété qui puisse nous les faire apprécier. Ils sont trop peu durs pour pouvoir servir comme les métaux usuels et en particulier comme le fer.

7. Mélange. — Les corps composés résultent de l'association des corps simples ; ils sont en très grand nombre, puisque les corps simples peuvent se réunir deux à deux, trois à trois, quatre à quatre et chacun d'eux avec beaucoup d'entre les autres. Le mode de réunion le plus simple est le mélange ; mais il ne donne réellement pas lieu à des corps nouveaux. L'association intime qui donne naissance à des corps nouveaux prend le nom de combinaison. La différence entre ces deux modes d'association est très profonde ; nous allons l'établir par des exemples.

Le caractère du mélange, c'est que les corps qui y entrent peuvent en être facilement retirés avec les propriétés qu'ils avaient avant, bien qu'ils puissent paraître les avoir en partie perdues pour en prendre d'autres.

1er Exemple. — Prenons de la limaille de fer et du soufre en poudre ou de la fleur de soufre ; l'une est jaune, l'autre est grise ; remuons-les sur une feuille de papier, et mêlons-les aussi intimement que possible ; la poudre résultant de ce mélange n'est plus ni jaune ni grise ; on n'y distingue plus ni le fer, ni le soufre.

Fig. 30.

Mais chacun de ces deux corps y est avec ses propriétés particulières : l'œil armé d'une forte loupe y reconnaît les parcelles de fer et celles de soufre, et un triage convenable va nous permettre de les séparer. Étalons une portion de la poudre sur une feuille de papier et promenons au-dessus l'extrémité d'un aimant; les petites parcelles de fer viennent se fixer à l'aimant tandis que le soufre reste sur la feuille (fig. 30); avec un peu de patience nous séparerons complètement les deux corps, et nous les aurons tels qu'ils étaient avant d'être mélangés.

2e EXEMPLE. — Triturons de la limaille de cuivre rouge avec de la fleur de soufre; chacun des deux corps paraît avoir perdu sa couleur. Nous ne pouvons plus ici retirer le cuivre par l'aimant, car il n'est pas attirable comme le fer. Mais nous pouvons dissoudre le soufre dans un liquide où il disparaît comme le sucre dans l'eau. Jetons en effet un peu du mélange dans une fiole contenant le dissolvant du soufre; celui-ci y devient liquide laissant le cuivre rouge se rassembler au fond de la fiole. Le liquide, versé sur une soucoupe, laisse le soufre en dépôt. Cuivre et soufre n'étaient que mêlés : nous les retrouvons avec leurs propriétés.

8. Combinaison. — La combinaison est une union intime qui donne naissance à un nouveau corps, très différent dans ses propriétés de ceux qui l'ont formé et où ceux-ci ne peuvent plus être retrouvés avec l'aspect qu'ils avaient avant leur union. De plus, il y a souvent dans cette opération chimique un dégagement très notable de chaleur. Les deux exemples précédents vont nous servir d'abord.

Humectons d'eau chaude le mélange de soufre et de fer pour le convertir en pâte et introduisons-le dans un petit ballon. Bientôt des vapeurs se dégagent, la masse se boursoufle; sa coloration verte se change en un noir foncé. Où est le soufre, où est le fer dans cette poudre noire ainsi formée? L'œil armé d'une loupe ne peut plus les distinguer; l'aimant n'attire plus rien. C'est désormais une matière toute différente de ses composants, qui n'est ni métallique, comme le fer, ni combustible, comme le soufre, c'est le composé qu'a formé l'union intime de ces deux corps.

Mettons le mélange de cuivre et de soufre dans une capsule et chauffons. Le soufre fond et brûle; chaque parcelle de cuivre devient incandescente, et à la place des deux corps est une poudre noire très friable où aucun moyen simple ne peut retrouver ni le soufre ni le cuivre. La poudre noire est un corps composé formé par la combinaison du métalloïde avec le métal.

9. La dissolution peut être une combinaison. — La dissolution ordinaire, comme celle du sucre, du sel de cuisine ou du salpêtre dans l'eau, n'est qu'un mélange où le solide a été réduit en particules si fines qu'elles sont invisibles dans le liquide. En effet, si on évapore l'eau sucrée ou la dissolution de salpêtre, quand l'eau a disparu en vapeur, le sucre d'une part, le salpêtre de l'autre se retrouvent en croûte ou en cristaux au fond du vase avec les propriétés qu'ils avaient avant la dissolution.

Dans la préparation de l'hydrogène où du zinc disparaît dans le mélange d'eau et d'acide, il n'en est plus de même. Si, après la dissolution du métal, on évapore le liquide pour chasser l'eau, ce n'est pas du zinc que l'on obtient, c'est un nouveau corps en cristaux blancs comme le sel de cuisine, d'une saveur très amère, et n'ayant absolument rien de l'aspect métallique du zinc, ni de l'apparence liquide de l'acide. Ce corps est le produit d'une combinaison qui a été tumultueuse par le dégagement du gaz hydrogène et qui a engendré assez de chaleur pour échauffer le flacon jusqu'à le rendre brûlant.

Voilà donc prouvés les deux caractères principaux de cette association intime que nous appelons combinaison : elle forme un corps nouveau tout

différent de ses composants et elle est presque toujours la cause d'un dégagement de chaleur.

Questionnaire. — 1. Qu'appelle-t-on corps simples et corps composés? —
2. Comment montre-t-on que la rouille de mercure est un corps composé? —
3. Combien connaissons-nous de corps simples? — 5 et 6. Quels sont les caractères des métaux, des métalloïdes? — 7. Qu'est-ce qu'un mélange? — 8. Quels
sont les caractères de la combinaison chimique?

SIXIÈME LEÇON

Combustion. — Nomenclature des composés. — Acides et bases.

1. Les corps en brûlant se combinent à l'oxygène. — Revenons un moment
sur nos pas et recommençons, pour les étudier de plus près, ces brillantes
expériences où le phosphore, le charbon et le fer
brûlent dans l'oxygène.

Le phosphore allumé, plongé dans un flacon d'oxygène, donne une lumière éblouissante et un abondant
nuage de vapeurs blanches qui remplissent le flaçon
(fig. 31). Le phosphore disparaît et l'oxygène aussi.
Que sont-ils devenus? Ils se sont intimement asso-
ciés, ils se sont combinés pour former ces vapeurs
blanches, et leur combinaison a été accompagnée
d'une production de chaleur et d'une vive lumière.

Ces vapeurs blanches ne tardent pas à disparaître;
elles se dissolvent dans l'eau qui ruisselle sur les parois du flacon et dans celle qui en couvre le fond,
comme le ferait à leur place de la poudre de sucre;
et l'eau reçoit d'elles une saveur aigre très prononcée.

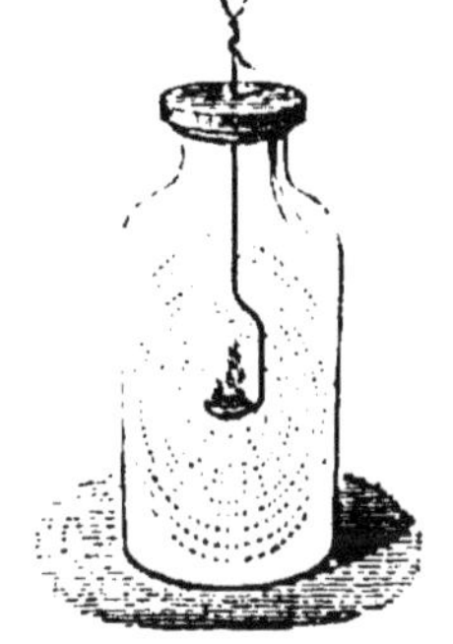

Fig. 31.

Mais nous pouvons les conserver pour mieux montrer que ce nouveau corps, ce composé, n'a plus au-
cune des propriétés du phosphore ni de l'oxygène. Brûlons le phosphore
dans une grande cloche bien sèche qui repose sur une assiette, et, la combustion finie, nous trouverons l'assiette et les parois de la cloche recouvertes d'une couche floconneuse d'un beau blanc, comme un mince dépôt
de neige. Une parcelle de cette neige jetée sur des charbons ardents ne
s'y enflamme pas; une autre parcelle jetée dans quelques gouttes d'eau y
disparaît avec un bruissement aigu, et l'eau devient fortement aigre. Le
phosphore en brûlant se combine donc avec l'oxygène, et le résultat de
cette combinaison, vapeur qu'on laisse perdre dans l'air, ou neige blanche
que l'on recueille, est un corps soluble dans l'eau, un corps aigre ou,
comme l'on dit en chimie, un *acide*.

Le charbon en brûlant dans l'oxygène se consume et l'oxygène disparaît; les deux corps se sont combinés; ils en ont formé un troisième qui
est un gaz invisible. Mais la présence de ce gaz peut être révélée dans le
flacon qui le contient; il suffit d'y verser un peu d'eau de chaux bien limpide, on voit cette eau se troubler et prendre une apparence laiteuse, tandis

qu'elle reste limpide lorsqu'on la verse dans un flacon contenant de l'oxygène ou de l'air.

Recommençons l'expérience si frappante dans laquelle nous avons fait brûler un ressort de montre dans l'oxygène. Nous voyons le ressort se consumer peu à peu et, à un moment donné, s'éteindre parce qu'il n'y a plus d'oxygène dans le flacon. Le fer s'est combiné au gaz oxygène avec production d'une grande chaleur et d'une vive lumière, et, à leur place, nous trouvons des globules tombés dans le fond du flacon et une poudre rouge comme la rouille qui en tapisse les parois : c'est le corps nouveau formé de l'union intime des deux premiers; il est solide comme le fer, mais il est cassant et friable, tandis que le fer ne l'est pas.

Ces trois exemples nous montrent bien que la combustion *est une combinaison d'un corps avec l'oxygène.* Nous appelons combustibles les corps qui peuvent ainsi brûler, et nous donnons le nom de corps comburant à l'oxygène qui les fait brûler.

2. Combustion du magnésium, du sodium et du zinc. — Les corps qui brûlent à l'air se combinent avec l'oxygène de l'air; leur transformation est moins rapide que dans l'oxygène pur ; mais elle donne naissance aux mêmes composés.

Prenons un bout de ruban du magnésium. Tenons-le avec des pinces par une de ses extrémités et présentons l'autre à la flamme d'une bougie. Le ruban s'allume et brûle seul d'un bout à l'autre en produisant une lumière si blanche, si vive qu'elle fatigue la vue et qu'à côté la bougie paraît d'un jaune presque obscur. Si l'on a tenu le ruban au-dessus d'une feuille de papier, on recueille sur celle-ci une poudre blanche farineuse; c'est le produit formé par la combinaison du magnésium avec l'oxygène. Ce composé jeté dans l'eau n'y disparaît pas, il y est insoluble.

Prenons un autre métal, le sodium, que l'on conserve dans l'huile de naphte parce qu'il s'altère rapidement à l'air. Ce métal est mou. Nous en coupons facilement un morceau, et la section nous apparaît tout d'abord d'un vif éclat brillant comme celui de l'argent, mais elle se ternit très vite. Nous plaçons ce petit morceau dans une petite capsule de porcelaine que nous chauffons légèrement. Le métal prend feu et brûle avec une flamme jaune. A sa place, il reste une poudre blanche formée de l'union intime, de la combinaison du sodium et de l'oxygène. Cette poudre est caustique, une parcelle très minime déposée sur la langue y produit une brûlure comme un fer rouge. Elle est très soluble dans l'eau qu'elle rend onctueuse; nous la dissolvons dans un peu d'eau pour nous en servir ultérieurement.

Les deux métaux que nous venons de brûler n'ont pas eu besoin d'être fortement chauffés. Il n'en est pas de même de la plupart des autres métaux qui exigent des températures élevées pour commencer à effectuer leur combinaison avec l'oxygène.

Prenons du zinc, remplissons-en un creuset que nous chaufferons dans un foyer ardent. Le métal commence par fondre; puis quand le creuset est rouge, il en sort une belle flamme d'un blanc bleuâtre et des fumées qui s'envolent et voltigent en flocons comme la neige ou de minces parcelles de laine. Le creuset s'emplit d'une matière floconneuse blanche et légère comme une ouate; c'est là le corps formé de l'union intime du zinc avec l'oxygène : les anciens chimistes l'appelaient la *laine philosophique* pour rappeler l'aspect qu'il présente au moment de sa formation.

3. Noms des composés. — Voilà bien des composés déjà connus de nous;

mais combien d'autres nous pourrions faire d'une façon analogue! Comment les distinguer les uns des autres et les reconnaître? C'est en leur donnant des noms qui rappellent la manière dont ils sont formés et qui fassent penser de suite aux corps entrant dans leur composition.

C'est ce qu'ont fait les chimistes depuis un demi-siècle, et quand ils désignent un corps composé, son nom seul indique déjà de quoi il est formé.

Les mélanges ne sont pas soumis à cette règle parce que les corps qui y entrent y restent eux-mêmes et se séparent chacun avec les caractères qu'on lui connaît communément : ainsi on dit un mélange de soufre et de fer, de soufre et de cuivre, une dissolution de sucre, de salpêtre ou d'alun.

Mais tous les produits des combinaisons ont reçu des noms caractéristiques. Nous en avons trois séries d'exemples dans cette leçon : nous avons en effet combiné : 1° un métalloïde avec un métal; 2° des métalloïdes avec l'oxygène; 3° l'oxygène avec des métaux.

Dans le premier cas où *un métalloïde est combiné avec un métal*, pour former le nom du composé obtenu, on termine en ure le nom du métalloïde et on le fait suivre du nom du métal. Ainsi le soufre (ancien nom sulphur) avec le fer ou le cuivre, donne le *sulfure de fer* ou le *sulfure de cuivre*.

Dans les cas des métalloïdes combinés à l'oxygène, les corps formés sont des acides.

Les composés formés de l'oxygène et des métaux sont appelés oxydes ou bases.

C'est une nouvelle différence très caractérisque entre les métalloïdes et les métaux.

4. Acides. — Leurs noms. — Dans le langage vulgaire, nous donnons la qualification d'acides aux corps qui ont une saveur aigre, faible ou forte, comme le vinaigre, le jus de citron, le jus d'oseille. Et si nous voulons les reconnaître autrement que par leur saveur, nous en trouverons le moyen dans l'action qu'ils exercent sur les couleurs végétales et particulièrement sur la couleur violacée retirée d'un lichen et qui sert dans nos laboratoires sous le nom de **tournesol**. Agitons dans de l'eau bouillante quelques morceaux de tournesol placés dans un nouet de linge et l'eau se teinte en violet bleuâtre : elle constitue la **teinture de tournesol** qui sert aux chimistes pour reconnaître rapidement et très facilement les acides.

Un acide fait *virer au rouge* la teinture de tournesol : voilà le fait que nous vérifions d'abord avec le vinaigre aussi bien qu'avec le jus de citron.

Nous allons le vérifier également avec le phosphore brûlé, avec la poudre blanche qu'a produite la combustion du phosphore, ou avec l'eau dans laquelle elle a disparu. De la teinture de tournesol versée dans le flacon où le phosphore a brûlé y passe immédiatement au rouge pelure d'oignon.

Versée dans le flacon où a eu lieu la combustion du charbon, la teinture subit une même transformation, seulement le rouge est moins vif, il tire sur la couleur vineuse.

Le charbon et le phosphore, en brûlant dans l'oxygène, ont donné naissance chacun à un acide.

Pour nommer ces acides on termine en ique le nom du corps qui s'est combiné à l'oxygène.

$$\left.\begin{array}{c}\text{Le phosphore}\\ \text{et}\\ \text{l'oxygène}\end{array}\right\}\quad\text{engendrent l'acide } \textbf{Phosphorique,}$$

$$\left.\begin{array}{c}\text{Le carbone}\\ \text{et}\\ \text{l'oxygène}\end{array}\right\}\quad\text{—}\quad \text{l'acide Carbonique,}$$

et par analogie l'acide du jus de citron est l'acide citrique; celui de l'oseille (oxalis), l'acide oxalique; celui du vin-pierre ou tartre, dépôt que le vin laisse sur les fûts, l'acide tartrique.

Dorénavant le nom d'acide carbonique nous rappellera le gaz invisible que produit le charbon (en chimie carbone) en brûlant, autrement dit en se combinant à l'oxygène.

Et nous ne dirons plus que le corps qui brûle disparaît, se détruit, s'anéantit; nous saurons qu'il a formé avec l'un des éléments de l'air un nouveau corps, visible ou invisible, mais dont il nous est possible de constater la présence et les propriétés.

5. Oxydes ou bases. — Leurs noms. — Les corps formés par la combinaison des métaux avec l'oxygène ne sont pas aigres comme les acides, et ils ne rougissent pas la teinture de tournesol. Ceux d'entre eux qui sont solubles dans l'eau, comme la poudre blanche produite par la combustion du sodium, ont une saveur caustique : versés dans le tournesol, d'abord rougi par un acide, ils *ramènent cette teinture au bleu*. On les appelle oxydes ou bases, et on donne par analogie le même nom aux corps insolubles qui ont une formation analogue, comme la poudre blanche provenant de la combustion du zinc ou de celle du magnésium, ou comme la poudre rouille et les globules qui résultent de la combustion du fer. ,

Les noms particuliers des oxydes sont faciles à retenir : pour désigner chacun d'eux, ont fait suivre le mot *oxyde* du nom du métal combiné à l'oxygène. Ainsi :

$$\left.\begin{array}{c}\text{Le fer}\\ \text{et}\\ \text{l'oxygène}\end{array}\right\}\quad\text{produisent l'oxyde de fer.}$$

$$\left.\begin{array}{c}\text{Le zinc}\\ \text{et}\\ \text{l'oxygène}\end{array}\right\}\quad\text{—}\quad \text{l'oxyde de zinc.}$$

$$\left.\begin{array}{c}\text{Le magnésium}\\ \text{et}\\ \text{l'oxygène}\end{array}\right\}\quad\text{—}\quad \text{l'oxyde de magnésium,}$$

$$\left.\begin{array}{c}\text{Le sodium}\\ \text{et}\\ \text{l'oxygène}\end{array}\right\}\quad\text{—}\quad \text{l'oxyde de sodium.}$$

On désigne souvent ces deux derniers par les noms de magnésie (oxyde de magnésium) et de soude (oxyde de sodium), parce que ces oxydes étaient connus des chimistes longtemps avant les métaux qu'ils contiennent.

6. La rouille du plomb et du cuivre. — Le plomb et le cuivre récemment frottés ou polis sont très brillants; mais ils se ternissent à la longue par leur contact avec l'air; le premier surtout se ternit assez vite et se recouvre

d'un enduit gris. Par l'action de la chaleur, le brillant métallique disparaît encore plus rapidement. Si on chauffe du plomb dans une cuiller de fer, le métal fond en un liquide très brillant, mais dont la surface se voile d'une crasse grise : et si on remue le métal fondu pour renouveler sa surface de contact avec l'air, on peut le transformer entièrement en crasse gris sombre ; cette poudre grise est l'**oxyde de plomb**, ou le résultat de la combinaison du plomb avec l'oxygène de l'air.

Le cuivre chauffé quelque temps se couvre d'un enduit noir que l'on peut ensuite en détacher en brossant le métal. La poudre noire est le résultat de la combinaison du métal avec l'oxygène, c'est l'**oxyde de cuivre**.

7. La rouille de mercure. — Le mercure est un des métaux les plus brillants ; à l'air, il se ternit aussi et se couvre d'un léger enduit gris. Mais quand on le chauffe longtemps à une température voisine de celle qui peut le faire bouillir, il se couvre d'une rouille rouge que nous connaissons déjà, car elle nous a servi comme premier exemple d'un corps composé. C'est bien de l'*oxyde de mercure*, puisqu'en la chauffant dans un bout de tube nous en avons séparé du mercure et de l'oxygène (5e Leçon — fig. 29).

8. L'analyse de l'air par Lavoisier. — Cette production de la rouille de mercure a fourni à Lavoisier, le premier des chimistes français, le moyen de prouver que l'air est un corps composé ; il y a trouvé en même temps l'occasion de découvrir et de formuler la loi de l'oxydation des métaux, inconnue avant lui.

On savait, avant Lavoisier, que les métaux calcinés engendrent des substances nouvelles que l'on appelait des *terres* ou des *chaux métalliques*, tandis que nous les appelons *oxydes*. On savait, comme aujourd'hui, produire par l'action de la chaleur les chaux, c'est-à-dire les oxydes d'étain, de plomb et de mercure. Mais on n'avait pas assez bien remarqué que dans cette calcination le métal augmente de poids : on n'avait pas songé à le peser avant et après l'expérience. La première découverte de Lavoisier consiste à avoir prouvé que le métal chauffé augmente de poids, qu'il prend quelque chose à l'air, qu'il

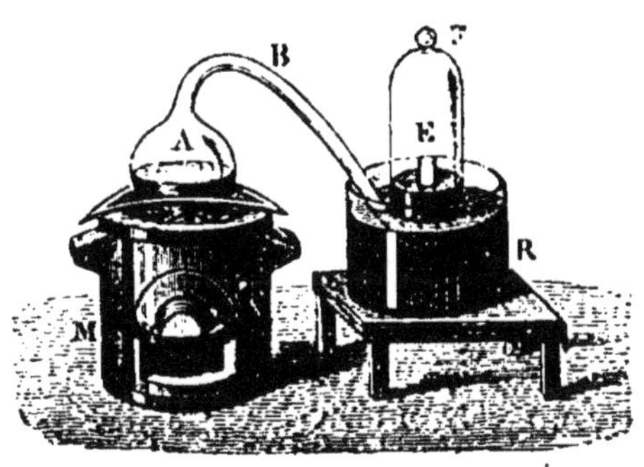

Fig. 32.

lui prend la portion que nous nommons l'oxygène et qu'il laisse l'azote. Pour cela, Lavoisier chauffa du mercure dans un ballon à long col recourbé comme l'indique la figure 32. L'extrémité du tube était couverte d'une cloche qui limitait l'air en contact avec le mercure du ballon.

Après plusieurs jours de chauffe, le mercure du ballon se couvrit de pellicules rouges, chaux de mercure ou oxyde, comme nous disons aujourd'hui. Et l'air avait diminué d'un cinquième, comme l'attestait le mercure de la cuve monté dans la cloche. Le mercure chauffé prenait donc à l'air un cinquième de son volume ; et le gaz restant n'était plus capable d'entretenir la combustion. Lavoisier avait ainsi fait l'analyse de l'air.

Il poussa plus loin cette expérience, l'une des plus remarquables qui aient été faites. Il recueillit l'oxyde de mercure, le chauffa dans un tube, s'assura qu'il en sortait de l'oxygène, et en envoyant ce gaz se mêler à l'azote de la cloche, il reconstitua l'air qui remplissait l'appareil avant l'expérience.

Depuis Lavoisier, nous disons que *les métaux chauffés prennent l'oxygène de l'air pour former les oxydes*, et nous comprenons que la combustion s'arrête dans un espace d'air limité, quand le corps combustible a pris la plus grande partie de l'oxygène qui s'y trouvait.

9. La rouille du fer. — Tout le monde sait que le fer, très brillant quand il sort des mains de l'ouvrier qui vient de le polir, se recouvre peu à peu à l'air, surtout à l'air humide, de taches rougeâtres qui l'envahissent assez rapidement, forment à sa surface une couche pulvérulente et finissent par le ronger entièrement. Ce phénomène est si commun que chacun de nous a pu l'observer mille fois : c'est là une combinaison chimique, c'est l'union du fer avec l'oxygène de l'air; *la rouille est un* **oxyde de fer.**

Nos observations journalières peuvent nous convaincre que l'air est nécessaire à la formation de la rouille du fer et des autres métaux. Un morceau de fer poli, conservé dans un air très sec, y garde très longtemps son brillant; porté dans un endroit où l'air est un peu humide, il se rouille promptement.

Que faire alors pour empêcher la production de la rouille? Il faut soustraire la surface du fer au contact de l'air humide. On y parvient en y déposant une mince couche d'un corps gras qui ne masque pas sensiblement le brillant de l'objet, mais qui ne laisse pas venir jusqu'au métal l'humidité dont l'air est imprégné. C'est le procédé que l'on suit pour conserver le brillant des armes d'acier ou de fer et de bien d'autres objets formés de ce métal.

Pourquoi recouvre-t-on de peinture les fers sans cesse exposés à l'air, comme les grandes pièces des constructions, colonnes, grilles, etc.? C'est pour les garantir de la rouille, autrement dit de l'oxydation. La première couche répandue sur le métal avec beaucoup de soin et d'une façon très homogène a pour but de servir d'enduit préservateur de l'action de l'air; et si l'on veut un décor, on le pose sur cette première couche essentiellement préservatrice. Les fers se conservent ainsi très longtemps à l'air humide, tandis qu'ils y seraient rapidement rongés si on les laissait nus.

10. Combustion vive et combustion lente. — Nous avons vu les métaux brûler vivement dans l'oxygène et se transformer très rapidement en oxydes. Nous avons vu les métaux chauffés, comme le zinc, le plomb, le cuivre se couvrir d'enduits terreux qui sont des oxydes formés de la combinaison du métal avec l'oxygène. Nous venons de voir enfin des métaux se couvrir d'une couche terreuse rien que par leur exposition à l'air. Dans ces trois cas, le phénomène chimique est le même, c'est une combinaison avec l'oxygène, c'est une combustion : et le corps produit a la même nature. Mais tandis que le fer se transforme en oxyde en quelques instants dans un flacon d'oxygène, en produisant de la chaleur et une vive lumière, que le zinc prend l'oxygène de l'air chaud et brûle vivement en laissant comme résidu son oxyde, les deux mêmes métaux se couvrent à l'air de leur oxyde, lentement, sans production de lumière et sans dégagement apparent de chaleur. Rouille lente et rouille rapide, c'est la même chose au fond pour le chimiste. Dans les deux cas l'oxygène de l'air attaque le métal et le convertit en matière terreuse ou oxyde. L'oxydation du fer dans l'oxygène pur est une *combustion vive*. La rouille du fer à l'air est une *combustion lente*.

Questionnaire. — 1. Sous quelle forme apparaît la combinaison de l'oxygène avec le phosphore, avec le charbon, avec le fer? — 2. Quels sont les corps produits par la combustion du magnésium, du sodium et du zinc? — 3. Comment donne-t-on des noms aux composés formés d'un métalloïde et d'un métal, d'un métalloïde et de l'oxygène, d'un métal et de l'oxygène? — 4. Quelles sont les propriétés des acides et comment les dénomme-t-on? — 5. Quelles sont les propriétés des oxydes? — 6 et 7. Quel est le nom chimique de la rouille du plomb, du cuivre, du mercure? — 8. Décrire l'expérience mémorable de Lavoisier pour l'analyse de l'air. — 9 et 10. Montrer par des exemples la différence entre la combustion vive et la combustion lente.

SEPTIÈME LEÇON.

Combinaison de l'hydrogène avec l'oxygène. Analyse et synthèse de l'eau.

1. **La combustion de l'hydrogène.** — Nous avons déjà fait brûler l'hydrogène à l'air (fig. 19). Il a suffi d'approcher une allumette enflammée du jet de gaz sortant d'un flacon à deux tubulures. Cette célèbre expérience de Cavendisch nous a montré que l'hydrogène en brûlant à l'air, c'est-à-dire en se combinant à l'oxygène de l'air, produit de l'eau. C'est là une première synthèse de l'eau.

L'hydrogène peut aussi se combiner avec l'oxygène libre et même avec l'oxygène déjà engagé dans une autre combinaison et, dans chacun de ces cas, il y a toujours de l'eau formée.

On réalise la combinaison de l'hydrogène avec l'oxygène libre, en mettant le feu à leur mélange. Remplissons une éprouvette au tiers d'oxygène et le reste d'hydrogène, présentons l'ouverture à une bougie allumée, il se produit de suite une forte détonation; les deux gaz se sont combinés, ils ont formé de l'eau qui est déposée sur les parois internes de l'éprouvette. La combinaison est si vive que l'explosion briserait le vase si celui-ci n'avait pas une large ouverture et des parois solides, et surtout si on opérait sur une certaine quantité des deux gaz. Aussi quand on a rempli du mélange d'oxygène et d'hydrogène une fiole d'un quart de litre à goulot étroit, on l'entoure d'un linge mouillé avant de mettre le feu au gaz, afin d'arrêter les éclats du verre si la fiole était brisée par la violence du choc.

La manière la plus curieuse de produire sans danger une très forte explosion est la suivante. On remplit une cloche tubulée du mélange de 2 parties d'hydrogène et 1 partie d'oxygène, puis on fait dégager, à l'aide d'un tube, pendant quelques secondes, ce mélange dans de l'eau de savon contenue dans un mortier; il reste sur l'eau de savon des bulles gonflées du mélange des deux gaz. On met alors le feu aux bulles en approchant d'elles une allumette enflammée : instantanément, il se produit une détonation d'une force étonnante.

2. **L'hydrogène peut enlever l'oxygène aux oxydes.** — Les expériences précédentes montrent d'une façon très évidente que l'hydrogène se com-

bine facilement avec l'oxygène. Il peut même enlever ce dernier gaz à des corps dans lesquels l'oxygène est déjà combiné à un métal. Pour réaliser l'expérience, on emploie l'oxyde de cuivre, poudre noire qui provient de l'alliance du cuivre avec l'oxygène. On met cette poudre dans un tube large, effilé à un bout, et on fait passer dans le tube un courant de gaz hydrogène. Quand on suppose que l'hydrogène a chassé l'air qui remplis-

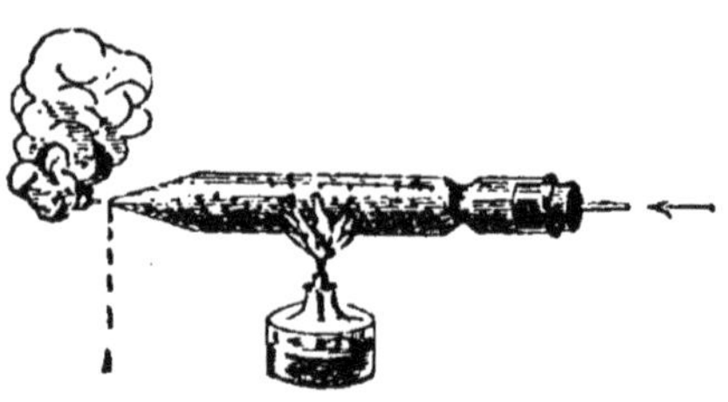

Fig. 33.

sait avant lui le tube et le flacon producteur, on chauffe le tube contenant l'oxyde de cuivre (fig. 33) ; on voit alors deux phénomènes : 1° le dégagement de vapeur d'eau en brouillard à l'extrémité du tube ; 2° l'oxyde de cuivre devenu incandescent par la chaleur que produit la combinaison.

Il n'est entré dans le tube que de l'hydrogène ; il en sort de l'eau : c'est que l'hydrogène a trouvé dans le tube de l'oxygène pour se combiner avec lui ; il prend en effet l'oxygène de l'oxyde de cuivre. Alors, après l'expérience, il ne doit plus rester que du cuivre : c'est en effet ce qui a lieu, on ne retrouve dans le tube que du cuivre rouge quand on a opéré sur peu d'oxyde.

A ne considérer que l'oxyde de cuivre, on peut dire que ce corps a été *réduit* par l'hydrogène, puisqu'il ne lui reste plus que le métal. L'hydrogène accomplit donc ici une *réduction*, c'est-à-dire qu'il désorganise un oxyde fait. Mais si on s'inquiète autant du produit résultant, qui est l'eau, que du produit primitif, on reconnaît que si un oxyde a été défait, un autre (celui de l'hydrogène, que nous appelons toujours l'eau) a été formé. Il y a donc eu en réalité une désoxydation du cuivre et une oxydation de l'hydrogène.

Ainsi par le fait de l'hydrogène il y a eu fabrication d'eau ou, comme disent les chimistes quand ils produisent un corps à l'aide de ses éléments, il y a eu synthèse de l'eau.

3. Composition de l'eau. — Synthèse par l'eudiomètre. — L'analyse de l'eau par la pile révèle une proportion d'hydrogène double en volume de celle de l'oxygène. Il importe, pour bien fixer la composition de l'eau, d'en faire la synthèse en mesurant exactement les quantités des deux gaz qui entrent en combinaison.

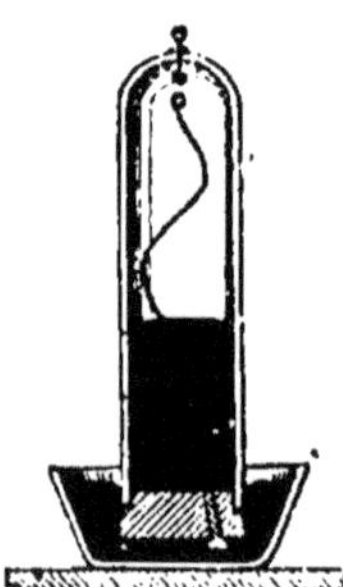

Fig. 34.

On se sert pour cela de l'*eudiomètre*, tube à parois fortes, disposé de telle sorte qu'on puisse, sans l'ouvrir, y faire jaillir à l'intérieur une étincelle électrique (fig. 34). On le remplit de mercure, puis on y fait passer 100 centimètres cubes d'oxygène et 100 centimètres cubes d'hydrogène. On produit une étincelle électrique près de la boule du tube ; on la voit se répéter dans le mélange gazeux qui diminue immédiatement de volume. Le gaz restant occupe encore 50 centimètres cubes. Si on essaye ce gaz, on reconnaît que c'est de l'oxygène pur.

On conclut de cette expérience que

100 centimètres cubes d'hydrogène ont exigé
50   —   d'oxygène.

En chiffres plus simples :

2 volumes d'hydrogène se combinent à
1 volume d'oxygène

pour former l'eau.

Demandons-nous combien il s'est formé d'eau dans cette combinaison ? le calcul et l'expérience vont répondre à cette question.

Admettons que nous ayons pu combiner deux litres d'hydrogène avec un litre d'oxygène. L'eau formée aura nécessairement pour poids la somme des poids des deux gaz employés.

2 litres d'hydrogène pèsent $2 \times 0,0895 = 0^{gr},179$
1 litre d'oxygène — $1 \times 1,437 = 1\ 437$

Poids de l'eau formée $1^{gr},616$

Si cette eau passe à l'état liquide, elle n'occupera même pas 2 centimètres cubes ; et elle provient de 3 litres de gaz.

Rien d'étonnant donc à ce que l'on n'aperçoive pas d'eau dans un eudiomètre où l'on opère sur à peine 1/8 de litre !

Si l'eau restait en vapeur, voyons le volume qu'elle occuperait ?

Le litre de vapeur d'eau pèse $0^{gr},808$. La vapeur d'eau formée par 2 litres d'hydrogène combinés à 1 litre d'oxygène occuperait donc

$$\frac{1,616}{0,808} = 2 \text{ litres.}$$

Ainsi le calcul démontre que

2 litres d'hydrogène ⎱ donnent 2 litres de vapeur d'eau
et 1 litre d'oxygène ⎰ en se combinant

4. Expérience de Gay-Lussac. — Gay-Lussac a voulu vérifier expérimentalement ce fait important. Il a répété l'expérience de l'eudiomètre, mais en entourant celui-ci d'un manchon où il faisait passer une vapeur capable de chauffer les gaz au-dessus de 100°. Il avait mis dans l'eudiomètre 2 mesures d'hydrogène et 1 d'oxygène, et quand la combinaison fut opérée par l'étincelle électrique, le mercure ne monta que de 1/3 dans le tube. La vapeur d'eau formée occupait les 2/3 du volume total des gaz qui lui avaient donné naissance. L'expérience prouve donc comme le calcul que

2 litres d'hydrogène
en se combinant à 1 litre d'oxygène
donnent 2 litres de vapeur d'eau.

Fig. 35.

5. Composition de l'eau en poids. — Connaissant la composition de l'eau en volumes, comme nous venons de la déterminer, on pourrait, par le calcul, déterminer les poids d'hydrogène et d'oxygène qui forment un poids donné d'eau. Mais la méthode eudiométrique n'emploie que de petites quantités de gaz qu'il est difficile de mesurer très rigoureusement ; d'un autre côté, une légère erreur dans la densité de l'un des deux gaz en entraînerait une dans la composition de l'eau ainsi trouvée par le calcul.

Mieux valait donc demander, à une expérience rigoureuse, la composition de l'eau en poids ; c'est ce qu'ont fait les savants les plus éminents, notamment M. Dumas ; le savant chimiste a monté cette recherche avec tant de soin qu'elle est encore le modèle des déterminations chimiques.

6. Synthèse de l'eau par l'oxyde de cuivre. — M. Dumas a fait passer de l'hydrogène pur et sec sur un poids connu d'oxyde de cuivre, et il a soigneu-

Fig. 36.

sement recueilli et pesé l'eau formée. En pesant l'oxyde de cuivre, après l'expérience, il a eu le poids d'oxygène enlevé par l'hydrogène. En retranchant ce poids d'oxygène du poids de l'eau formée, il a connu le poids de l'hydrogène entré dans la combinaison.

L'appareil dont il s'est servi est très complexe : la première partie est destinée à produire, à purifier et à dessécher l'hydrogène ; la deuxième comprend le ballon à oxyde de cuivre et les tubes destinés à retenir toute l'eau formée.

Voici un exemple des nombres que peut fournir cette expérience.

$$
\begin{array}{llr}
\text{Poids de l'oxyde de cuivre avant l'expérience} & 159 \text{ grammes,} \\
\quad\text{—} \qquad\text{—} \qquad\text{après} \qquad\text{—} & 127 \quad\text{—} \\
\hline
\text{Poids de l'oxygène} & 32 \quad\text{—}
\end{array}
$$

Poids de l'eau recueillie : 36 grammes,
$$\text{Poids de l'hydrogène} \qquad 4 \quad \text{—}$$

Ainsi, 36 grammes d'eau ont été obtenus par la combinaison de

$$
\begin{array}{ll}
& 32 \text{ grammes d'oxygène} \\
\text{avec} & 4 \quad\text{—}\quad \text{d'hydrogène.}
\end{array}
$$

La composition centésimale de l'eau est donc la suivante :

$$
\begin{array}{lr}
\text{Hydrogène} & 11,11 \\
\text{Oxygène} & 88,88 \\
\hline
\text{Eau} & 100 \quad\text{»}
\end{array}
$$

Si, au lieu de rapporter les poids des deux gaz à 100 grammes du produit qu'ils engendrent, on les compare l'un à l'autre, on trouve que

1 gramme d'hydrogène
s'unit à 8 grammes d'oxygène } pour donner 9 grammes d'eau.

Cette remarque va nous permettre d'exposer succinctement les principes de la notation chimique.

7. Notation chimique. — Pour la commodité de l'écriture, on représente les corps simples par des *symboles*, formés presque toujours de la première lettre du nom, quelquefois des deux premières quand il faut éviter des confusions possibles. Ainsi

l'hydrogène est représenté par	H
l'oxygène	—	O
le carbone	—	C
le chlore	—	Cl
le cuivre	--	Cu, etc.

Mais pour que ces symboles puissent servir à figurer les corps composés et révéler en même temps la composition des corps qu'ils représentent, il faut leur donner à chacun une valeur de convention, il faut leur faire exprimer des *nombres proportionnels*, leur faire indiquer les quantités relatives suivant lesquelles ont lieu les différentes combinaisons.

On a choisi l'hydrogène, le plus léger de tous les corps, comme terme de comparaison.

La composition de l'eau révèle que 8 grammes d'oxygène se combinent avec 1 gramme d'hydrogène. Ces 8 grammes d'oxygène détruisent l'activité particulière que possède 1 gramme d'hydrogène, et ils perdent en même temps leur activité propre. Ils caractérisent l'oxygène au point de vue de la combinaison, comme 1 gramme caractérise l'hydrogène ; c'est ce que l'on exprime en disant qu'au point de vue chimique, ce sont des *poids équivalents*.

Si donc on s'appuie sur cette notion des poids équivalents dont la composition pondérale de l'eau nous offre le premier exemple, on peut écrire que

H	représentera	1 gr. d'hydrogène
O	—	8 gr. d'oxygène

l'eau sera alors figurée par HO et cette formule représentera 9 **gr.** d'eau.

Le symbole de chaque corps simple indiquera donc le poids de ce corps qui peut se combiner, soit avec 1 gramme d'hydrogène, soit avec 8 grammes d'oxygène, ou bien se substituer à l'un ou à l'autre de ces deux derniers poids.

Telle est la notation qui a prévalu jusqu'ici dans l'enseignement de la chimie.

Aujourd'hui elle n'est plus la seule ; les savants lui en préfèrent une autre qui commence à être d'un usage courant dans les travaux et les mémoires scientifiques. Tout en conservant la notion primordiale des poids proportionnels qui fait la base de l'ancienne notation, la nouvelle n'en fait plus uniquement son point de départ ; elle y joint d'autres considérations que nous développerons plus loin, notamment celle du volume gazeux des composés.

Nous ne l'appliquerons en ce moment qu'à l'exemple de l'eau.

La synthèse eudiométrique révèle

1 volume d'oxygène
et 2 volumes d'hydrogène.

Si l'on prend comme unité non plus comme dans la notation précédente 1 gramme d'hydrogène occupant 2 volumes, en regard de 8 grammes d'oxygène occupant 1 volume, mais bien

1 *volume d'hydrogène, figuré par* H *et représentant* 1 *gramme,* on est amené à écrire :

2 volumes d'hydrogène	H^2	2 grammes
1 volume d'oxygène	O	16 grammes
L'eau	H^2O	18 grammes

Telle est la formule que l'on donne à l'eau dans beaucoup d'ouvrages récents.

Questionnaire. — 1. Comment réalise-t-on la combustion de l'hydrogène à l'air? — Sa combinaison avec l'oxygène libre? — Quelles sont les précautions à prendre dans l'inflammation d'un mélange d'oxygène et d'hydrogène? — 2. Comment montre-t-on que l'hydrogène peut enlever l'oxygène aux oxydes? — 3. Comment réalise-t-on la synthèse de l'eau par l'eudiomètre? — 4. Quelle est la quantité d'eau formée? — 5 et 6. Comment établit-on la composition de l'eau en poids? — 7. Quel est le principe de la notation chimique?

HUITIÈME LEÇON

Composés oxygénés de l'azote. — Acide azotique.

1. Composés oxygénés de l'azote. — L'azote en se combinant à l'oxygène donne cinq composés qui renferment tous le même poids d'azote, mais avec des quantités d'oxygène multiples de la première d'entre elles. Ainsi 14 grammes d'azote y sont combinés avec

8   16   24   32   40 grammes d'oxygène.

Voici les noms et les symboles de ces cinq composés, dont les trois derniers seulement ont la propriété des acides et en méritent le nom :

AzO,	protoxyde d'azote;
AzO^2,	bioxyde d'azote;
AzO^3,	acide azoteux;
AzO^4,	acide hypoazotique;
AzO^5,	acide azotique.

L'acide azotique peut être considéré comme le générateur des autres : c'est lui que nous allons étudier d'abord.

2. Acide azotique. — Le composé que nous avons figuré par la formule AzO^5 et que nous appelons *acide azotique anhydre* ne s'obtient que difficilement par la combinaison directe de l'azote avec l'oxygène sous l'influence de l'étincelle électrique. Il est très instable et absolument sans usages.

Mais quand il a fixé de l'eau, qu'il est devenu l'acide azotique hydraté, il se conserve très bien et constitue, sous cette forme, l'acide fort que nous appelons acide **azotique** ou **nitrique** ou encore **eau-forte** et qui est d'un emploi fréquent dans les laboratoires.

3. Acide azotique hydraté. — L'acide le plus concentré possible a pour formule AzO^5HO; on le dit **monohydraté** ou encore **fumant**, parce qu'il répand des vapeurs à l'air. C'est un liquide incolore quand il est pur, souvent coloré en brun rouge par des vapeurs d'acide hypoazotique qui lui donnent une odeur particulière. Sa densité est 1,52.

Il bout à 86°, et cette température suffit déjà à le décomposer; il se produit des vapeurs rutilantes; si on continue de le chauffer, l'eau provenant de l'acide décomposé se combine à l'acide restant pour en élever peu à peu le point d'ébullition jusqu'à 123°. A partir de ce point, le thermomètre reste stationnaire, le liquide passe à la distillation; c'est alors l'acide à 4 équivalents d'eau AzO^54HO dont la densité est 1,42. Ce même acide prend naissance quand on distille de l'acide azotique étendu; il passe d'abord de l'eau plus ou moins acide; le thermomètre monte peu à peu de 100° à 123° où il reste stationnaire; à ce moment, l'acide qui bout dans la cornue est l'acide AzO^54HO.

L'acide monohydraté AzO^5HO est aussi décomposé par la lumière qui le colore peu à peu en jaune orangé.

4. Propriétés chimiques. — La propriété saillante de l'acide azotique c'est la facilité avec laquelle il se décompose; il donne des vapeurs rouges d'acide hypoazotique, de l'oxygène et de l'eau. La formule suivante symbolise cette décomposition.

$$HOAzO^5 = HO + O + AzO^4$$

Presque tous les métalloïdes sont attaqués par l'acide azotique concentré qui leur cède facilement de l'oxygène. C'est donc un oxydant énergique. Il entretient avec vivacité la combustion d'un charbon allumé qu'on présente à sa surface.

L'hydrogène le décompose, et, après lui avoir pris son oxygène pour former de l'eau, il peut se combiner à l'azote et produire de l'ammoniaque; la réaction complète est la suivante :

$$AzO^5HO + 8H = AzH^3 + 6HO.$$

Fig. 37.

On produit cette transformation en faisant passer de l'hydrogène mélangé de vapeurs d'acide azotique sur de la mousse de platine légèrement chauffée; un papier rouge de tournesol présenté à l'extrémité du tube qui contient le platine divisé prend la couleur bleue que lui donne l'alcali.

Le phosphore est oxydé par l'acide azotique; la réaction, un peu aidée par la chaleur, est très vive : il se dégage d'abondantes vapeurs rutilantes.

5. Action des métaux. — Tous les métaux, excepté l'or et le platine, décomposent l'acide azotique; les produits formés dépendent du métal et surtout du degré de concentration de l'acide. L'étain, anciennement **Stannum**, symbole **Sn**, traité par l'acide azotique, donne une poudre blanche d'oxyde d'étain et il se dégage des vapeurs rutilantes :

$$Sn + 2AzO^5HO) = SnO^2 + 2AzO^4 + 2HO.$$

Le cuivre, le plomb, le mercure, l'argent forment des azotates, avec dégagement de vapeurs d'acide hypoazotique dans un vase ouvert et de bioxyde d'azote dans un vase fermé.

Le zinc désoxyde plus complètement l'acide azotique, et il se dégage du protoxyde d'azote ; la réaction est complexe, il se produit de l'azotate d'ammonium en même temps que de l'azotate de zinc.

6. Fer passif. — Le fer est attaqué avec énergie par l'acide azotique étendu. Ce métal, bien décapé, plongé dans de l'acide azotique monohydraté, n'y subit aucune attaque ; si alors on le plonge dans l'acide étendu, l'attaque n'a plus lieu ; on dit que le fer est devenu **passif** ; il cesse de l'être quand on le touche avec du cuivre ou même du fer non passif et il est attaqué alors avec une grande énergie.

7. Eau régale. — L'acide azotique seul ne dissout pas l'or, ni l'acide chlorhydrique non plus ; et un mélange des deux acides dissout rapidement ce métal.

C'est ce mélange qu'on appelle **eau régale** ; on le compose le plus souvent avec 4 parties d'acide chlorhydrique et 1 partie d'acide azotique. Le liquide, qui au premier moment est incolore, devient peu à peu d'un jaune orange ; il s'y forme du chlore et des composés d'azote, de chlore et d'oxygène très actifs sur l'or et le platine.

8. Action de l'acide azotique sur les matières organiques. — L'acide azotique attaque presque toutes les matières organiques, quelques-unes même avec violence, ainsi il enflamme l'essence de térébenthine. Il transforme le coton en une poudre très inflammable, le **coton-poudre**. Il colore en jaune la laine et la soie ; il tache la peau et peut désorganiser les tissus ; aussi est il un poison violent.

Il décolore l'indigo. Cette réaction peut servir à déceler sa présence.

9. Usages. — L'acide azotique sert à préparer l'acide sulfurique, l'eau régale, les azotates, le coton-poudre.

On l'emploie pour teindre la soie en jaune. C'est avec lui que l'on grave le cuivre.

10. Azotates. — L'acide azotique a pour formule $HOAzO^5$. Lorsqu'il se combine aux métaux pour donner les sels que l'on nomme azotates, il perd un équivalent d'hydrogène H pour prendre à sa place *un* équivalent du métal M. Cette substitution enlève à l'acide la saveur aigre et la propriété de rougir le tournesol et le nouveau produit a souvent une saveur salée et il peut cristalliser.

Les azotates ressemblent donc à l'acide azotique où un métal remplace l'hydrogène ; ils tirent leurs noms de l'acide par le changement de la finale *ique* en *ate ;* voici les formules de quelques-uns.

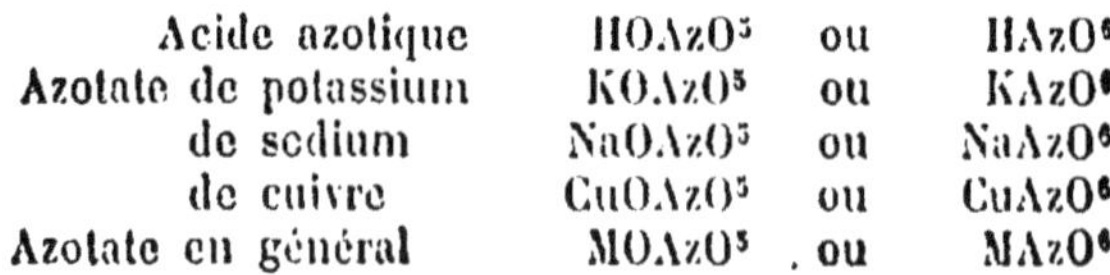

Acide azotique	$HOAzO^5$	ou	$HAzO^6$
Azotate de potassium	$KOAzO^5$	ou	$KAzO^6$
de sodium	$NaOAzO^5$	ou	$NaAzO^6$
de cuivre	$CuOAzO^5$	ou	$CuAzO^6$
Azotate en général	$MOAzO^5$	ou	$MAzO^6$

11. Préparation. — On tire l'acide azotique de l'azotate de potassium (salpêtre) ou de l'azotate de sodium (ce dernier doit être préféré parce qu'il est moins cher et qu'à poids égal il donne plus d'acide que le premier), en attaquant le sel par l'acide sulfurique. On introduit le sel dans une cornue; puis on y verse l'acide sulfurique à l'aide d'un tube à entonnoir pour éviter de mouiller les parois du col de la cornue d'acide sulfurique qui se mêlerait à l'acide azotique distillé. On engage le col de la cornue dans un ballon que l'on dispose de manière à ce qu'il soit facile de le refroidir et on chauffe la cornue. Le commencement de l'opération s'annonce par des vapeurs rutilantes qui remplissent l'appareil; peu à peu ces vapeurs disparaissent; l'acide distille en vapeurs incolores qui se condensent dans le ballon refroidi. La fin de l'opération est annoncée par la réapparition des vapeurs rouges et le boursouflement de la masse fondue.

La théorie de l'opération est simple; l'acide azotique, volatil à la température de 120°, a fait double échange avec l'acide sulfurique et s'est dégagé. Il faut 98 parties d'acide sulfurique pour 101 de salpêtre ou 85 d'azotate de sodium.

Tout se passe comme si le métal du salpêtre changeait de place avec un équivalent d'hydrogène H de l'acide sulfurique.

Fig. 39.

Si l'on écrit qu'il y a égalité entre les poids des produits entrant dans la réaction et les poids des corps formés, on obtient la formule suivante.

$$KO.AzO^5 + \left\{ \begin{matrix} HOSO^3 \\ HOSO^3 \end{matrix} \right\} = HOAzO^5 + \left\{ \begin{matrix} KOSO^3 \\ HOSO^3 \end{matrix} \right\}$$

Fig. 40.

C'est l'acide fumant qu'on obtient ainsi.

Dans l'industrie, la réaction est la même (on emploie toujours l'azotate de sodium). La cornue est remplacée par une grande chaudière de fonte munie d'une tubulure sur laquelle on monte une allonge de verre qui permet de juger quand l'opération est terminée. Les vapeurs acides vont se condenser dans une série de bouteilles de grès mises à la suite les unes des autres et lutées avec de l'argile. C'est l'acide plus ou moins étendu d'eau que l'on obtient ainsi.

On consomme en France annuellement 5 millions de kilogrammes d'acide azotique.

Questionnaire. — 1. Combien y a-t-il de composés oxygénés de l'azote, quels sont leurs noms et leurs symboles? — 2 et 3. Quelle est la constitution de l'acide azotique hydraté? — 4. Quelle est l'action de l'acide azotique sur les métalloïdes? — 5 et 6. Son action sur les métaux? — Sur le fer? — 7. Qu'est-ce que l'eau régale? — 8. Comment agit l'acide azotique sur les matières organiques? — 9 et 10. Quels sont ses usages et sa préparation? — 11 Quelle est la constitution et le symbole des azotates?

NEUVIÈME LEÇON

Composés oxygénés de l'azote. — Acide hypoazotique. — Bioxyde et protoxyde d'azote.

ACIDE HYPOAZOTIQUE AzO^4.

1. Propriétés. — Ce composé, appelé encore vapeurs nitreuses ou rutilantes, se présente sous forme d'un gaz rouge brun, ou sous la forme d'un liquide jaune brun, très volatil, obtenu par le refroidissement du gaz; il faut tenir le liquide dans un matras fermé, parce qu'il se réduit complètement en vapeur à 22°.

Fig. 41.

L'acide hypoazotique se forme dans un grand nombre de circonstances, notamment dans l'attaque à l'air des métaux par l'acide azotique. Pour l'avoir à l'état liquide, on chauffe, dans une cornue de verre peu fusible, de l'azotate de plomb desséché; le col de la cornue est engagé dans ' une des branches d'un tube en U qui plonge dans un mélange réfrigérant. La chaleur décompose l'azotate de plomb, l'oxygène se dégage et les vapeurs rutilantes se condensent dans le tube.

$$PbOAzO^5 = PbO + O + AzO^4.$$

La réaction la plus importante à connaître de ce corps est celle qu'il produit avec l'eau; il donne de l'acide azoteux bleu et de l'acide azotique.

$$2AzO^4 + 2HO = AzO^3HO + AzO^5HO.$$

Mais il faut pour cela que l'eau soit très froide, car l'acide azoteux se détruirait et donnerait du bioxyde d'azote AzO^2.

L'acide hypoazotique n'est pas à proprement parler un acide, car il ne donne pas une seule série de sels. Lorsqu'on le met en présence d'une base alcaline, il donne un mélange de deux sels : un *azotate* par l'acide azotique et un *azotite* par l'acide azoteux.

$$\left.\begin{array}{l} AzO^4 \\ AzO^4 \end{array}\right\} + \left\{\begin{array}{l} KO \\ KO \end{array}\right. = KOAzO^5 + KOAzO^3$$

ACIDE AZOTEUX AzO^3

2. Ce composé n'a été nettement défini que par la connaissance des sels métalliques qui le contiennent, les azotites. L'un, l'azotite de potassium, se forme quand on chauffe au rouge l'azotate de potassium (salpêtre); il se dégage de l'oxygène.

$$KOAzO^5 = KOAzO^3 + O^2.$$

Un autre, l'azotite d'ammonium, se décompose facilement par la chaleur en perdant 4 équivalents d'eau, et il se dégage du gaz azote.

$$AzH^4O, AzO^3 = 4HO + 2Az.$$

C'est un moyen d'avoir rapidement du gaz azote très pur.

L'acide azoteux, à la température ordinaire, se confond par sa couleur avec l'acide hypoazotique avec lequel il est toujours mélangé.

Au-dessous de zéro, c'est un liquide bleu indigo qui se décompose avec une très grande facilité en bioxyde d'azote et en acide azotique.

BIOXYDE D'AZOTE AzO^2.

3. Propriétés physiques et chimiques. — Le bioxyde d'azote est un gaz incolore, dont on ne peut connaître la saveur ni l'odeur, puisqu'au contact de l'air il se transforme immédiatement en vapeurs rutilantes; il est peu soluble dans l'eau. Sa densité est 15 fois celle de l'hydrogène; le poids du litre est :

$$15 \times 0,0895 = 1^{gr},343.$$

Sa propriété la plus saillante, c'est sa tendance à prendre l'oxygène.

$$AzO^2 + O^2 = AzO^4.$$

On l'utilise pour reconnaître l'oxygène.

Ses propriétés comburantes sont très faibles; les combustibles n'y brûlent que s'ils sont déjà incandescents quand on les y plonge; ainsi le phosphore allumé et le charbon bien rouge y brûlent avec éclat, tandis que le soufre et un charbon à peine allumés s'y éteignent.

Quand on jette dans un flacon de bioxyde d'azote quelques gouttes de sulfure de carbone, qu'on agite et qu'on allume le gaz, on produit une belle flamme d'un blanc bleuâtre. M. Mermet a récemment proposé d'utiliser cette flamme dans la photographie des grottes et autres objets qu'il faut éclairer artificiellement pour en prendre une vue.

4. Préparation. — On obtient le bioxyde d'azote en traitant le cuivre en copeaux par l'acide azotique étendu, dans un flacon à 2 tubulures.

On recueille le gaz sur l'eau. Le dégagement est d'abord très lent, parce que le premier gaz produit devient rutilant au contact de l'air du flacon. Il reste dans l'appareil de l'azotate de cuivre.

La réaction s'opère entre 3 équivalents du métal et 4 de l'acide; on peut l'expliquer en admettant qu'il se forme de l'acide AzO⁴ que l'eau décompose en acide azotique et bioxyde d'azote, ce dernier se dégageant et le premier se combinant au cuivre; on la formule finalement :

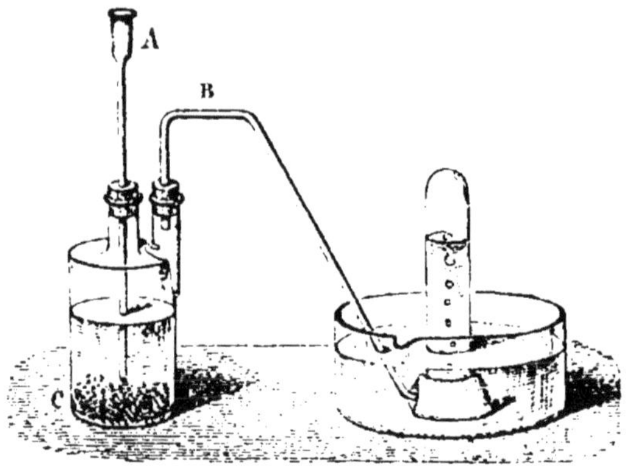

Fig. 42.

$$3Cu + 4HOAzO^5$$
$$= 3(CuOAzO^5) + 4HO$$
$$+ AzO^2.$$

Il faut à peu près 50 grammes de cuivre pour obtenir 10 litres de gaz.

Le bioxyde d'azote n'a pas d'usage.

PROTOXYDE D'AZOTE AzO.

5. Propriétés physiques. — Le protoxyde d'azote est un gaz incolore, inodore, d'une saveur légèrement sucrée. Il pèse 22 fois plus que l'hydrogène, ce qui donne pour le poids du litre :

$$22 \times 0,0895 = 1^{gr},97.$$

Il est notablement soluble dans l'eau ; aussi faut-il boucher les flacons dans lesquels on recueille ce gaz, aussitôt qu'ils sont pleins, pour éviter sa dissolution. Il est plus soluble dans l'alcool qui en dissout 4 fois son volume. Faraday a pu le liquéfier à 0° en le soumettant à une pression de 30 atmosphères.

Lorsqu'il est bien pur, il produit, quand on le respire, une insensibilité analogue à celle qu'amène le chloroforme ; aussi a-t-il été proposé comme *anesthésique*. Davy le surnomma **gaz hilarant** à cause de la gaieté qu'il produit chez ceux qui en respirent. Les recherches de M. P. Bert ont montré que de tous les anesthésiques, c'est le plus inoffensif, parce qu'il n'agit pas sur les mouvements du cœur, ni sur les phénomènes respiratoires tout en ayant une action puissante sur les centres nerveux.

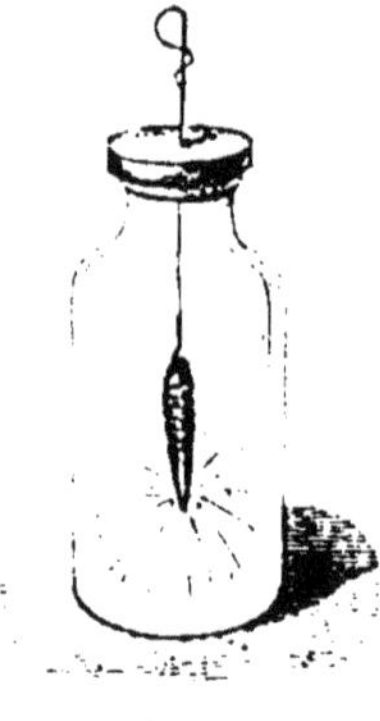

Fig. 43.

6. Propriétés chimiques. — Le protoxyde d'azote possède comme l'oxygène la propriété d'entretenir et d'activer la combustion ; une allumette qui n'a qu'un point en ignition, plongée dans ce gaz, se rallume.

Le charbon et le phosphore, allumés et plongés dans des flacons de protoxyde d'azote, brûlent avec éclat. Le soufre n'y brûle que s'il a été bien enflammé. Un mélange à parties égales d'hydrogène et de protoxyde d'azote détone si on l'enflamme.

Une température rouge décompose ce gaz en azote et oxygène; c'est cette décomposition, s'effectuant au contact des corps chauds, qui lui donne ses propriétés comburantes.

Le potassium brûle dans le protoxyde d'azote, en ne laissant que l'azote. Si on mesure un volume de protoxyde, qu'on y brûle du potassium, le volume de l'azote restant est égal au volume du gaz employé.

2 litres de protoxyde d'azote laissent donc 2 litres de gaz azote
or 2 litres de protoxyde d'azote pèsent $2 \times 1,973 = 3^{gr},946$
   2 litres   d'azote   pèsent $2 \times 1,254 = 2^{gr},508$
     Le poids de l'oxygène est donc $1^{gr},438$

C'est le poids de 1 litre d'oxygène, combiné à 2 litres d'azote pour donner 2 litres de protoxyde d'azote.

Le protoxyde d'azote peut être confondu au premier abord avec l'oxygène. On peut distinguer ces deux gaz par leur solubilité ; une éprouvette du premier, contenant un peu d'eau, fermée avec la main et agitée, adhère à la main, par suite de la dissolution d'une portion du gaz. Un moyen plus sûr consiste à envoyer quelques bulles de bioxyde d'azote dans le gaz que l'on veut caractériser ; au contact du protoxyde d'azote, ces bulles ne produisent rien ; l'oxygène au contraire devient rutilant.

Fig. 44

7. Préparation. — On obtient le protoxyde d'azote, non pas directement avec l'acide azotique, mais avec un de ses composés, l'azotate d'ammoniaque. Ce sel, comme beaucoup de sels ammoniacaux, perd 4 équivalents d'eau

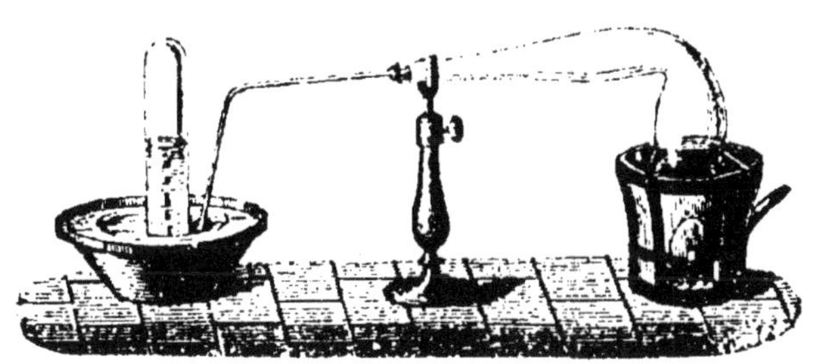

Fig. 43.

et dégage le gaz. Cette eau produite force à incliner un peu le col de la cornue :

$$AzH^4O,AzO^5 = 4HO + 2(AzO).$$

On recueille le gaz sur l'eau, avec la précaution que nous avons indiquée.

On se servirait davantage du protoxyde d'azote, comme anesthésique, sans la difficulté de le produire très pur et la nécessité de l'employer sous pression.

Questionnaire. — 1. Dans quelles réactions l'acide hypoazotique prend-il naissance? — Comment l'obtient-on? — Quelle est son action sur l'eau? — 2. Quelle est la propriété de l'acide azoteux? — La constitution et la génération des azotites? — 3 et 4. Quelle est la propriété saillante du bioxyde d'azote? — 5, 6 et 7. Comment prépare-t-on le protoxyde d'azote? — Quelle est sa propriété essentielle? — A quoi peut-il servir?

DIXIÈME LEÇON

Ammoniaque AzH³.

1. Synthèse de l'ammoniaque. — L'azote et l'hydrogène libres peuvent se combiner sans l'influence d'une succession d'étincelles électriques et donner l'ammoniaque AzH³; mais on ne peut obtenir par ce moyen que de très petites quantités d'ammoniaque. Ce corps se produit surtout dans des décompositions de composés azotés qui mettent en présence l'azote et l'hydrogène tous deux à l'état naissant, c'est-à-dire au moment où ils sortent d'une combinaison où ils étaient engagés.

2. Propriétés physiques. — L'ammoniaque est un gaz incolore, d'une odeur vive, saisissante, qui provoque les larmes, d'une saveur âcre et urineuse.

Sa densité est 0,59 par rapport à l'air, et 8,5 par rapport à l'hydrogène.

Le poids du litre est donc :

$$8,5 \times 0,0895 = 0^{gr},76.$$

Ce gaz est très soluble dans l'eau; un litre d'eau dissout 700 à 800 litres de gaz ammoniac. On prouve cette solubilité par deux expériences :

PREMIÈRE EXPÉRIENCE. — On recueille une éprouvette d'ammoniaque sur le mercure et on l'apporte sur une soucoupe dans une terrine d'eau; quand on soulève un peu l'éprouvette, l'eau s'y précipite avec une telle force que l'éprouvette serait vivement projetée si on ne la retenait solidement.

Fig. 46.

DEUXIÈME EXPÉRIENCE. — On recueille l'ammoniaque dans un flacon renversé; quand il est plein de gaz, on le bouche avec un bouchon traversé d'un tube effilé à une de ses extrémités. On dispose le flacon sur un support au-dessus d'un vase d'eau comme l'indique la figure 47, on brise l'extrémité du tube; l'eau monte vivement sous forme de jet d'eau dans le flacon. Au lieu d'eau on emploie souvent du tournesol étendu teint en rouge par quelques gouttes d'acide. En montant dans le flacon de gaz ammoniaque sous forme de jet, il devient bleu, ce qui indique que l'ammoniaque est une base.

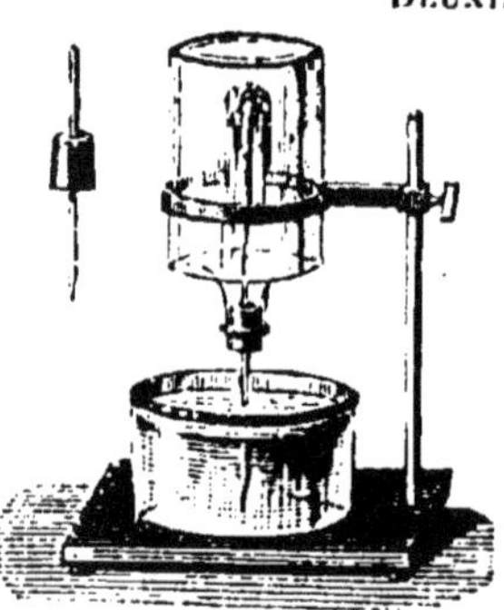

Fig. 47.

La dissolution d'ammoniaque porte nom d'*alcali volatil*, abandonnée à l'air ou chauffée elle perd peu à peu le gaz qu'elle contient.

On a pu liquéfier le gaz ammoniac et employer le liquide comme moyen de refroidissement car il absorbe beaucoup de chaleur en s'évaporant. L'appareil Carré à fabriquer la glace repose sur cette propriété.

3. **Action de la chaleur.** — La chaleur sépare les deux gaz qui forment l'ammoniaque et double leur volume. L'étincelle électrique produit le même effet. Les gaz s'étaient donc contractés pour former le composé :

En effet, la formule AzH³, révèle 2 volumes d'azote, 6 volumes d'hydrogène tandis que le corps n'occupe que 4 volumes.

4. **Propriétés chimiques.** — Quand on plonge une bougie allumée dans

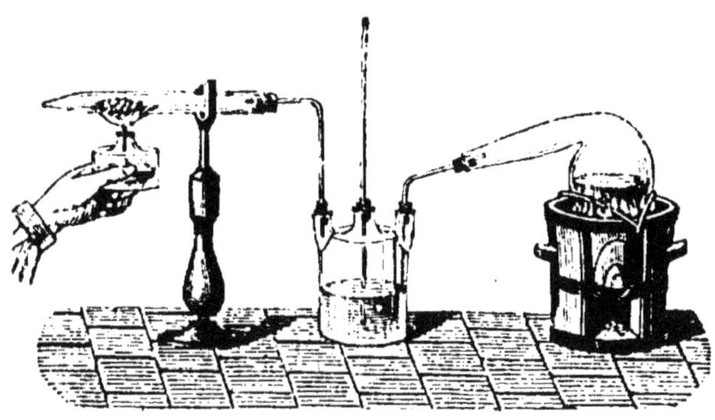

Fig. 49.

une éprouvette d'ammoniaque, elle s'éteint sans enflammer le gaz.

Mais ce gaz brûle en présence de l'oxygène ; pour le prouver, on mélange parties égales d'oxygène et d'ammoniaque dans une éprouvette sur le mercure ; si on approche une allumette de l'orifice de l'éprouvette, il y a inflammation et détonation ; il se forme de l'azote et de l'eau :

$$AzH^3 + 30 = Az + 3HO.$$

On rend la combustion plus complète en faisant passer un courant d'oxygène dans de l'ammoniaque concentrée et ensuite dans un tube contenant de la mousse de platine chauffée ; il sort du tube de l'acide azotique comme on le constate en présentant au jet de gaz un papier bleu de tournesol, le papier rougit.

$$AzH^3 + 80 = AzO^5, 3HO.$$

Au contact des corps poreux, ou des corps qui condensent les gaz, comme le platine, l'oxydation de l'ammoniaque s'effectue encore à froid et donne un sel, l'azotite d'ammonium.

$$2 (AzH^3) + 60 = AzH^4O , Az O^3 + 2HO.$$

On suppose que les azotates du sol, et en particulier le salpêtre, sont dus en partie à ces deux réactions.

5. **Action des acides sur la dissolution d'ammoniaque.** — L'ammoniaque est une base forte ; elle bleuit fortement le tournesol rouge.

Elle neutralise les acides et donne des sels que l'on peut obtenir cristallisés. On fait l'expérience en versant peu à peu de l'acide azotique dans de l'ammoniaque; on arrive rapidement à la saturation c'est-à-dire au point où le liquide ne rougit plus, ni ne bleuit plus le tournesol. Si alors on évapore le liquide, quand il est concentré, il laisse déposer des cristaux d'azotate par le refroidissement.

Si on verse de l'acide sulfurique dans de l'ammoniaque, la réaction est très vive, la chaleur dégagée très grande; il s'échappe des vapeurs, et une partie du liquide est projetée. Si on étend d'eau l'acide et la base, la réaction est calme; le sel se forme et on le fait cristalliser par évaporation.

La combinaison de l'ammoniaque avec l'acide chlorhydrique est de toutes la plus saisissante. Les deux liquides sont volatils; si donc on les

approche sans les mélanger, mais de manière que leurs vapeurs puissent se mêler, la combinaison des deux vapeurs aura lieu et s'accusera sous forme d'un nuage blanc.

Pour faire l'expérience on met quelques gouttes d'ammoniaque dans un flacon. On mouille avec de l'acide chlorhydrique, les parois intérieures d'une éprouvette qui peut entrer dans le flacon. Tant que les deux vases restent loin l'un de l'autre, les vapeurs n'y sont pas visibles. Mais si l'on renverse l'éprouvette dans le flacon, le tout se remplit d'un nuage blanc révélant la combinaison : il s'est formé du chlorydrate d'ammoniaque autrement dit du chlorure d'ammonium (fig. 49).

Fig. 49.

Dans ses combinaisons avec les acides, l'ammoniaque prend une molécule d'eau; c'est donc le corps AzH^3HO qui joue le rôle de base; on l'écrit souvent AzH^4O, et sous cette forme elle a, dans ses réactions avec les acides, la plus grande analogie avec la potasse. Celle-ci donne avec l'acide chlorhydrique le chlorure de potassium :

$$KO + HCl = HO + KCl \quad \text{(chlorure de potassium)};$$

avec l'acide sulfurique le sulfate de potassium :

$$KO + HOSO^3 = HO + KOSO^3 \text{ (sulfate de potassium.)}$$

L'ammoniaque donne de même le chlorure et le sulfate d'ammonium :

$$AzH^4O + HCl = HO + AzH^4Cl \quad \text{(chlorure d'ammonium),}$$
$$AzH^4O + HOSO^3 = HO + AzH^4OSO^3 \quad \text{(sulfate d'ammonium.)}$$

6. Usages. — La solution d'ammoniaque est employée en médecine comme caustique contre les piqûres de mouches. Quelques gouttes prises à l'intérieur dans un verre d'eau constituent un moyen de combattre l'ivresse; on en fait avaler aux animaux atteints de météorisme; elle agit alors en absorbant les gaz accumulés dans le tube intestinal. Injectée dans une enceinte contenant de l'acide carbonique, elle absorbe le gaz et rend abordable cet espace auparavant plein de gaz nuisible.

L'industrie l'utilise dans la préparation de quelques couleurs de cochenille et dans l'apprêt des perles fausses.

C'est un réactif fréquemment employé dans les laboratoires.

7. État naturel. — L'ammoniaque se dégage à l'état de gaz ou se forme à l'état de sels dans la décomposition des matières azotées, que cette décomposition se produise lentement à froid, comme dans la putréfaction des urines, ou qu'elle ait lieu par l'action de la chaleur, comme dans la distillation des houilles pour obtenir le gaz d'éclairage, ou comme dans la calcination de la fiente des chameaux qui était autrefois la seule source du chlorure d'ammonium. Les eaux-vannes des dépôts des vidanges contiennent une quantité notable de sels ammoniacaux.

8. Préparation. — Pour avoir l'ammoniaque, à l'état de gaz ou en dissolution, dans les laboratoires ou dans l'industrie, on chauffe un sel ammoniacal, ordinairement le chlorure, avec de la chaux; cette dernière base déplace l'ammoniaque; celle-ci est volatile, elle se dégage et on la recueille. Il reste dans le ballon du chlorure de calcium et de l'eau.

La réaction est très facile à formuler.

$$Az\,H^4\,Cl + CaO = CaCl + HO + Az\,H^3\,;$$

1° On veut avoir l'ammoniaque à l'état de gaz. — On chauffe dans un petit ballon un mélange de 1 partie de sel ammoniac en poudre et de 2 parties de chaux vive; on ajoute une couche de chaux pour arrêter l'eau que le gaz entraîne, et on recueille le gaz sur le mercure, ou par déplacement d'air.

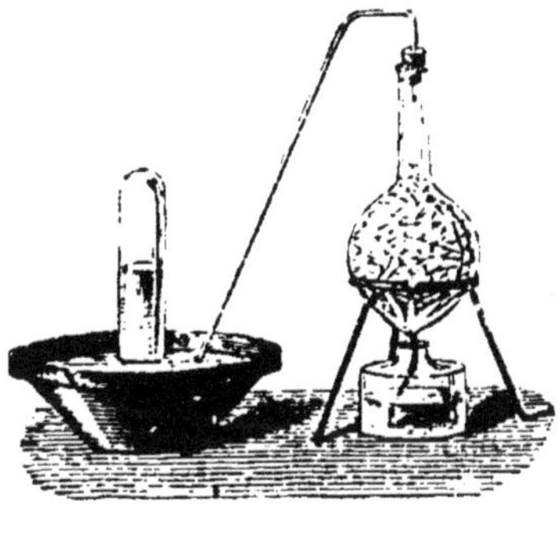

2° En solution. — On remplace la chaux vive par un lait de chaux. Le ballon est mis en communication avec une série de flacons à trois tubulures dont le premier est destiné à laver le gaz et contient peu d'eau.

Les autres sont aux deux tiers pleins d'eau et au besoin refroidis. Les tubes qui amènent le gaz dans chacun doivent

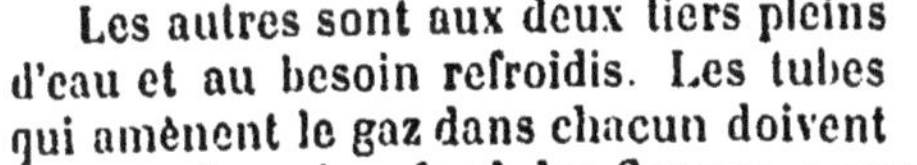

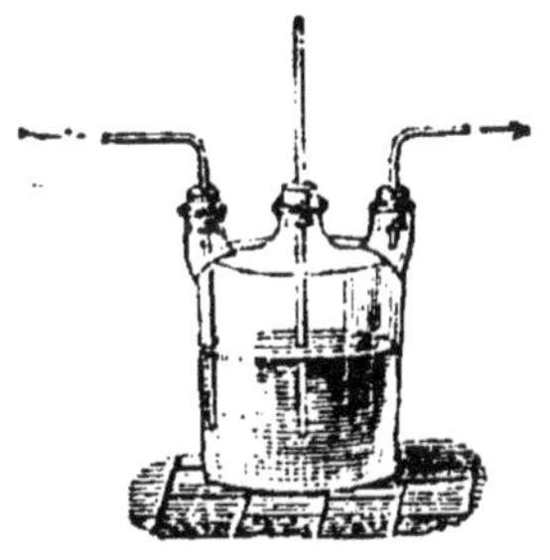

Fig. 50.

plonger jusqu'au fond des flacons, parce que la solution d'ammoniaque est plus légère que l'eau; de cette manière, le gaz est toujours en contact avec les parties du liquide les moins saturées.

3° Dans l'industrie. — On emploie les eaux de condensation des usines à gaz, les urines putréfiées, les eaux-vannes des dépôts de vidanges. On les distille avec de la chaux dans une série de chaudières disposées de manière que le produit gazeux qui se dégage de la première aille se condenser dans la seconde. Le gaz passe ensuite dans une série de serpentins, puis finalement dans l'eau si l'on veut avoir de l'ammoniaque, ou dans des acides étendus si l'on veut faire directement des sels ammoniacaux.

Fig. 51.

L'ammoniaque caustique du commerce, appelée *alcali volatil* est parfois colorée en jaune. Pour la purifier, on la distille avec de la chaux dans l'un des appareils décrits ci-dessus.

Questionnaire. — 1. Comment peut-on former l'ammoniaque avec ses éléments? — 2. Quelles sont les propriétés de ce corps? — Comment montre-t-on sa grande solubilité et sa nature de base? — 3. Quelle est l'action de la chaleur? — 4. Comment l'ammoniaque peut-elle être oxydée et quel produit donne-t-elle?

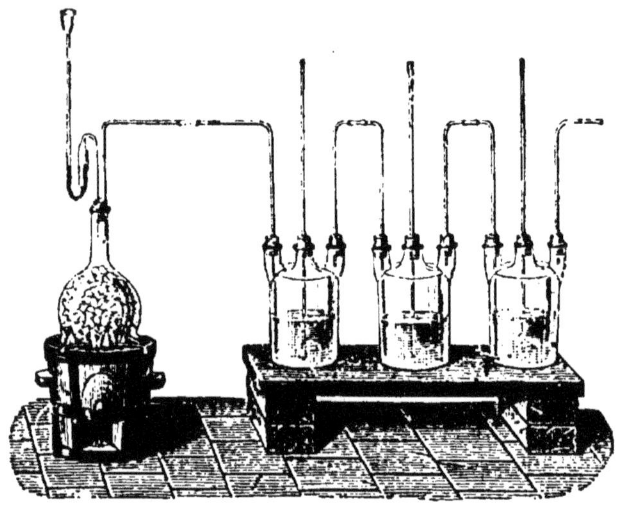

Fig. 52.

— 5. Quelle est l'action de l'acide azotique, de l'acide sulfurique, de l'acide chlorhydrique sur l'ammoniaque? — 6, 7 et 8. Quels sont les usages et la préparation de ce corps? — D'où le retire-t-on? — Par quel moyen?

ONZIÈME LEÇON

Lois des combinaisons chimiques en poids et en volumes.

1. **Loi de la conservation du poids de la matière entrant dans une réaction chimique.** — Dans tous les phénomènes que nous pouvons observer, la matière nous apparaît comme indestructible : *rien ne se perd, ni rien ne se crée, tout se transforme*, tel est l'axiome posé par Lavoisier et dont la chimie entière est la vérification. Toutes nos opérations chimiques sont donc des changements d'état, et quelle que soit leur diversité, le poids de la matière mise en jeu reste invariable.

Nous prenons un poids P de glace qui, chauffé, se transforme en un poids p d'eau liquide et un poids p' de vapeur; ou bien en un poids p'' d'eau liquide, qui elle-même décomposée donne un poids h d'hydrogène et un poids o d'oxygène; dans ces différents cas, on a les relations suivantes :

$$P = p + p'$$
$$P = p'' = h + o$$

On en dirait autant de toutes les réactions chimiques. C'est sur ce principe que nous nous appuyons pour écrire les égalités chimiques dont le premier membre représente le poids des corps avant la réaction et le second membre le poids des corps obtenus ou transformés.

2. **Loi des proportions définies et multiples.** — Quand deux ou plusieurs corps simples se combinent pour former un composé, celui-ci est toujours le même, il est constant dans sa composition, il devient une espèce définie; les poids des différents corps qui le forment sont absolument fixes. Ainsi l'eau, débarrassée par la distillation de toutes les substances qu'elle a empruntées au sol et à l'atmosphère, se présente toujours comme formée par l'union de 1 partie en poids d'hydrogène avec 8 parties en poids d'oxygène.

Deux corps, simples ou composés, peuvent s'unir suivant plusieurs proportions distinctes.

Nous avons dit déjà que dans les composés oxygénés de l'azote

14 parties en poids d'azote s'unissent à

8	parties d'oxygène.
16	—
24	—
32	—
40	—

Nous trouverons plus tard que

35,5 parties en poids de chlore s'unissent à

8	parties d'oxygène.
24	—
32	—
40	—
56	—

Que 100 parties de plomb sont combinées

dans la litharge,	à 7,69	d'oxygène.
dans le minium,	à 11,54	—
dans l'oxyde brun,	à 15,38	—

Dans ces séries, le passage d'un composé défini au composé le plus voisin se fait par un saut brusque dans la composition et non par transitions successives.

Les divers poids de l'un des corps sont multiples du premier.

Nous pouvons donc formuler la loi suivante :

Lorsque deux corps se combinent en plusieurs proportions, les poids de l'un des composants qui se combinent à un même poids de l'autre se déduisent du plus petit d'entre eux en le multipliant par un facteur simple, dont la valeur est le plus souvent 1,5-2-3-4-5-7.

Cette loi importante simplifie l'étude des composés plus ou moins nombreux qui résultent de l'union des mêmes éléments.

3. **Lois des combinaisons en volumes des gaz.** — Lois de Gay-Lussac. — Gay-Lussac, en faisant la synthèse eudiométrique de l'eau, avait constaté

que la combinaison en volumes entre l'hydrogène et l'oxygène a toujours lieu dans les mêmes rapports, que ce soit l'un ou l'autre des deux gaz qui domine dans le mélange avant le passage de l'étincelle. Ce rapport est 2 : 1.

Frappé de cette simplicité remarquable, l'illustre savant entreprit une série de recherches avec d'autres gaz et il arriva à formuler les conclusions de ses expériences dans les lois suivantes :

1° *Les volumes de deux gaz qui se combinent sont toujours en rapport simple, tels que 1 à 1, ou 1 à 2, ou 1 à 3,*

2° *Quand le produit formé est lui-même un gaz, il existe également un rapport simple entre le volume du gaz composé et la somme des volumes des gaz constituants.*

Voici des exemples.

Eau.	Hydrogène . .	2 volumes.
	Oxygène . . .	1 —
Somme.	3 volumes.
Volume gazeux de la combinaison.	2 —

Protoxyde d'azote . .	Azote	2 volumes.
	Oxygène. . . .	1 —
Somme.	3 volumes.
Volume gazeux de la combinaison.	2 —

Bioxyde d'azote . . .	Azote	1 volume.
	Oxygène. . . .	1 —
Somme.	2 volumes.
Volume gazeux de la combinaison.	2 —

Ammoniaque	Azote.	1 volume.
	Hydrogène. . .	3 —
Somme.	4 volumes.
Volume gazeux de la combinaison.	2 —

Acide chlorhydrique.	Chlore.	1 volume.
	Hydrogène. . .	1 —
Somme.	2 volumes.
Volume gazeux de la combinaison.	2 —

De ces exemples, que l'on pourrait encore multiplier, on tire deux conclusions : Lorsque les deux gaz ne s'unissent pas à volumes égaux, il y a condensation, le volume résultant est inférieur à la somme des volumes des éléments. Lorsqu'au contraire les deux gaz s'unissent à volumes égaux, il n'y a presque jamais condensation : le volume du gaz composé est égal à la somme des volumes composants.

Questionnaire. — 1. Quelle est la loi qui domine toutes les réactions chimiques? — 2. Qu'appelle-t-on principe défini? — Citer la loi des proportions multiples avec exemples. — 3. Citer les lois de Gay-Lussac sur les combinaisons en volumes des gaz. — Indiquer la composition de l'eau, des oxydes de l'azote, de l'ammoniaque, de l'acide chlorhydrique. — Quand y a-t-il ou non condensation?

DOUZIÈME LEÇON

Équivalents.

1. Les équivalents sont des nombres qui expriment les proportions suivant lesquelles les corps peuvent se combiner. — Un corps composé bien défini renferme toujours les mêmes composants unis dans les mêmes proportions pondérables. L'eau est toujours formée de 8 parties d'oxygène pour 1 d'hydrogène. Le protoxyde d'azote de 8 parties d'oxygène pour 14 d'azote. Le gaz ammoniac de 14 parties d'azote pour 3 d'hydrogène.

Supposons que l'on connaisse les analyses en poids des composés, nous pourrons dresser une table donnant les proportions suivant lesquelles les divers corps simples s'unissent à un même poids de l'un d'entre eux, par exemple à 100 parties d'oxygène. Dans une pareille table, chaque élément devra être représenté autant de fois qu'il forme de combinaisons avec l'oxygène. Ainsi l'azote y entrera cinq fois. Mais si l'on tient compte de la loi des proportions multiples, il suffira d'inscrire un seul nombre pour l'azote, le plus petit, en notant que les autres sont des multiples de celui-là par 2, 3, 4, 5.

Ainsi pour nous en tenir aux corps simples dont nous avons parlé, nous pourrons écrire :

100 parties d'oxygène s'unissent à

12,50	d'hydrogène
125	d'azote
200	de soufre
443,75	de chlore

ou à un multiple de ces nombres.

Recommençons le même travail en rapportant les divers éléments à un autre corps simple, au chlore par exemple, seulement, au lieu d'inscrire les poids des différents corps simples qui se combinent à 100 de chlore, comme nous les avons rapportés à 100 d'oxygène, inscrivons les poids des corps simples qui se combinent à 443,75 de chlore, c'est-à-dire au poids de chlore qui peut s'unir à 100 d'oxygène. Le second tableau contiendra pour chaque élément le même nombre que le premier tableau, ou bien un multiple simple de ce dernier nombre.

Si nous dressons une troisième, une quatrième liste, par rapport à tout autre élément que l'oxygène ou le chlore, il en sera encore de même.

Nous pouvons donc formuler la loi suivante :

Les quantités pondérables suivant lesquelles les corps s'unissent à un même poids d'une même substance représentent aussi les rapports suivant lesquels ces corps s'unissent entre eux ou sont des multiples simples de ces rapports.

Admettons pour un instant que deux corps simples quelconques ne puissent s'unir l'un à l'autre qu'en une seule proportion, la loi précédente nous permettra de dresser, sans aucune hésitation, un tableau où chaque élément sera accompagné d'un nombre caractéristique indiquant la proportion suivant laquelle cet élément s'unit aux divers poids des autres éléments. C'est à ces nombres que l'on donne les noms d'*équivalents chi-*

miques ou de *nombres proportionnels*. Le mot équivalent a prévalu dans l'usage. Il convient bien quand il s'applique à des éléments qui ont des fonctions chimiques analogues, qui peuvent réellement se remplacer dans les combinaisons Il n'est plus aussi exact quand il s'applique à des corps qui ont des fonctions chimiques opposées et dont le remplacement de l'un par l'autre semble impossible à première vue. Mais on évite toute difficulté d'interprétation si l'on convient de ne voir dans les nombres équivalents que les proportions suivant lesquelles les corps peuvent s'unir.

2. Choix des équivalents. — Berzélius avait choisi l'oxygène comme terme de comparaison, tant à cause de la facilité avec laquelle il s'unit aux autres corps simples, qu'en raison de l'importance attribuée depuis Lavoisier à cet élément. Les premières tables ont été dressées par rapport à 100 d'oxygène ; l'hydrogène s'y trouvait représenté par le nombre 12,50.

Depuis lors, c'est l'hydrogène représenté par 1 qui sert de point de départ, et les nouvelles tables ne diffèrent de celles de Berzélius qu'en ce que tous les nombres de celles-ci y ont été divisés par 12,50, équivalent de l'hydrogène dans le premier système.

Les équivalents rapportés à 1 d'hydrogène ont une forme plus simple et beaucoup plus accessible à la mémoire.

Le choix de l'unité une fois bien arrêté, reste à déterminer pour chaque corps le nombre à porter au tableau. La question est loin d'être facile à résoudre. Il faut d'abord que des analyses et des synthèses faites avec soin aient donné exactement les poids des divers corps qui se combinent entre eux. De plus, comme un même corps simple peut s'unir en plusieurs proportions, multiples de l'une d'elles, avec un poids donné d'un autre corps, il faut décider d'après la connaissance des réactions chimiques quel est celui des nombres qui satisfait le mieux aux analogies de propriétés existant entre les composés semblables.

Nous ne pouvons pas, dans un traité élémentaire, exposer avec le développement qu'elles comportent les considérations qui ont guidé les chimistes dans le choix de tel ou tel nombre pour équivalent au lieu de son multiple ou de son sous-multiple. Elles sont d'ordres divers. Les unes tiennent à la forme cristallisée semblable que prennent des corps analogues de composition, quoique différents d'éléments. D'autres tiennent aux volumes occupés par les corps gazeux, simples et composés. D'autres à la comparaison des chaleurs spécifiques. D'autres enfin aux phénomènes de substitution où l'on constate qu'un élément est venu prendre la place d'un autre dans une combinaison plus ou moins complexe. Le phénomène de substitution est très général ; il obéit à des lois numériques analogues à celles qui règlent les combinaisons ; aussi, dans la plupart des cas, c'est lui qui a servi à établir l'ancienne table des équivalents.

3. La nouvelle table. — Les poids atomiques. — Il n'est pas douteux que les équivalents doivent être choisis de façon à rappeler, dans les formules abrégées dont on fait usage, le plus d'analogies possible entre des corps doués de propriétés voisines. Dès lors la formule symbolique à choisir pour un composé doit rappeler d'abord sa composition ; mais elle doit aussi permettre de représenter et d'expliquer de la manière la plus simple toutes les réactions dont le corps est susceptible.

Telle est la tendance que suivent les chimistes modernes et qui les a amenés à modifier pour certains corps les équivalents adoptés jusqu'ici. L'oxygène va nous en offrir un exemple.

Lorsque, dans un composé, on remplace l'hydrogène par un autre élément, comme le chlore, le brome, l'iode, la substitution est complète avec 35.5 de chlore, 80 de brome, 127 d'iode. Ces nombres sont donc bien les équivalents de ces trois corps.

Mais dans toutes les réactions où l'oxygène remplace le chlore dans les rapports de 8 à 35,5; dans les réactions où le même oxygène remplace l'hydrogène dans le rapport de 8 à 1, c'est en réalité

$$O^2 \text{ qui se substitue à } Cl^2 \text{ ou à } H^2$$

en d'autres termes, on ne remplace pas

35,5 de chlore ou 1 d'hydrogène par 8 d'oxygène

mais bien   71   —   2   —   16   —

Si donc on persiste à conserver 8 comme nombre proportionnel à l'oxygène ou comme équivalent, il faudra, dans beaucoup de réactions, prendre cet équivalent par paires et non pas isolé.

De ce fait que l'équivalent 8 de l'oxygène n'intervient jamais que par paires, on a été conduit, pour ne pas figurer l'oxygène dans les réactions par O^2 ou un certain nombre de fois O^2, à doubler son nombre proportionnel et à le prendre égal à 16. C'est la plus petite quantité d'oxygène qui puisse entrer ou sortir d'une combinaison chimique, quand la plus petite quantité d'hydrogène qui y entre ou en sort est 1.

L'oxygène n'est pas le seul corps simple dont on ait été amené à doubler l'équivalent, le soufre, le charbon et un certain nombre d'autres sont dans ce cas.

On appelle *poids atomiques* ces nouveaux nombres proportionnels.

Nous donnons, à la fin du volume, la table des anciens équivalents et des poids atomiques pour tous les corps simples.

Questionnaire. — 1. Comment doit-on considérer les équivalents chimiques? — Comment a-t-on été amené à les formuler en une table? — Quelle est l'interprétation que l'on doit donner à cette expression d'équivalents? — 2. Comment était établie la première table des équivalents? — Quel est le point de comparaison de la table actuelle? — Quelles sont, en résumé, les considérations qui ont guidé les chimistes dans le choix des équivalents? — Comment a-t-on été amené à doubler l'ancien équivalent de l'oxygène? qu'appelle-t-on poids atomiques?

TREIZIÈME LEÇON

Le Chlore.

1. Les propriétés physiques du chlore. — Le chlore est un gaz d'une couleur jaune verdâtre, d'une odeur suffocante. Il faut éviter d'en respirer, car il irrite les poumons, il occasionne une toux violente.

Il pèse deux fois et demi plus que l'air et trente-cinq fois et demie plus que l'hydrogène. Le poids du litre est donc:

$$35,5 \times 0,0893 = 3^{gr},17.$$

On peut le recueillir par déplacement d'air dans un flacon sec. On fait plonger jusqu'au fond du flacon le tube par lequel le gaz se dégage de l'appareil qui le produit (fig. 53). Le chlore qui arrive reste d'abord dans le fond du flacon, comme on le constate par la coloration verte qui apparaît, puis le gaz continuant d'arriver, monte peu à peu en chassant l'air ; le flacon est bientôt plein ; on le bouche et on le remplace par un autre. En peu de temps, on en remplit ainsi quatre ou cinq pour les expériences.

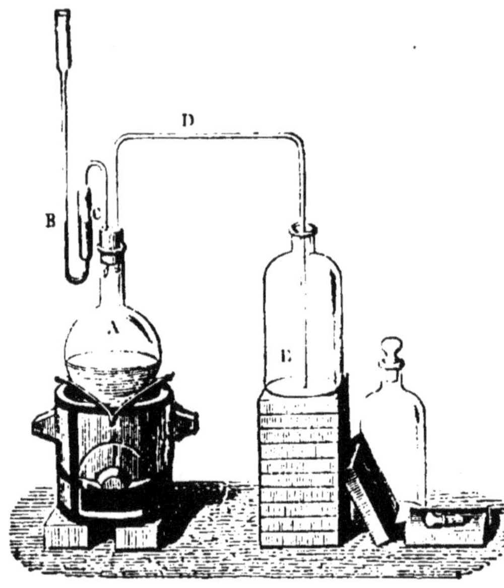

Fig. 53.

On peut aussi le recueillir sur l'eau comme les autres gaz que nous avons étudiés précédemment ; mais l'eau retient une partie du gaz, se colore en jaune et dégage l'odeur irritante du chlore. Le gaz est en effet soluble dans l'eau qui en dissout trois fois son volume. Si on refroidit à 0° cette solution, elle dépose des cristaux qui sont une combinaison de chlore et d'eau.

On peut obtenir le chlore liquide à l'aide de ces cristaux. On les met dans un tube en verre fort et coudé, puis on ferme ce tube. Si alors on chauffe l'extrémité qui contient les cristaux et qu'on refroidisse l'autre, le chlore qui se dégage de la première branche se fait pression et se rassemble en liquide dans l'autre branche (fig. 54).

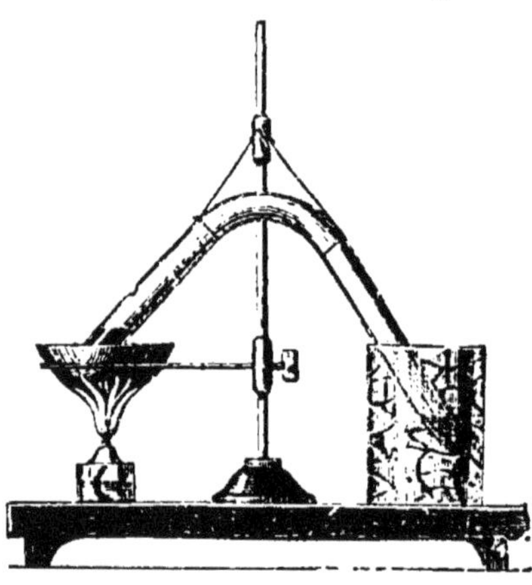

Fig. 54.

2. Les propriétés chimiques du chlore. — Le chlore se combine vivement avec beaucoup de corps simples en dégageant de la chaleur parfois de la lumière. On peut dire qu'il brûle les mêmes corps que l'oxygène, à l'exception du charbon sur lequel il n'a aucune action. Parmi les corps combustibles, le phosphore n'a pas besoin d'être allumé pour s'unir vivement au chlore. Si on descend dans un flacon de chlore un petit godet de verre portant un morceau de phosphore, celui-ci s'enflamme et dégage

des vapeurs qui résultent de sa combinaison avec le chlore et qu'on appelle le *chlorure de phosphore*.

Le chlore a donc des affinités énergiques pour un grand nombre de
corps simples. *Sa propriété saillante c'est de se combiner vivement avec les
métaux et avec l'hydrogène.*

3. Le chlore et les métaux. — La plupart des métaux s'unissent au chlore;
quelques-uns peuvent y brûler. Voici quelques exemples parmi les plus
frappants.

Jetons dans un flacon de gaz chlore de la poudre d'antimoine; nous
la voyons tomber sous forme d'une pluie
de feu (fig. 55 ; le métal brûle dans le gaz
en produisant d'abondantes vapeurs blanches. La combinaison du chlore et de l'antimoine a donc eu lieu avec un vif dégagement de chaleur et de lumière, et les vapeurs blanches sont la forme nouvelle sous
laquelle les deux corps sont unis; ce nouveau corps est le **chlorure d'antimoine.**

Chauffons jusqu'à la rougir une spirale
de fil de fer ou de cuivre et plongeons-la
dans un flacon de gaz chlore: la spirale,
qui a cessé un court instant d'être incandescente, le redevient vivement au contact
du gaz; elle s'enveloppe de vapeurs qui déposent une poudre fine sur les parois du flacon; elle se ronge en partie. Ici encore il
y a eu combinaison vive du gaz avec le métal ; et le produit formé est le **chlorure de
fer** ou le **chlorure de cuivre,** suivant le
métal employé.

Fig. 55.

Nous connaissons le mercure ou vif-argent; nous savons comme il
coule sur le verre sans s'y attacher. Versons-en quelques gouttes dans un
flacon de chlore et promenons-les sur les parois, voilà ce métal qui se
colle au verre et qui y reste bien fixé sous forme d'un enduit miroitant;
c'est que le mercure s'est combiné au chlore, et au lieu du métal si mobile, il n'y a plus dans le flacon que du **chlorure de mercure** qui adhère
au verre. Cette expérience fait comprendre suffisamment pourquoi on ne
peut recueillir le gaz chlore sur la cuve à mercure.

Ainsi donc, nous nous souviendrons que le chlore s'unit aux métaux et
engendre avec eux des *chlorures*. Le plus répandu de ces chlorures est le
sel marin ou **chlorure de sodium** qui sert journellement dans l'alimentation, et qui existe en dissolution dans l'eau de mer.

4. Le chlore et l'hydrogène. — Le chlore se combine avec l'hydrogène
aussi bien qu'avec les métaux. Pour réaliser cette combinaison, nous
remplissons à moitié de chlore gazeux une large éprouvette renversée sur
l'eau ; nous achevons de la remplir avec du gaz hydrogène, puis nous
approchons son ouverture d'une flamme, le mélange des deux gaz détone
assez fortement et l'éprouvette se remplit de vapeurs blanches. Y verse-t-on
de la teinture de tournesol, elle y rougit. Ces vapeurs blanches, formées
de la combinaison du chlore et de l'hydrogène, sont donc un corps acide,

c'est l'acide chlorhydrique que l'on pourrait appeler aussi logiquement le *chlorure d'hydrogène*.

Dans cette expérience, l'union des deux gaz a été déterminée par le contact d'une flamme; la lumière diffuse est également apte à la produire.

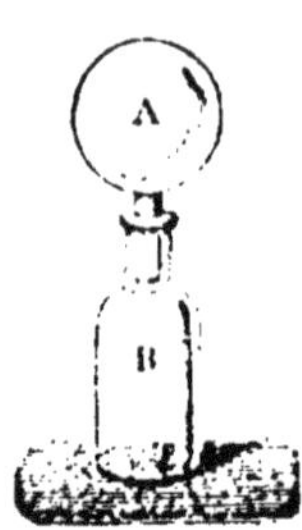

Fig. 56.

Ainsi nous abandonnons quelque temps, dans une salle éclairée, un vase plein de chlore au contact d'un vase plein d'hydrogène (fig. 56); le mélange nous paraît incolore, et si nous ouvrons les deux flacons, au lieu du chlore et de l'hydrogène, il s'en dégage des vapeurs blanches d'acide chlorhydrique comme de l'éprouvette de l'expérience précédente; la lumière a suffi pour faire combiner les deux gaz.

A la lumière solaire, la combinaison est instantanée et elle se produit avec une vive explosion qui fait voler le flacon en éclats. Quand on veut faire l'expérience sans danger, on remplit un flacon moitié de chlore, moitié d'hydrogène; on le bouche et on le porte à l'ombre, à quelque distance; puis on y projette les rayons solaires à l'aide d'un miroir; l'explosion a lieu et le verre est brisé.

Nous pouvons donc dire que le chlore et l'hydrogène ont une puissante affinité l'un pour l'autre, qu'ils se combinent vivement aussitôt qu'ils sont en contact; et cette propriété peut rendre compte des principaux usages du chlore.

A *la lumière diffuse*, la combinaison des deux gaz est lente; la couleur du chlore disparaît peu à peu, mais l'acide chlorhydrique se forme complètement. Et si on transporte sur le mercure l'éprouvette où il s'est formé, on reconnaît qu'il occupe *tout* le volume qu'occupaient les deux gaz. On peut donc écrire :

$$
\begin{array}{lll}
\text{2 volumes d'hydrogène} & \text{ou} & \text{H,} \\
\text{et} \quad \text{2} \quad - \quad \text{de chlore} & \text{ou} & \text{Cl forment} \\
\hline
\text{4 volumes d'acide chlorhydrique ou} & & \text{HCl.}
\end{array}
$$

On tire facilement de là, par le calcul, l'équivalent du chlore.

1 litre de Cl qui pèse $3^{gr},17$ se combine avec 1 litre H pesant $0^{gr},0895$. Le poids du chlore qui se combine avec 1 gramme d'hydrogène est :

$$\frac{0,0895}{3,17} = 35,5.$$

Cette formation de l'acide chlorhydrique par synthèse est un exemple d'une des lois de Gay-Lussac que nous avons citées; les volumes qui se combinent étant égaux, il n'y a pas de condensation; le volume du composé est la somme des volumes qui l'ont formé.

5. Le chlore enlève l'hydrogène aux corps composés. — Le chlore a une si grande facilité de combinaison avec l'hydrogène qu'il prend ce dernier gaz même dans les corps composés qui le contiennent. Expose-t-on de l'eau de chlore au soleil, on en voit se dégager de petites bulles gazeuses; après quelque temps l'eau ne sent plus le chlore; ce n'est plus en effet qu'une dissolution faible d'acide chlorhydrique. Voici ce qui s'est passé: le chlore a pris à l'eau son hydrogène sous l'action de la lumière, et l'oxygène devenu libre s'est dégagé : la solution d'eau de chlore ne contient bientôt plus que de l'acide chlorhydrique étendu.

Si au lieu d'eau on met au contact du chlore une matière organique colorée, comme de l'indigo en solution, la couleur est rapidement enlevée ; le chlore prend l'hydrogène de la matière organique ; celle-ci se trouve désorganisée ou en partie détruite, et elle n'a plus alors les mêmes propriétés qu'avant.

Plongeons dans un flacon de chlore un papier trempé dans l'essence de térébenthine, le papier prend feu, brûle avec une flamme rougeâtre et un dégagement abondant de fumée, il reste un résidu de charbon noir. Voici l'explication de cette curieuse expérience : l'essence de térébenthine est formée d'hydrogène et de charbon ; le chlore laisse le charbon qu'il ne peut attaquer et prend l'hydrogène ; sa combinaison avec ce dernier gaz développe assez de chaleur pour mettre le feu à la masse de papier qui brûle incomplètement et se charbonne en quelques instants.

6. Le chlore est décolorant. — Nous venons de voir que le chlore décolore l'indigo, il agit de même pour la plupart des matières colorantes fournies par les végétaux. L'expérience la plus saisissante que nous puissions faire pour le prouver consiste à verser dans un flacon de chlore le contenu d'un encrier ; le liquide agité passe du noir au jaune pâle. Au lieu d'opérer de cette manière, prenons un papier écrit humecté d'eau et plongeons-le dans un flacon de chlore ; les caractères disparaissent très rapidement, et le papier retiré du flacon, puis lavé, est aussi net que s'il n'avait pas servi.

Mais le chlore est sans action sur l'encre d'imprimerie parce que celle-ci doit sa coloration noire au charbon, tandis que l'encre ordinaire la doit à une matière végétale, la noix de galle. Aussi le chlore sert-il à enlever les tâches d'encre ordinaire que l'on peut avoir faites sur les livres et les gravures.

7. Le chlore est désinfectant. — Les exhalaisons malsaines sont dues à des matières animales et végétales en décomposition ; le chlore détruit ces mauvaises odeurs parce qu'il désorganise les substances qui les produisent ; aussi est-il un puissant agent de désinfection. On l'emploie pour assainir les salles d'hôpitaux dans les temps d'épidémie surtout ; on s'en sert journellement pour les fosses d'aisances et tous les lieux malsains.

8. Formes sous lesquelles on emploie le chlore. — Le chlore gazeux n'est pas d'un emploi commode, aussi on ne le produit guère, comme nous venons de le faire, que dans des laboratoires.

L'eau de chlore que l'on obtient en faisant passer du gaz dans de l'eau, est déjà d'un emploi plus facile ; mais elle ne se conserve bien que dans des flacons en verre noir.

L'eau de Javel se conserve mieux ; c'est une solution étendue de potasse où l'on a envoyé un courant de chlore, elle doit son nom au village de Javel, près Paris, où sa fabrication a d'abord été essayée. L'exposition à l'air lui fait perdre lentement son chlore ; un acide que l'on y verse en dégage le chlore très rapidement. Elle est employée au blanchiment des tissus légers.

Le produit le plus employé comme source de chlore est le **chlorure de chaux**, corps solide en poudre blanche qu'il faut conserver en lieu sec et qui sent fortement le chlore quand il est exposé à l'humidité. Sa dissolution remplace avantageusement l'eau de Javel et l'eau de chlore.

Il est intéressant de faire avec un même appareil ces trois derniers corps en même temps qu'on prépare le chlore gazeux. La figure 57 représente le dispositif. Le premier ballon, que l'on chauffe légèrement, contient le

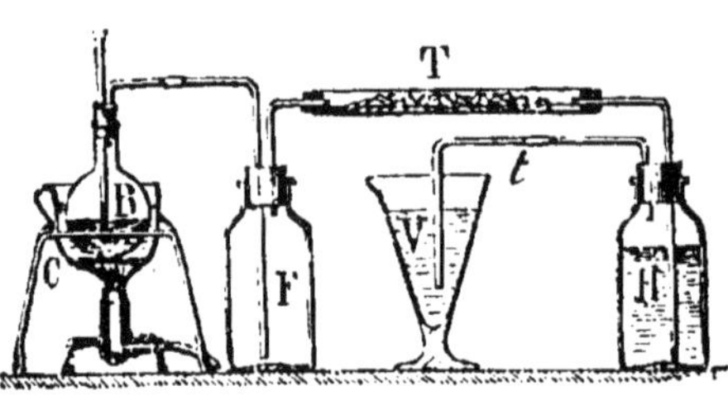

Fig. 57.

bioxyde de manganèse et l'acide chlorhydrique. Le chlore gazeux qui s'en dégage vient d'abord remplir un flacon vide, puis il passe dans un tube contenant de la chaux éteinte, puis dans un flacon contenant une solution de potasse, et enfin dans un verre d'eau. On a ainsi en peu de temps toutes les formes sous lesquelles le chlore est habituellement employé.

9. Préparation — Le chlore n'existe nulle part à l'état libre ; il faut donc le prendre à un de ses composés, à un chlorure ou à l'acide chlorhydrique. C'est généralement celui-ci que l'on emploie ou bien ses générateurs, l'acide sulfurique et le sel marin.

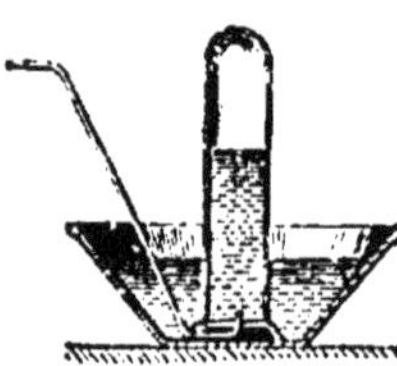

Fig. 58.

On met dans un ballon du bioxyde de manganèse en menus morceaux; on y ajoute de l'acide chlorhydrique et on chauffe légèrement; le gaz commence déjà à se dégager à froid. Si on le recueille sur l'eau d'une terrine, on prend de l'eau salée qui dissout moins de chlore que l'eau ordinaire.

La réaction est très facile à comprendre. On emploie 2 équivalents d'acide chlorhydrique dont l'hydrogène prendra l'oxygène du bioxyde. Le manganèse se combine au chlore, et il se dégage la moitié du chlore de l'acide employé.

$$\text{Mn}\begin{matrix} O \\ O \end{matrix} + \begin{matrix} HCl \\ HCl \end{matrix} = \begin{matrix} HO \\ HO \end{matrix} + \text{MnCl} + \text{Cl.}$$

En posant les équivalents au-dessous de l'égalité.

$$\text{MnO}^2 + \text{H}^2\text{Cl}^2 = \text{H}^2\text{O}^2 + \text{MnCl} + \text{Cl,}$$

$$27,5 + 16 \quad 2 + 71 \qquad\qquad$$
$$43,5 \qquad 73 \qquad\qquad\qquad 35,5.$$

on remarque que $43^{gr},5$ de MnO^2 et 73 grammes d'acide HCl dégagent $35^{gr},5$ de chlore ; on peut alors résoudre tous les problèmes de cette fabrication.

Dans l'industrie, les appareils producteurs de chlore sont nombreux, et leurs formes variées; ils sont le plus souvent en grès, volumineux, destinés à être chauffés à feu nu ou par un courant de vapeur.

Exercices. — 1. Combien de litres de chlore gazeux peut-on obtenir avec 1 kilogramme de bioxyde de manganèse.
2. Quel poids de bioxyde faut-il pour obtenir un mètre cube de chlore ?

Questionnaire. — 1. Quelles sont les propriétés caractéristiques du chlore et comment le recueille-t-on dans un flacon par déplacement de l'air? — 2. Comment montre-t-on que le chlore se combine vivement avec les métaux, l'antimoine, le fer, le mercure ? — 3. Comment combine-t-on le chlore l'hydrogène, par une flamme, à la lumière diffuse, à la lumière solaire ? — 4. Pourquoi ne peut-on pas conserver l'eau de chlore ? Montrer que le chlore enlève l'hydrogène aux corps organiques. — 5. Comment prouve-t-on que le chlore est décolorant ? — 6. Que le chlore est désinfectant. — 7. Quelles sont les formes sous lesquelles on emploie le chlore ? Qu'est-ce que l'eau de Javel, le chlorure de chaux ? Donner un exemple de l'emploi de ce dernier corps.

QUATORZIÈME LEÇON

L'acide chlorhydrique HCl.

1. L'acide chlorhydrique gazeux. — L'acide chlorhydrique, que l'on appelait autrefois esprit de sel ou acide muriatique, existe à l'état de gaz ou en un liquide qui est formé d'eau ayant dissous le gaz.

Pour l'obtenir, on chauffe dans un ballon un mélange d'acide sulfurique et de sel marin fondu (le sel ordinaire boursoufle trop); on recueille sur le mercure le gaz qui se dégage (fig. 59).

2. Propriétés physiques. — L'acide chlorhydrique est un gaz incolore, d'une odeur et d'une saveur forte et piquante.

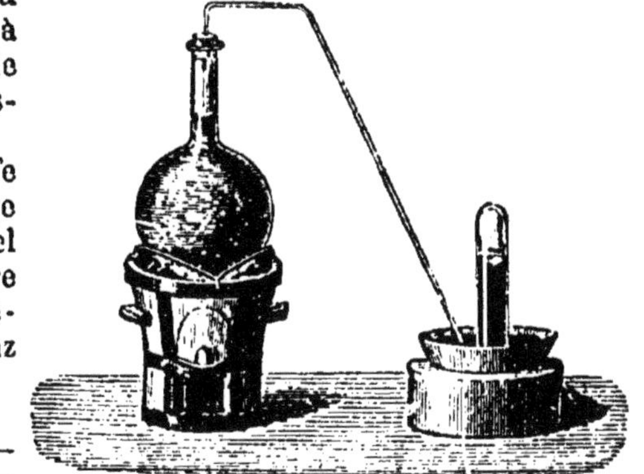

Fig. 59.

Il pèse un peu plus que l'air; sa densité rapportée à l'air est 1,27.

Nous avons vu dans le chapitre précédent que sa formule HCl dont l'équivalent est 36,5 le représente sous 4 volumes :

$$\text{HCl sous 4 volumes : } 36^{gr},5 ;$$
$$\text{sous 2 volumes : } 18^{gr}, 25 ;$$
$$\text{H sous 2 volumes : } 1^{gr}.$$

Il pèse donc 18,25 fois plus que l'hydrogène. Le poids du liquide est :

$$18, 25 \times 0,0895 = 1^{gr}, 63.$$

Il est extrêmement soluble dans l'eau qui à 0° peut en prendre 480 fois son volume. On montre cette grande solubilité en apportant dans une terrine d'eau, sur une soucoupe contenant du mercure, une éprouvette remplie de gaz chlorhydrique. Sitôt qu'on met le gaz en contact avec l'eau en soulevant l'éprouvette, l'eau se précipite avec violence dans l'éprouvette quand le gaz est pur; le choc est moins f   quand le gaz est mêlé d'un peu d'air.

Fig. 60.

Il forme avec l'eau des hydrates qui fument à l'air, parce que le gaz qui se dégage absorbe la vapeur d'eau de l'air et se condense en fumées blanches.

C'est sous la forme de solution aqueuse que l'acide chlorhydrique sert dans les laboratoires; le liquide est fortement acide et incolore quand il est pur.

3. Propriétés chimiques. — Le gaz chlorhydrique ne brûle pas; il éteint les corps en combustion.

L'acide liquide attaque les métaux, donne des chlorures et dégage de l'hydrogène. On fait l'expérience avec le zinc (Zn) :

$$Zn + HCl = ZnCl + H.$$

l'hydrogène se dégage en bulles gazeuses qui viennent crever à la surface du liquide et qui produisent de légères détonations quand on les enflamme.

Fig. 61.

Le métal se dissout, mais c'est une dissolution chimique; l'évaporation du liquide donne le chlorure de zinc et non le métal disparu.

Dans cette réaction, l'hydrogène a été remplacé par le métal. Le poids de ce dernier qui s'est substitué à 1 gramme d'hydrogène est son *équivalent*.

4. Action sur les oxydes. — Beaucoup d'oxydes métalliques décomposent l'acide chlorhydrique en produisant un chlorure et de l'eau. Là encore l'hydrogène change de place avec un métal.

$$MO + HCl = MCl + HO ;$$
oxyde,   chlorure;

1° Si on fait l'expérience avec l'alcali, qui fonctionne comme oxyde et qui est volatil comme l'acide chlorhydrique, les deux corps en vapeurs se rencontreront avant que les liquides soient mélangés; leur combinaison s'accusera par un *nuage blanc*.

De là un moyen de reconnaître l'acide chlorhydrique; on y trempe une baguette de verre que l'on présente au-dessus d'un verre contenant de l'alcali (ammoniaque); la baguette s'entoure d'un nuage blanc.

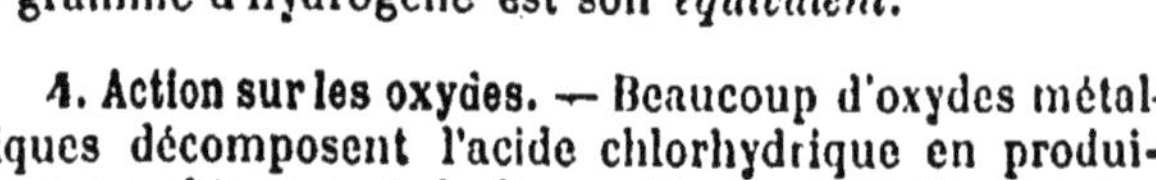
Fig. 62.

2° On agite dans un petit ballon de l'oxyde noir de cuivre (CuO) avec de l'acide chlorhydrique; il se forme un liquide vert qui, évaporé, dépose du chlorure de cuivre.

$$CuO + HCl = CuCl + HO$$

3° Si on jette une goutte d'acide chlorhydrique dans une dissolution d'azotate d'argent, il y a formation de chlorure d'argent

$$AgOAzO^5 + HCl = AgCl + HOAzO^5.$$

Moyen de reconnaître les chlorures. — On a dans la dernière réaction le moyen de reconnaître l'acide chlorhydrique et les chlorures dissous.

Le sel de cuisine est un chlorure (**chlorure de sodium,** autrefois de **natrium — NaCl**).

Si on jette une goutte de la solution de ce sel dans la dissolution d'azotate d'argent, le précipité blanc caractéristique apparaît :

$$NaCl + AgOAzO^5 = NaOAzO^5 + AgCl.$$

La même réaction se produirait avec le chlorure de zinc formé précédemment et avec tous les liquides contenant un chlorure dissous ; elle permet de déceler la présence de traces d'acide chlorhydrique ou de chlorure dans les eaux naturelles.

Si on jette dans une eau quelques gouttes d'azotate d'argent, et qu'il se produise un précipité, c'est que l'eau contient des chlorures dissous ;

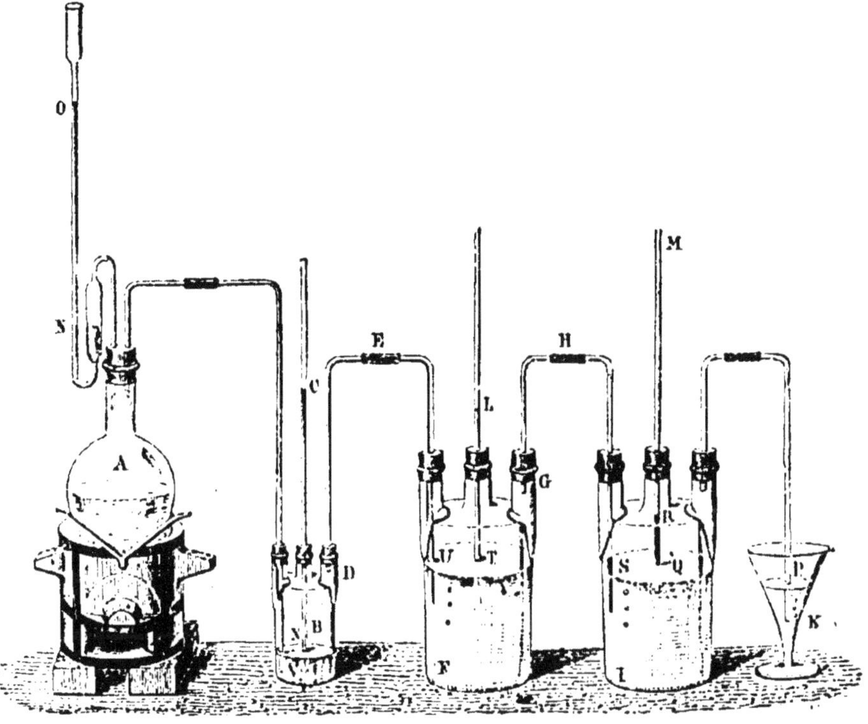

Fig. 63.

A, ballon ;
N, O, tube de sûreté ;
C, B, tube de sûreté du flacon laveur ;
D, E, tube à dégagement ;

L, T, tube de sûreté du 2ᵉ flacon ;
G, H, tube à dégagement ;
R, M, tube de sûreté du 3ᵉ flacon ;
P, K, dernier tube à dégagement.

s'il n'y a qu'un louche bleuâtre, c'est que l'eau n'en contient que des traces ; avec l'eau distillée, il n'y a aucun changement.

6. Usages. — L'acide chlorhydrique sert surtout à préparer le chlore et quelques acides, aussi l'hydrogène. — Il sert aux soudeurs à faire le chlorure de zinc qu'ils emploient. Avec lui, on peut décaper les métaux comme le zinc et le fer. On l'utilise pour extraire la gélatine des os.

7. État naturel. — L'acide chlorhydrique fait partie des substances rejetées dans les éruptions volcaniques; on le trouve en solution dans l'eau de
certaines fissures, sur les flancs des cratères et dans quelques rivières
d'Amérique qui prennent leur source dans les montagnes volcaniques.

8. Préparation de l'acide chlorhydrique liquide. — Pour obtenir l'acide
chlorhydrique liquide, dans les laboratoires, on fait réagir le sel marin et
l'acide sulfurique; la réaction est la suivante :

$$\text{NaCl} + \begin{array}{c} \text{HOSO}^3 \\ \text{HOSO}^3 \end{array} = \text{HCl} + \begin{array}{c} \text{NaOSO}^3 \\ \text{HOSO}^3 \end{array}$$

l'acide se dégage en vapeur; le produit qui reste dans la cornue est du
bisulfate de sodium.

On met le sel et l'acide dans un grand ballon muni d'un tube de sûreté,

Fig. 64.

suivi d'un flacon laveur contenant peu d'eau et de deux ou trois flacons
de Woolff à trois tubulures remplis à moitié ou aux deux tiers d'eau. Les
tubes abducteurs doivent plonger à peine dans l'eau, car la dissolution
d'acide est plus lourde que l'eau et tombe au fond du vase à mesure
qu'elle se forme; de cette manière, le gaz rencontre toujours l'eau la
moins saturée.

Dans l'industrie, on fait réagir le sel marin et l'acide sulfurique en vue
d'obtenir le sulfate de sodium, et on recueille l'acide chlorhydrique dans
de grandes bonbonnes en grès où il se dissout dans l'eau. Les bonbonnes
sont disposées les unes à la suite des autres, comme l'indique la figure 64,
de manière à permettre une condensation complète du gaz et une grande
facilité de recueillir le liquide saturé d'acide.

L'acide du commerce est coloré en jaune par un peu de chlorure de
fer formé dans le vase où a lieu la réaction.

Exercices. — 3. Combien de litres d'acide chlorhydrique obtiendra-t-on en
attaquant 234 grammes de sel marin par l'acide sulfurique.

Questionnaire. — 1. Quels sont les différents noms de l'acide chlorhydrique et comment l'obtient-on à l'état de gaz — 2. Comment montre-t-on so

solubilité dans l'eau — 3 et 4. Comment agit-il sur les métaux, sur les oxydes comme l'ammoniaque et l'oxyde de cuivre, sur l'azotate d'argent. — 5. Comment peut-on reconnaître les chlorures dissous, les traces de chlorure dans les eaux? — 6. Quels sont les usages de l'acide chlorhydrique? — 7. Où le trouve-t-on? — 8. Comment le prépare-t-on en liquide dans les laboratoires et dans l'industrie.

QUINZIÈME LEÇON.

Brome. — Iode. — Fluor.

BROME   Br = 80.

1. Les propriétés du brome. — Le brome, qui doit son nom à son odeur fétide, est un liquide de couleur rouge foncée sous une mince épaisseur, donnant à l'air d'abondantes vapeurs rougeâtres qu'il est dangereux de respirer. Il attaque la peau. Il est peu soluble dans l'eau, mais il se dissout facilement dans l'éther.

Ses propriétés chimiques sont analogues à celles du chlore, et comme le chlore, le brome se combine aux métaux avec lesquels il donne les **bromures** et avec l'hydrogène pour donner l'acide **brombydrique**.

Mais son affinité pour les métaux et l'hydrogène est moins grande que celle du chlore; aussi celui-ci peut-il le déplacer de ses combinaisons.

Pour le prouver, on remplit à moitié un tube d'essai de la solution d'un bromure (*le bromure de potassium*); on ajoute de l'eau de chlore; le liquide devient rougeâtre par le brome mis en liberté; pour rassembler le brome, on ajoute de l'éther, et on agite le tube après l'avoir bouché avec le doigt; par le repos, l'éther se rassemble au haut du tube, et il est coloré en rouge par le brome qu'il a dissous.

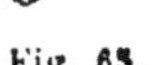

Fig. 65.

2. Bromures. — On emploie en médecine le bromure de potassium, sel blanc, soluble dans l'eau; la photographie se sert du bromure de cadmium ; elle utilise la sensibilité du bromure d'argent. Celui-ci est insoluble dans l'eau ; il se forme, comme le chlorure, quand on jette du bromure de potassium dans l'azotate d'argent ; c'est un précipité blanc jaunâtre que la lumière rend insoluble dans ses dissolvants ordinaires.

3. État naturel. — Le brome existe à l'état de bromure dans les eaux salées. On le retire des eaux-mères des marais salants, où M. Balard le découvrit en 1828.

IODE   I = 127.

4. Propriétés physiques. — L'iode, qui doit son nom à la couleur violette de sa vapeur, est un solide gris noirâtre, présentant presque l'éclat métallique, mais mauvais conducteur de la chaleur. Il fond quand on le chauffe et passe presque immédiatement à l'état de vapeurs violettes; celles-ci, en se refroidissant, déposent l'iode en poudre fine.

Il est peu soluble dans l'eau, qu'il colore en brun pâle. Il est plus soluble dans l'alcool avec lequel il donne un liquide brun foncé d'où l'eau le précipite (cette dissolution porte le nom de **teinture d'iode**), Son meilleur dissolvant est la benzine qu'il colore en violet. Comme la ben-zine n'est pas soluble dans l'eau et surnage sur ce liquide, on peut enlever à l'eau, par la benzine, l'iode que l'eau a dissous. On verse de l'eau dans un ballon où l'on a volatilisé de l'iode; l'eau se teinte à peine; on ajoute de la benzine qui reste au-dessus de l'eau, et qui se colore peu à peu en violet.

Fig. 65.

5. Propriétés chimiques. — L'iode, comme le brome et comme le chlore, se combine facilement avec les métaux pour donner les **iodures** et avec l'hydrogène qui forme avec lui l'acide **iodhydrique**. Sa propriété la plus caractéristique, c'est de colorer en *bleu indigo* l'empois d'amidon refroidi. La chaleur fait dispa-raître cette coloration, mais le refroidissement la ramène.

On démontre la facilité de combinaison de l'iode avec les métaux, en remuant, dans l'eau légèrement chauffée, de l'iode et de la limaille de fer; l'iode disparaît, le liquide est devenu une solution d'**iodure de fer**.

6. Iodures. — Les principaux de ces composés sont : l'iodure d'argent, précipité blanc jaunâtre, produit par l'action d'un iodure soluble sur le sel soluble d'argent (la photographie repose en grande partie sur la sensibilité de ce produit sous l'action de la lumière), l'iodure de fer, et l'iodure de potassium, qui sont tous deux employés en médecine. Ce dernier sert souvent dans les laboratoires à produire les autres iodures insolubles, no-tamment celui de plomb qui est jaune et celui de mercure qui est rouge.

7. Reconnaître l'iode. — Si l'iode est libre, une goutte du liquide qui le contient suffit à colorer en *bleu* l'empois d'amidon. Si l'iode est combiné, comme dans l'iodure de potassium, il faut le rendre libre pour qu'il colore son réactif; on se sert pour cela de l'eau de chlore qui chasse l'iode (comme le brome) de ses combinaisons. On peut produire cette réaction sur l'io-dure de fer ou sur l'iodure de potassium.

8. État naturel et usages. — Nulle part on ne trouve l'iode à l'état de liberté ; mais l'eau de la mer en contient de petites quantités. Les sources d'iodes sont des plantes telles que les varechs, et des animaux marins tels que les raies et les morues. L'huile de foie de morue doit ses propriétés curatives aux iodures qu'elle contient. On extrait habituellement l'iode des eaux-mères des soudes de varechs qui donnent aussi le brome.

L'iode est employé en dissolution alcoolique sous le nom de teinture d'iode comme vésicant; il attaque la peau et la colore en jaune. On le considère comme le meilleur des résolutifs des goîtres ; les iodures sont très employés en médecine comme dépuratifs.

L'iode a été découvert en 1812 par Courtois.

FLUOR. — ACIDE FLUORHYDRIQUE.

Le fluor est un corps hypothétique que l'on suppose exister dans des produits naturels appelés **fluorures**, au même titre que le chlore dans les chlorures. On n'est pas encore parvenu à l'isoler.

9. Acide fluorhydrique. — Quand on traite le spath **fluor** (fluorure de calcium) par l'acide sulfurique, on obtient un gaz que l'on a appelé acide fluorhydrique et qu'un refroidissement amène à l'état liquide. Ce liquide est incolore, très acide, très volatil, il répand à l'air d'épaisses fumées. Mis en contact avec l'eau, dans laquelle il ne faut le verser qu'avec précaution, il fait entendre le bruit d'un fer rouge qu'on y plongerait ; la dissolution atténue ses propriétés.

Il faut éviter soigneusement son contact avec la peau, sur laquelle il produirait des brûlures douloureuses et difficiles à guérir. Il est imprudent de s'exposer à ses vapeurs. Il attaque presque tous les corps; aussi ne peut-on le produire et le conserver que dans des vases de platine, de plomb ou de gutta-percha. Il corrode le verre, et c'est cette propriété remarquable qui le fait employer à la gravure.

10. Préparation. — On emploie une cornue munie d'un tube formant récipient, le tout en plomb ; on y met le spath-fluor et l'acide sulfurique, on lute l'appareil et on chauffe légèrement. La panse du tube est entourée d'eau glacée : l'acide s'y rassemble ; on le transvase dans un flacon de gutta-percha pour l'usage.

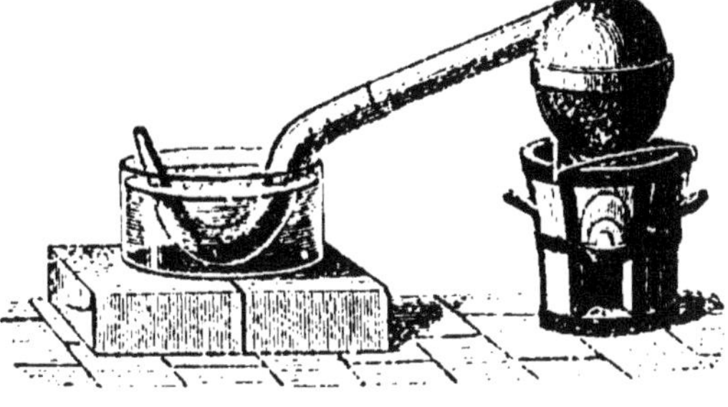

Fig. 67.

11. Gravure sur verre. —On grave sur verre blanc ou sur verre coloré, au moyen d'acide fluorhydrique en solution ou d'acide gazeux.

Dans chaque cas, on protège le verre par un vernis composé de 3 parties de cire et de 1 partie d'essence de térébenthine, et que l'on étend au pinceau en une couche uniforme sur l'objet à graver. On trace le dessin avec un stylet en mettant le verre à nu sous la pointe, et on expose l'objet à l'acide.

Fig. 68.

Si l'on veut opérer avec l'acide *liquide*, on met la dissolution d'acide sur les traits, et on la laisse agir plus ou moins de temps, suivant la profondeur que l'on veut donner aux traits. On lave l'objet à l'eau ; on enlève le vernis en chauffant légèrement et on nettoie l'objet à l'essence. Les traits sont alors polis et presque transparents.

Avec l'acide gazeux, on mêle le spath-fluor et l'acide sulfurique dans une boîte de plomb posée sur quelques charbons, sous une cheminée à fort tirage ; on couvre la boîte avec la plaque à graver, le dessin

Fig. 69.

en dessous; au bout de quelques minutes, l'opération est terminée. Après le nettoyage, la plaque présente un dessin dont les traits sont mats et très apparents.

Sur verre coloré, on peut produire, avec les verres doublés, c'est-à-dire dont le verre de couleur n'occupe qu'une des faces, ou bien des dessins blancs avec fond de couleur, ou bien des dessins de couleur sur fond blanc. Dans le premier cas, on enlève le vernis suivant le dessin ; dans le deuxième, c'est le dessin qu'on laisse pour protéger le verre.

L'industrie sait aujourd'hui produire de très beaux dessins, mats ou transparents, sur des feuilles de verre de grandes dimensions.

Questionnaire. — 1. Quel est l'aspect du brome ? D'où lui vient son nom? Quelles sont ses propriétés? Comment fait-on voir que le chlore le chasse de ses combinaisons ?— 2. Quels sont les principaux bromures? Où trouve-t-on le brome? — 4. Quelles sont les propriétés physiques de l'iode? D'ou tire-t-il son nom? Comment le sublime-t-on? Quels sont ses dissolvants? — 5. Quelles sont ses propriétés chimiques? — 6. Citer les principaux iodures? — 7. Comment peut-on reconnaître l'iode libre et l'iode combiné ? — 8. Où trouve-t-on l'iode et quels sont ses usages ? — 9. Comment obtient-on l'acide fluorhydrique ?— 11. Comment grave-t-on le verre à l'acide gazeux et à l'acide liquide?

SEIZIÈME LEÇON.

Le soufre.

1. Les propriétés du soufre. — Nous avons le soufre sous deux aspects : en cylindres un peu coniques longs de dix centimètres au plus, c'est le *soufre en canons;* en poudre fine sous le nom de *fleur de soufre.*

C'est un corps solide d'une couleur jaune citron. Si on en tient un morceau à la main, près de l'oreille, on entend des craquements qui feraient croire à un brisement de la masse ; on les attribue à la difficulté avec laquelle la chaleur se propage des couches externes aux couches internes; le soufre n'est donc pas bon conducteur de la chaleur.

Il n'est pas davantage bon conducteur de l'électricité; quand on le frotte avec un morceau de drap, il conserve l'électricité aux points touchés, et il est alors capable d'attirer des corps légers comme des barbes de plumes ou de petits fragments de papier. Retenons en passant que la première machine électrique était formée d'un globe de soufre que l'on animait d'un mouvement de rotation et que l'on frottait pendant ce mouvement.

2. La fusion du soufre. — Quand on chauffe de la glace, elle devient liquide, puis, si on continue de chauffer, le liquide passe en vapeur. Il n'en est pas tout à fait de même pour le soufre. Nous allons en chauffer quelques morceaux dans un ballon de verre pour suivre plus facilement ses transformations. A un moment donné, le soufre solide est devenu un liquide jaune et coulant comme de l'huile; un thermomètre plongé dans ce liquide accuserait une température de 110°. Nous continuons de chauffer, le liquide brunit fortement ; il devient aussi pâteux que du goudron épais, et en renversant le ballon, ce corps pâteux coule à peine. Chauffons encore davantage, le soufre redevient plus liquide, puis il finit par bouillir, et le ballon se remplit alors de vapeurs d'un rouge foncé. Ainsi le soufre peut bien passer par les trois états; mais entre son état de liquide coulant et son état de vapeur, il redevient presque solide. Si on laisse refroidir le soufre ainsi chauffé, il redevient d'abord liquide et pâteux vers 330° , puis liquide jaune à 110°, et en-dessous de cette température il se prend en solide. Voilà ce que l'on remarque quand le refroidissement est lent et régulier. Il n'en est plus de même lorsque le refroidis-

ment est brusque: le soufre présente alors deux particularités qu'il importe
de noter.

3. **La fleur de soufre, le soufre mou.** — Produisons beaucoup de vapeur
de soufre; cette vapeur tend à sortir du ballon; mais dans le col de celui-
ci, elle est brusquement refroidie; elle repasse alors à l'état solide et elle
prend l'aspect d'une poussière jaune; nous faisons ainsi de la *fleur de
soufre*. La fleur de soufre n'est donc pas, comme on pourrait le croire au
premier abord, du soufre solide réduit en poudre par le frottement et tamisé, c'est de la vapeur qui a été subitement refroidie et qui a pris brusquement l'état solide sans passer par l'état liquide.

Cessons de chauffer le ballon où nous faisons bouillir le soufre, le
liquide redeviendra pâteux en refroidissant. Si alors nous le versons sous
forme d'un mince filet et de haut dans une terrine d'eau, il y sera brusquement solidifié; il conservera la forme de fils et nous pourrons l'étirer
comme du caoutchouc : voilà le *soufre mou* qui d'ailleurs ne tarde pas
longtemps à redevenir dur et cassant.

4. **Le soufre en cristaux.** — Faisons fondre du soufre dans un vase de
terre assez large et assez profond, et aussitôt le solide fondu, retirons le
vase du feu et laissons-le refroidir. Au bout de quelque temps, la surface
du liquide se couvre d'une croûte solide : elle a été en effet, comme les
parois aussi, plutôt refroidie que le centre du vase. Si on perce la croûte,
qu'on l'enlève et qu'on vide le soufre liquide resté dans le vase, on sur-
prend le corps dans son travail d'arrangement; on voit sur les parois
(fig. 70) un grand nombre d'aiguilles longues et brillantes :
ce sont de petits prismes à faces taillées et de formes parfaitement géométriques, c'est le prisme oblique à base rectangle (fig. 71), c'est le soufre cristallisé.

Si on avait laissé le vase se refroidir sans y toucher, on
n'aurait eu qu'une masse solide sans cristaux bien apparents,
comme le sont les canons de soufre ordinaire; les premiers
cristaux formés auraient été masqués par le reste de la masse
devenue solide.

Fig. 70.

5. **Le soufre et son dissolvant.** — Le soufre est complètement insoluble dans l'eau ; mais il peut disparaître
presque entièrement dans un liquide que nous appelons
le sulfure de carbone, parce qu'il est formé de soufre
et de charbon combinés. Ce liquide est très volatil; abandonné sur une soucoupe, il ne tarde pas à disparaître
en vapeurs. Quand il a dissous du soufre, si on le laisse
évaporer, il abandonne le soufre comme résidu solide ;
mais alors ce soufre présente des formes géométriques
comme les corps que l'on obtient par l'évaporation des
liquides qui les retenaient; c'est encore du soufre cristallisé.

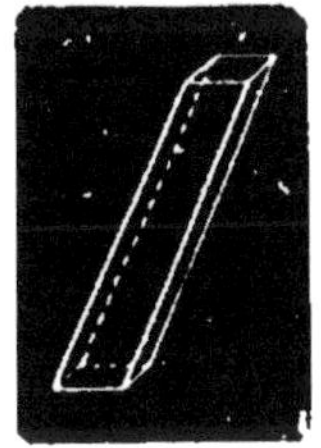

Fig. 71.

Les cristaux sont alors des octaèdres dérivés du prisme droit à base rectangle (fig. 72).

6. **Dimorphisme.** — Le soufre est donc capable de prendre, en cristallisant, deux formes régulières qui sont incompatibles, c'est-à-dire qui se
rapportent à des solides géométriques essentiellement différents; c'est cette
propriété qu'on appelle *dimorphisme*.

7. Systèmes cristallins. — Cet exemple nous amène à définir les formes cristallines que l'on reconnaît aux corps cristallisés.

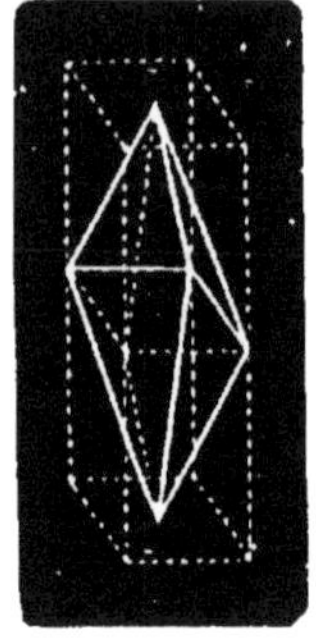

Fig. 72.

Les formes qu'affectent les cristaux sont nombreuses; mais si on rapporte chacune d'elles au solide géométrique le plus simple à l'aide duquel il est possible de la produire, on arrivera ainsi à la création de six types fondamentaux que l'on appelle les **six systèmes cristallins.** Ce sont :

1° *Le cube,* dont dérive l'octaèdre régulier avec ses 8 faces égales ;

2° *Le prisme droit à base carrée;*

3° *Le prisme droit à base rectangle* : l'octaèdre y a ses faces égales 2 à 2 ;

4° *Le prisme oblique à base rectangle;*

5° *Le prisme oblique à base parallélogramme;*

6° *Le rhomboèdre ou le prisme hexagonal droit.*

8. Les propriétés chimiques du soufre. — Le soufre est combustible ; il brûle à l'air avec une petite flamme bleue en produisant un gaz invisible qui provoque la toux quand on le respire. Tout le monde connaît ce phénomène ; chacun de nous a vu les grandes allumettes qui ont à chaque bout un peu de soufre solide ; quand on les met au contact d'un charbon incandescent, ou des gaz chauds qui sortent par l'extrémité supérieure du verre d'une lampe allumée, le soufre prend feu, brûle avec sa flamme bleue, ne laisse aucun résidu et met le feu au bois sec qu'il recouvre. Chacun peut faire ces allumettes en trempant l'extrémité de petits fragments de bois sec dans un peu de soufre fondu.

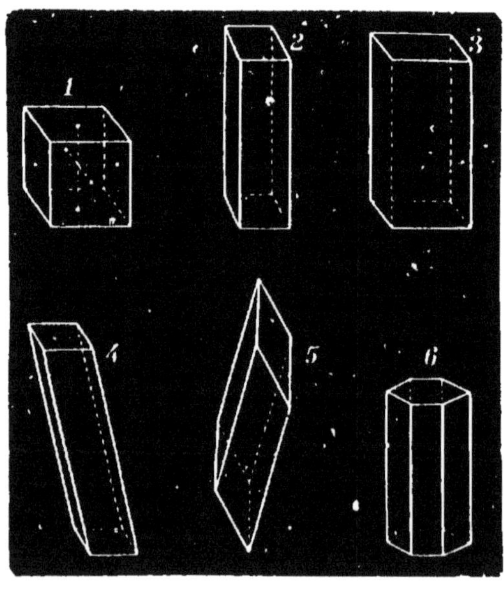

Fig. 73.

Dans ses autres réactions, le soufre *ressemble à l'oxygène;* il *brûle* les métaux, notamment le fer et le cuivre, pour donner avec eux des sulfures qui ont les plus grandes analogies chimiques avec les oxydes :

oxydes, MO,   oxyde de cuivre, CuO,
sulfures, MS,   sulfure de cuivre, CuS,

On prouve cette affinité du soufre pour les métaux en faisant chauffer ce corps dans un ballon jusqu'à production de vapeur, et en plongeant dans cette vapeur une spirale de fil de cuivre qui devient bientôt incandescente en se transformant en sulfure noir. Nous avons déjà d'ailleurs produit cette combinaison du cuivre et du soufre et montré qu'elle dégage beaucoup de chaleur.

Nous avons également combiné le soufre et le fer en humectant d'eau chauffée le mélange de leur poudre. Nous réalisons la même combinaison en plongeant des barres de fer rougies dans un creuset de soufre fondu ; elles s'y dissolvent comme un bâton de sucre de pomme dans l'eau, et le composé formé, le **sulfure de fer** (FeS), est un solide dur, d'une couleur brun noirâtre.

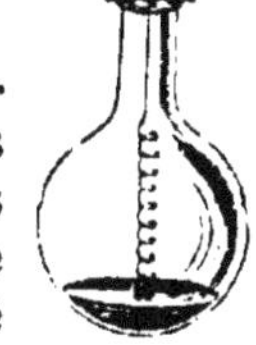

Fig. 74.

9. État naturel. — Le soufre se trouve en grande abondance dans la nature, soit à l'état de combinaisons, comme les sulfures métalliques qui sont très répandus et dont les principaux portent le nom de **pyrites**, soit à l'état natif, en masses cristallisées, ou en masses agglomérées avec des terres. Cette dernière forme se rencontre aux abords des volcans, notamment en Sicile, où l'on en exploite chaque année près de 200,000 tonnes.

10. Extraction. — Le soufre natif n'a besoin que d'être distillé. Cette opération se fait sur les lieux d'extraction dans une série de pots en terre placés sur deux rangées parallèles dans un long four. Le soufre distillé se condense à l'état liquide dans des pots semblables placés en dehors du four ; on fait écouler le liquide dans des baquets pleins d'eau froide. Le soufre brut ainsi obtenu contient 3 °/₀ de matières étrangères.

On le raffine en le distillant dans de grands cylindres d'où il s'écoule liquide sur une plaque de fonte fortement chauffée où il se résout en vapeurs.

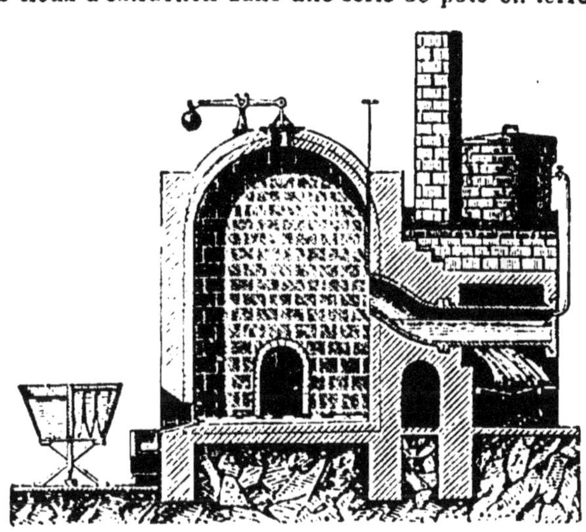

Fig. 75.

On envoie ces vapeurs dans de grandes chambres de briques. Si on arrête l'opération avant que la température des chambres de condensation soit arrivée à 110°, on recueille de la **fleur de soufre**. Si on la laisse continuer, les parois du condenseur s'échauffent, le soufre ruisselle liquide, se rassemble dans la partie déclive de la chambre ; on le fait couler dans des moules de bois cylindro-coniques entourés d'eau ; il se solidifie ; c'est le **soufre en canons**.

11. Usages du soufre. — Le soufre est employé en grandes quantités pour le soufrage de la vigne, dans le but de détruire l'oïdium, petit champi-

gnon qui détruirait la grappe. Il entre dans la composition de la poudre.
On s'en sert encore en France pour la préparation des allumettes, quoi-
qu'on l'ait remplacé avantageusement pour cet usage, en Angleterre et en
Allemagne, par la paraffine. Sa fusibilité le fait employer à prendre des
empreintes et à faire des scellements. Il est la base de la fabrication de
l'acide sulfurique.

La France en consomme annuellement 25 millions de kilogrammes.

Questionnaire. — 1. Sous quel aspect connaissons-nous le soufre ? Con-
duit-il la chaleur et l'électricité ? — 2. A quelle température le soufre devient-
il liquide, puis pâteux et brun ? A quelle température se produit sa vapeur ?
Quels phénomènes présente le soufre pendant son refroidissement ? — 3.
Comment fait-on la fleur de soufre, le soufre mou ? — 4. Quelles précautions
faut-il prendre pour avoir le soufre en cristaux ? — 5. Le soufre peut-il être
dissous ? Dans quel liquide ? Comment se dépose-t-il de cette dissolution ? —
6. Qu'appelle-t-on dimorphisme ? — 7. Qu'entend-on par systèmes cristallins ?
Les citer. — 8. Quelles sont les propriétés chimiques du soufre ? — 9. Où
trouve-t-on le soufre ? Comment le raffine-t-on et quels sont ses usages ?

DIX-SEPTIÈME LEÇON.

Combinaison du soufre avec l'hydrogène.
Acide sulfhydrique HS.

1. **Propriétés physiques.** — L'hydrogène sulfuré ou acide sulfhydrique
est un gaz incolore qui répand l'odeur infecte des œufs pourris. C'est un
poison violent quand il est introduit dans les voies respiratoires ; un oiseau
périt dans une atmosphère qui contient $\frac{1}{1500}$ de ce gaz. A l'état de dilution
dans l'air, il produit un malaise accompagné de vertige ; mais sa forte
odeur avertit immédiatement de sa présence.

Il est un peu plus lourd que l'air ; son poids est 17 fois le poids de l'hydrogène. Le litre de ce gaz pèse donc :

$$17 \times 0,0895 = 1,52.$$

Un litre d'eau dissout trois litres de gaz à la température ordinaire ;
aussi le recueille-t-on toujours sur une terrine d'eau et non sur la cuve. On
a pu le liquéfier.

2. **Propriétés chimiques.** — L'hydrogène sulfuré est très nettement acide ;
il rougit le tournesol ; aussi l'appelle-t-on souvent acide sulfhydrique.

Il est combustible, s'enflamme au contact d'une bougie et brûle avec
une flamme bleue. Ce fait pouvait se prévoir, puisque l'hydrogène sulfuré
est formé de deux éléments combustibles.

Quand la *combustion est complète*, il se forme de l'eau et de l'acide sulfureux :

$$HS + O^3 = HO + SO^2.$$

On le démontre en allumant l'hydrogène sulfuré sec à l'extrémité d'un tube effilé ; si on place un verre au-dessus du jet, il se couvre de buée d'eau condensée, et un papier bleu de tournesol placé au-dessus de la flamme y rougit immédiatement.

On réalise encore cette combinaison complète en mélangeant 2 parties de HS avec 3 parties d'O et en allumant le mélange ; il y a une détonation due à la rentrée de l'air venant occuper la place des gaz formés et condensés.

3. Combustion incomplète. — Quand la quantité d'oxygène fournie au gaz sulfhydrique est insuffisante pour le brûler complètement, on comprend que c'est le plus combustible de ces deux éléments qui doit brûler ; c'est en effet l'hydrogène qui brûle et le soufre se dépose. On le démontre en enflammant une éprouvette de gaz sulfhydrique : ses parois se couvrent d'un dépôt de soufre, l'air n'ayant pas eu un libre accès dans ce vase étroit.

Cette oxydation *lente* se produit sur le gaz sulfhydrique, par l'oxygène de l'air dissous dans l'eau, quand le gaz est conservé dans l'eau ordinaire ; il y a peu à peu un dépôt de soufre très divisé qui donne à la solution un aspect laiteux.

$$HS + O = HO + S.$$

C'est pourquoi on emploie *l'eau bouillie* récemment pour faire les dissolutions de ce gaz que l'on veut conserver.

4. Oxydation en présence des corps poreux. — Si on expose à l'air, sous une grande surface, une dissolution de gaz sulfhydrique (par exemple en étendant un linge trempé dans la dissolution de HS), il se produit de l'acide sulfurique.

$$HS + O^4 = HOSO^3$$

M. Dumas, à qui l'on doit cette expérience, s'en est servi pour expliquer la destruction rapide des rideaux des chambres de bains sulfureux.

5. Action de l'iode. — Tous les corps avides d'hydrogène décomposent le gaz sulfhydrique avec dépôt de soufre. Si on verse de la teinture d'iode dans une éprouvette de ce gaz, il apparaît de suite un dépôt blanc de soufre.

$$HS + I = HI + S.$$

Le chlore agit de même.

6. Action des métaux. — Le gaz sulfhydrique peut échanger son hydrogène contre un métal et former un sulfure. On fait l'expérience avec l'étain, le plomb ou l'argent dont la surface noircit instantanément :

$$\text{(étain)} \quad Sn + HS = SnS + H.$$

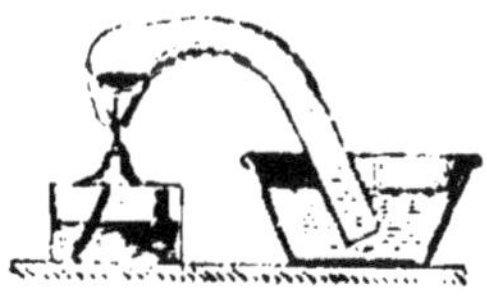

Fig. 76.

On fait passer dans une cloche courbe contenant un volume déterminé de gaz sulfhydrique un petit morceau d'étain qu'on chauffe et qu'on maintient fondu pendant quelque temps ; on laisse refroidir, et on constate que le volume du gaz n'a pas varié : le gaz restant est de l'hydrogène pur. Le gaz sulfhydrique occupe donc le même volume que l'hydrogène qu'il contient ; il a donc une composition chimique analogue à celle de l'eau.

7. Action sur les solutions métalliques.—Le gaz sulfhydrique, en agissant sur la plupart des solutions métalliques, trouve à satisfaire ses deux affinités, celle de l'hydrogène qui donne de l'eau, et aussi celle du soufre qui forme un sulfure. Son action sur un sel soluble de plomb est intéressante par le sulfure *noir* qu'elle forme instantanément; elle sert à constater la présence du gaz qui noircit un papier trempé dans de l'acétate de plomb.

Le gaz sulfhydrique n'a d'usage que dans les laboratoires, où l'on s'en sert pour précipiter les métaux à l'état de sulfures et les distinguer les uns des autres par leur couleur ou leur solubilité.

8. État naturel. — L'hydrogène sulfuré existe dans certaines eaux minérales, celles de Barèges, qui lui doivent leurs propriétés médicinales. Il s'en forme dans les fosses d'aisances par la décomposition des matières sulfurées; on sait que les émanations qui s'échappent de ces fosses noircissent l'argent et les peintures à base de plomb.

9. Préparation. — Pour l'obtenir, on attaque un sulfure métallique par un acide qui, en échangeant son hydrogène contre le métal, donne naissance au gaz que l'on recueille sur l'eau :

$$MS + MCl = MCl + HS.$$

On opère à froid, dans un flacon à deux tubulures, en employant le sulfure de fer et l'acide sulfurique; ou bien, si on veut un gaz plus pur, on opère à chaud, dans un ballon, avec le sulfure d'antimoine et l'acide chlorhydrique; dans ce dernier cas, il faut faire suivre l'appareil d'un flacon laveur. Voici les réactions :

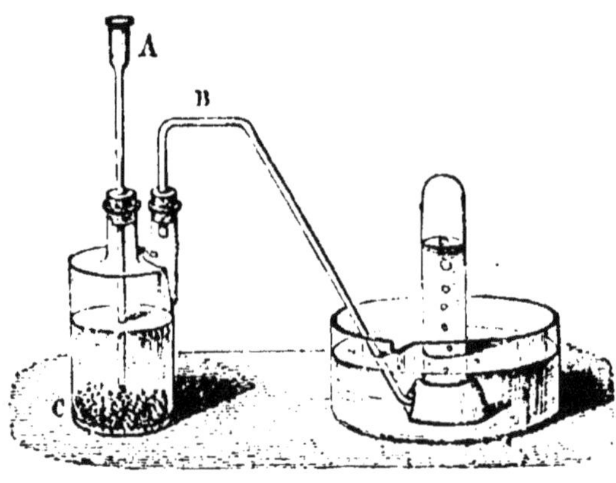

Fig. 77.

$$FeS + HOSO^3 = FeOSO^3 + HS.$$
$$Sb^2S^3 + 3(HCl) = Sb^2Cl^3 + 3(HS).$$

Exercice. — 1. Combien de litres d'acide sulfhydrique recueillera-t-on en attaquant 440 grammes de proto-sulfure de fer FeS par l'acide chlorhydrique?

Questionnaire. — 1. Quelles sont les propriétés physiques de l'acide sulfhydrique? — 2. Comment montre-t-on que ce gaz est combustible? Quels sont les produits qui prennent naissance dans sa combustion? — 3. Qu'arrive-t-il quand la combustion est incomplète? — 4. Comment montre-t-on l'oxydation de l'hydrogène sulfuré en présence des corps poreux? — 5 et 6. Comment se conduit l'hydrogène sulfuré avec les métalloïdes comme l'iode, avec les métaux comme le plomb et l'argent? — 7. Comment agit-il sur les solutions des sels métalliques? — 8 et 9. Quel est son état naturel et quels sont ses usages?

DIX-HUITIÈME LEÇON.

Composés oxygénés du soufre.
Acide sulfureux.

1. Les composés oxygénés de soufre. — Le soufre forme avec l'oxygène un certain nombre de composés dont les trois plus importants sont :

$$\text{L'acide hyposulfureux} \quad (SO) \quad \text{ou } S^2O^2$$
$$\text{— \quad sulfureux} \qquad\qquad SO^2$$
$$\text{— \quad sufurique} \qquad\qquad SO^3$$

Le premier n'a d'intérêt que parce qu'il forme les sels appelés hyposulfites dont un, l'hyposulfite de sodium, est très employé. Les deux autres acides sont très importants.

2. L'acide sulfureux. — Tout le monde connaît l'acide du soufre brûlé ; c'est un gaz incolore, d'une odeur piquante et qui provoque la toux.

Ce gaz est très lourd ; il pèse 32 fois plus que l'hydrogène ; le poids du litre est :

$$32 \times 0,0895 = 2^{gr},86.$$

Il est très soluble dans l'eau, comme on peut le démontrer en renversant sur l'eau une éprouvette de ce gaz ; l'eau ne tarde pas à monter dans l'éprouvette.

On le liquéfie en le faisant passer dans un tube qui plonge dans un mélange réfrigérant capable de tenir la température inférieure à — 10° [1]. Le liquide obtenu est incolore, très mobile ; il repasse à l'état de gaz à — 10° ; aussi faut-il le conserver dans des tubes fermés.

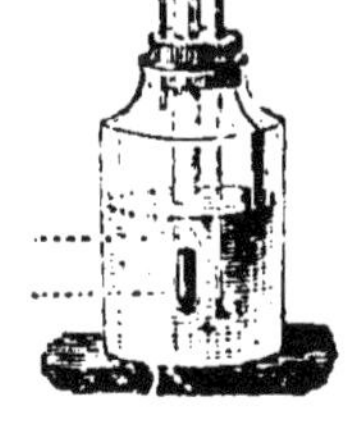

On s'en est servi pour obtenir de très basses températures ; on le fait traverser par un rapide courant d'air, il s'évapore vivement et se refroidit assez pour solidifier une petite quantité de mercure contenue dans un petit tube d'essai qu'on place au sein de l'acide sulfureux liquide (fig. 78).

Fig. 78.

3. Propriétés chimiques. — L'acide sulfureux ne brûle pas ; il éteint les corps en combustion qui deviennent alors plus difficiles à rallumer que s'ils avaient été plongés dans un autre gaz incombustible comme l'azote.

On le prouve en plongeant dans une éprouvette de gaz sulfureux un charbon bien allumé qui s'y éteint rapidement. On utilise cette propriété pour éteindre les feux de cheminées ; on allume du soufre à l'entrée de la cheminée ; l'acide sulfureux produit, entraîné par le rapide courant d'air, éteint, en montant, la suie enflammée.

4. Action de l'oxygène. — Puisque le soufre peut donner un composé

1. Un mélange de 2 parties de glace pilée avec 1 partie de sel marin.

plus oxygéné que l'acide sulfureux, il est vraisemblable d'admettre à *priori* que celui-ci pourra s'oxyder et donner de l'acide sulfurique. Cette oxydation n'a pas lieu par l'oxygène sec, à moins qu'on ne fasse intervenir la chaleur et un corps poreux ; mais l'oxygène humide la produit très bien :

$$SO^2 + O + HO = SO^3HO.$$

Aussi ne peut-on faire la dissolution d'acide sulfureux que dans de l'eau privée d'air ; dans de l'eau ordinaire, une portion de l'acide deviendrait de l'acide sulfurique.

L'acide sulfureux enlève l'oxygène combiné à certaines combinaisons qui cèdent facilement ce gaz. Tels sont les composés oxygénés de l'azote, tel est aussi le bioxyde de plomb (appelé oxyde puce, à cause de sa couleur brune) ; projeté dans un flacon de gaz sulfureux, ce corps y blanchit immédiatement en dégageant beaucoup de chaleur ; il se produit du sulfate de plomb.

$$SO^2 + PbO^2 = PbO,SO^3.$$

5. **Solution d'acide sulfureux.** — L'acide en solution est bien plus oxydable que le gaz. Il dissout l'iode, en présence d'une grande quantité d'eau, en donnant une solution incolore d'acides iodhydrique et sulfurique.

$$I + 2HO + SO^2 = HOSO^3 + HI.$$

C'est un **réducteur** puissant ; il décolore le permanganate de potassium. On fait l'expérience en versant la solution colorée en violet dans la solution d'acide sulfureux ; la décoloration est instantanée. L'expérience est plus saisissante encore quand on verse la solution colorée dans un flacon de gaz sulfureux ; elle tombe incolore dans ce flacon qui paraît vide.

L'acide sulfureux décolore beaucoup de substances végétales : les pétales de violettes, le vin, le jus de fruits, etc. La matière colorante n'est pas détruite ; elle peut reparaître si on traite le corps par un acide fort qui chasse l'acide sulfureux. Sur un bouquet de violettes décolorées, l'ammoniaque reproduit une coloration vert foncé.

6. **Usages de l'acide sulfureux.** — On utilise la puissance de décoloration de l'acide sulfureux pour le blanchiment de la laine et de la soie, qu'on ne peut blanchir au chlore. On brûle du soufre dans de grandes chambres appelées soufroirs, où l'on a suspendu les fils ou les tissus préalablement humectés d'eau. L'acide sulfureux se dissout dans cette eau, et sa solution agit sur la matière colorante, qu'elle désorganise. L'étoffe est lavée ensuite dans une eau alcaline qui enlève l'acide, puis après à grande eau.

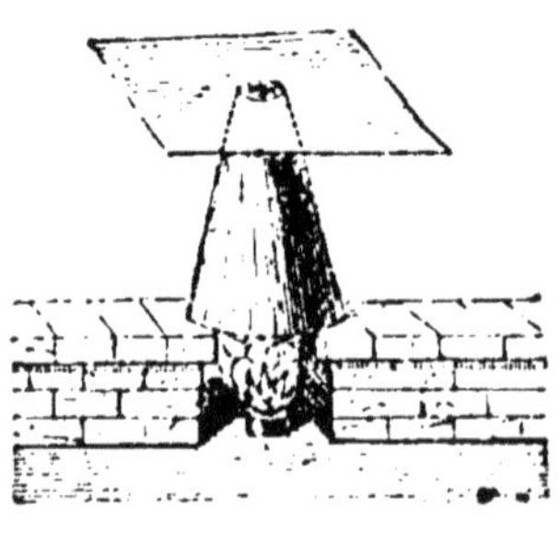

Fig. 79.

On se sert aussi de l'acide sulfureux pour enlever les taches de fruits sur les étoffes. On mouille la tache ; on la place au-dessus de l'extrémité ouverte d'un petit cône de carton formant cheminée, à l'entrée duquel on allume du soufre ou un paquet d'allumettes. L'acide sulfureux produit se dissout dans l'eau qui imbibe la tache et enlève celle-ci.

L'acide sulfureux est un destructeur des petits animaux qui engendrent la gale, et des germes organiques qui développent les moisissures sur les substances végétales ou l'acidité sur les vins ; c'est la raison de son emploi, sous forme de mèches soufrées, pour le soufrage des tonneaux ou en fumigations pour guérir la gale.

7. Préparation. — Le moyen le plus simple de l'obtenir, c'est de brûler du soufre à l'air, et c'est en effet ainsi que procède l'industrie. Dans les laboratoires, il est plus commode de désoxyder l'acide sulfurique par un métal ; on emploie le cuivre, ou de préférence le mercure, que l'on chauffe avec de l'acide sulfurique concentré dans un petit ballon. Il reste du sulfate de mercure [1].

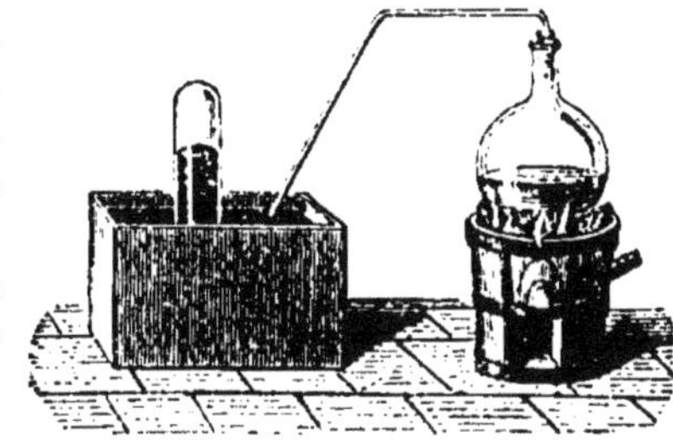
Fig. 80

$$Hg + \frac{SO^3}{SO^3} = HgOSO^3 + SO^2.$$

Si on veut obtenir une solution d'acide sulfureux dans l'eau, on trouve plus économique d'employer le charbon pour désoxyder l'acide sulfurique;

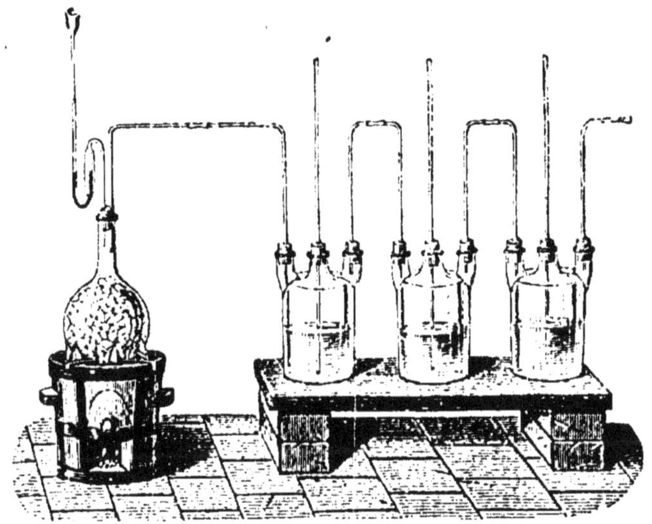
Fig. 81.

Il se dégage un mélange d'acide sulfureux et d'acide carbonique que l'on fait arriver dans une série de flacons de Wolf; l'acide carbonique est peu soluble; il n'en reste presque pas dans l'eau, qui dissout tout l'acide sulfureux.

$$\frac{SO^3}{SO^3} + C = CO^3 + 2(SO^2).$$

Exercices. — Quel poids de mercure faut-il pour obtenir 20 litres de gaz acide sulfureux ($Hg = 100$).

1. Le mercure s'appelait autrefois hydrargyrum.

Questionnaire. — 1. Quels sont les composés du soufre avec l'oxygène ? — 2. Quelles sont les propriétés physiques de l'acide sulfureux ? — 3. Cet acide est-il combustible ? Comment agit-il sur les corps enflammés ? — 4. Comment s'oxyde-t-il ? — 5. Quelles sont les propriétés de sa solution ? — 6. Citer les usages principaux de l'acide sulfureux. — 7. Comment le prépare-t-on dans les laboratoires, dans les soufroirs ?

DIX-NEUVIÈME LEÇON.

Acide sulfurique.

L'acide sulfurique se présente sous trois formes :

L'acide sulfurique anhydre,		SO^3 ;
—	ordinaire,	$HOSO^3$;
—	de Nordhausen,	$HOSO^3SO^3$.

1. Acide anhydre. — C'est un solide blanc formé de longs cristaux déliés et soyeux. On ne peut le conserver que dans un tube fermé, parce qu'il prendrait l'humidité de l'air et passerait à l'état d'acide sulfurique ordinaire.

Il n'a aucun usage. Il ne peut se combiner avec les oxydes pour donner des sels qu'autant qu'il s'est fixé auparavant les éléments de l'eau ; on pouvait prévoir ce résultat, cet acide n'ayant pas, sous sa forme SO^3, d'hydrogène à échanger contre un métal.

On l'obtient en distillant avec précaution de l'acide de Nordhausen.

2. Acide fumant ou de Nordhausen. — C'est un liquide oléagineux, fumant à l'air, ordinairement un peu brun, qu'on connaît sous ce nom à cause du lieu de sa fabrication. Il est obtenu en distillant le vitriol vert, que l'on a d'abord desséché. L'opération se fait dans le Harz et en Bohême ; le vitriol vert desséché est chauffé dans des cornues en grès emmanchées dans des récipients de même matière ; il distille de l'acide anhydre dont les vapeurs se condensent dans de l'acide ordinaire placé dans les récipients et se combinent avec lui pour donner le corps

$$(HOSO^3,SO^3).$$

L'acide fumant n'est employé que pour dissoudre l'indigo ; les teinturiers le préfèrent pour cet usage à l'acide ordinaire, parce que ce dernier retient souvent un peu d'acide azotique qui décolore l'indigo.

ACIDE SULFURIQUE ORDINAIRE $HOSO^3$

3. Propriétés physiques. — L'acide sulfurique ordinaire est un liquide incolore et inodore, d'apparence huileuse (on l'appelle encore parfois *huile de vitriol*).

Il est très lourd, sa densité est de 1,84 à 15°, ce qui donne 1 840 grammes pour le poids du litre.

Il bout à 325° et peut par conséquent être distillé. Cette opération exige quelques précautions. Si on chauffait l'acide sulfurique dans une cornue de verre, comme on chauffe l'eau ou tout autre liquide non visqueux, les bulles de vapeur formées au fond de la cornue, au-dessous d'un liquide lourd, projetteraient violemment le liquide, et celui-ci en retombant pourrait faire briser la cornue. Il faut donc éviter la production de ces soubresauts; on y arrive en ne chauffant la cornue que par le pourtour, et pour cela on la place sur une grille en forme de gouttière circulaire, ou bien encore on met avec l'acide

Fig. 82.

dans la cornue des morceaux de pierre ponce ou quelques bouts de fils de platine. Dans tous les cas, il est prudent d'entourer la cornue d'un cylindre ou d'un dôme en tôle qui empêche le refroidissement brusque de la partie supérieure.

4. **Propriétés chimiques.** — L'acide sulfurique est un acide très énergique; étendu de mille fois son volume d'eau, il colore encore la teinture de tournesol en un rouge pelure d'oignon intense.

Une température élevée le décompose en eau, acide sulfureux et oxygène.

$$HOSO^3 = HO + SO^2 + O.$$

M. Deville a fondé sur cette propriété un procédé économique de préparation de l'oxygène. Il fait tomber goutte à goutte de l'acide sufurique dans une cornue contenant des fragments de briques et fortement chauffée; la réaction ci-dessus s'opère; les trois gaz dégagés passent dans un laveur où les deux premiers se dissolvent, et on peut recueillir l'oxygène dans un gazomètre.

5. **L'acide sulfurique et l'eau.** — L'acide sulfurique a pour l'eau une grande affinité; il se combine avec elle en plusieurs proportions pour donner des **hydrates** définis, dont l'un contient l'acide mono-hydraté auquel s'est fixé un équivalent d'eau :

$$HOSO^3 + HO.$$

Dans presque tous les cas, cette combinaison dégage beaucoup de chaleur. Ainsi, quand on mêle 4 parties d'acide avec 1 partie d'eau, la température du mélange est de plus de 100°; aussi ne faut-il faire cette expérience qu'avec précaution, et verser l'acide dans l'eau en mince filet, et en agitant constamment. Si on renverse le rapport et qu'on emploie de la glace au lieu d'eau, 1 partie d'acide et 4 parties de glace pilée ou de neige, on produit un notable abaissement de la température qui peut aller jusqu'à — 25° en employant 3 parties de l'hydrate cristallisé de l'acide avec 8 parties de glace.

Fig. 83.

L'acide sulfurique attire rapidement l'humidité de l'air et peut, dans un vase ouvert, augmenter notablement de poids en quelques jours; aussi est-il souvent employé comme agent desséchant. On place l'acide dans un vase large ; sur un trépied, la substance à dessécher; on couvre le tout d'une cloche rodée reposant sur une plaque polie ; l'acide dessèche l'air emprisonné et la substance. Quand on veut dépouiller un gaz de l'humidité qu'il contient, par exemple l'air de sa vapeur d'eau, on fait passer le gaz dans un tube en U contenant de la pierre ponce qui a bouilli avec de l'acide sulfurique.

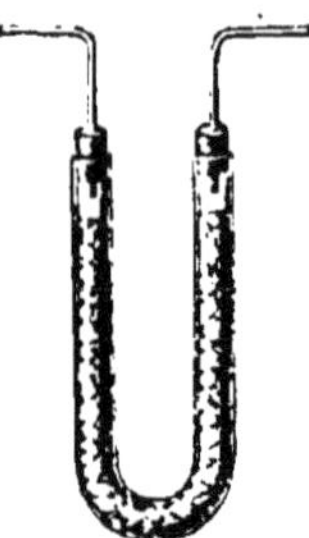

Fig. 84.

L'acide sulfurique charbonne le bois, parce qu'il lui enlève de l'eau.

Il brunit à l'air, parce qu'il carbonise les poussières qui y tombent. C'est un caustique violent, qui désorganise rapidement les membranes qu'il touche.

L'acide sulfurique et les métalloïdes. — Tous les métalloïdes qui s'unissent directement à l'oxygène peuvent décomposer l'acide sulfurique, ainsi le charbon chauffé avec l'acide sulfurique produit du gaz sulfureux et du gaz carbonique.

$$2(HOSO^3) + C = 2HO + 2SO^2 + CO^2.$$

Le soufre et le phosphore agissent d'une façon analogue.

7. **L'acide sulfurique et les métaux.** — Le zinc et le fer, attaqués par l'acide sulfurique étendu, se substituent à l'hydrogène qui se dégage; il reste du sulfate de zinc ou de fer.

$$Fe + HOSO^3 = FeOSO^3 + H,$$
$$Zn + HOSO^3 = ZnOSO^3 + H.$$

La réaction est très peu intense avec l'acide concentré, probablement parce qu'il manque l'eau nécessaire à la dissolution et à l'hydratation du sulfate formé, elle est très vive avec l'acide étendu.

C'est la réaction qu'on utilise habituellement pour préparer l'hydrogène ; et nous sommes en mesure de calculer ce qu'un poids donné de zinc nécessite d'acide et d'eau pour un volume déterminé de gaz à obtenir.

Le cuivre, le plomb, le mercure, l'argent attaquent l'acide concentré, dégagent de l'acide sulfureux et forment des sulfates.

$$Cu + 2(HOSO^3) = CuOSO^3 + 2HO + SO^2$$

C'est la réaction qui nous a servi à préparer l'acide sulfureux.

8. **L'acide sulfurique et les oxydes.** — L'acide sulfurique se combine aux oxydes avec un dégagement de chaleur qui peut aller jusqu'à l'incandescence. Ainsi, quand on le verse sur de l'oxyde de baryum, celui-ci devient rouge. Il y a production de *sulfate de baryum*, à peu près complètement insoluble.

Le même sulfate se produit toutes les fois qu'on verse de l'acide sulfurique dans un sel soluble de baryum; c'est un précipité blanc qui caractérise l'acide et qui sert à en reconnaître très facilement et très promptement la présence dans un liquide.

Si on verse dans de la potasse (oxyde de potassium) ou dans de l'ammoniaque étendue d'eau, colorée en bleu par du tournesol, peu à peu, de l'acide sulfurique on obtient un liquide qui n'a plus d'action ni sur le tournesol bleu ni sur le tournesol rouge : c'est un sulfate ; l'acide a saturé et neutralisé la base. On met en évidence la combinaison formée en évaporant le liquide ; il se dépose un sel cristallisé ; et, dans le cas où l'on a opéré avec l'ammoniaque, ce sel solide est le produit de la combinaison de deux corps que l'on pouvait auparavant réduire l'un et l'autre complètement en vapeur.

L'acide sulfurique donne deux sulfates avec le même métal : c'est donc qu'il est capable d'échanger 1 ou 2 équivalents d'hydrogène contre un métal.

Pour relater ce fait, il faut doubler la formule que nous avons attribuée à l'acide et le figurer :

$$2(SO^3HO) \text{ ou } S^2 O^6 \begin{matrix} HO \\ HO \end{matrix} ;$$

Fig. 85.

on voit alors qu'il peut donner, avec le potassium, deux sulfates :

$$S^2O^6 \begin{matrix} KO \\ KO \end{matrix} \text{ ou } 2\,(KOSO^3) \text{ et } S^2O^6 \begin{matrix} KO \\ HO \end{matrix} \text{ ou } KO\,HO, 2SO^3.$$

sulfate dit neutre.　　　　　sulfate acide ou bisulfate.

Les bioxydes, comme celui de manganèse, donnent un sulfate et dégagent de l'oxygène, quand on les traite par l'acide sulfurique.

$$MnO^2 + HOSO^3 = MnOSO^3 + HO + O.$$

C'est un des moyens d'obtenir l'oxygène ; c'est celui qui fut d'abord proposé par Schéele.

Les chlorures, bromures et iodures échangent leurs métaux contre l'hydrogène de l'acide sulfurique, et donnent des sulfates en même temps qu'il y a formation d'acides chlorhydrique, bromhydrique, iodhydrique.

C'est cette réaction qui est utilisée dans l'industrie pour fabriquer le sulfate de sodium, et dans les laboratoires pour obtenir l'acide chlorhydrique.

Si on fait agir à la fois l'acide sulfurique sur un chlorure, bromure, iodure, et sur un bioxyde, les deux réactions qui précèdent ont lieu ; mais l'oxygène naissant et les acides chlorhydrique, bromhydrique, iodhydrique, aussi naissants, réagissent l'un sur l'autre,

$$HCl + O = HO + Cl,$$

de sorte que c'est le métalloïde qui se dégage. Ainsi s'explique la préparation du chlore, du brome et de l'iode par la réaction de l'acide sulfurique et du bioxyde de manganèse sur un chlorure, un bromure ou un iodure métallique.

$$MnO^2 + \begin{matrix} HOSO^3 \\ HOSO^3 \end{matrix} + NaCl = MnOSO^3 + NaOSO^3 + 2HO + Cl.$$

$$\ldots\ldots\ldots + KBr = \ldots\ldots\ldots KOSO^3 \ldots\ldots + Br$$

$$\ldots\ldots\ldots + KI = \ldots\ldots\ldots\ldots\ldots + I.$$

9. Usages. — Les usages de l'acide sulfurique sont très nombreux. Nous venons de voir qu'il sert à la préparation du chlore, du brome, de l'iode, aussi de l'acide chlorhydrique et de l'hydrogène. Nous lui trouverons beaucoup d'autres emplois, il sert notamment pour préparer les autres acides ; c'est sans contredit celui de tous les composés chimiques qui sert le plus, non pas seulement dans les laboratoires, mais surtout dans l'industrie.

Il nous suffira, pour donner une idée de son importance, d'ajouter que la France en fabrique annuellement 70 millions de kilogrammes, et qu'une usine des environs de Glascow en produit journellement 40 000 kilogrammes.

10. Préparation. — On ne prépare pas l'acide sulfurique dans les laboratoires ; l'industrie le livre à très bon marché, en le produisant sur une grande échelle et d'une manière continue, par un procédé dont les résultats approchent aussi près que possible de ceux qu'indique la théorie.

Le principe est très simple : fournir à l'acide sulfureux de l'oxygène et de l'eau, pour qu'il devienne de l'acide sulfurique :

$$SO^2 + O + HO = HOSO^3.$$

Nous avons vu que la solution d'acide sulfureux se transforme peu à peu en acide sulfurique sous l'influence de l'air ; mais cette oxydation est bien trop lente pour qu'on puisse avantageusement l'employer dans la pratique. Il a donc fallu chercher un corps qui cède facilement son oxygène et qui de plus soit capable d'en reprendre à l'air pour se reformer sans cesse, de sorte qu'en fin de compte ce soit l'oxygène de l'air qui serve à oxyder l'acide sulfureux et à le transformer en acide sulfurique. On a trouvé ce transformateur, cet utile intermédiaire, dans l'acide azotique et en général dans les composés oxygénés de l'azote.

Fig. 86.

On réalise en petit cette fabrication en envoyant dans un grand ballon de 15 litres, qui contient un peu d'eau légèrement chauffée, de l'acide sulfureux, de l'air et un composé de l'azote ; on trouve dans l'eau du ballon de l'acide sulfurique, que l'on constate par le précipité blanc qu'il donne avec un sel soluble de baryum. Mais cet appareil n'a qu'un intérêt de curiosité, et il ne donne aucune idée des grands appareils industriels.

11. Appareils industriels. — Ils comprennent deux parties :

1° Les fours où l'on produit l'acide sulfureux, souvent l'acide azotique et la vapeur d'eau ;

2° Les grandes chambres toutes de plomb où s'accomplit la transformation de l'acide sulfureux en acide sulfurique et qui sont de beaucoup la partie la plus volumineuse des appareils.

12. Fours. — Longtemps on a brûlé du soufre pour obtenir l'acide sulfureux ; aujourd'hui, on brûle des pyrites, pierres et poussière d'un jaune bleuâtre qu'on trouve sous forme de minerai, notamment à Chessy, près de Lyon, et qui, calcinées sous l'influence d'un courant d'air chaud, donnent beaucoup de gaz sulfureux. Une portion de la chaleur du foyer sert à produire la vapeur d'eau et souvent aussi l'acide azotique que l'on envoie alors sous forme de gaz dans les chambres.

13. Chambres. — Les chambres se composent d'une charpente supportant les feuilles de plomb soudées les unes aux autres avec du plomb, de manière que les gaz et l'acide formé ne se trouvent en contact qu'avec ce métal. On en montait jusqu'à 6 autrefois pour constituer un appareil ; on n'en fait plus que deux grandes, souvent même une seule séparée en deux par une cloison, et on en trouve qui mesurent jusqu'à 100 mètres de longueur ; avec leur largeur de 6 mètres et leur hauteur de 6^m,50, elles jaugent donc près de 4000 mètres cubes. Le fond de la chambre forme cuvette ; les parois y tombent en rideau, plongent dans l'acide et réalisent une fermeture hydraulique.

Fig. 87.

Les gaz qui en sortent contiennent encore des produits oxygénés de l'azote que l'on recueille d'après les conseils de Gay-Lussac. On les fait monter dans une grande colonne remplie de morceaux de coke sur lesquels coule de haut en bas de l'acide sulfurique qui dissout ces gaz.

La chambre est précédée d'une tour analogue où l'on envoie l'acide sulfureux venant des fours et où l'on fait tomber peu à peu l'acide recueilli au bas de la colonne qui termine l'appareil. De cette manière, le gaz sulfureux, trop chaud pour accomplir son oxydation, se refroidit avant d'entrer dans la chambre ; de plus, il enlève à l'acide qui tombe les composés de l'azote dont ce liquide est chargé et en même temps le concentre un peu en l'échauffant.

Ainsi un appareil moderne comprend une très grande chambre, ou deux au plus, précédée et suivie d'une tour ou colonne à condensation, la première pour refroidir les gaz qui vont réagir les uns sur les autres, la dernière pour arrêter au passage et recueillir les composés de l'azote qui ont échappé à la réaction.

14. Concentration. — L'acide que l'on retire marque 51° à 52° à l'aréomètre de Baumé. Pour le livrer au commerce, il faut le concentrer et l'amener à marquer 66° Baumé. Cette concentration s'opère dans des bassines de plomb, jusqu'à ce que l'acide marque 62° Baumé. (Si on dépassait ce point, l'acide attaquerait notablement le plomb.) On achève la concentration dans des appareils en verre ou dans des cornues en platine. Ces dernières sont d'un prix très élevé et s'usent encore assez promptement ;

les cornues de verre ont contre elles d'exiger beaucoup de précautions pour éviter qu'elles se cassent pendant la distillation de l'acide.

Exercices. — 6. Combien de litres d'hydrogène peut-on recueillir en attaquant 500 grammes de fer par une quantité convenable d'acide sulfurique, et quel poids de sulfate de fer cristallisé (avec 7 équivalents d'eau) retire-t-on? — 7. Quel poids de bioxyde de manganèse et d'acide sulfurique doit-on employer pour dégager le chlore de 1 kilogramme de sel marin? Combien de litres de chlore obtiendra-t-on ?

Questionnaire. — 1. Sous combien de formes se présente l'acide sulfurique ? — 2. A quoi sert l'acide de Nordhausen ? — 3. Quelles précautions faut-il prendre pour faire bouillir l'acide sulfurique ordinaire? — 4. Comment prouve-t-on que l'acide sulfurique est un acide fort ? Comment se décompose-t-il par la chaleur ? — 5. Quelles particularités présente le mélange d'acide sulfurique et d'eau, le mélange d'acide et de glace ? Comment emploie-t-on l'acide sulfurique comme dessiccateur ? — 6. Quelle est l'action du charbon sur l'acide sulfurique ? — 7. Quelle est l'action de l'acide étendu sur le zinc et le fer, de l'acide concentré sur le plomb, le cuivre, le mercure et l'argent? — 8. Comment agit l'acide sulfurique sur les oxydes, sur la baryte caustique, sur la potasse, sur l'ammoniaque; quelle formule faut-il donner à l'acide sulfurique ; combien donne-t-il de sulfates avec le même métal ? Comment agit-il sur les chlorures? Quel est son rôle dans la préparation du chlore ? — 9. Quels sont ses usages. — 10. Comment le prépare-t-on dans les laboratoires? Quel est le principe de sa préparation industrielle ? — 11 et 12. De quel produit tire-t-on l'acide sulfureux ? Quelle est la forme des fours, celle des chambres de plomb ? — 13. Comment obtient-on l'acide concentré ?

VINGTIÈME LEÇON

Le Phosphore.

1. L'inflammabilité du phosphore. — Le phosphore est un corps solide, jaune, qui se laisse rayer par l'ongle et qui possède une légère odeur d'ail. Sa propriété la plus frappante est d'être extrêmement inflammable et de brûler avec une flamme brillante en dégageant d'abondantes vapeurs blanches. Lorsqu'il est divisé, il prend feu spontanément à l'air ; le frottement suffit à l'enflammer. Aussi on le conserve toujours dans l'eau ; et il est prudent de ne le manier et de ne le couper que dans ce liquide.

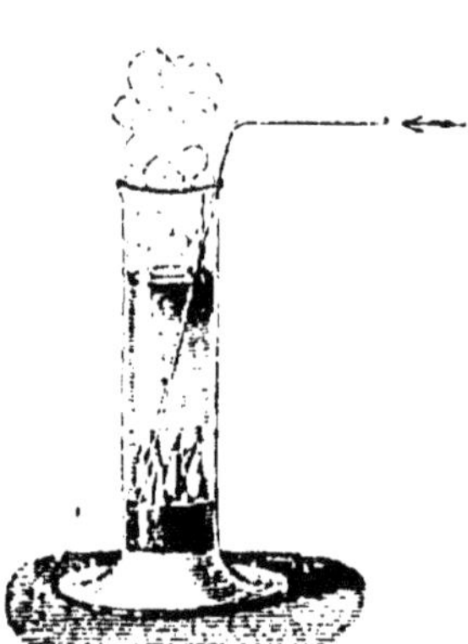

Fig. 88.

Abandonnons-en un morceau à l'air, il s'enveloppe de vapeurs blanches et s'échauffe ; et si on le touche avec une tige de fer chauffée à 60°, il prend feu de suite et brûle complètement.

On l'obtient très facilement liquide en le mettant dans de l'eau chauffée à plus de 44° ; il prend alors l'aspect d'une huile jaune un peu épaisse.

Il ne se dissout pas dans l'eau, ni dans l'alcool, et cependant l'eau où du phosphore a séjourné produit une lueur quand on l'agite à l'air dans l'obscurité; on pense qu'elle doit cette propriété à de très fines parcelles de phosphore qu'elle tient en suspension.

On peut le dissoudre, comme le soufre, dans le sulfure de carbone, et la solution obtenue sert à une expérience curieuse. On en imbibe des feuilles de papier à filtre qu'on laisse ensuite sur la table; ces feuilles sèchent par la disparition du sulfure de carbone, et elles s'enflamment spontanément parce qu'elles se trouvent recouvertes de phosphore très divisé.

2. La combustion du phosphore sous l'eau. — Nous avons vu le phosphore brûler dans l'oxygène avec un très vif éclat. Sa combinaison avec ce gaz peut également être opérée sous une couche d'eau. Pour la réaliser, on verse dans une éprouvette (fig. 88) de l'eau chauffée à plus de 50°; on y laisse tomber quelques morceaux de phosphore qui s'y liquéfie et se rassemble au fond de l'éprouvette. On plonge dans l'éprouvette un long tuyau de pipe dont on met l'extrémité supérieure, par un tube de verre coudé et un tube de caoutchouc, en communication avec une source d'oxygène. Sitôt que le gaz oxygène se dégage au contact du phosphore liquide, celui-ci brûle avec une grande énergie, et on a ainsi l'étonnant spectacle d'une belle flamme au fond de l'eau.

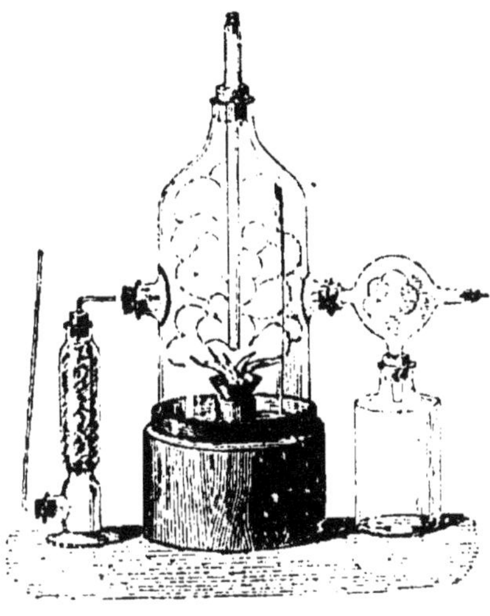

Fig. 88.

3. L'acide phosphorique, la phosphorescence. — Toutes les fois que le phosphore brûle dans l'oxygène ou dans l'air, il produit d'abondantes vapeurs blanches; nous connaissons déjà sous le nom d'*acide phosphorique* ce produit du phosphore brûlé, ce corps formé par la combinaison du phosphore et de l'oxygène. Voulons-nous en recueillir une certaine quantité, nous nous servons d'une cloche tubulée comme l'indique la figure 89. Nous laissons tomber un morceau de phosphore, par le tube central, dans le godet de terre qui est au fond de la cloche, nous y mettons le feu avec un fil de fer chauffé; et après avoir bouché le tube central, nous soufflons, avec un soufflet, par le tube de gauche, de l'air qui se dessèche avant d'arriver dans la cloche. L'acide phosphorique produit se dépose en flocons neigeux sur les parois de la cloche et du ballon qui la suit.

Le morceau de phosphore exposé à l'air prend aussi l'oxygène de l'air, et c'est pour cela qu'il s'entoure de vapeurs blanches. Nous avons déjà utilisé cette propriété pour faire l'analyse de l'air. Le phosphore luit dans l'obscurité, tout le monde le sait, ne serait-ce que pour avoir frotté la nuit des allumettes contre un corps un peu humide. On pense que le phosphore doit cette propriété à sa combinaison lente avec l'oxygène de l'air; et on qualifie de *phosphorescents* les corps qui brillent plus ou moins vivement dans l'obscurité comme brille le phosphore.

4. Le phosphore rouge. — Toutes les propriétés que nous venons de passer en revue sont celles du phosphore ordinaire appelé parfois *phosphore blanc*. Ce phosphore blanc, exposé longtemps à la lumière, se couvre d'une pellicule rouge, qui paraît être un corps nouveau, mais qui n'est en réalité qu'une autre forme, qu'un autre aspect du phosphore. De même que le carbone se présente à la fois sous les formes si différentes de charbon noir, de graphite brillant et de diamant si bien cristallisé et si transparent, de même le phosphore se présente sous deux formes diverses ; le **phosphore blanc et le phosphore rouge.** On transforme le phosphore ordinaire en phosphore rouge en le chauffant longtemps dans un vase fermé, à l'abri de l'air. Le phosphore rouge n'est pas lumineux, à moins d'être fortement chauffé ; il ne se dissout pas comme l'autre dans le sulfure de carbone ; aussi on ne peut pas le faire déposer en cristaux d'une dissolution, et c'est pour ce motif qu'on l'a appelé amorphe, autrement dit incapable de prendre une forme cristallisée. Il ne s'enflamme qu'à 260° et surtout il n'est pas vénéneux, tandis que le phosphore blanc constitue un poison violent et entre dans la plupart des pâtes à empoisonner les rats.

Ainsi, l'action de la chaleur ou de la lumière sur le phosphore est très curieuse ; elle change l'aspect du corps sans en changer la nature ; elle diminue l'inflammabilité et elle fait d'un poison un corps inoffensif.

5. Les allumettes phosphorées. — Qui de nous ne connaît et ne manie les allumettes à bout garni de phosphore ? Tout le monde en use comme du moyen le plus rapide et le plus commode de se procurer du feu : un simple frottement contre un corps solide un peu rugueux, et l'allumette s'enflamme !

Il y a bien des sortes d'allumettes, mais on peut les rassembler en deux groupes :

1° Les allumettes au phosphore ordinaire, qui prennent feu par le frottement contre toute surface rugueuse ;

2° Les allumettes au phosphore rouge ou amorphe, qu'on ne peut allumer généralement qu'en les frottant sur une paroi préparée de la boîte qui les contient.

Les allumettes au phosphore ordinaire sont en bois ou encore en fils tressés recouverts de cire ou de l'acide stéarique qui forme les bougies. Les premières sont d'abord soufrées, puis ensuite on garnit le bout d'une pâte inflammable, ordinairement colorée en rouge ou en bleu, contenant du phosphore mélangé à du sable fin et à de la colle forte. Le frottement de cette pâte sableuse contre un corps rugueux développe assez de chaleur pour enflammer le phosphore qui à son tour enflamme le soufre et celui-ci le bois.

En Angleterre et en Suède, on remplace le soufre par la paraffine (matière des bougies transparentes) pour éviter l'acide sulfureux qu'il est désagréable de respirer.

Les allumettes au phosphore amorphe, en bois à bout soufré, ou à bout paraffiné, ou encore en cire, ne s'enflamment pas sur un objet quelconque, parce qu'elles ne portent pas le phosphore ; celui-ci est répandu sur une portion extérieure de la boîte. Le bout de l'allumette porte une pâte formée de corps qui peuvent brûler facilement, quand une fois on y met le feu. Le frottement sur la boîte en détache une parcelle de phosphore qui s'enflamme et qui met le feu à l'allumette.

Ces allumettes sont bien préférables aux premières, puisqu'elles ne sont pas vénéneuses et qu'elles ne s'enflamment pas comme les autres par le moindre frottement; il est regrettable qu'on ne puisse pas encore les fabriquer à très bon marché.

6. L'état naturel du phosphore, sa découverte et sa préparation. — Le phosphore n'existe nulle part dans la nature tel que nous venons de le manier; mais il est assez répandu à l'état de combinaisons que l'on désigne sous le nom de *phosphates*.

On le trouve dans la matière minérale des os, dans le cerveau, dans l'urine, dans la laitance des poissons.

Brandt de Hambourg qui l'a découvert en 1669 le retirait de l'urine. Un siècle plus tard, Gahn et Scheele indiquèrent le moyen de l'extraire des os : c'est encore des os calcinés en poudre blanche qu'on le retire aujourd'hui. Son nom (phosphore ou *porte-lumière*) lui vient de sa propriété de luire; et sa découverte, à cause de cette propriété, excita au plus haut point la curiosité des chimistes contemporains de Brandt.

Pour obtenir le phosphore, on emploie les os de bœuf ou de mouton. Les os sont calcinés à l'air et la matière blanche qui reste après la disparition de la matière organique est pulvérisée, passée au tamis et amenée à la consistance d'un sable grossier. On la délaye dans l'eau et on ajoute de l'acide sulfurique. Cet acide prend une partie de la chaux du phosphate des os et l'amène à l'état de phosphate acide soluble. On filtre; la liqueur est évaporée jusqu'à consistance de sirop que l'on mélange avec du charbon en poudre. On dessèche la pâte obtenue, puis on met la matière dans des cornues de grès que l'on chauffe avec précaution jusqu'à une température élevée à laquelle le phosphore se dégage à l'état de vapeur. Les cornues sont munies d'allonges en cuivre ou en poterie, bien lutées, allant déboucher dans le

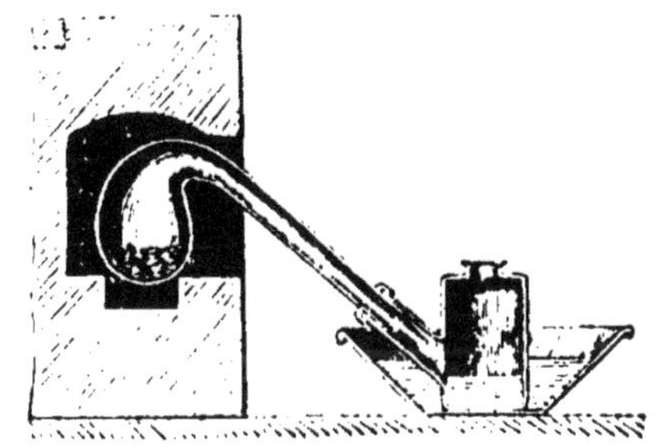

Fig. 90.

bec relevé d'un récipient en cuivre contenant de l'eau, comme l'indique la figure 90.

On n'obtient que la moitié du phosphore contenu dans les os ; nous donnerons à la leçon suivante la théorie chimique de l'opération.

Le phosphore obtenu est impur; pour le purifier, on le fait filtrer par pression au travers d'une peau de chamois, sous l'eau maintenue à 50°, ou bien on le fait fondre sous l'eau dans un vase fort dont le fond est une pierre poreuse, et en envoyant de la vapeur d'eau dans le vase on force le phosphore à passer, par les pores de la pierre, dans un second vase contenant de l'eau chauffée, où il reste liquide et où on le reprend pour le mouler.

Exercice. — 8. On veut enlever l'oxygène de l'air d'une cloche de 20 litres ; quel poids d'azote restera-t-il dans la cloche ?

Questionnaire. — 1. Quel est l'aspect du phosphore ? Qu'arrive-t-il quand on en laisse un morceau à l'air? Dans quel liquide est-il soluble? Comment peut-on l'avoir en parcelles très-ténues sur une feuille de papier où il s'enflamme spontanément? — 2. Comment réalise-t-on la combustion du phosphore sous l'eau? — 3. A quoi attribue-t-on la phosphorescence? Comment produit-on l'acide phosphorique? — 4. Quelles sont les propriétés du phosphore rouge? — 5. Citer les différentes catégories d'allumettes phosphorées. — 6. Où trouve-t-on le phosphore et comment l'obtient-on?

VINGT ET UNIÈME LEÇON

Les Composés du phosphore.

Le phosphore donne avec l'oxygène, suivant qu'il brûle à l'air lentement ou rapidement, deux composés:

L'acide phosphoreux, PhO^3;

L'acide phosphorique, PhO^5.

1. Acide phosphoreux. — On l'obtient anhydre et hydraté. Anhydre, c'est une poudre blanche, volatile, qui peut prendre feu, absorber de l'oxygène et se transformer en acide phosphorique; on pouvait prévoir cette propriété, puisque cet acide est le résultat d'une combustion *incomplète* du phosphore.

Pour l'obtenir hydraté, on dispose des bâtons de phosphore dans une série de tubes effilés à une extrémité et ouverts, que l'on dispose en cercle sur un entonnoir placé sur un flacon. Le tout est mis sous une cloche où l'air peut circuler, en présence d'une couche d'eau (fig. 91); le phosphore brûle lentement, sans élever beaucoup sa température; l'acide phosphoreux formé est un liquide sirupeux qui se rassemble dans le flacon.

Il est sans usage.

Fig. 91.

2. Acide phosphorique anhydre. — Cet acide se forme toutes les fois que le phosphore brûle dans l'oxygène ou dans l'air sec. On peut le préparer en petite quantité en brûlant du phosphore sous une cloche sèche remplie d'air et posée sur une assiette; il se dépose à l'état de flocons neigeux qu'il faut recueillir et enfermer rapidement. Quand on en veut davantage, on se sert de l'appareil représenté par la figure 89. L'acide neigeux produit doit être retiré rapidement de la cloche et du flacon et enfermé dans des flacons bouchés à l'émeri.

Il est extrêmement avide d'eau; il fait entendre un sifflement quand on le met en contact avec ce liquide; on l'utilise en chimie pour dessécher les gaz.

Anhydre, il a pour formule PhO^5. Hydraté, il a pris trois molécules d'eau; c'est le corps $PhO^5$3HO. Alors seulement il peut échanger de l'hydrogène contre les métaux pour donner les différents phosphates.

3. Acide phosphorique ordinaire. Phosphates. — On obtient facilement l'acide ordinaire en faisant chauffer doucement, dans une cornue emmanchée dans un ballon refroidi, du phosphore avec de l'acide azotique, et en évaporant la liqueur dans une capsule de platine, quand le phosphore est dissous. On obtient le corps

$$PhO^5 \begin{cases} HO \\ HO, \\ HO \end{cases}$$

qui peut échanger 3 molécules d'H contre 3 molécules d'un métal. Ainsi,

Fig. 92.

versé dans une solution de sel d'argent, il donne un précipité *jaune* dont la composition est

$$PhO^5 \begin{cases} AgO \\ AgO, \\ AgO \end{cases}$$

c'est le phosphate *tribasique* d'argent, analogue au phosphate *tribasique* de calcium ($PhO^5 3CaO$) contenu dans les os.

Il peut n'échanger contre les métaux que deux et même qu'une molécule d'hydrogène et donner les sels :

$$PhO^5 \begin{cases} NaO \\ NaO \\ HO \end{cases} \quad \text{et} \quad PhO^5 \begin{cases} CaO \\ HO \\ HO \end{cases}$$

Phosphate de sodium,   Phosphate de calcium
dit acide.

L'eau qui reste fonctionne comme un oxyde métallique ; elle fait partie intégrante de l'acide phosphorique ; on l'appelle eau de constitution.

L'acide phosphorique est donc tribasique, et il peut donner trois séries de phosphates puisqu'il peut échanger contre un métal 1 ou 2 ou 3 molécules d'hydrogène.

4. Acide pyrophosphorique. — **Pyrophosphates.** — Si l'on calcine au rouge le phosphate de sodium,

$$PhO^5, HO2NaO.$$

qui est tribasique puisqu'il donne avec le sel d'argent le phosphate *jaune* d'argent, on obtient le composé

$$PhO^3 \begin{cases} NaO \\ NaO \end{cases} \quad \text{qui, dissous, donne avec le sel d'argent} \quad PhO^3 \begin{cases} AgO \\ AgO \end{cases} \text{précipité } \textit{blanc.}$$

Ces deux derniers corps correspondent à l'acide

$$PhO^3 \begin{cases} HO \\ HO \end{cases} \text{appelé } \textbf{acide pyrophosphorique,}$$

et qui ne peut donner que deux séries de pyrophosphates, puisqu'il n'a que 1 ou 2 molécules d'hydrogène à échanger contre un métal.

5. **Acide métaphosphrique.** — **Métaphosphates.** — La calcination du phosphate acide de calcium

$$PhO^5, CaO, 2HO,$$

amène le composé

$$PhO^5CaO \text{ donnant } PhO^3AgO \text{ et correspondant à l'acide } PhO^3HO.$$

métaphosphate, précipité blanc, acide métaphosphorique.

Cet acide ne peut donner qu'une série de sels ; il n'a que 1 molécule d'hydrogène à échanger contre un métal.

Il y a donc, outre l'acide phosphorique anhydre, incapable de se combiner sans avoir d'abord pris de l'eau, 3 acides phosphoriques :

L'acide **métaphosphorique,** qui donne 1 série de **métaphosphates,**
— pyrophosphorique, — 2 — pyrophosphates,
— phosphorique ordin. — 3 — phosphates.

Cette distinction va nous permettre de donner les réactions de la préparation du phosphore.

6. **Théorie de la préparation du phosphore.** — La poudre blanche d'os brûlés contient en grande partie du phosphate tribasique de calcium insoluble.

L'acide sulfurique le transforme en phosphate acide soluble.

$$PhO^3 \begin{cases} CaO \\ CaO \\ CaO \end{cases} + \begin{matrix} HOSO^3 \\ HOSO^3 \end{matrix} = \begin{matrix} CaOSO^3 \\ CaOSO^3 \end{matrix} \quad PhO^5 \begin{matrix} CaO \\ HO. \\ HO \end{matrix}$$

Ce phosphate acide, desséché, se transforme en métaphosphate PhO⁵CaO, que le charbon peut réduire à haute température, en laissant comme résidu du pyrophosphate de calcium et en dégageant de l'oxyde de carbone et du phosphore en vapeur.

$$2(PhO^5CaO) + 5C = PhO^5 \begin{cases} CaO \\ CaO \end{cases} + 5CO + Ph.$$

On comprend pourquoi on ne peut retirer que la moitié du phosphore contenu dans les os.

7. **Combinaisons du phosphore avec l'hydrogène.** — L'hydrogène et le

phosphore ne se combinent pas directement ; mais on connaît trois combinaisons de ces deux corps :

Ph^2H qui est solide ;

PhH^2 qui est liquide, très volatil et très inflammable ;

PhH^3 qui est gazeux ; c'est l'*hydrogène phosphoré ordinaire*.

Ce dernier corps est bien curieux, il jouit de la propriété de brûler aussitôt qu'il arrive à l'air, en produisant une fumée blanche disposée en couronnes qui vont en s'étendant à mesure qu'elles montent quand le gaz brûle dans un air tranquille. Dans nos laboratoires, nous produisons ce gaz en chauffant dans un petit ballon un morceau de phosphore avec une solution de potasse.

Le gaz se dégage par un tube dans l'eau d'une terrine, et chaque bulle s'enflamme en arrivant à l'air et produit une couronne de fumée (fig. 93).

On peut encore l'obtenir plus facilement, en jetant dans l'eau des morceaux de craie qui ont été soumis à des vapeurs de phosphore et qui sont alors d'un brun noirâtre avec une forte odeur d'ail. Le gaz se dégage de ces morceaux, monte bulle à bulle à la surface du liquide et s'enflamme à sa sortie. (fig. 94.)

Fig. 93.

Si l'on dispose d'une certaine quantité de ce corps appelé *phosphure de calcium*, on le brise en petits morceaux ; on le met au fond d'une terrine que l'on remplit de sable sec et que l'on porte dehors. Puis on verse un peu d'eau sur la surface du sable. Cette eau descend, arrive sur le phosphure de calcium, le décompose, fait produire du gaz phosphoré, et le gaz vient se dégager au-dessus du sable et s'enflamme en arrivant à l'air. On a ainsi, en petit, le phénomène que l'on a pu maintes fois remarquer dans les anciens cimetières et auquel on a donné le nom de feux follets.

Fig. 94.

L'hydrogène phosphoré gazeux paraît devoir la propriété de s'enflammer spontanément à des vapeurs d'hydrogène phosphoré liquide répandues dans sa masse ; si en effet on le refroidit ou si on le conserve quelque temps sur l'eau, il ne s'enflamme plus spontanément au contact de l'air.

Questionnaire. — 1. Comment peut-on produire l'acide phosphoreux hydraté ? — 2. Quelles sont les propriétés de l'acide phosphorique anhydre ? — 3. Comment produit-on l'acide phosphorique ordinaire ? Quelle est sa composition ? Combien de phosphates peut-il donner ? — 4 et 5. Quelles sont les autres variétés d'acide phosphorique ? — 6. Comment explique-t-on la préparation du phosphore ? — 7. Citer la propriété curieuse de l'hydrogène phosphoré gazeux et les moyens de l'obtenir.

VINGT-DEUXIÈME LEÇON

Arsenic et ses composés As = 75.

1. Les propriétés de l'arsenic. — L'arsenic est un solide gris d'acier, brillant, d'apparence cristalline, qui perd son éclat au contact de l'air et devient noir.

Sous l'influence de la chaleur, vers 180°, il se volatilise sans fondre et sa vapeur se sublime par le refroidissement. Quand on le fait chauffer dans un tube fermé par un bout, la vapeur vient former, au-dessus de la partie chauffée, un anneau miroitant d'arsenic sublimé. Cet anneau est déplaçable par la chaleur; chauffé, il disparait pour se reformer plus loin. On met à profit cette propriété de l'arsenic pour le caractériser et révéler sa présence.

L'arsenic s'oxyde à l'air et se couvre d'une poudre blanche d'acide arsénieux. Il produit abondamment cet acide quand on le chauffe dans un courant d'air, par exemple dans un tube ouvert aux deux bouts il se forme un anneau *blanc* d'acide au delà de la partie chauffée. Le gaz sortant du tube répand une odeur alliacée.

L'acide azotique concentré transforme l'arsenic en acide arsénique.

L'arsenic donne donc avec l'oxygène, comme le phosphore, deux acides :

L'acide arsénieux, AsO^3 ;
L'acide arsénique, AsO^5.

Fig. 95.

Ce dernier est comparable à l'acide phosphorique comme lui il prend, en s'hydratant, 3 molécules d'eau et peut donner des sels, les arséniates, comparables aux phosphates.

2. Acide arsénieux AsO^3. — On l'appelle vulgairement arsenic blanc ; c'est un solide inodore, vitreux ou opaque, peu soluble dans l'eau, plus soluble dans l'acide chlorhydrique.

Le charbon lui enlève l'oxygène et met l'arsenic en liberté. On le démontre en chauffant dans un tube de l'acide arsénieux mélangé de charbon en poudre ; l'anneau miroitant d'arsenic se produit sur la partie non chauffée du tube.

L'acide arsénieux est un poison énergique qui corrode et perfore les parois de l'estomac ; on combat ses funestes effets au moyen de la magnésie qui forme avec lui un sel insoluble et par suite inoffensif.

Il a quelques emplois dans les laboratoires et dans l'industrie. Il donne avec les sels de cuivre un précipité *vert* employé comme couleur.

On l'utilise depuis quelque temps, à petite dose, avec succès, dans le traitement des maladies des bronches. A haute dose, c'est un poison violent.

3. Hydrogène arsénié. — L'hydrogène naissant peut se combiner à l'arsenic et donner le corps AsH^3, *l'hydrogène arsénié*, analogue de composition à l'hydrogène phosphoré et à l'ammoniaque.

On le produit en versant un des composés oxygénés de l'arsenic dans un appareil qui dégage de l'hydrogène.

$$AsO^3 + 6H = 3HO + AsH^3.$$

C'est un gaz incolore, d'odeur alliacée, très vénéneux.

Il s'enflamme facilement et brûle avec une flamme livide en produisant de l'eau et de l'acide arsénieux.

$$AsH^3 + O^6 = 3HO + AsO^3.$$

Dans sa combustion incomplète, il dépose de l'arsenic.

Il est décomposé par la chaleur; si on le fait passer dans un tube chauffé au rouge, l'arsenic, séparé de l'hydrogène, se dépose sur le tube, au delà de la partie chauffée, en un anneau caractéristique. Le gaz qui brûle à l'extrémité du tube produit des taches métalliques brillantes d'arsenic sur une soucoupe qu'on présente à la flamme.

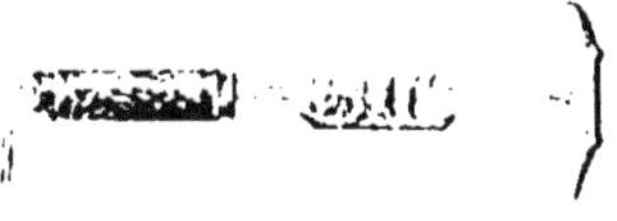

Fig. 86.

4. Recherche de l'arsenic. — On utilise les propriétés précédentes pour déceler la présence de l'arsenic à l'état de combinaison. On met le corps douteux dans un appareil à hydrogène dont le zinc et l'acide sont bien purs ; on fait rendre le gaz, desséché par de l'amiante, dans un tube chauffé ; s'il y a de l'arsenic dans le corps que l'on essaie, il se produit sur le tube un anneau brillant et des taches sur une soucoupe avec laquelle on aplatit la flamme du gaz brûlant au bout du tube.

Cet appareil ainsi monté porte le nom d'**appareil de Marsh.**

5. Etat naturel de l'arsenic. — L'arsenic se rencontre dans la nature à l'état natif, et dans les minerais d'étain et d'argent à l'état de combinaisons. On l'a trouvé à Sainte-Marie-aux-Mines (Vosges).

Certaines eaux minérales en contiennent de petites quantités, notamment les eaux de Plombières (Vosges) et celles du mont Dore.

VINGT-TROISIÈME LEÇON

Les Charbons. — Le carbone.

1. **La braise de boulanger.** — Nous voyons journellement brûler le bois dans nos foyers ; et si nous le laissons se consumer en entier, il n'en reste rien qu'un peu de cendres ; il a disparu peu à peu en produisant une flamme brillante et de la fumée que la cheminée a entraînée au dehors. Mais si nous couvrons d'une épaisse couche de cendres la bûche de bois bien enflammée, elle ne donne plus de flamme ; elle reste encore longtemps rouge ; le lendemain nous la retrouvons en charbon noir.

Le boulanger chauffe son four avec des buchettes de bois; mais il ne les laisse pas se réduire en cendres ; quand elles ne donnent plus de flamme, qu'elles n'échaufferaient plus assez rapidement le dôme du four, il **en** retire les fragments incandescents pour les enfermer dans une grande boîte de tôle et les y refroidir à l'abri de l'air. Il obtient ainsi la braise, ce charbon noir en menus morceaux, si facile à rallumer.

Le bois contient donc du charbon associé à d'autres éléments, que la chaleur fait dégager sous forme de gaz inflammables ou de fumée et a quelques matières minérales qui forment la cendre lorsque la combustion est complète. Et quand on limite la combustion du bois, le charbon reste comme résidu.

2. Le charbon de bois. — Lorsqu'on chauffe le bois en vase clos, la plus grande partie du charbon ne peut pas se combiner à l'oxygène et passer en gaz ; elle reste en conservant sa forme. C'est sur ce principe que repose la fabrication en grand du charbon de bois. Dans les forêts, sur une aire battue, les charbonniers disposent, autour de quelques branches plantées verticalement, de petites buchettes longues de 30 à 40 centimètres, en plusieurs lits superposés de manière à donner à l'ensemble la forme d'une grande calotte (fig. 97). Le bois est recouvert d'une couche de terre et de mottes de gazon qui ne laissent libres que la cheminée centrale et quelques évents à la base du tas. On met le feu au centre avec des broussailles sèches. La combustion marche lentement parce que l'air n'arrive qu'avec difficulté, et le bois ne brûle qu'à demi. Quand le charbonnier suppose que la meule est bien prise dans toutes ses parties, il arrête le feu en bouchant toutes les ouvertures et laisse refroidir le tout. A la place du bois, on trouve en démolissant le tas, le charbon qui a conservé la forme des buchettes. Rallumé, ce charbon brûle sans flamme mais en dégageant beaucoup de chaleur.

Fig. 97.

2° méthode, distillation en vases clos. — Le procédé des meules que nous venons de décrire n'est plus le seul en usage pour obtenir le charbon de bois. Il ne donne guère que 17 ou 18 % du bois employé. On lui préfère la distillation en vases clos. On enferme le bois dans de grands cylindres que l'on fait communiquer avec des récipients refroidis où l'on condensera les gaz dégagés dans l'opération. On chauffe sept à huit heures. On laisse refroidir le temps convenable et on défourne le charbon. On obtient environ 27 % du poids du bois employé. Les produits liquides condensés contiennent du vinaigre de bois et de l'alcool de bois, deux produits utilisés dans l'industrie.

3. La houille et le coke. — La houille est un charbon noir à cassure brillante que l'on trouve en couches ordinairement peu épaisses, mais souvent profondes dans certains terrains. La géologie nous apprend que ces couches de houille ont été formées par les débris de grands végétaux accumulés pendant une période très ancienne et recouverts depuis des couches de terre et de pierres sous lesquelles nous les trouvons.

La houille brûle avec une longue flamme; c'est le combustible le moins coûteux et le plus employé dans nos petits appareils de chauffage comme dans les grands fourneaux de l'industrie.

Si comme on le fait pour le bois, on brûle la houille en vases clos, en lui refusant l'air qui la consumerait entièrement et n'en laisserait que des cendres, il n'en sort qu'une fumée et un gaz inflammable dont on se sert sous le nom de gaz d'éclairage, et il reste un résidu poreux, léger, spongieux, qui est le coke. Ce coke est un charbon léger qui brûle sans flamme et sans fumée, mais en dégageant beaucoup de chaleur; seulement il est plus difficile à allumer que la houille ou le charbon de bois, et il nécessite un bon tirage pour bien brûler.

Dans les grandes cornues de l'industrie, où l'on distille la houille en vue de recueillir le gaz d'éclairage, on trouve un dépôt d'un charbon très cohérent, très dense, très dur, c'est le charbon de cornue que l'on taille en prismes et en cylindres pour les piles électriques, parce qu'il conduit bien l'électricité.

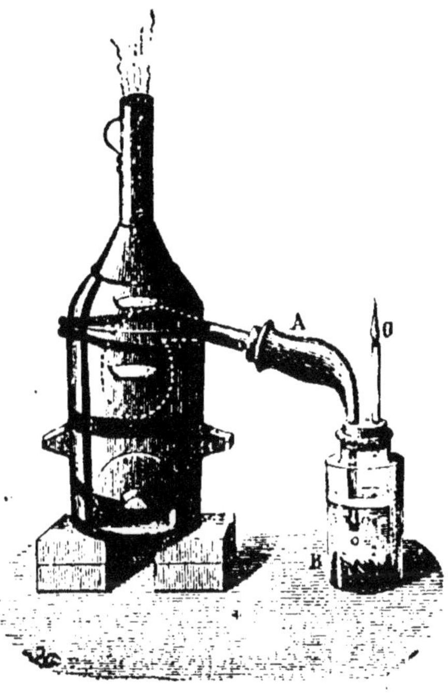

Fig. 98.

Il est intéressant de faire en petit, dans un laboratoire, cette préparation qui extrait de la houille un gaz inflammable en laissant le coke comme résidu. Pour cela on remplit aux deux tiers une cornue de terre de menus morceaux de houille; on la munit d'une allonge se rendant à un flacon surmonté d'un tube effilé (fig. 98) et on la chauffe fortement; on voit le flacon se remplir peu à peu d'une matière noire goudronneuse, tandis qu'un gaz se dégage par le tube effilé et produit, si on l'allume, une longue flamme très brillante. L'opération terminée, on retire de la cornue des morceaux de coke.

4. Le charbon des matières animales et végétales. — Toutes les matières qui proviennent des végétaux ou des animaux renferment du charbon dans leur composition et le laissent comme résidu si on les brûle incomplètement en limitant l'accès de l'air qui provoquerait une combustion complète. Le bois vient de nous en fournir un premier exemple; nous allons en prendre quelques autres et brûler un tissu de coton ou de fil, une mèche imbibée de térébenthine et un os.

1° Si nous jetons dans un foyer une petite pièce de toile, elle y prend feu d'abord à la surface, puis elle noircit, ce n'est plus alors que du charbon; mais ce charbon brûle entièrement en quelques instants si le foyer est actif, et il ne reste rien ou presque rien de l'étoffe. Mais si au lieu de la brûler ainsi à l'air libre, nous la chauffons dans un creuset que nous aurons rempli et fermé, quand le creuset sera refroidi, nous y trouverons les fragments de toile devenus noirs, carbonisés, c'est-à-dire réduits en charbon; et ce charbon a quelque intérêt; il est aussi inflammable que l'amadou, l'étincelle d'un briquet suffit à y mettre le feu.

2° Faisons une petite lampe dont le liquide combustible sera l'essence de térébenthine et allumons la mèche; la flamme est fumeuse; elle dépose sur le corps que l'on met au-dessus une couche d'un charbon fin, très divisé, très léger. Nous appelons ce charbon noir de fumée. Il est, en effet, d'un beau noir et inaltérable; il sert comme couleur pour la peinture et il est la base de l'encre d'imprimerie.

Lorsqu'on veut produire le noir de fumée en grande quantité, on brûle des matières résineuses et on envoie leur fumée épaisse dans des chambres dont les parois sont recouvertes de toiles où le noir se dépose. On fait tomber le noir sur le sol de la chambre à l'aide d'un cone qui racle les parois (fig. 99). C'est du carbone presque pur, sali seulement d'une matière goudronneuse qui imprègne les particules de charbon et dont on le débarrasse en le calcinant à l'abri de l'air.

Fig. 99.

3° Jetons un os dans un foyer ardent, il brûle avec flamme et fumée; et si nous le laissons un temps suffisant, il n'en reste qu'une matière blanche et friable qui constitue la cendre d'os; c'est une matière minérale, de nature pierreuse, qui faisait la solidité de l'os et qui en formait les deux tiers.

Ce qui a brûlé, c'est la matière organique, que nous pourrions, par un autre traitement, obtenir sous forme de colle forte.

Chauffons, au contraire, des fragments d'os en vase clos, il s'en dégagera bien encore un peu de fumée; mais l'air n'arrivant pas en quantité suffisante, le charbon restera, donnant sa couleur à toute la masse qui sera entièrement noire. Nous aurons le *noir d'os* ou noir animal, charbon particulier, qui n'est pas combustible, qui est mélangé intimement de la partie minérale de l'os, mais qui nous est précieux à cause de sa propriété d'absorber les matières colorantes.

5. Autres charbons artificiels. — On n'utilisait guère autrefois le poussier de houille ou de charbon de bois que le maniement de ces deux corps produit. On en fait aujourd'hui des briquettes en l'agglomérant avec du goudron ou du brai, résidu de la distillation du goudron.

Le charbon de **Paris** qui est employé dans l'économie domestique, parce qu'il brûle lentement, est produit d'une manière analogue et moulé en cylindres.

Le charbon en baguettes qui sert dans les lampes électriques est du poussier de coke finement pulvérisé, aggloméré avec du sirop de glucose, moulé et recuit.

6. Les charbons naturels. — La nature nous offre le charbon sous plusieurs aspects. Outre la houille, si utile et si employée, on trouve dans les couches du sol, en certains endroits, l'**anthracite** plus dur que la houille, les **lignites** dont quelques morceaux ont conservé l'apparence de bois carbonisés, tandis que d'autres sont susceptibles d'un beau poli et sont employés sous le nom de **jais** ; la **tourbe** qui se produit encore dans les marais desséchés.

Enfin nous avons le **graphite** et le **diamant**.

7. Le graphite. — Le *graphite* (d'un mot grec qui signifie *écrire*) est aussi appelé **plombagine** ou **mine de plomb**, à cause de son aspect métallique et bien que le plomb n'entre en rien dans sa composition. C'est une matière solide, brillante, d'un gris noirâtre, qui laisse sur les doigts et le papier une tache luisante. On l'emploie pour former l'âme des crayons ; on l'utilise aussi pour donner du brillant à la fonte. Les chimistes en font des creusets pour fondre les métaux ; ces creusets rougissent bien au feu ; mais ils ne se consument pas ; ce charbon particulier est incombustible dans nos foyers ordinaires.

Le graphite est cependant bien du charbon, car lorsqu'on le tient longtemps fortement chauffé, dans une atmosphère d'oxygène, il produit de l'acide carbonique comme le charbon ordinaire. C'est un produit naturel que l'on trouve en roches dans certains pays, notamment en Sibérie. Le graphite est bon conducteur de l'électricité, aussi s'en sert-on à l'état de poudre impalpable pour enduire les moules que l'on veut recouvrir de cuivre par la galvanoplastie.

La poudre de graphite, mélangée à l'huile, donne une matière onctueuse que l'on emploie à graisser les engrenages et à recouvrir la fonte d'un enduit préservateur et brillant.

8. Le diamant. — Il paraît invraisemblable au premier abord que le diamant, si limpide, si transparent, si brillant, soit du charbon comme le premier morceau venu de charbon de bois, de houille et de coke. Et cela est cependant. Si l'on soumet le diamant à une forte chaleur, en présence de l'air ou de l'oxygène, il ne paraît pas brûler, mais il donne naissance à de l'acide carbonique.

Pour le chimiste, le diamant est du charbon pur de tout mélange et cristallisé. Pour le vulgaire, c'est une pierre limpide d'un grand prix qui prend un très vif éclat à la lumière lorsqu'elle a été taillée en facettes (fig. 100). Cette taille

Fig. 100.

est difficile, car le diamant est si dur qu'aucun corps ne l'entame et qu'on ne peut l'user qu'avec sa propre poussière. Les diamants sont fort rares surtout les gros; bien taillés, ils sont d'un prix extrêmement élevé. Mais c'est un fait bien curieux qu'une substance aussi jolie et aussi brillante ait la même nature chimique que le charbon ordinaire, noir et sans éclat.

Les beaux diamants incolores sont taillés pour servir à la parure. Les petits de toute couleur servent à couper le verre, à graver les pierres dures ou sont employés comme pivots dans certaines pièces d'horlogerie.

9. La combustibilité des charbons. — La plupart des charbons naturels ou artificiels brûlent et se consument à l'air quand ils sont allumés, les uns facilement comme la braise, le charbon de bois, la houille, d'autres plus difficilement comme le coke et l'anthracite.

D'une manière générale, les charbons artificiels préparés à basse température sont les plus combustibles; ceux au contraire qui ont exigé une haute température pour leur formation, comme le charbon de cornue, brûlent très difficilement; ils sont bons conducteurs de la chaleur et de l'électricité.

10. Le charbon est désinfectant. — Il ne semble pas au premier abord que le charbon puisse absorber les odeurs. Rien n'est cependant plus facile à prouver. Prenons de l'eau corrompue qui sent mauvais, ou de l'eau ordinaire dans laquelle nous mettrons un peu de foie de soufre, cette substance jaune que l'on dissout dans l'eau pour faire un bain sulfureux, jetons dans cette eau une poignée de poussière de charbon; agitons e' filtrons, l'eau passera limpide et sans odeur; elle était infecte, elle est c'avenue bonne à boire.

Le charbon jouit donc de la propriété d'absorber les gaz, surtout les gaz très solubles. Dans les cours on fait l'expérience avec le charbon de bois récemment calciné et le gaz ammoniaque. On chauffe au rouge un morceau de charbon et on le fait passer dans une éprouvette de gaz ammoniaque reposant sur le mercure, le mercure monte rapidement dans l'éprouvette et le charbon retiré exhale l'odeur de l'alcali.

Cette propriété du charbon est utilisée dans les filtres où l'on fait passer l'eau de citerne ou l'eau de rivière avant de la boire. Ces filtres sont devenus communs et indispensables dans les contrées où l'on manque d'eau de source et où l'on n'a pour l'alimentation que l'eau de pluie recueillie des toits.

Veut-on envoyer au loin des viandes? Il faut les empêcher de se corrompre; c'est encore au charbon que l'on a recours; après les avoir enveloppées de papier, on les entoure de poussière de braise de boulanger ou de charbon de bois, et elles se conservent ainsi quelque temps sans odeur.

11. Le noir animal est décolorant. — Si on agite du vin rouge avec du noir animal et qu'on filtre (fig. 101), il passe au filtre un liquide incolore; le charbon a arrêté la matière colorante, et lorsque le noir employé a été au préalable bien lavé, d'abord à l'acide et ensuite à l'eau, il n'enlève au liquide que sa couleur et il lui laisse son goût et toutes ses autres propriétés.

Fig. 101.

L'industrie sucrière fait un grand emploi du noir animal.
Le sucre n'est pas blanc quand il est à l'état de jus extrait de la betterave; on le filtre plusieurs fois sur du noir pour lui donner la blancheur que nous connaissons au sucre cristallisé.

Quand le noir a servi quelque temps à la décoloration, il perd ses propriétés. On les lui rend par une nouvelle calcination qui détruit les matières organiques dont il était imprégné. Après deux ou trois opérations de ce genre, le noir est employé en agriculture comme engrais.

12. Propriétés chimiques du carbone. — La propriété la plus saillante du carbone, c'est-à-dire du corps simple qui forme les charbons divers, c'est de se combiner avec l'oxygène en dégageant beaucoup de chaleur. Il peut même prendre l'oxygène aux oxydes et les réduire. Il peut se combiner directement au soufre, plus difficilement à l'hydrogène et indirectement à l'azote.

Questionnaire. — 1. Comment obtient-on la braise de boulanger? — 2. Dire comment on fait le charbon de bois dans les forêts et par la distillation en vases clos? — 3. D'où vient la houille, et comment produit-on le coke? Que se dégage-t-il de la houille chauffée en vase clos? — 4. Qu'arrive-t-il lorsqu'on chauffe dans un espace clos des matières végétales comme le linge, le coton et des matières animales comme les os? Comment produit-on le noir de fumée? — 5. Quels sont les autres charbons artificiels? — 6. Nommer les charbons naturels. — 7. Quelles sont les propriétés et les usages du graphite? — 8. Comment a-t-on montré que le diamant est du charbon? — 9. Quels sont les charbons les plus combustibles? — 10. Comment montre-t-on que le charbon est désinfectant? — 11. Faire voir que le noir animal est décolorant. — 12. Quelles sont les propriétés chimiques du carbone? A quels corps se combine-t-il directement?

VINGT-QUATRIÈME LEÇON

L'acide carbonique.

1. Moyen d'obtenir l'acide carbonique. — Nous connaissons déjà l'acide carbonique, ce gaz invisible que le charbon donne en brûlant à l'air ou dans l'oxygène; nous savons même déjà révéler sa présence par le trouble qu'il produit dans l'eau de chaux limpide. Nous pourrions l'obtenir par la combustion d'un morceau de charbon; mais nous ne l'aurions pas pur, il serait mélangé de l'azote de l'air. Pour avoir l'acide carbonique sans mélange d'autre gaz, nous aurons recours aux pierres calcaires, marbre, pierre à bâtir ou craie. Si, en effet, on arrose ces pierres d'un acide, il se produit un bouillonnement tumultueux occasionné par l'acide carbonique qui se dégage.

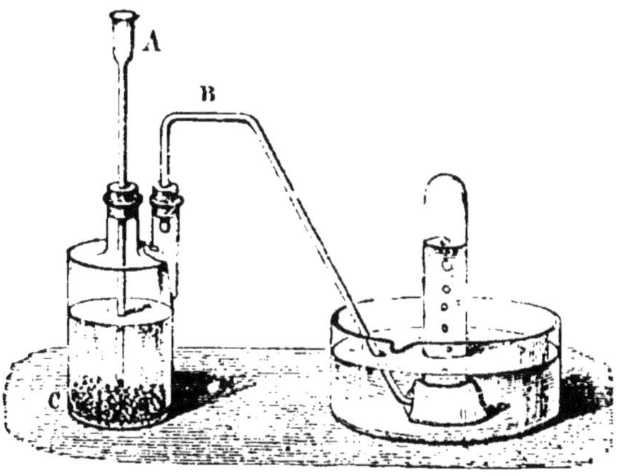

Fig. 102.

Mettons donc dans un fl   on à deux tubulures de l'eau et des fragments de marbre (fig. 102), et versons de l'acide chlorhydrique par le tube
à entonnoir. L'effervescence se produit et le tube recourbé, dont l'extrémité plonge dans la cuve à eau, dégage l'acide carbonique que l'on recueille dans des éprouvettes ou dans des flacons avec la plus grande facilité.

2. Les propriétés du gaz carbonique — Le gaz carbonique est incolore,
il a une saveur légèrement aigrelette quand il est dissous dans l'eau. Il ne
rougit pas facilement le tournesol, mais il
le colore seulement en rouge vineux ; ce
n'est en effet qu'un acide faible, plus faible
que la plupart des autres acides que nous
connaissons, même le vinaigre ; c'est pour
cela que le vinaigre fait dégager l'acide carbonique de la craie.

L'acide carbonique éteint les corps enflammés ; la preuve en est bientôt faite : on
plonge une bougie allumée dans une éprouvette de gaz carbonique (fig. 103), la bougie
s'éteint aussitôt.

Puisqu'il éteint les corps en combustion,
il ne doit pas être respirable. On peut s'en
assurer en plongeant une souris dans un
bocal plein d'acide carbonique, l'animal suc-
combe très vite dans ce gaz qui ne peut pas
remplacer l'oxygène pour la respiration.

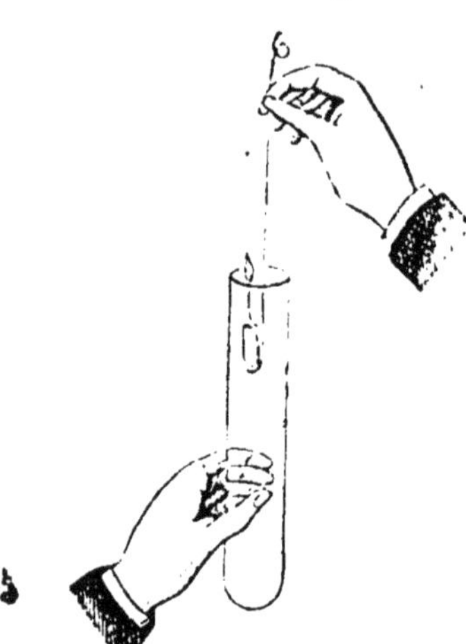

Fig. 103.

3. L'acide carbonique est un gaz lourd. —
Le gaz carbonique est une fois et demie plus
lourd que l'air ; il pèse 2 grammes environ par litre, exactement $1^{gr},97$, il
doit donc tomber dans l'air. Pour vérifier ce fait on descend, dans une
large éprouvette, une bougie allumée qui continue à y brûler, puis on
verse dans cette éprouvette le conte u gazeux d'une autre éprouvette pleine
d'acide carbonique, comme on le ferait si cette dernière contenait un
liquide (fig. 104). On ne voit rien tomber ; mais la bougie s'éteint. Si on la
retire, qu'on la rallume et qu'on la replonge, elle s'éteint aussitôt ; l'éprouvette inférieure contient l'acide carbonique tombé de la première ; la bougie allumée plongée un instant dans celle-ci, ne s'éteint pas.

On fait encore une autre expérience. On fait dégager pendant quelques
instants seulement de l'acide carbonique dans un grand bocal posé sur la
table ; ce gaz va occuper le fond du bocal, tandis que l'air occupe le dessus ;
on ne voit pas la séparation des deux couches de gaz, puisque tous deux
sont invisibles. Mais si on laisse tomber dans le bocal des bulles de savon,
ces bulles descendent dans la couche d'air, et arrivées à la couche d'acide
carbonique, elles rebondissent sur le gaz lourd. Descend-on une bougie allumée, elle brûle sur le haut du bocal et elle s'éteint dans le bas. A une
certaine hauteur la flamme pâlit ; elle se ravive si on la remonte, elle s'é-
teint si on la descend. C'est là que se trouve la séparation de l'air et du
gaz carbonique ; au-dessus, la combustion est possible ; au-dessous, elle ne
peut avoir lieu.

Cette expérience est très saisissante ; elle fait bien comprendre ce qui
se passe dans la grotte de Pouzzolles, près de Naples, appelée la *grotte du*

chien, à cause du triste rôle qu'on y fait remplir au chien pour intéresser les visiteurs. Cette grotte célèbre est une excavation naturelle dont la partie basse est remplie d'acide carbonique, dégagé des fissures du sol, tandis que le reste est plein d'air. Un homme debout n'y court aucun danger, parce que sa tête est dans l'air, tandis qu'un chien y périt parce qu'il est tout entier dans la couche asphyxiante.

Ainsi, à cause de son poids, l'acide carbonique occupe les parties basses des cavités où il se dégage ; il est fréquent au fond des puits de mines, des grottes et des carrières.

4. L'acide carbonique et les boissons gazeuses. — L'acide carbonique n'est pas beaucoup soluble dans l'eau dans les conditions ordinaires ; mais sous une pression forte il se dissout en bien plus grande quantité ; seulement, aussitôt que cesse la pression qui le retenait, le gaz se dégage en faisant mousser le liquide ou en le faisant bouillonner et déborder hors du vase.

Nous allons faire une bouteille d'eau gazeuse et nous pourrons suivre ainsi la formation du gaz carbonique, sa dissolution dans l'eau et sa sortie du liquide. Nous rem-

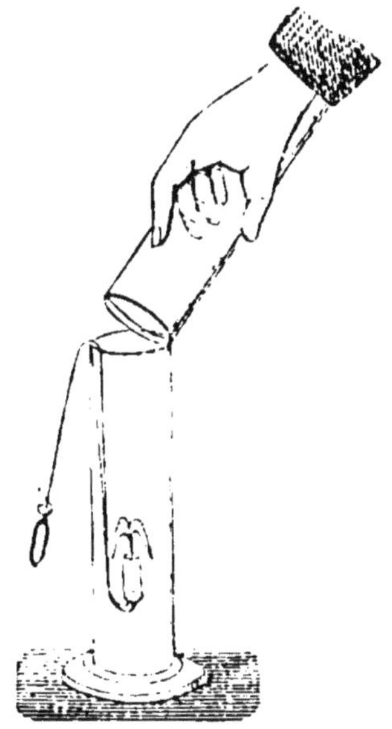

Fig. 104.

plissons d'eau une bouteille à parois fortes, après avoir préparé un bon bouchon très souple et un collier de forte ficelle pour le fixer solidement au col de la bouteille. Nous versons vivement dans la bouteille un mélange de deux poudres, du bicarbonate de soude et de l'acide tartrique ; nous bouchons rapidement la bouteille et nous fixons solidement le bouchon. Le bicarbonate de soude remplace ici la craie ou le marbre pour donner l'acide carbonique, l'acide tartrique qui est retiré du dépôt que laisse le vin sur les tonneaux remplace l'acide chlorhydrique pour faire dégager le gaz carbonique. Celui-ci monte en bulles dans le haut de la bouteille ; il se comprime lui-même et se dissout dans l'eau, et si le bouchon n'était pas bien fixé, il sauterait sous la forte pression que le gaz lui fait subir. Au bout de peu de temps le liquide est calme. Mais si on coupe les liens du bouchon, celui-ci saute avec détonation ; le gaz comprimé s'échappe vivement et fait jaillir le liquide en flots écumeux.

Les boissons mousseuses comme le cidre, la bière, le vin de Champagne, la limonade doivent leur propriété à l'acide carbonique. Celui-ci s'y est formé peu à peu par une transformation de la substance sucrée que nous étudierons plus tard. Le gaz s'est fait pression à lui-même ; il s'est dissous en grande quantité, et c'est lui qui communique une saveur aigrelette et piquante à ces liquides.

5. La liquéfaction de l'acide carbonique. — Faraday a liquéfié le gaz carbonique en le comprimant à 0° sous une pression de 36 atmosphères. Thilorier a imaginé un appareil (fig. 105) à parois très résistantes, où le gaz carbonique se liquéfie par l'effet de sa propre pression.

Le gaz est produit en grande quantité dans un premier vase appelé *géné-*

rateur; il se rend rapidement dans un second vase appelé *récipient.* Le gaz se comprime et une partie passe à l'état liquide.

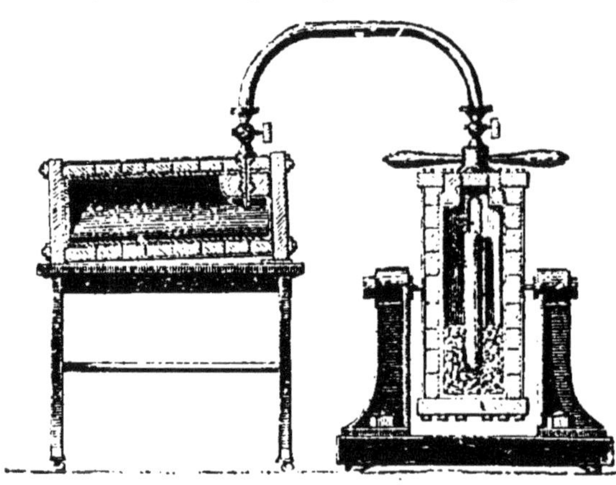

Fig. 105.

Si on adapte au récipient une boîte cylindrique et qu'on ouvre le robinet du récipient, le gaz sort avec force, et une partie de l'acide liquide repasse à l'état gazeux.

L'expansion subite du gaz absorbe tant de chaleur qu'une partie de l'acide carbonique se solidifie dans la boîte sous forme d'une neige blanche que l'on peut recueillir.

Cette neige, comprimée entre les doigts, produit une sensation douloureuse. Le mélange de cette neige avec l'éther constitue une source de froid dont la température peut atteindre jusqu'à 80° au-dessous de zéro.

6. L'acide carbonique et l'eau de chaux. — Nous savons déjà que l'acide carbonique produit un trouble blanc dans l'eau de chaux. Si le gaz passe quelques instants seulement dans le liquide, le trouble blanc se rassemble, se précipite, comme disent les chimistes, au fond du verre; c'est un corps solide entièrement analogue à la craie; il est formé d'acide carbonique et de chaux; nous l'appelons *carbonate de chaux.*

Mais si au lieu d'arrêter le dégagement gazeux, nous le laissons continuer quelque temps, les flocons blancs, d'abord produits, disparaissent peu à peu et le liquide redevient limpide. Ainsi, sous nos yeux, l'eau chargée d'acide carbonique a dissous du carbonate de chaux, autrement dit de la pierre.

Ce que nous venons de réaliser dans cette simple expérience, la nature le fait en grand. Les eaux de pluie prennent de l'acide carbonique en traversant l'air; elles acquièrent ainsi la propriété de dissoudre un peu du carbonate de chaux sur lequel elles passent en descendant dans les couches du sol; et voilà comme l'eau de source la plus limpide qui nous paraît absolument pure, contient le plus souvent un peu de calcaire. Et ce calcaire ne nous est pas inutile dans l'eau que nous buvons; c'est lui qui contribue à former une partie de la substance minérale des os.

Continuons cette instructive expérience, elle a encore quelque chose à nous apprendre. Prenons cette eau limpide où du carbonate de chaux est dissous à la faveur de l'acide carbonique; laissons-la à l'air dans un ballon, elle perdra peu à peu son gaz, et en même temps le carbonate de chaux que le gaz retenait dissous formera un dépôt pierreux sur le vase. Voilà l'origine de ce dépôt terreux que les meilleures eaux de fontaines laissent à la longue sur nos carafes et qui ternit la transparence du verre. Un lavage à l'eau est impuissant à enlever ce dépôt; mais à présent que nous connaissons sa nature, il va nous être facile de le dissoudre; quelques gouttes d'acide ou même simplement un filet de vinaigre vont le décomposer, comme ils décomposent les calcaires, et un lavage à l'eau l'enlèvera entièrement.

Au lieu de laisser longtemps à l'air l'eau chargée de carbonate de chaux, chauffons-là (fig. 106), elle perdra très rapidement son gaz carbonique, elle deviendra trouble, et le dépôt du calcaire se fera promptement sur les parois du ballon. Nous comprenons ainsi pourquoi l'ébullition trouble certaines eaux et laisse dans les vases un dépôt pierreux très adhérent et très dur.

Nous comprenons également que des eaux, en sortant du sol, déposent un enduit pierreux sur les bords de leur source ou sur les objets que l'on y plonge, comme le fait la célèbre fontaine de Saint-Allyre, à Clermont-Ferrand.

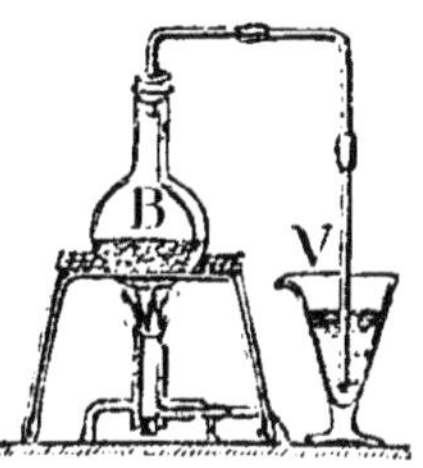

Fig. 106.

7. Les sources d'acide carbonique. — L'acide carbonique existe dans l'air, comme on peut s'en assurer facilement en exposant à l'air de l'eau de chaux sur une soucoupe ou sur une assiette ; on retrouve l'eau de chaux couverte d'une pellicule blanche de carbonate de chaux. L'air contient ordinairement quatre dix-millièmes d'acide carbonique, c'est-à-dire environ 4 litres par 10 mètres cubes.

La respiration rejette dans l'air de l'acide carbonique : on le prouve en soufflant par un tube dans un verre contenant de l'eau de chaux, celle-ci blanchit assez promptement (fig. 107).

Fig. 107.

L'acide carbonique s'accumule donc dans une chambre close quand plusieurs personnes s'y trouvent; et il est urgent d'y renouveler l'air, sans quoi la respiration y serait bientôt gênée.

La combustion du charbon dans nos foyers, celle de nos bougies et de nos lampes développe aussi de l'acide carbonique. Il est facile de le prouver en recueillant dans un flacon les produits gazeux qui s'échappent d'un bec de gaz ou d'une bougie. La figure 108 indique le dispositif à monter pour cette expérience. Le bec de gaz est surmonté d'un entonnoir relié à un flacon plein d'eau qui est muni d'un siphon. On allume le bec de gaz et on amorce le siphon; le liquide du flacon s'écoule lentement en appelant les gaz de la combustion. Quand le flacon est vide d'eau, il est plein de ces gaz et on y constate facilement la présence de l'acide carbonique par le tournesol et par l'eau de chaux.

Les deux sources les plus constantes de gaz carbonique, c'est la respiration des animaux et la combustion.

L'acide carbonique, produit par la combustion du charbon dans nos cheminées ou dans nos poêles à tuyaux, est entraîné hors des appartements par le tirage qui active le foyer. Il n'en serait pas de même si l'on brûlait du charbon dans un réchaud ouvert au milieu d'un appartement. Aussi ne doit-on jamais brûler du charbon que sous une cheminée à bon tirage.

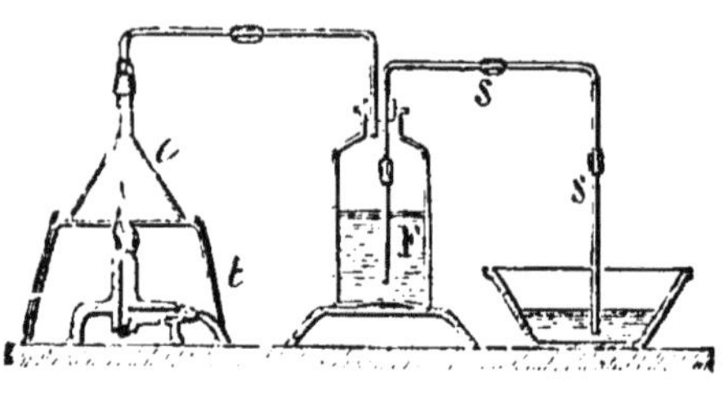

Fig. 108.

Comment pénétrer dans une enceinte où se trouve beaucoup d'acide carbonique ! En chassant le gaz par une ventilation énergique ou en le combinant avec un corps qui le fixe comme l'eau ammoniacale ou un lait de chaux.

8. L'acide carbonique et les plantes. — Malgré toutes les causes de production d'acide carbonique sa proportion n'augmente pas dans l'air ; il y en a toujours de 4 à 6 dix-milliémes seulement. C'est que ce gaz disparaît constamment, enlevé par l'eau et décomposé par les plantes.

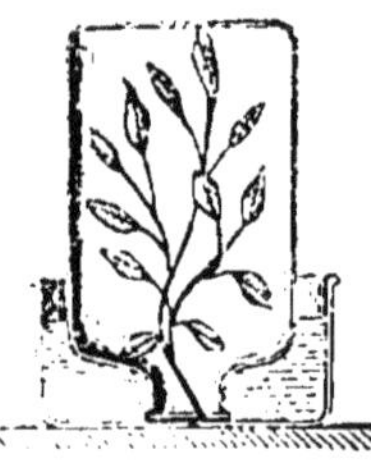

Fig. 109.

Les végétaux, sous l'influence de la lumière décomposent l'acide carbonique de l'air, fixent le carbone et rejettent l'oxygène. On met ce fait hors de doute en exposant au soleil une plante d'eau, un potamogeton, dans un flacon renversé plein d'une dissolution d'acide carbonique. Après quelques heures, on retrouve un gaz dans le haut du flacon, et ce gaz c'est de l'oxygène.

Les plantes trouvent donc un de leurs principaux aliments, le carbone, dans l'acide carbonique que les animaux rejettent après avoir pris l'oxygène à l'air pour leur respiration.

9. Les usages de l'acide carbonique et la préparation. — L'acide carbonique sert à la fabrication de l'eau de seltz et en général des eaux gazeuses. L'industrie l'emploie à la fabrication de la céruse (carbonate de plomb) et du bicarbonate de soude. Il sert également dans l'industrie sucrière pour précipiter, à l'état de carbonate insoluble, la chaux que l'on a combinée au sucre dans le but de le séparer des impuretés avec lesquelles il était mélangé.

On utilise la combustion du charbon à l'air pour obtenir de grandes quantités d'acide carbonique.

On obtient également ce gaz en décomposant le carbonate de chaux (pierre à bâtir ou craie) par la chaleur dans le but de préparer la chaux.

$$CaOCO^2 = CaO + CO^2$$

Dans les laboratoires, on décompose le carbonate de chaux par un acide.

$$CaOCO^2 + HCl = CaCl + HO + CO^2$$

Lorsqu'on destine le gaz à produire des eaux gazeuses, on l'envoie sous une forte pression dans de l'eau où il se dissout et dont on remplit les siphons que tout le monde connaît.

Dans les ménages où l'on prépare soi-même l'eau gazeuse, on emploie un double vase dont les deux parties se vissent fortement l'une sur l'autre (fig. 110). La grande est remplie d'eau ; on met dans la petite deux poudres, du bicarbonate de soude et de l'acide tartrique ; on revisse l'appareil et on le retourne. L'eau vient mouiller les poudres, l'acide se dégage, il monte par un tube du vase inférieur dans le vase supérieur où il se fait pression à lui-même et se dissout dans l'eau. On tire celle-ci, chargée d'acide, par un robinet.

Une eau gazeuse qu'on abandonne à l'air cesse d'être fortement aigrelette ; elle ne conserve presque pas d'acide carbonique.

On emploie souvent un autre vase à deux compartiments et deux goulots. On met l'acide tartrique dans l'un et le bicarbonate de soude dans l'autre, de l'eau dans les deux. Quand la dissolution des sels est opérée, si on vient à verser les liquides dans un verre ils tombent tous deux, se mélangent, réagissent et donnent de suite de l'acide carbonique.

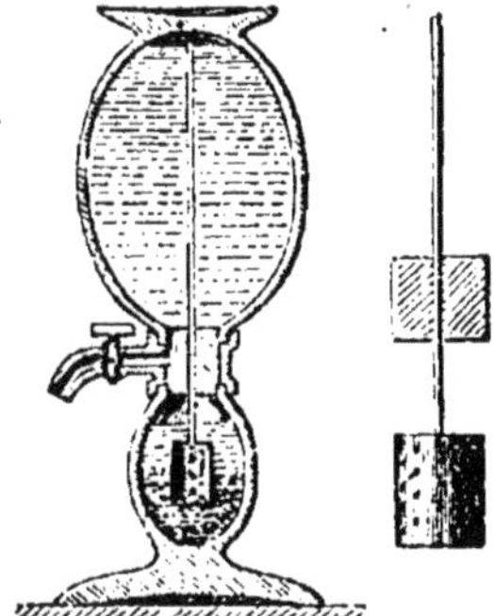

Fig. 110.

VINGT-CINQUIÈME LEÇON

L'oxyde de carbone.

1. Mode ordinaire de formation de l'oxyde de carbone. — L'oxyde de carbone est le second des deux principaux composés que le carbone donne avec l'oxygène. C'est un gaz qui se produit dans la combustion du charbon à l'air, quand l'oxygène n'est pas en aussi grande quantité que le combustible ; ainsi il s'en dégage au-dessus du charbon noir qui recouvre un réchaud allumé et on le voit brûler avec une flamme bleue caractéristique.

2. Préparation. — Pour obtenir l'oxyde de carbone, on peut faire passer un courant d'acide carbonique sur une colonne de charbon de bois contenue dans un tube de porcelaine chauffé dans un fourneau à réverbère (fig. 111); si le courant de gaz carbonique est assez lent, la totalité du gaz est ramenée a l'état d'oxyde de carbone

$$CO_2 + C = 2CO.$$

On applique ce procédé dans l'industrie, d'une manière un peu détournée, pour obtenir de grandes quantités d'oxyde de carbone. On fait passer de

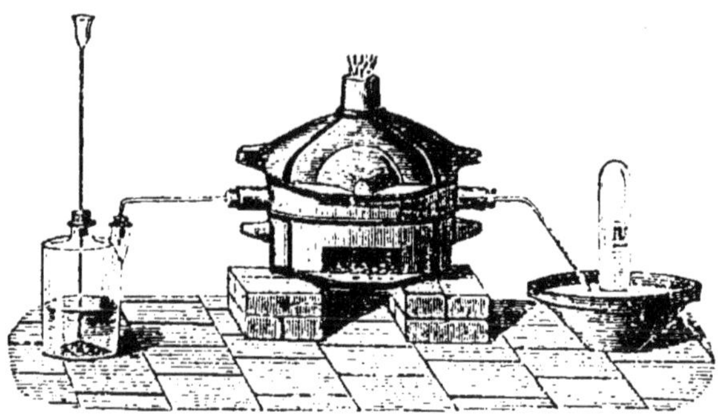

Fig. 111.

l'air sur une colonne de coke incandescent. Au point d'arrivée, la combustion développe de l'acide carbonique qui se convertit plus loin en oxyde de carbone par son contact avec le charbon porté à une température élevée.

Fig. 112.

Dans les laboratoires, on décompose par la chaleur en présence de l'acide sulfurique, soit l'acide formique, soit l'acide oxalique.

Le premier donne un gaz très pur. L'acide formique, en formule brute $C_2H_2O_4$, peut être considéré comme formé de la soudure de deux équivalents d'oxyde de carbone avec deux équivalents d'eau. L'acide sulfurique retient l'eau et l'oxyde de carbone se dégage

$$C_4H_2O_4 = 2HO + 2CO$$

Avec l'acide oxalique, il se dégage un mélange d'acide carbonique et d'oxyde de carbone. On le fait barboter dans la potasse qui retient le premier des deux gaz et on recueille le second sur l'eau (fig. 112).

$$C^2O^3HO = CO^2 + CO + HO$$
acide oxalique

8. Propriétés de l'oxyde de carbone. — L'oxyde de carbone est un gaz incolore, inodore, peu soluble dans l'eau. Il pèse 14 fois plus que l'hydrogène ; le poids du litre est $1^{gr}, 25$.

Il est combustible ; il brûle avec une flamme bleue en dégageant de la chaleur et en produisant de l'acide carbonique

$$CO + O = CO^2$$

Il peut-être oxydé à froid par l'acide chromique dissous dans l'eau. Si dans une éprouvette d'oxyde de carbone on fait passer une balle de plâtre imprégnée d'acide chromique, le gaz se transforme en acide carbonique.

A une température élevée, l'oxyde de carbone enlève l'oxygène aux oxydes qu'il réduit. C'est le réducteur employé dans les opérations métallurgiques. Le charbon que l'on mélange aux minerais métalliques produit la chaleur nécessaire à leur fusion ; en même temps il donne l'oxyde de carbone destiné à enlever l'oxygène et à mettre le métal en liberté.

On donne un exemple de cette réduction dans les laboratoires en faisant passer un courant d'oxyde de carbone sur de l'oxyde de cuivre chauffé, il reste dans le tube à oxyde de cuivre du cuivre métallique.

$$CuO + CO = Cu + CO^2.$$

4. L'oxyde de carbone est délétère. — L'oxyde de carbone est très vénéneux. Il suffit de quelques centièmes de gaz dans l'air pour déterminer une prompte asphyxie des animaux qui se trouveraient dans une telle atmosphère.

Le gaz agit sur les globules sanguins en annulant leur propriété de prendre l'oxygène ; il empêche donc l'hématose du sang. L'asphyxie par l'oxyde de carbone est accompagnée de vertiges ; ses effets sont très prompts et difficiles à combattre.

C'est à la présence de l'oxyde de carbone dans les gaz dégagés par un foyer rempli de charbons incandescents que ces gaz doivent leurs propriétés toxiques. Il faut donc éviter avec soin les causes qui peuvent le produire dans les appartements, proscrire l'emploi des braseros, n'allumer le charbon que sous une cheminée à bon tirage et ne pas arrêter brusquement le tirage d'un poêle en tournant la clef du conduit des gaz chauds.

5. Composition de l'oxyde de carbone et de l'acide carbonique. — Nous venons de voir que l'oxyde de carbone s'unit directement à l'oxygène pour donner l'acide carbonique

$$CO + O = CO^2$$

que l'acide carbonique, soumis à des réducteurs comme le charbon, redevient de l'oxyde de carbone

$$CO^2 + C = 2CO$$

Les deux composés contiennent la même quantité de carbone unie à des quantités d'oxygène entre elles comme 1 et 2.

On figure donc le premier par la formule CO représentant 2 volumes de gaz (1 de vapeur de carbone uni à 1 d'oxygène) — et le second par la formule CO^2 représentant également 2 volumes (1 de carbone uni à 2 d'oxygène).

L'oxyde de carbone sert comme source de chaleur dans les fours Siémens à combustibles gazeux.

Questionnaire. — 1. Quel est le mode ordinaire de formation de l'oxyde de carbone ? — 2. Quels sont les divers modes de préparation de ce gaz ? Comment l'obtient-on de l'acide carbonique ? — 3. Quelles sont les propriétés physiques et chimiques de l'oxyde de carbone ? — 4. Indiquer ses propriétés toxiques et les précautions à prendre pour éviter sa formation. — 5. Quelle est la composition de l'acide carbonique et celle de l'oxyde de carbone ?

VINGT-SIXIÈME LEÇON

Combinaisons du carbone avec le soufre et l'azote.

1. **Sulfure de carbone CS^2.** — Le carbone et le soufre se combinent directement pour donner le sulfure de carbone. On produit ce corps dans les laboratoires en chauffant du charbon dans un tube de porcelaine incliné ; on introduit dans la partie la plus élevée du tube des fragments de soufre qui distille sur la colonne de charbon rouge ; la vapeur du sulfure de carbone formé traverse une allonge inclinée et recourbée et vient se condenser dans un flacon refroidi.

Fig. 113.

On trouve aujourd'hui le sulfure de carbone dans le commerce à un prix très modéré.

2. **Propriétés.** — C'est un liquide incolore, d'une odeur très désagréable ; il est très volatil. Il dissout le soufre, l'iode, les corps gras et le caoutchouc.

Il est combustible ; chauffé à l'air, il s'enflamme et brûle avec une flamme bleue en produisant les acides sulfureux et carbonique.

$$CS^2 + O^6 = CO^2 + 2SO^2.$$

Il s'enflamme, même à distance, à cause de sa volatilité. Il donne avec l'air des mélanges explosifs qui en rendent le maniement dangereux.

Sa composition (CS^2) en fait l'analogue de l'acide carbonique (CO^2) ; on l'a parfois appelé, pour cette raison, acide sulfocarbonique. Quand on le combine avec les alcalis, il donne des sels appelés **sulfocarbonates** dont quelques-uns ont été conseillés pour détruire le phylloxéra.

Ces sels sont les analogues des carbonates, le soufre remplaçant l'oxygène :

$$Carbonate\ de\ potassium,\ KOCO^2,$$
$$Sulfocarbonate\ \ \ \ —\ \ \ \ ,\ KSCS^2.$$

3. Usages. — On utilise le sulfure de carbone pour **vulcaniser le caoutchouc**, c'est-à-dire pour y incorporer du soufre qui lui donne une élasticité permanente ; pour retirer les corps gras, autrefois perdus, des chiffons ayant servi au graissage des machines et de bien d'autres corps ; pour extraire les essences et les parfums ; pour séparer le phosphore rouge du phosphore ordinaire.

4. Cyanogène C²Az ou Cy. — Le carbone et l'azote ne se combinent qu'à l'état naissant et quand un métal réunit leurs affinités. Leur groupement C²Az a reçu le nom de **cyanogène**; on pourrait tout ausssi bien l'appeler **azoture de carbone**.

5. Propriétés. — C'est un gaz incolore, **d'une odeur vive** qui rappelle celle du kirsch; il est soluble dans l'eau ; on le recueille sur le mercure.

Il brûle dans l'air avec une belle flamme pourpre, en donnant de l'acide carbonique et de l'azote.

$$C^2Az + O^4 = 2CO^2 + Az.$$

Avec les métaux et avec l'hydrogène, il se comporte comme le chlore ; aussi on le figure par un symbole simple Cy, bien qu'il soit un corps composé, et on appelle **cyanures** ses combinaisons métalliques et **acide**

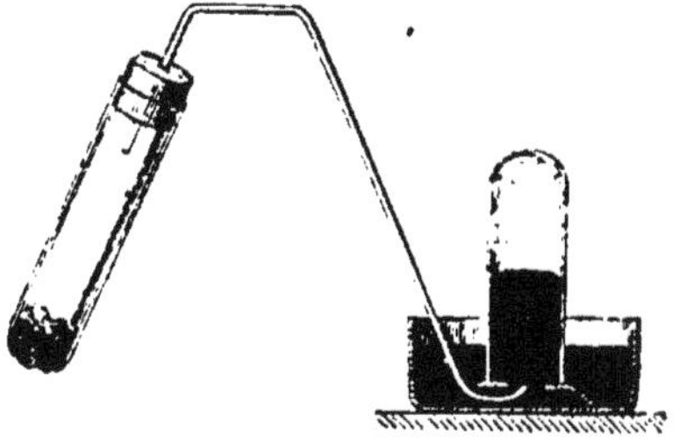

Fig. 114.

cyanhydrique l'acide qu'il donne avec l'hydrogène ; on figure donc :

$$les\ cyanures\ par\ MCy\ \ ou\ \ MC^2Az,$$
$$l'acide\ cyanhydrique\ par\ HCy\ \ ou\ \ HC^2Az.$$

6. Préparation. — Pour l'obtenir, on chauffe dans un tube du cyanure de mercure ; le métal se volatilise et se dépose en gouttelettes dans le haut du tube ; le cyanogène, devenu libre, se dégage :

$$HgCy = Hg + Cy,$$
$$Hg(C^2Az) = Hg + C^2Az.$$

7. Acide cyanhydrique. — Quand on attaque le cyanure de mercure par l'acide chlorhydrique, il se dégage de l'acide cyanhydrique (acide prussique).

$$HgCy + HCl = HgCl + HCy.$$

C'est le poison le plus violent que l'on connaisse ; il a servi à des empoisonnements tristement célèbres.

8. Cyanure de potassium, KCy ou KC²Az. — Quand on fait passer de l'azote à une température élevée sur du charbon chauffé imprégné de carbonate de potassium, ce métal fixe l'azote du carbone, produit le cyanure de potassium avec lequel on peut préparer tous les autres composés du cyanogène.

Le même corps se produit par la calcination des matières organiques azotées en présence de carbonate de potasium.

C'est Gay-Lussac qui a découvert le cyanogène en 1814 et fait voir qu'un corps composé peut jouer dans les combinaisons le rôle chimique que l'on n'avait jusque-là attribué qu'aux corps simples.

VINGT-SEPTIÈME LEÇON

Les combinaisons du carbone avec l'hydrogène.

1. Les carbures d'hydrogène sont nombreux. — Le carbone et l'hydrogène libres ne peuvent s'unir directement que sous l'influence de la haute température de l'arc voltaïque produit par une pile de 40 à 50 éléments. Leur combinaison est un gaz appelé acétylène dont la formule est C^4H^2.

Mais si ce corps est le seul carbure que l'on puisse faire directement en partant des éléments, il n'est que l'un des membres d'une famille très nombreuse. La nature offre en effet un grand nombre de composés de carbone et d'hydrogène que l'on appelle indifféremment **carbures d'hydrogène** ou **hydrogènes carbonés.** Il en existe dans le sol, comme les pétroles; dans les végétaux, comme les essences, et la décomposition des matières organiques en engendre elle-même un certain nombre

Les uns sont gazeux comme le gaz des marais, d'autres liquides comme la benzine et l'essence de térébenthine, les autres solides comme la naphtaline et la paraffine.

Ils ont tous une propriété commune ; formés de deux corps combustibles, ils brûlent avec une flamme souvent brillante, parfois fuligineuse.

Leur étude est habituellement reportée à la chimie organique. Nous n'en étudierons à cette place que trois qui se présentent à l'état de gaz :

l'acétylène	C^4H^2
le gaz des marais	C^2H^4
le bicarbure	C^4H^4

2. L'acétylène. — L'acétylène offre une importance particulière, non seulement parce qu'il est le seul carbone susceptible d'être formé directement, mais parce qu'il se prête à des transformations permettant d'obtenir par synthèse d'autres carbures plus complexes.

Il se produit en général dans les combustions incomplètes, notamment dans celle du gaz d'éclairage.

C'est un gaz incolore, d'une odeur désagréable et caractéristique. Il est soluble dans l'eau, aussi le recueille-t-on sur le mercure.

Pour l'obtenir, on commence par faire l'acétylure de cuivre, précipité brun rougeâtre que donne l'acétylène dans une solution ammoniacale de protochlorure de cuivre. On lave ce produit, puis on le décompose par l'acide chlorhydrique.

L'acétylène brûle avec une flamme fuligineuse, par suite de l'excès de charbon qu'il contient.

Chauffé dans une cloche courbe, à la température où le verre commence à se ramollir, il se soude pour ainsi dire à lui-même et donne divers carbures parmi lesquels se trouve la benzine.

$$C^{12}H^6 = 3(C^4H^2)$$
benzine   acétylène

Le permanganate de potasse l'oxyde et le transforme en acide oxalique.

Sous l'influence d'une série d'étincelles d'induction, l'azote s'unit directement à l'acétylène pour former l'acide cyanhydrique.

$$C^4H^2 + Az^2 = 2(HC^2Az).$$

GAZ DES MARAIS OU PROTOCARBURE D'HYDROGÈNE.

3. Mode de formation et préparation. — Le gaz qui se dégage en grosses bulles, quand on remue la vase des marais, est en grande partie composé de protocarbure d'hydrogène. On peut le recueillir en disposant un flacon renversé muni d'un large entonnoir et plein d'eau (fig. 115) et en agitant le vase.

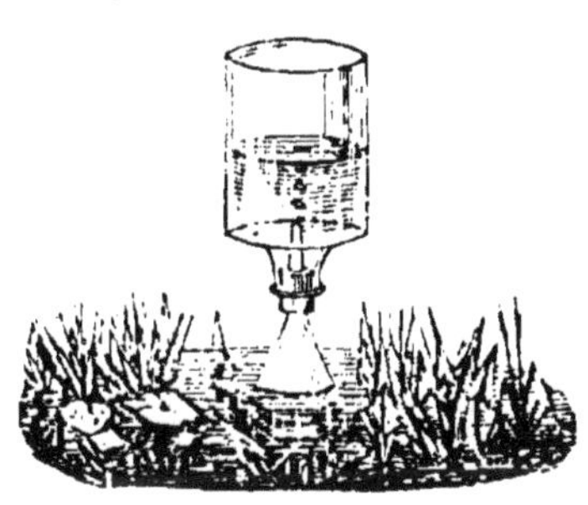

Fig. 115.

Il se dégage naturellement du sol dans certaines contrées où l'on trouve les volcans de boue et les sources de gaz combustibles.

Il se rencontre en proportions considérables dans les fissures et les cavités des couches de houille d'où il peut se répandre dans les galeries de mines et constituer des mélanges détonants appelés grisou, causes d'explosions terribles et d'accidents désastreux.

Il prend naissance par la décomposition lente des végétaux ou par leur distillation : le gaz d'éclairage en renferme 30 %.

Pour l'obtenir dans les laboratoires, on décompose l'acétate de soude en présence de la chaux sodée. On recueille le gaz sur l'eau.

On peut considérer que c'est l'acide acétique qui s'est décomposé en produisant de l'acide carbonique qui reste fixé à l'alcali en présence et du carbure d'hydrogène qui se dégage

$$C^4H^4O^4 = C^2O^4 + C^2H^4$$
acide acétique   acide carbonique   protocarbure

4. Les propriétés du protocarbure. — Le protocarbure d'hydrogène est un gaz incolore, inodore et sans saveur, qui pèse 8 fois plus que l'hydrogène ; le poids du litre est :

$$8 \times 0,0895 = 0,716.$$

Il est combustible, il brûle avec une flamme pâle, en produisant de l'eau et de l'acide carbonique. Des deux corps combustibles dont il est formé, c'est l'hydrogène qui brûle le premier; aussi, quand l'oxygène fourni est insuffisant, tout le carbone ne peut pas brûler.

La combustion complète produit une détonation si vive que les vases où on l'opère sont souvent brisés; il faut toujours les entourer d'un linge mouillé:

$$C^2H^4 + O^6 = 2CO^2 + 4HO.$$

C'est le mélange de 1 de protocarbure avec 2 d'oxygène ou 7 ou 8 d'air qui produit cette puissante détonation.

Fig. 116.

5. **Analyse.** — On peut le décomposer sans danger dans l'eudiomètre en employant 3 parties d'oxygène pour 1 partie de protocarbure. Après le passage de l'étincelle, il ne reste que la moitié du volume total; et si on agite le gaz restant avec de la potasse, il ne reste finalement que 1 volume d'oxygène.

Des 3 volumes de ce gaz, 1 s'est combiné à 2 volumes d'hydrogène pour donner de l'eau qui s'est condensée; l'autre s'est combiné avec le carbone ($\frac{1}{2}$ volume) pour donner 1 volume d'acide carbonique que la potasse a absorbé.

Le protocarbure contient donc du carbone et de l'hydrogène dans le rapport de $\frac{1}{2}$ à 2 ou de 1 à 4 ou de 2 à 8; on lui donne la formule C^2H^4 qui rappelle cette composition.

HYDROGÈNE BICARBONÉ C^4H^4.

6. **Préparation.** — L'hydrogène bicarboné appelé encore *éthylène* ou gaz *oléfiant* à cause de l'aspect huileux de sa combinaison avec le chlore, s'obtient en déshydratant l'alcool par l'acide sulfurique.

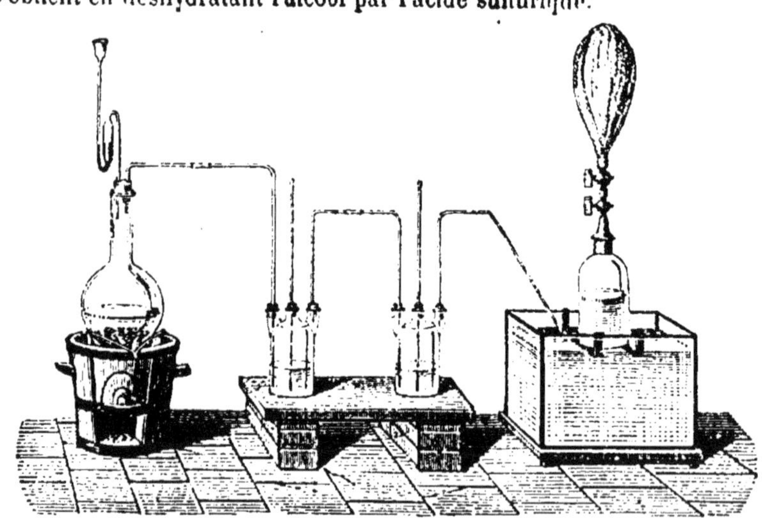

Fig. 117.

On fait un mélange de 1 partie d'alcool et de 5 d'acide sulfurique que l'on empâte avec du sable et on chauffe au-dessus de 140°. Le gaz dégagé est lavé à la potasse et à l'acide sulfurique dans deux flacons laveurs; on le recueille sur l'eau ou sur le mercure (fig. 117).

L'alcool dont la formule est $C^4H^6O^2$ se scinde en C^4H^4 qui se dégage et en 2HO que l'acide sulfurique retient,

7. Propriétés de l'hydrogène bicarboné. — C'est un gaz incolore, sans saveur, d'une légère odeur empyreumatique, un peu plus léger que l'air : il pèse 14 fois plus que l'hydrogène; le poids du litre est ;

$$14 \times 0.0895 = 1^{gr},253.$$

Il est un peu soluble dans l'eau, plus soluble dans l'alcool dont 1 litre dissout 3 litres de gaz. On a pu le liquéfier.

Il est combustible; il brûle à l'air avec une longue flamme blanche très éclairante, en produisant de l'eau et de l'acide carbonique. Si l'air n'arrive pas en assez grande abondance, il se dépose du charbon sous forme de noir de fumée sur les parois de l'éprouvette ;

$$C^4H^4 + O^8 = 4HO + 2CO^2 + 2C.$$

Il détone très violemment par sa combustion complète, quand on le mélange de 3 volumes d'oxygène et qu'on l'enflamme :

$$C^4H^4 + 120 = 4HO + 4CO^2.$$

Le flacon où l'on fait produire l'explosion est toujours brisé; aussi faut-il l'entourer d'un linge épais mouillé pour retenir les éclats de verre.

8. Action du chlore. — Si on remplit de bicarbure d'hydrogène le tiers d'une grande éprouvette à pied, qu'on achève de la remplir avec du chlore, qu'on retourne l'éprouvette et qu'on la ferme, les deux gaz se mélangent.

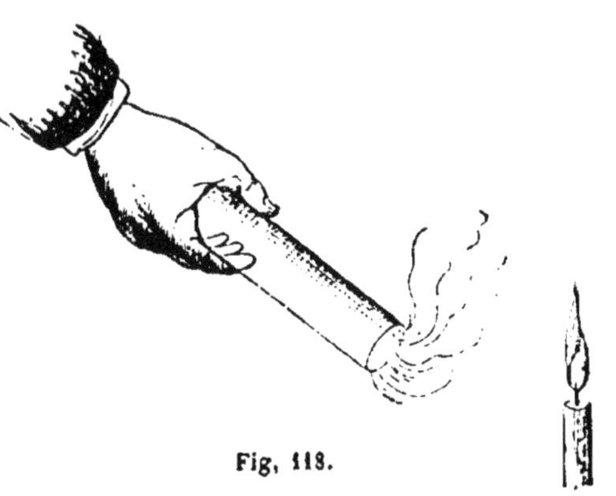

Fig. 118.

Si on y met le feu et qu'on referme, une lueur vive se produit et un nuage épais de charbon remplit l'éprouvette. C'est un exemple frappant d'une combustion où l'oxygène n'a joué aucun rôle et où un corps combustible, le charbon, a été déposé sans brûler pendant que l'hydrogène se combinait au chlore.

$$C^4H^4 + 4Cl = 4HCl + 4C.$$

9. Liqueur des Hollandais. — Quand on mélange volumes égaux de chlore et de bicarbure d'hydrogène, les deux gaz se combinent en diminuant considérablement de volume et en donnant un liquide huileux, d'une odeur éthérée, qu'on appelle **liqueur des Hollandais.**

$$C^4H^4 + 2Cl = C^4H^4Cl^2.$$

C'est cette propriété qui a fait appeler le bicarbure d'hydrogène gaz oléfiant.

VINGT-HUITIÈME LEÇON

Le Gaz d'éclairage et la flamme.

1. Le gaz d'éclairage. — Toutes les fois que des matières organiques, telles que le bois, la houille, les corps gras, etc., sont soumises à une température élevée, il s'en dégage des gaz éclairants. C'est un Français, Philippe Lebon, qui a le premier produit l'éclairage par un gaz extrait de la houille.

Quand on veut faire servir à l'éclairage les gaz provenant de la distillation de la houille, il faut choisir les houilles à longue flamme, celles qui présentent à l'analyse le plus d'hydrogène en excès par rapport à l'oxygène. En France, on emploie les houilles grasses de *Mons*, d'*Anzin* et de *Commentry*, qui donnent environ 24 mètres cubes de gaz à brûler, par 100 kilogrammes de houille distillée. En *Angleterre*, on emploie le cannel-coal qui donne un gaz très éclairant et le boghead, sorte de charbon bitumineux qui produit le *gaz portatif*, mais dont le coke n'a pas les propriétés du coke de houille.

L'appareil complet comprend les *cornues* et les *fours*, le *barillet* qui fait fonction de *flacon de Wolff*, l'*aspirateur*, le *réfrigérant ou épurateur physique*, l'*épurateur chimique* et enfin les *gazomètres*.

Cornues et fours. — Les cornues ont la forme d'un demi-cylindre surbaissé et très long; elles sont en terre réfractaire avec une tête en fonte portant le tube à dégagement des gaz; une fois chargées, elles sont fermées par une plaque de fonte formant tampon et lutée à l'argile (fig. 119). On en assemble 5 ou 7 dans le même four, chauffées par le même foyer et dont les tubes vont se rendre dans le même récipient.

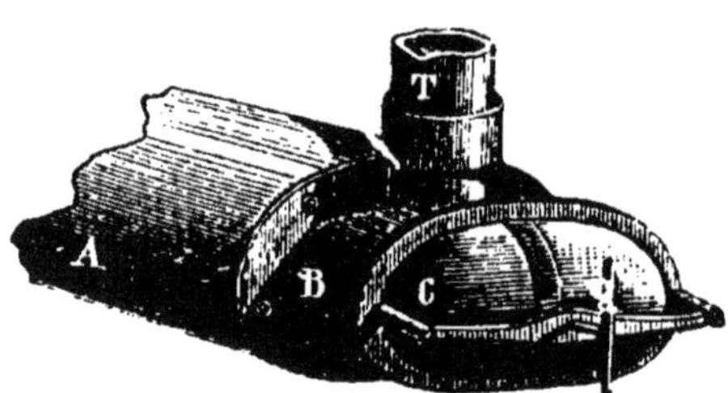

Fig. 119. — Cornue d'usine à gaz avec sa plaque de fermeture; — A, demi-cylindre en terre; — B, portion en fonte; — C, plaque de fermeture avec sa clef; — T tube allant jusqu'au barillet.

Barillet. — Le récipient appelé *barillet* est un long cylindre placé au-dessus du four; il contient de l'eau dans laquelle plongent, de 2 ou 3 centimètres, les tubes amenant les gaz. De cette manière chaque cornue se trouve isolée des autres par une fermeture hydraulique, et les fuites qui peuvent s'y produire n'ont pas grande influence sur l'ensemble de la production. Il s'opère dans le barillet une première condensation d'eau et de goudron; aussi cet appareil est-il muni d'un trop-plein pour maintenir le liquide à un niveau constant.

Aspirateur. — Au sortir du barillet, les gaz doivent traverser une série de tubes ou de récipients où ils se refroidiront et où ils abandonneront les produits liquides, qu'ils ont entraînés. Pour éviter que par cette marche il n'y ait une pression trop forte dans les cornues, on aspire le gaz à mesure de sa production pour le refouler ensuite dans les appareils qu'il traversera jusqu'au gazomètre.

Réfrigérant ou épurateur physique. — Le gaz passe de l'aspirateur ou extracteur dans une série de tuyaux verticaux qui communiquent entre eux par leurs extrémités recourbées ; les courbures inférieures ont un prolongement qui plonge dans l'eau par où s'écoulent les liquides (goudron et eau ammoniacale) que le gaz a abandonnée en se refroidissant par sa longue circulation dans des tuyaux en contact avec l'air ambiant. Pour achever de priver le gaz du goudron qui le souille, on le fait passer au travers d'une longue colonne de coke où tombe un filet d'eau (fig. 120) ; il trouve là une très grande surface où il dépose le goudron

Épurateur chimique. — Reste à enlever au gaz l'acide carbonique, l'acide sulfhydrique et les sels volatils d'ammoniaqne, comme le sulfhydrate, qui diminuent le pouvoir éclairant : c'est là le rôle de l'*épuration chimique.* On la réalisait autrefois en faisant traverser au gaz une série de couches de chaux séparées par du foin. On emploie un mélange de chaux et de sulfate de fer, qui, d'abord oxydé à l'air, représente du sulfate de chaux et du peroxyde de fer au moment où il est employé. Ce dernier corps s'empare des sulfures d'hydrogène et d'ammoniaque qu'il détruit pour fixer le soufre à l'état de sulfure de fer. La matière épuratrice, après service, est revivifiée à l'air, et, mélangée avec de la sciure de bois qui la divise et la rend plus poreuse, elle sert à nouveau.

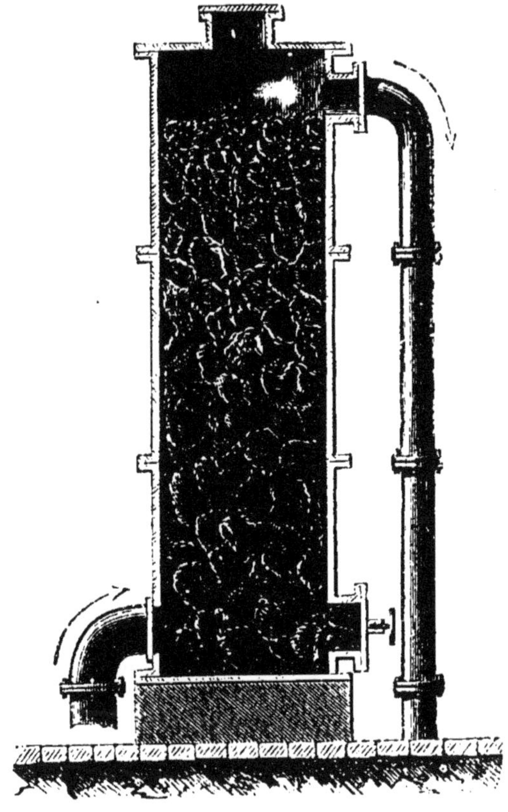

Fig. 120. — Colonne à coke.

Le gaz est conduit aux *gazomètres* d'où on le distribue partout où il doit servir. Son pouvoir éclairant parait dû, comme l'odeur qui lui reste toujours, à des vapeurs d'hydrocarbures riches en carbone, comme la benzine, propres à produire une flamme éclairante par le charbon incandescent très divisé qu'elles y laissent flotter.

2. **Flamme.** — La flamme est toujours un gaz ou une vapeur en combustion ; les seuls corps qui brûlent avec flamme sont ceux que la chaleur peut volatiliser ; ainsi le fer brûle sans flamme, et le zinc, volatil à une température élevée, brûle avec une flamme brillante.

Les gaz, portés à une haute température, ne sont pas tous lumineux.

La flamme de l'hydrogène pur est très peu éclairante, bien qu'elle soit très chaude, mais on lui donne de l'éclat en y plaçant des corps solides, ou en y faisant brûler un corps comme la benzine (fig. 121), dans ce dernier cas, la flamme renferme des particules très divisées et très nombreuses de carbone dont l'incandescence produit l'éclat lumineux. Les flammes les plus lumineuses sont donc celles qui contiennent des matières solides incandescentes ; on s'en assure en plaçant un corps froid dans une flamme très éclairante ; il s'y couvre d'un abondant dépôt de noir de fumée.

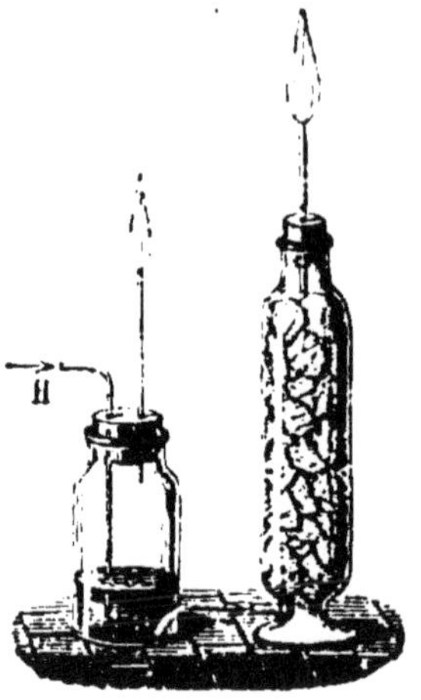

Fig. 121.

3. Constitution de la flamme. — La plupart des flammes ordinaires, comme celles du gaz d'éclairage, de l'huile, de la bougie, présentent trois parties principales :

1° Au centre, où arrive le gaz ou la vapeur du corps solide qui brûle, est une partie obscure dont la température est peu élevée.

2° Autour de cette portion centrale est l'enveloppe brillante. Là, l'air arrive, mais en trop petite quantité encore ; la combustion est incomplète ; le gaz qui brûle contient du charbon incandescent disséminé, qui devient éclairant, c'est la portion réductrice.

3° Autour de l'enveloppe brillante est une troisième enveloppe peu éclairante, mais très chaude ; la combustion y est complète, tout le charbon y brûle, puisque l'air y est toujours en excès, et il n'y reste aucun corps solide, c'est la partie oxydante.

4. Moyen de rendre une flamme plus chaude. — Puisque la température est d'autant plus élevée que la combustion est plus complète, on rendra plus chaude une flamme ordinaire en y insufflant de l'air, soit avec un chalumeau, soit par un moyen quelconque. Mais la flamme perdra en éclat, et on pourra même l'amener à être peu visible. Le bec à gaz de **Bunsen** permet une démonstration facile de ce fait ; on diminue le volume et le brillant de la flamme qu'il donne de plus en plus en découvrant les ouvertures latérales, qui livrent passage à l'air : et la flamme devient assez chaude pour ramollir le verre et permettre de le travailler.

Fig. 122.

Quand la flamme est ainsi devenue à peine visible et qu'on y chauffe un corps solide, un tube de verre par exemple, la flamme redevient brillante au-dessus du corps solide chauffé : elle doit cet éclat aux particules que le solide lui cède et que la haute température rend incandescentes.

5. Effet des toiles métalliques. — Il est évident que si on refroidit suffisamment les gaz d'une flamme, elle doit s'éteindre ; c'est ce qui arrive quand on souffle une bougie. Si l'on place au milieu d'une flamme une toile métallique à mailles serrées, on refroidit assez les gaz pour qu'ils cessent de brûler. Ils continuent à traverser la toile ; on peut même les enflammer au-dessus en les réchauffant ; mais au contact des fils métalliques bons conducteurs ils ont perdu leur haute température et avec elle la propriété de rester lumineux.

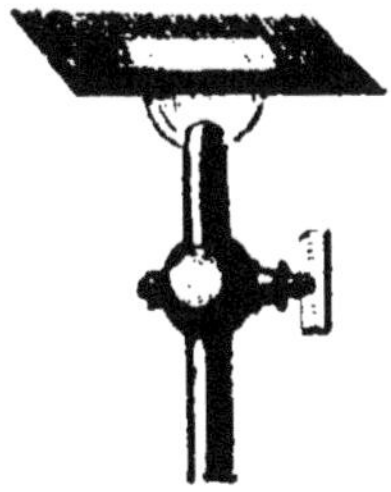

6. Lampe de sûreté. — Davy a utilisé cette propriété pour construire une lampe destinée à prévenir les accidents si terribles du grisou. Telle qu'elle est aujourd'hui, c'est une lampe à huile surmontée d'un cylindre de verre épais qui porte au-dessus de lui un cylindre en toile métallique très fine. Au-dessus de la mèche est une cheminée de cuivre destinée à activer le tirage et une spirale de platine qui reste incandescente si la lampe s'éteint par suite de la présence du grisou. Dans l'air, la lampe se comporte comme une lampe ordinaire ; mais si l'air est mélangé de carbures d'hydrogène, il se produit dans la lampe une explosion que la toile métallique empêche de se communiquer au dehors. L'ouvrier est ainsi averti de la présence du grisou et de la nécessité qu'il y a de faire aérer immédiatement la galerie où il se trouve.

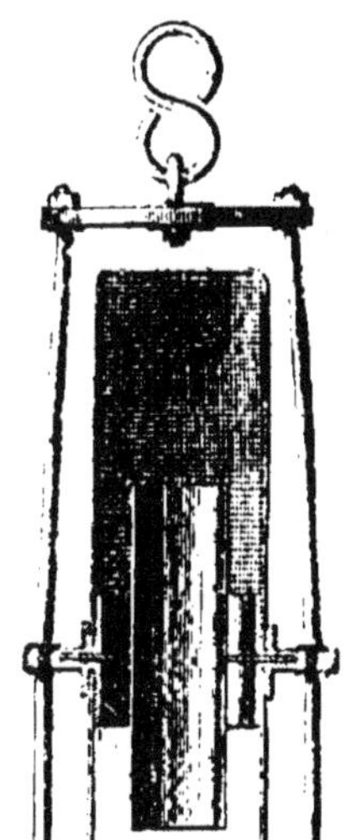

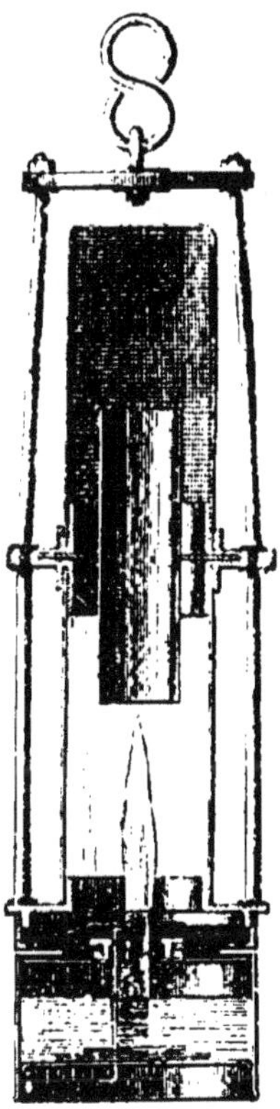

Fig. 123.

VINGT-NEUVIÈME LEÇON

La Silice.

1. Les silex, la pierre à fusil. — On trouve un peu partout ces cailloux durs, de couleur grise, blonde ou noire, dont les morceaux anguleux produisent des étincelles quand on les frappe vivement avec un morceau de fer. Ce sont les silex, qui prennent le nom de *meulières*, quand ils sont en blocs caverneux sur leur pourtour.

Il y a longtemps que l'on se sert de leurs éclats. Les silex écaillés tranchants ou pointus, formaient les seules armes de nos ancêtres et nous en trouvons encore des spécimens en flèches, en couteaux, en haches, dans les cavernes. A côté de ces instruments primitifs, on en trouve d'autres également en silex, mais en morceaux façonnés par le frottement et non plus seulement façonnés en éclats : ce sont les armes de la seconde période de l'âge de

Fig. 124.

pierre, c'est-à-dire de l'époque où l'humanité ne connaissait pas encore les métaux. Ces témoins des premiers âges nous révèlent que la dureté du silex a été connue des premiers hommes et mise à profit par eux.

Depuis la découverte des métaux, on se sert des silex pour battre le briquet et obtenir par le frottement des étincelles qui mettent le feu à un corps très facilement combustible comme l'amadou ; on les employait au commencement de ce siècle dans les armes à feu, dans les fusils à pierre.

Le frottement du fer contre le silex détache de petites parcelles de chacun des deux corps frottés, surtout du fer qui est le moins dur des deux ; et la chaleur dégagée porte à l'incandescence ces petits fragments du métal. Si l'on bat quelque temps le briquet au-dessus d'une feuille de papier et que l'on examine à la loupe les parcelles tombées sur la feuille, on distingue bien celles qui ont été détachées du silex de celles qui sont tombées du fer.

La matière des silex porte en chimie le nom de **silice** ou encore celui d'**acide silicique** ; c'est un composé formé d'oxygène combiné avec un métalloïde appelé *silicium*, comme l'acide carbonique est formé de ce même oxygène allié au carbone.

2. Les sables. — Dans le lit des rivières qui roulent leurs eaux sur les terrains granitiques, on trouve un sable fin, blanc ou coloré ; ce sable est de la silice réduite en grains plus ou moins menus par le frottement que le cours d'eau produit. Le sable blanc est de la silice pure ; le sable coloré est de la silice mélangée de matières étrangères qui lui donnent leur coloration.

Comme les eaux arrachent des parcelles sableuses à toutes les roches sur lesquelles elles coulent, les sables sont rarement formés de silice seulement. Mais si on les lave avec un acide fort comme l'acide chlorhydrique, cet acide attaque et dissout tout ce qui est calcaire et laisse inattaqué ce qui est siliceux. Il est donc très facile d'obtenir la silice d'un sable quelconque.

3. Les autres états de la silice. — Les **agates** sont aussi l'une des formes sous lesquelles nous trouvons la silice à l'état naturel : elles ont une cassure terne et écailleuse comme les silex proprement dits ; mais elles sont susceptibles de devenir brillantes et lisses par le frottement. La silice y est ordinairement colorée par des substances diverses qui se trouvent disséminées dans sa masse. Il y en a d'un blanc ou d'un gris bleuâtre, d'un jaune brun, d'un rouge souvent très beau, d'un vert pomme et d'autres qui présentent un mélange agréable de couleurs diverses et que l'on emploie principalement à la taille des camées.

La nature nous offre en outre la silice pure, d'une parfaite transparence, avec des formes cristallines en prismes à six pans terminés par des pyramides ; c'est le **cristal de roche** ou le **quartz.** Le quartz est le plus souvent blanc en grands cristaux, ou même en petits fragments déposés dans des géodes ou dans les cavités des gros cailloux. Il peut être coloré en violet améthyste ou en jaune et même en noir ; toujours il est transparent.

On le distingue de tous les autres cristaux naturels, non seulement par sa forme, mais aussi par sa dureté : une pointe d'acier trempé ne le raye pas. Les acides sont sans action sur lui.

Il représente l'état cristallisé de la silice naturelle, tandis que les agates et les silex en représentent l'état amorphe. Ce n'est pas le premier exemple que nous rencontrons d'un corps qui offre de notables différences dans son aspect suivant qu'il est cristallisé ou non, et nous devons encore avoir présent à la mémoire le cas bien surprenant du carbone, noir et opaque quand il est amorphe, si limpide et si brillant quand il constitue le diamant.

La silice gélatineuse. — Faisons chauffer fortement dans un creuset du sable lavé à l'acide, autrement dit de la silice, avec du carbonate de soude ; la masse fond, les deux corps s'unissent. Le contenu du creuset, versé sur une plaque se prend en une masse qui a l'apparence du verre et qu'on nomme le **verre soluble**. Cette masse vitreuse, qui ne diffère pas pour l'aspect du verre ordinaire, peut en effet se dissoudre dans l'eau.

Faisons cette dissolution et versons-y un acide, la silice quitte la soude avec laquelle elle était combinée et elle se dépose en masse blanche d'apparence gélatineuse.

Voilà la silice des laboratoires : desséchée, c'est une poudre sableuse capable de rayer, d'user un grand nombre de corps ; fondue, elle prend l'apparence du silex incolore.

5. Les silicates naturels. — Nous venons de faire le silicate de soude ; nous aurions pu faire également le silicate de potasse. Tous les deux sont solubles dans l'eau ; mais ce sont les seuls silicates qui jouissent de cette propriété. Les autres sont des produits insolubles.

Les silicates naturels sont nombreux et leur composition est très complexe ; ils constituent des minéraux répandus dont le feldspath du granite est un des principaux exemples.

Ils ne se désagrègent partiellement que par une action très prolongée de l'eau, aidée de moyens mécaniques comme le frottement et la pulvérisation. Les argiles ou terres fortes proviennent de cette lente désagrégation.

Soumis à une forte chaleur avec des corps comme la potasse ou la chaux, les sables siliceux donnent le *verre*, ce composé transparent, cassant, mais insoluble dont nous faisons un si grand usage. Les *argiles* cuites, depuis les briques jusqu'à la porcelaine, et les *verres* sont les deux formes principales sous lesquelles nous employons la silice que la nature nous offre dans ses sables, ses cailloux et la plupart de ses roches.

L'acide borique

6. Propriétés et préparation. — L'acide borique, combinaison du **bore** (métalloïde de la famille du carbone) avec l'oxygène se présente cristallisé en paillettes nacrées et douces au toucher. Sa solution alcoolique brûle avec une flamme verte caractéristique.

Il sort, avec de la vapeur d'eau, du sol de certaines localités de la Toscane, en jets gazeux appelés **fumerolles** ou **suffioni**. On l'extrait de ces gaz en les faisant condenser dans l'eau et en évaporant le liquide.

Combiné à la soude il donne le **borax** (borate de soude) capable comme l'acide borique lui-même de fondre en une masse vitreuse et transparente et employé dans la soudure des métaux pour dissoudre les oxydes qui se forment sur les métaux chauffés.

L'acide borique sert à imprégner les mèches des bougies stéariques pour aider à la fusion des cendres de la mèche.

Questionnaire. — 1. Quel usage les premiers hommes faisaient du silex ? Où le trouvons-nous et comment nous sert-il ? Qu'est-ce que le silex au point de vue chimique, et quel nom porte-t-il ? — 2. Comment distingue-t-on un sable calcaire d'un sable siliceux et que faut-il faire pour les séparer ? — 3. Quels sont les autres états de la silice naturelle ? Comment se présente le cristal de roche ? Comment le distinguer des autres cristaux brillants comme lui et de forme plus ou moins analogue à la sienne ? — 4. Comment fait-on le silicate de soude et la silice gélatineuse ? — 5. Quel parti tire-t-on des autres silicates naturels ? D'où proviennent les argiles et comment fait-on le verre ? — 6. D'où provient l'acide borique ? Quelles sont ses propriétés ? A quoi sert-il ?

TRENTIÈME LEÇON

Classification des métalloïdes

1. M. Dumas a classé les métalloïdes, d'après les analogies de leurs principaux composés, en quatre familles naturelles.

La première comprend le chlore, le brome, l'iode et le fluor :

1 volume de chacun d'eux et 1 volume d'hydrogène donnent 2 volumes de gaz acide.

La deuxième comprend l'oxygène, le soufre, auxquels on ajoute le sélénium et le tellure :

1 volume du métalloïde et 2 volumes d'hydrogène forment 2 volumes d'un composé.

La troisième comprend l'azote, le phosphore et l'arsenic :

1 volume du métalloïde et 3 volumes d'hydrogène forment 2 volumes d'un gaz.

La quatrième comprend le carbone, le silicium et le bore :

1 volume du métalloïde et 4 volumes d'hydrogène forment 2 volumes en se combinant.

L'hydrogène est mis à part ; on le considère plutôt comme un métal que comme un métalloïde. Il est en effet bon conducteur de la chaleur, ainsi que nous l'avons montré. Il change de place avec les métaux, comme ceux-ci entre eux, de nombreux exemples nous l'ont prouvé. Sans doute il est gazeux, mais on a pu changer son état et l'obtenir liquide ; d'ailleurs certains métaux, suffisamment chauffés, le zinc par exemple, prennent aussi l'état de gaz. On peut donc considérer l'hydrogène comme une *vapeur métallique*, que nos moyens actuels ne permettent pas de solidifier.

2. **Première famille.** — Chlore ; brome ; iode ; fluor. — Ces corps donnent avec l'hydrogène des acides énergiques, analogues de composition et de propriétés :

2 volumes Cl,	2 volumes Br,	2 volumes I,
2 volumes H,	2 volumes H,	2 volumes H,
4 volumes HCl,	4 volumes HBr,	4 volumes HI,
Acide chlorhydrique	Acide bromhydrique	Acide iodhydrique.

Ces trois acides sont gazeux et répandent à l'air des fumées blanches. Ils attaquent les métaux avec dégagement d'hydrogène.

Les combinaisons des trois premiers de ces métalloïdes avec les métaux sont semblables.

KCl	KBr	KI
Chlorure de potassium.	Bromure de potassium.	Iodure de potassium.
Chlorure d'argent,	Bromure d'argent,	Iodure d'argent,
AgCl	AgBr	AgI

Ces trois derniers composés sont altérés par la lumière.

Le fluor est inconnu à l'état libre; mais les fluorures ont des analogies très marquées avec les chlorures.

3. **Deuxième famille. — Oxygène; soufre; sélénium; tellure. —** Les combinaisons de ces corps avec l'hydrogène présentent la même structure; ce sont des acides faibles, et l'eau, qui joue parfois le rôle d'acide.

1 vol. oxygène et 2 vol. hydrogène donnent 2 vol. d'eau. HO.
— soufre — — — acide sulfhydrique. HS.

L'oxygène et le soufre donnent des combinaisons avec les métaux qui sont analogues dans leurs réactions; il y a en effet des sulfures acides et basiques, comme il y a des oxydes jouissant de ces propriétés.

Le soufre a tant d'analogie, dans son rôle chimique avec l'oxygène que M. Dumas l'a appelé un oxygène solide.

4. **Troisième famille. — Azote; phosphore; arsenic. —** Dans cette famille, ce sont les composés des métalloïdes avec l'oxygène qui présentent le plus de ressemblance; on a en effet :

les acides	azoteux	phosphoreux	arsénieux
	AzO^2	PhO^3	AsO^3
—	azotique	phosphorique	arsénique,
	AzO^3	PhO^5	$AsO^5,$

Les trois métalloïdes se combinent avec l'hydrogène pour donner des composés basiques, dont le premier, l'ammoniaque, est une base puissante.

ammoniaque,	hydrogène phosphoré,	hydrogène arsénié,
AzH^3	PhH^3	AsH^3
2 vol. + 6 vol.	1 vol. + 6 vol.	1 vol. + 6 vol.
4 vol.	4 vol.	4 vol.

Il y a entre le premier et les deux autres de ces trois corps une anomalie : 2 volumes d'azote jouent le même rôle que 1 volume de phosphore ou d'arsenic. M. Dumas a fait de l'ammoniaque le type du caractère de la troisième famille :

1 vol. azote
3 vol. hydrogène } donnent 2 vol. du composé.

L'azote est gazeux; les deux autres métalloïdes du groupe sont solides.

5. **Quatrième famille — Carbone; silicium et bore. —** Le caractère fondamental est tiré, du moins pour les deux premiers de ces trois métalloïdes, de leurs composés hydrogénés :

Carbone, C,	silicium, Si,	1 volume,
hydrogène, H^2,	hydrogène, H^2,	4 volumes.
hy. carboné CH^2 ou (C^2H^4) —	hy. silicié SiH^2,	2 volumes.

Le carbone se présente sous trois états physiques différents : cristallisé (diamant), lamellaire (graphite), amorphe (charbons divers).

Le bore et le silicium ont pu être obtenus aussi sous chacun de ces
états.

Ces deux derniers donnent des acides **vitrifiables**, c'est-à-dire capables de fournir avec les bases des matières dures et transparentes, des
verres, que l'eau ni l'air n'altèrent dans les conditions ordinaires.

6. **Remarque.** — L'inspection des symboles qui désignent les métalloïdes dans chacune des familles précédentes les fait placer en deux
groupes :

1° Ceux dont le symbole représente **1 volume** :

O.   S.   Ph.   As.   C.   Si.   Te.   Se.   Bo.
Oxygène. Soufre. Phosphore. Arsenic. Carbone. Silicium. Tellure. Sélénium. Bore.

Ce sont les métalloïdes des *trois dernières familles, moins l'azote;*
2° Ceux dont le symbole représente **2 volumes** :

Cl.   Br.   I.   Fl.   Az.   H.
Chlore. Brome. Iode. Fluor. Azote. Hydrogène.

Ce sont les corps de la *première famille* auxquels on ajoute *l'azote* et
l'hydrogène.

7. **Calcul du poids du litre d'un composé métalloïdique.** — Cette remarque permet de calculer le poids du litre des composés gazeux des métalloïdes, en connaissant seulement le poids du litre d'hydrogène. Nous allons
prendre un exemple dans chacune des quatre familles.

Premier exemple. — *Trouver le poids du litre de gaz chlorhydrique*
HCl.

Ce gaz est composé de   Cl,   2 volumes.   35^{gr},5,
                      H,   2 volumes,   1^{gr},

HCl,   4 volumes,   36^{gr},5.
L'équivalent est sous . . . . 2 volumes,   18^{gr},25.
L'équivalent de H sous. . . . . 2 volumes est 1.

Le gaz chlorhydrique pèse donc 18 ^{fois} 25 ce que pèse l'hydrogène.
Poids de 1 litre HCl = 18,25 × 0,0895 = 1^{gr},63.

Deuxième exemple. — *Trouver le poids du litre d'acide sulfhydrique.*

S,   1 volume,   16 grammes;
H,   2 volumes,   1 gramme;

HS,   2 volumes,   17 grammes,
Poids du litre de HS = 17 × 0,0895 = 1^{gr},52.

Troisième exemple. — *Trouver le poids du litre de gaz ammoniac.*

Az,   2 volumes,   14 grammes;
H³,   6 volumes,   3 grammes;

AzH³,   4 volumes,   17 grammes;
         2 volumes,   8^{gr},5.

Poids de 1 litre AzH³ = 8.5 × 0,0895 = 0^{gr},76.

Quatrième exemple. — *Trouver le poids du litre de protocarbure d'hydrogène.*

$$C^2, \quad 2 \text{ volumes}, \quad 12 \text{ grammes};$$
$$H^4, \quad 8 \text{ volumes}, \quad 4 \text{ grammes};$$
$$\overline{C^2H^4, \quad 4 \text{ volumes}, \quad 16 \text{ grammes};}$$
$$2 \text{ volumes}, \quad 8 \text{ grammes.}$$

Poids du litre de $C^2H^4 = 8 \times 0,0895 = 0^{gr},716$.

Le poids de l'oxygène se trouve par les mêmes considérations :

$$O, \quad 1 \text{ volume}, \quad 8 \text{ grammes};$$
$$O^2, \quad 2 \text{ volumes}, \quad 16 \text{ grammes};$$
$$H, \quad 2 \text{ volumes}, \quad 1 \text{ gramme.}$$

Poids du litre d'O, $\quad 16 \times 0,0895 = 1^{gr},43$.

Exercices. — 9. Trouver le poids de 10 litres de gaz hydrogène phosphoré. — 10. Trouver le poids de 20 litres de bioxyde d'azote.

Questionnaire. — 1. En combien de familles classe-t-on les métalloïdes? Quelle est la caractéristique de chaque famille? — 2. Quelle est l'analogie de composition que présentent les acides du chlore, du brome, de l'iode, les chlorures, bromures et iodures métalliques? — 3. Quelles sont les analogies du soufre et de l'oxygène? — 4. Comment sont formés les composés oxygénés des métalloïdes de la troisième famille? Quelle exception présentent leurs composés oxygénés? — 5. Quelles sont les analogies du carbone, du silicium et du bore? — 6. Quels sont les métalloïdes dont le symbole figure 1 volume dans l'ancienne notation? Ceux dont le symbole figure 2 volumes?

DEUXIÈME PARTIE

MÉTAUX ET LEURS SELS

TRENTE ET UNIÈME LEÇON

Propriétés générales des métaux

1. Caractères des métaux. — Nous avons défini les métaux des corps simples *bons conducteurs de la chaleur et de l'électricité*, susceptibles de prendre par le polissage un éclat brillant désigné sous le nom d'éclat métallique et dont l'argent et l'or laminés offrent un exemple.

Les métaux, en s'unissant à l'oxygène, donnent au moins un oxyde ou base capable de s'unir à un acide pour former un sel.

Les métalloïdes n'ont aucun de ces caractères; mais la démarcation entre les métalloïdes et les métaux n'est pas absolue ; quelques éléments, comme l'arsenic, ont l'éclat métallique, tandis que leurs réactions les font classer dans les métalloïdes, et non dans les métaux.

2. Propriétés des métaux. — Les métaux sont plus denses que l'eau, à part trois : le lithium, le potassium et le sodium. Leurs densités sont très diverses, depuis le magnésium et l'aluminium, qui pèsent l'un moins de deux fois, l'autre deux fois et demie plus que l'eau, jusqu'au platine dont la densité est 22.

Voici les densités des métaux les plus employés :

Potassium....	0,86	Antimoine. ..	6,72	Nickel.	8,57	Plomb.	11,37
Sodium.	0,97	Zinc.	7.10	Cuivre.	8,81	Mercure.. . . .	13,59
Magnésium. . .	1,74	Étain	7,20	Bismuth. . . .	9,82	Or.	19,10
Aluminium. . .	2,67	Fer forgé . . .	7,79	Argent	10,47	Platine..	22,45

Les points de fusion des métaux sont aussi très différents; ainsi le potassium fond à 62°, le sodium à 96°, l'étain à 228°, le plomb à 335°, le zinc à 410°, l'argent vers 1100°, le fer au-dessus de 1300°, le platine à plus 1500°.

Toutes les propriétés physiques (couleur, malléabilité, ductilité, tenacité) présentent également les plus grandes différences.

3. État naturel. — On trouve à l'état natif l'or et le platine; on y a également rencontré en petites quantités l'argent, le cuivre, le mercure et le fer. Mais ces derniers métaux et tous les autres, hormis l'or et le platine, existent surtout à l'état de minerais (oxydes, sulfures, chlorures et sels) mélangés aux terres et aux pierres et n'offrant que très rarement un aspect métallique. On ne peut retirer les métaux de leurs minerais que par des réactions souvent complexes qui diffèrent d'un métal à l'autre. Nous en citerons quelques exemples dans les leçons suivantes :

4. Classification des métaux. — On n'a pas encore réussi à établir une classification naturelle des métaux, analogue à celle que nous avons exposée pour les métalloïdes, c'est-à-dire à faire des groupes où chaque métal possède un ensemble de caractères communs à tous les métaux du même groupe. On n'a que la classification artificielle proposée par Thénard au commencement de ce siècle. Elle ne s'appuie que sur un caractère, l'affinité des métaux pour l'oxygène, constatée par la température à laquelle leurs oxydes se forment ou se réduisent et par la manière dont les métaux décomposent l'eau.

Voici cette classification :

Première section. — Le premier groupe comprend des métaux qui décomposent l'eau à la température ordinaire, et dont les oxydes ne peuvent être décomposés par la chaleur; ce sont

les métaux alcalins . . . . { *Potassium* / *Sodium* { Lithium / Cœsium / Rubidium / Thallium } 1

les métaux alcalino-terreux { *Baryum* / *Calcium* } Strontium.

On prouve facilement que le potassium décompose l'eau : il brûle quand on le jette sur ce liquide. On le conserve dans l'huile de naphte ainsi que le sodium.

Deuxième section. — Les métaux de ce groupe décomposent l'eau vers 80°, leurs oxydes se forment à des températures élevées, mais ne se détruisent pas facilement; ce sont :

le *Magnésium* / le *Manganèse* { et plusieurs métaux terreux peu connus.

On allume facilement un fil de magnésium qui brûle avec éclat et qui donne un oxyde blanc, la magnésie, par sa combustion.

Troisième section. — Les métaux de cette section décomposent l'eau au rouge, dégagent l'hydrogène des acides forts étendus d'eau; ce sont :

le *Zinc* / le *Nickel* / le *Fer* { le Cobalt / le Chrome / le Cadmium / l'Uranium } 2

Quatrième section. — Les métaux de ce groupe s'oxydent aux températures élevées, à froid ou à une douce chaleur, par l'acide azotique; tels sont :

1. Métaux peu employés.
2. Métaux peu employés.

l'*Étain*
l'*Antimoine* } et quelques autres jusqu'ici peu importants.

On en peut rapprocher l'aluminium qui ne s'oxyde pas aux tempéra-tures élevées, mais dont l'oxyde ne peut être réduit par la chaleur seule.

Cinquième section. — Les métaux de ce groupe fixent l'oxygène au rouge, ils ne décomposent jamais l'eau, mais ils décomposent l'acide sulfurique et en dégagent le gaz sulfureux; ce sont :

le *Cuivre*
le *Plomb* } le Bismuth.
le *Mercure*

Sixième section. — Ces métaux sont inaltérables à toute température; ce sont :

l'*Argent*
l'*Or* } le Palladium et quelques autres très
le *Platine*   peu employés.

C'est le groupe des métaux précieux [1].

5. **Alliages.** — On donne le nom d'*alliages* à des composés qui ont l'aspect métallique et qui sont formés en réunissant par fusion deux ou plusieurs métaux.

On les appelle amalgames quand l'un des métaux est le mercure; ainsi l'alliage de mercure et d'étain constitue l'amalgame d'étain.

Quelques alliages s'obtiennent très facilement; tels sont les amalgames d'or, d'argent, d'étain et même de sodium; chacun de ces métaux se dissout à froid dans le mercure; mais en général, pour allier deux ou plusieurs métaux, il est nécessaire de les faire fondre.

On a cru longtemps que les alliages n'étaient que des mélanges ; tels sont les alliages monétaires d'or et d'argent; mais un certain nombre d'alliages peuvent être considérés comme des combinaisons dont la plupart sont dissoutes dans un excès de l'un des métaux qui les forment. On sait en effet que certains métaux en s'alliant dégagent de la chaleur, qu'ils donnent des composés définis quelquefois cristallisés et dont les propriétés sont différentes de celles des métaux constituants.

Ainsi, quand on jette un morceau de sodium fraîchement coupé dans du mercure, la chaleur de la combinaison est assez grande pour enflammer le sodium, même pour volatiliser une partie du mercure, et l'amalgame ne ressemble en rien aux deux métaux qui l'ont produit.

En général, l'industrie se préoccupe beaucoup plus dans la fabrication des alliages d'atteindre des résultats utiles, de corriger les propriétés de certains métaux que de faire de véritables combinaisons chimiques.

6. **Propriétés des alliages.** — Les alliages sont colorés quand ils renferment une forte proportion d'un métal coloré, comme le cuivre ou l'or. Ils sont cassants et bien moins malléables que les métaux qui les forment. Ainsi l'or et l'argent pur s'useraient très vite ; alliés à une petite quantité

---

1. Le nombre des métaux est bien plus grand que ne peut le laisser supposer la liste précédente. Nous n'avons cité que les métaux les plus importants par leurs applications et par celles de leurs composés.

de cuivre, ils sont plus résistants et donnent l'alliage des monnaies et des bijoux. Les alliages sont fusibles, souvent plus que le plus fusible des métaux qui les composent ; tel est l'alliage de Darcet qui fond dans la vapeur d'eau bouillante.

Les alliages sont très employés, à cause des propriétés spéciales de fusibilité et de dureté qu'on peut leur donner et que n'ont point les métaux seuls. Le bronze et le laiton remplacent souvent le cuivre pour les usages ordinaires.

Voici la composition de quelques alliages pris parmi les plus employés :

Composition des principaux alliages.

Vaisselle et médailles.	Argent	95	Métal anglais.	Étain	100
	Cuivre	5		Antimoine	8
Bijouterie.	Argent	80		Bismuth	1
	Cuivre	20		Cuivre	4
Bronze des canons.	Étain	10	Soudure des plombiers.	Étain	65
	Cuivre	90		Plomb	35
Laiton ou cuivre jaune.	Zinc	20			
	Cuivre	80	Alliage de Darcet.	Bismuth	8
Caractères d'imprimerie.	Plomb	80		Plomb	5
	Antimoine	20		Étain	3
Maillechort.	Cuivre	50			
	Zinc	25	Monnaies.	Or ou argent	90
	Nickel	25		Cuivre	10

Questionnaire. — 1. Quels sont les caractères des métaux ? Leur démarcation avec les métalloïdes est-elle précise ? — 2. Citer les densités des principaux métaux, leurs points de fusion, leur couleur, les plus malléables, les plus ductiles, les plus tenaces. — 3. Quels sont les métaux que l'on trouve à l'état natif. — 4. Comment a-t-on classé les métaux ? Citer ceux de la première section. Citer les métaux usuels, les métaux précieux. — 5. Que sont les alliages, les amalgames ? Sont-ce des mélanges ? Peut-on en considérer quelques-uns comme des combinaisons ? — 6. Quelles sont les principales propriétés des alliages comparés à celles des métaux qui entrent dans leur composition.

TRENTE-DEUXIÈME LEÇON

Sels. — Propriétés générales. — Lois de leur composition.

1. Définition. — On a longtemps défini les sels des composés formés d'un acide et d'une base. C'est la définition donnée par Lavoisier qui n'avait en vue que les composés oxygénés, comme l'acide sulfurique et la potasse, et qui prenait comme unique base le phénomène curieux de la neutralisation où l'acide et la base perdent tous deux leurs propriétés pour donner un corps qui n'est plus corrosif comme l'acide, ni caustique comme la base.

On ne limite plus le nom de *sels* aux seuls composés oxygénés, comme le voulait Lavoisier ; autrement, le sel de cuisine, qui a probablement été le premier type des sels, n'en serait pas un, puisqu'il est formé seulement d'un métalloïde et d'un métal. On adopte généralement la définition de Gerhardt : les *sels sont tous les corps formés d'une partie métallique simple et d'une partie non métallique, simple ou composée, capables de s'échanger par double décomposition.*

Pour l'enseignement, il est très commode de comparer les sels aux acides hydratés qui en sont habituellement les générateurs : *un sel est alors un acide où l'hydrogène a été remplacé par un métal.*

Cette manière de voir a le double avantage d'être très générale et très claire ; elle fait en effet rentrer les chlorures et les sulfures avec les sels oxygénés ; un chlorure est de l'acide chlorydrique où l'hydrogène a été remplacé par un métal, comme un azotate est de l'acide azotique où l'hydrogène a été également remplacé par un métal, et les deux sels échangent, par double décomposition, leur portion métallique pour donner deux autres sels :

Acide chlorhydrique.	HCl	Acide azotique. . .	$HOAzO^5$
Chlorure de sodium.	NaCl	Azotate d'argent. .	$AgOAzO^5$

$$NaCl + AgOAzO^5 = AgCl + NaOAzO^5.$$

On n'éprouve jamais aucune difficulté pour écrire la composition d'un sel, puisqu'il suffit de connaître celle de l'acide qui l'a formé ou dont il dérive.

2. Propriétés physiques des sels. — Tous les sels sont solides et plus lourds que l'eau. Beaucoup sont incolores ; un certain nombre sont colorés : les sels d'or sont *jaunes ;* ceux de cuivre, *bleus ou verts ;* ceux de cobalt, *bleus* ou *roses ;* ceux de fer *verts* ou *rougeâtres.* La couleur est variable avec la quantité d'eau que contient le sel. Ainsi le sulfate de cuivre, qui est d'une belle couleur bleue en solution ou en cristaux, devient incolore quand on le dessèche ; mais il peut reprendre sa couleur primitive si on lui rend l'eau qu'on en avait chassée. A cet exemple, ajoutons celui du chlorure de cobalt, qui est rose en solution et bleu quand il se dessèche, et qui peut par suite prendre les diverses nuances du bleu au rose suivant l'humidité dont il se pénètre.

La saveur des sels est très variable : ceux de soude sont salés, ceux de magnésie amers, ceux d'alumine astringents.

3. Action de l'eau sur les sels. — L'eau dissout un très grand nombre de sels ; mais elle est absolument sans action sur quelques-uns, comme le sulfate de baryte, le chlorure d'argent, le carbonate de plomb. La solubilité de beaucoup de sels augmente quand la température s'élève ; on peut s'en assurer sur le salpêtre, bien plus soluble dans l'eau chaude que dans l'eau froide et aussi sur le chlorure de plomb qui se précipite en aiguilles de sa solution bouillante. L'un des plus curieux exemples des sels solubles, c'est le sulfate de soude, dont la solubilité s'accroît très notablement jusqu'à une température de 33°, pour décroître un peu au-dessus.

Nature de l'eau dans les sels. — Quand on fait cristalliser un sel, de petites quantités de l'eau-mère peuvent rester emprisonnées entre les particules solides : c'est l'*eau d'interposition,* qui se résout rapidement et brusquement en vapeur quand on chauffe le sel, témoin la décrépitation du sel de cuisine sur les charbons ardents. Cette eau nuit à la pureté du solide ; aussi, pour en empêcher le dépôt et obtenir un sel plus pur, le fait-on cristalliser *en farine*, c'est ainsi qu'on opère pour le salpêtre.

Certains sels, en cristallisant, s'associent une quantité déterminée d'eau qui paraît nécessaire à leur forme cristalline ; c'est *l'eau de cristallisation*. On la figure généralement par le symbole Aq qui est l'égal de HO, pour indiquer qu'elle n'entre que comme accessoire dans l'édifice chimique du sel. Retenons que le carbonate de soude cristallise avec 10 Aq, le sulfate de cuivre avec 5 Aq, le sulfate de fer avec 7 Aq.

L'eau est dite de *constitution* quand elle fait partie intégrante du sel et qu'on ne peut la chasser sans détruire ni changer le sel ; telle est la molécule d'eau du bicarbonate de soude, $NaO,HO,2CO^2$, ou celle du phosphate ordinaire de soude $(NaO)^3, HO, PhO^5$.

4. Action de la chaleur. — Le premier effet de la chaleur sur les sels cristallisés est de dessécher les cristaux. Quand le sel contient beaucoup d'eau de cristallisation, il s'y dissout par l'action de la chaleur ; on dit qu'il subit la *fusion aqueuse* ; ainsi les cristaux de carbonate de soude, $NaOCO^2$ 10Aq, subissent cette fusion avant la température de 50° ; aussi dans l'industrie ne dessèche-t-on ce corps que par l'exposition à l'air.

Un sel qui a subi la fusion aqueuse et qu'on a ensuite privé de son eau par la chaleur est dit *anhydre*. Il faut, suivant le cas, une température plus ou moins élevée pour produire ce résultat ; ainsi le sulfate de fer $FeOSO^3$, 7Aq abandonne 6 équivalents de son eau de cristallisation vers 100°, et il faut une température bien plus haute pour le priver du dernier.

Presque tous les sels, naturellement anhydres ou devenus tels, se liquéfient quand on les chauffe fortement, si toutefois ils ne se décomposent pas auparavant ; c'est leur *fusion ignée*, qui permet de les couler pour les obtenir en plaques. Tel est l'azotate d'argent, qui fond vers 250°, tandis qu'à cette même température l'azotate de cuivre se décompose, perd son acide en éléments gazeux et laisse l'oxyde comme résidu.

D'une manière générale, on peut dire que la chaleur décompose les sels dont les acides sont facilement volatils ou peuvent le devenir en se décomposant eux-mêmes à haute température.

L'air sec est sans action sur les sels anhydres. L'air humide peut, par la vapeur d'eau qu'il contient, déterminer sur quelques-uns une action chimique qui les hydrate ; c'est le cas du chlorure de calcium fondu, qui s'échauffe en s'hydratant et qu'on emploie à dessécher les gaz.

Certains sels déjà hydratés absorbent encore de l'humidité au contact de l'air et deviennent liquides ; on les dit *déliquescents* ; tel est le carbonate de potasse. D'autres sels hydratés abandonnent, au contraire, à l'air sec une portion de leur eau de cristallisation et prennent une surface poussiéreuse ; ils sont appelés *efflorescents* ; tel est le carbonate de soude en cristaux et aussi le sulfate de la même base. Cette double propriété n'est pas absolue ; elle varie avec l'état hygrométrique de l'air.

5. Propriétés chimiques des sels. — Les sels peuvent être décomposés par la chaleur, par l'électricité et la lumière ; ils le sont aussi par les métaux agissant sur leurs dissolutions et par les solutions d'autres sels agissant sur eux dans des conditions convenables.

La *lumière* réduit certains sels des métaux précieux, notamment les sels d'argent. La photographie tire parti de ces réactions.

L'électricité décompose toutes les solutions des sels ou tous les sels fondus qu'elle peut traverser : le métal est porté au pôle négatif et tout le reste au pôle positif; si l'on constate d'autres dépôts, ils sont le résultat d'actions chimiques qui ont suivi l'action de l'électricité. C'est sur le sulfate de cuivre que le phénomène est le plus net; si on plonge dans ce sel les deux électrodes de platine d'une pile, on voit le fil négatif se recouvrir de cuivre rouge, tandis que l'oxygène se dégage contre le fil positif. Le résultat est analogue avec le sulfate de potasse, mais il faut prendre soin de former l'électrode néga'ive avec du mercure où le potassium déposé par le courant puisse s'amalgamer.

6. Action des métaux sur les sels. — Équivalents. — Les métaux se déplacent les uns les autres de leurs dissolutions ; en voici plusieurs exemples : le mercure placé au fond d'un verre contenant une solution d'azote d'argent fait déposer ce dernier métal sous forme d'une cristallisation brillante ; une lame de cuivre blanchit dans un sel mercurique, par le mercure qui se dépose à sa surface; un fil de fer plongé dans une solution de sulfate de cuivre fait déposer ce dernier métal; une lame de zinc dans un sel de plomb dépose le plomb en paillettes cristallines très brillantes.

Si l'on opère cette série de décompositions sur les sulfates, on reconnaît que le métal libre prend la place du métal combiné et que, dans tous les cas, c'est *un poids déterminé* du premier qui remplace *un poids déterminé* du second :

$$AgOSO^3 + Hg = HgOSO^3 + Ag$$
$$HgOSO^3 + Cu = CuOSO^3 + Hg$$
$$CuOSO^3 + Zn = ZnOSO^3 + Cu.$$

100 grammes de mercure déplacent		108 grammes d'argent.
31,75 de cuivre.	—	100 grammes de mercure.
33 de zinc.	—	31,75 de cuivre.

Si d'autre part on fait agir le zinc sur l'acide chlorhydrique

$$Zn + HCl = ZnCl + H,$$

33 grammes de zinc déplacent 1 gramme d'hydrogène. Cette même quantité d'hydrogène (1 gramme), en agissant sur les sulfates de cuivre et d'argent, dépose 31 gr. 75 de cuivre et 108 grammes d'argent.

Ainsi, pour déposer une même quantité d'argent (108 grammes) d'un de ses sels, on peut employer :

> L'hydrogène, dont il faut. . . . . 1 gramme;
> Le zinc, dont il faut. . . . . . . 33 grammes;
> Le cuivre, dont il faut. . . . . . 31 gr. 75.

Ces nombres sont donc les *poids équivalents* des différents corps qui, dans es réactions chimiques, peuvent jouer le même rôle, posséder la même puissance, produire des effets analogues. On les appelle *équivalents* ou *nombres proportionnels*.

Et comme on est convenu de représenter l'hydrogène par le symbole H et de lui faire figurer 1 gramme, on est conduit à représenter chaque corps simple par un symbole et à y attacher le nombre qui est ou peut être l'équivalent de 1 d'hydrogène; c'est ainsi que les différents sym-

	Zn	Cu	Hg	Ag
boles représentent.	33 gr.	31,75.	100	108
de. . .	Zinc.	Cuivre.	Mercure.	Argent

Et chaque corps composé se trouve figuré par les symboles des corps simples qui le forment et représenté en poids par la somme des équivalents de ces corps simples.

TRENTE-TROISIÈME LEÇON

Lois de Berthollet

1. Actions réciproques des dissolutions salines. -- Lois de Berthollet. — Nous avons vu fréquemment dans le cours, deux dissolutions salines agir l'une sur l'autre, faire *double échange* et produire deux nouveaux sels. Pour n'en rappeler qu'un exemple, le sel marin dissous, versé dans l'azotate d'argent, précipite du chlorure d'argent insoluble en formant de l'azotate de soude qui reste dissous :

$$NaCl + AgOAzO^5 = AgCl + NaOAzO^5.$$

Berthollet a résumé les phénomènes de ce genre en quelques lois dont le but est de prévoir les réactions qui peuvent se produire entre les composés mis en présence. Pour étudier ces lois plus commodément, on en fait trois groupes : *l'action d'un acide sur un sel, l'action d'une base* et enfin *l'action d'un sel.*

1° Action d'un acide sur un sel. — Quand un acide agit sur un sel, il déplace l'acide du sel :

(a). Si celui-ci est gazeux ou peut le devenir.

Ainsi l'acide azotique en agissant sur un carbonate, fait dégager l'acide carbonique gazeux :

$$CaOCO^2 \quad + \quad HOAzO^5 \quad = \quad CaOAzO^5 \quad + \quad HO \quad + \quad CO^2.$$

Sel.   Acide.   Sel nouveau.   Acide gazeux.

L'acide sulfurique, en agissant sur un azotate, peut déplacer l'acide azotique si l'on chauffe à l'ébullition parce que ce dernier acide *devient* volatil :

$$KOAzO^5 + HOSO^3 = KOSO^3 + HOAzO^5.$$

(b). Si l'acide du sel est insoluble dans les circonstances de l'expérience.

L'acide sulfurique décompose le silicate de potasse et dépose la silice insoluble :

$$KOSiO^2 + HOSO^3 = KOSO^3 + HO + SiO^2.$$

(c). Si l'acide nouveau peut donner avec la base du sel un composé insoluble.

L'acide sulfurique déplace l'acide azotique, si on le verse dans un azotate de baryte ou de plomb, parce qu'il peut former un sel insoluble qui prend en effet naissance instantanément :

$$BaOAzO^5 + HOSO^3 = BaOSO^3 + HOAzO^5.$$

2° Action d'une base sur un sel. — Lorsqu'on fait agir une base sur un sel, elle déplace la base du sel dans trois conditions identiques aux précédentes :

(*a*). Si *la base du sel est volatile*. — La potasse ou la chaux déplacent l'ammoniaque qui se dégage à l'état de gaz :

$$AzH^4Cl + CaOHO = CaCl + 2HO + AzH^3.$$

(*b*) Si *la base du sel nouveau est insoluble*. — Les alcalis déplacent de leurs sels solubles tous les autres oxydes qui sont insolubles :

$$PbOAzO^5 + KOHO = KOAzO^5 + HO\ PbO ;$$

c'est le mode de préparation des oxydes par voie humide.

(*c*). Si *le sel nouveau est insoluble*. — La chaux déplace la potasse et la soude de leur carbonate en précipitant du carbonate de chaux insoluble :

$$KOCO^2 + HOCaO = CaOCO^2 + KOHO.$$

3° Action d'un sel sur un sel. — Lorsqu'on mélange deux sels, il peut s'en former deux autres par double échange, et ce double échange est complet quand l'un des deux nouveaux sels est *volatil* ou *insoluble*, ou bien peut le devenir dans les circonstances de l'expérience.

Le sulfate d'ammoniaque fait double échange avec le carbonate de chaux par la formation du carbonate d'ammoniaque volatil :

$$AzH^4OSO^3 + CaOCO^2 = CaOSO^3 + AzH^4OCO^2.$$

Le bichlorure de mercure résulte de l'action à chaud du sel marin sur le sulfate mercurique, parce qu'il est sublimable à la température de la réaction :

$$HgOSO^3 + NaCl = NaOSO^3 + HgCl.$$

L'iodure de potassium fait double échange avec un sel soluble de plomb par la formation d'iodure de plomb insoluble :

$$PbOAzO^5 + KI = PbI + KOAzO^5.$$

Le chlorure de potassium transforme les sels de soude en sels de potasse parce que ceux-ci deviennent moins solubles dans les conditions de l'expérience :

$$NaOAzO^5 + KCl = KOAzO^5 + NaCl.$$

Ici les deux nouveaux sels sont solubles et resteraient mélangés ; mais une longue évaporation fait cristalliser le sel de potasse tandis que l'autre reste dissous.

Généralisation des lois de Berthollet. — Comme on le voit par les exemples ci-dessus, les lois de Berthollet sont relatives à la *volatilité* et à l'*insolubilité*, c'est-à-dire à des conditions physiques, des corps en présence ou des corps qui peuvent se former ; elles supposent donc la connaissance complète de ces modifications d'état physique que l'on ne connaît bien qu'après de longues manipulations.

De plus, elles ont été formulées à l'époque où le sel était toujours considéré comme la réunion d'un acide et d'une base. Avec les idées modernes sur les sels, elles deviennent plus simples ; on peut les réunir en une seule et dire, *quand deux composés agissent l'un sur l'autre, il peut y avoir double échange, complet ou non, des métaux ou de l'hydrogène, et ce double échange est complet quand l'un des quatre corps possibles est ou peut devenir volatil ou insoluble*. Toutes les actions des sels répondent à cet énoncé.

Les échanges entre les sels ont été récemment étudiés à un autre point de vue, *en recherchant les quantités de chaleur qui peuvent se produire dans les différents cas*. M. Berthelot qui s'est beaucoup occupé de ce genre de recherches et dont les travaux servent de base à la thermo-chimie, c'est-à-dire à l'étude des réactions par les quantités de chaleur qu'elles exigent ou dégagent, a formulé le principe général suivant : *Tout changement chimique accompli sans l'intervention d'une énergie étrangère tend vers la production du corps ou du système de corps qui dégage le plus de chaleur.*

8. Sels neutres, acides, basiques. — Dans les premières idées chimiques sur la constitution des sels, on appelait *sel neutre* le sel où l'acide et la base entrent en telle proportion que les propriétés de l'un soient complètement dissimulées par les propriétés de l'autre, le sel qui n'exerce d'action ni sur le tournesol rouge, ni sur le tournesol bleu. Le sulfate de potasse, indifférent aux réactifs colorés, formé d'un acide énergique et d'une base forte, en était le type. Le *sel acide* était celui où la présence d'un excès d'acide fait virer au rouge le tournesol. Le *sel basique* était celui où l'on supposait un excès de base.

Ces expressions sont vicieuses, puisqu'elles tendraient à faire croire qu'une même proportion d'acide peut se combiner avec des quantités très différentes de la même base ; tandis que toutes les lois de la chimie démontrent au contraire qu'un poids donné d'un acide ne peut prendre qu'un poids déterminé d'une base. De plus, elles conduiraient à séparer les uns des autres des sels qui ont les plus grandes analogies : ainsi, nul doute que le sulfate de cuivre ne soit l'analogue du sulfate de potasse ; et il faudrait le placer dans les sels acides, puisqu'il rougit le tournesol.

Pour faire disparaître cette anomalie, on a tenté de n'appeler *sels neutres* que ceux où l'oxygène de l'acide est à l'oxygène de la base dans un rapport simple et constant :

3 à 1 pour les sulfates que nous figurons $MOSO^3$;
5 à 1 pour les azotates figurés par $MOAzO^5$;
5 à 3 pour les phosphates dont la formule est $(MO)^3, PhO^5$, etc.

Mais l'usage ne s'est point conformé entièrement à cette loi de Berzélius, puisque l'on désigne encore les trois phosphates.

$(CaO)^3, PhO^5 — (CaO, {}^2HO, PhO^5 — CaO, 2{}''O, PhO^5$ par les noms de

phosphate tribasique,   neutre   et   acide,
bien qu'ils soient aussi neutres l'un que l'autre au point de vue de la théorie.

On a de même conservé le nom de *sels acides* à ceux qui paraissent contenir deux molécules d'acide pour une de base, comme le *bisulfate de potasse* $KOHO, 2SO^3$; et l'on a continué d'appeler *sels basiques* ceux où plusieurs molécules de base sont soudées en apparence à une seule d'acide, comme l'azotate basique de plomb $(PbO)^2 HOAzO^5$.

Mais on peut faire disparaître toutes ces incertitudes, si l'on compare les sels aux acides hydratés dont ils ont été formés. Il est en effet facile de reconnaître que les acides ont :

Une molécule d'hydrogène échangeable contre un métal, comme $HOAzO^5$;

Ou *deux* molécules comme l'acide sulfurique qu'il faut figurer $H^2O^2 2SO^3$ si l'on veut rendre compte de toutes ses réactions ;

Ou *trois* molécules comme l'acide phosphorique $(HO)^3, PhO^5$.

Alors les bisulfates et les bi-carbonates deviennent des sels doubles où l'un des métaux est l'hydrogène :

$$\left\{ \begin{array}{l} KOSO^3 \\ HOSO^3 \end{array} \right.$$
Sulfate de K et de H.

$$\left\{ \begin{array}{l} NaOCO^2 \\ HOCO^2 \end{array} \right.$$
Carbonate de Na et de H.

Quant aux sels basiques, ce sont des sels simples, soudés à une ou plusieurs molécules d'un hydrate d'oxyde que l'on peut encore considérer comme sel en faisant jouer à l'eau le rôle d'acide ; ce sont donc encore des sels multiples.

Tel est. . . . . $\left\{ \begin{array}{l} ZnO.SO^3 \\ ZnO,HO \end{array} \right.$

sous-sulfate de zinc ou sulfate et hydrate d'oxyde de zinc réunis.

Questionnaire. — 1. Comment définissait-on autrefois les sels et sur quelle base était fondée la définition de Lavoisier ? Comment est-il avantageux de les considérer pour l'enseignement ? — 2. Citer des sels colorés. — 3. Quelle est l'action de l'eau sur les sels ? de l'eau de cristallisation et de constitution ? — 4. Quelle est l'action de la chaleur sur les sels hydratés ? Qu'appelle-t-on sels déliquescents, sels efflorescents ? — 5. Citer des exemples de sels sur lesquels agit la lumière. Comment agit l'électricité ? — 6. Citer des exemples de métaux se substituant à d'autres dans les dissolutions de sels. Comment tire-t-on la notion d'équivalent de ces substitutions ? — 7. Citer les lois de Berthollet dans le cas d'un acide, d'une base, ou d'un sel agissant sur un sel et dans le cas général. Comment envisage-t-on actuellement les échanges entre les corps ? — 8. Qu'appelle-t-on sels neutres, sels basiques, sels acides ? Comment doit-on considérer les sels par rapport à leurs acides correspondants ?

TRENTE-QUATRIÈME LEÇON

Potassium et ses composés. $K = 39$.

1. Propriétés du potassium. — Le potassium est un corps solide, mou comme de la cire, se laissant facilement entamer au couteau. Fraîchement coupé, il est blanc, avec l'éclat de l'argent ; mais il se ternit très rapidement. C'est le plus léger des métaux, après le lithium ; sa densité est de 0,86. Il fond à 62° et bout à la température du rouge en répandant une vapeur d'un très beau vert.

C'est le seul métal susceptible de s'oxyder à froid dans l'air sec. A l'air ordinaire, il se couvre immédiatement d'une couche blanche d'oxyde hydraté ; aussi le conserve-t-on dans l'huile de naphte, où il est à l'abri de l'oxydation. Chauffé à l'air, il brûle avec une flamme violette.

L'affinité du potassium pour l'oxygène est la *propriété caractéristique* de ce métal ; elle est si grande qu'il enlève l'oxygène aux corps composés, à l'eau notamment, dont il met le gaz hydrogène en liberté.

Quand on jette une globule de potassium sur l'eau contenue dans un vase à bords élevés (fig. 125), on voit le métal fondre en un globule brillant qui émet une flamme rouge violacé et tournoie rapidement à la surface du liquide. Au bout de peu de temps, la flamme s'éteint et le petit globule restant éclate (c'est pour ne pas être blessé par les projections qu'on emploie un vase à bords élevés). Dans cette expérience, le potassium a décomposé l'eau, s'est emparé de l'oxygène et a mis l'hydrogène en liberté :

Fig. 125. — Combustion du potassium sur l'eau.

$$K + 2HO = KO,HO + H ;$$

la chaleur de la combustion est assez grande pour enflammer l'hydrogène et pour volatiliser une partie du potassium qui communique à la flamme sa couleur rouge-violacé. L'hydrogène, en se dégageant, supprime le contact du globule avec l'eau et le repousse ; de là le mouvement giratoire que l'on observe. Quand tout le potassium est oxydé, la flamme disparaît ; il reste un globule incandescent de potasse qui ne touche pas à l'eau ; mais dès qu'il est refroidi et que son contact avec l'eau a lieu, il se produit une brusque vaporisation qui lance de tous côtés des gouttelettes de liquide.

Le potassium a une grande affinité pour la plupart des métalloïdes, notamment pour le chlore. Il s'enflamme et brûle dans un flacon de chlore ; il peut même enlever ce corps aux chlorures de magnésium et d'aluminium.

Il s'amalgame au mercure avec un dégagement de chaleur et un sifflement aigu.

2. **Usages.** — Le potassium est aujourd'hui peu employé ; il détone parfois ; il est presque toujours dangereux à manier en grande masse ; on le remplace par le sodium, dont les réactions sont moins violentes et qui a de plus le double avantage d'avoir un équivalent moins élevé et de coûter moins cher.

3. **Etat naturel et préparation.** — Le potassium est très répandu dans la nature ; mais il ne s'y rencontre qu'à l'état de combinaisons. Les roches du terrain primitif contiennent ses sels en assez grande quantité ; on en trouve aussi dans les végétaux terrestres, et, partant, dans la cendre de tous les bois.

C'est *Davy* qui le premier, en 1807, isola le potassium en décomposant la potasse par un courant électrique. Il obtint d'abord « *de petits globules d'un vif éclat métallique, semblables aux globules de mercure et qui brûlaient avec explosion et flamme brillante à mesure qu'ils se formaient. »*

Pour répéter cette célèbre expérience on place (*fig.* 126) sur une lame de platine communiquant avec le pôle + d'une pile un fragment de potasse creusé d'une petite cavité que l'on remplit de mercure et où l'on amène le fil — de la pile. Le potassium vient former un amalgame d'où l'on peut ensuite chasser le mercure par la chaleur en opérant dans du gaz azote.

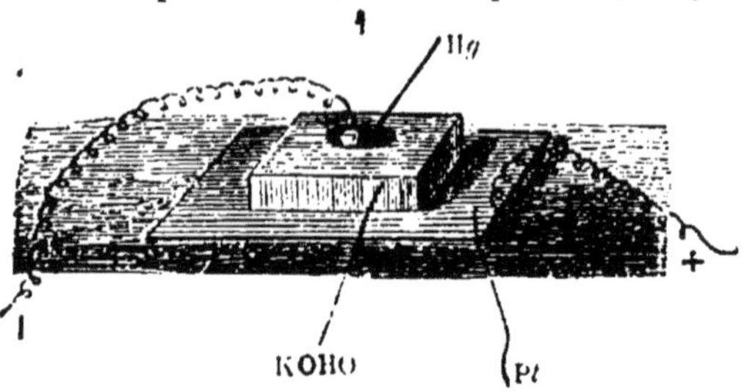

Fig. 126. — Décomposition de la potasse par la pile.

Les piles les plus énergiques ne peuvent donner que de petites quantités de potassium ; aussi a-t-on cherché à préparer ce métal industriellement par des procédés purement chimiques. Celui qui est actuellement en usage est dû à *Brunner* ; il a été perfectionné par MM. *Donny* et *Marescat.*

Il consiste à chauffer fortement un mélange de carbonate de potassium et de charbon, que l'on obtient en calcinant le *tartre brut.* La réaction est théoriquement très simple :

$$KOCO^2 + 2C = 3CO + K.$$

Il se dégage un mélange d'oxyde de carbone et de potassium en vapeur.

On recueille le métal dans un récipient plat, et on le conserve dans l'huile de naphte.

Oxyde de potassium ou Potasse caustique. KOHO.

4. Propriétés de la potasse. — L'oxyde de potassium hydraté, connu sous le nom de potasse caustique et dont la formule est KOHO, se présente en plaques blanches, onctueuses au toucher, d'une saveur brûlante et urineuse, fondant au rouge sombre.

Au contact de l'air, la potasse attire l'humidité et l'acide carbonique ; elle est déliquescente. Elle se dissout dans la moitié de son poids d'eau en dégageant beaucoup de chaleur, ce qui prouve qu'elle se combine à l'eau en s'hydratant. Sa dissolution concentrée est très caustique ; elle attaque très énergiquement la peau et provoque la sensation d'une vive brûlure. Aucune matière organisée ne lui résiste.

Elle attaque le verre et la porcelaine en dissolvant la silice et l'alumine ; aussi ne peut-on concentrer cette substance ou la fondre que dans des vases métalliques.

C'est une base puissante, qui s'unit aux acides forts avec un vif dégagement de chaleur. Elle prend même des acides à la plupart des sels métalliques, en déposant leurs oxydes, qu'elle sert ainsi à préparer par voie humide.

5. Usages. — Outre ses emplois comme réactif usité des laboratoires, la potasse sert à la confection des savons mous et au lessivage. Elle est employée en médecine sous le nom de pierre à cautère pour cautériser les chairs. On lui donne pour cet usage, la forme de baguettes en la fondant et en la coulant dans une lingotière de bronze (fig. 127).

6. Préparation. — On prépare la potasse caustique en décomposant le carbonate de potassium en dissolution par la chaux. Celle-ci forme, avec l'acide carbonique, du carbonate de calcium (*craie*) insoluble, et la potasse devient libre :

$$KOCO^2 + CaOHO = CaOCO^3 + KOHO.$$

On opère de la manière suivante : on dissout 1 partie de carbonate de potassium dans 10 parties d'eau et on porte à l'ébullition dans une chau-

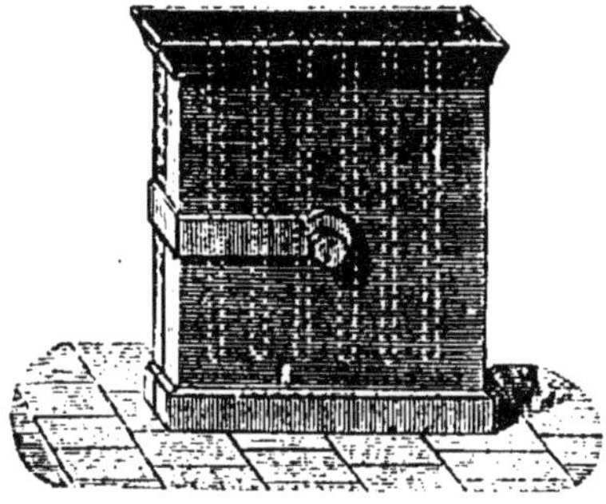

Fig. 127. — Lingotière à couler la potasse en bâtons.

dière en fonte; on ajoute alors par petites proportions de la chaux éteinte délayée dans de l'eau chaude, de manière à ne pas arrêter l'ébullition; on continue ainsi jusqu'à ce qu'en prenant avec une pipette une petite quantité du liquide, le laissant s'éclaircir dans un verre et décantant la partie claire, celle-ci ne donne plus d'effervescence par l'addition d'acide chlorhydrique. On enlève alors la chaudière du feu; on la couvre pour éviter que la potasse ne prenne l'acide carbonique de l'air, et on laisse le liquide se clarifier par un repos de quelques heures. On le décante dans une bassine de cuivre, ou mieux encore d'argent, où il doit être soumis à une évaporation rapide ; il se concentre de plus en plus et prend l'aspect d'une huile. On le verse sur une plaque de cuivre, où il se fige. On concasse ensuite la matière solide que l'on conserve dans des flacons bien bouchés.

Cette potasse est appelée **potasse à la chaux** ; elle est pure quand le carbonate et la chaux employés sont purs eux-mêmes ; mais il en est rarement ainsi. Pour purifier la potasse à la chaux, on la dissout dans l'alcool concentré ; les impuretés se déposent par le repos, la potasse dissoute dans l'alcool surnage le dépôt. Au moyen d'un siphon, on fait passer la dissolution dans une cornue de verre où elle est distillée pour permettre d'en retirer les deux tiers de l'alcool. Le résidu est versé dans une capsule d'argent, évaporé à sec, fondu au rouge sombre et coulé sur une plaque d'argent. C'est la **potasse à l'alcool.**

Il faut conserver la potasse dans des flacons très bien bouchés si on veut éviter qu'elle ne se carbonate à l'air.

L'industrie emploie la potasse à la chaux que l'on a concentrée dans des vases de cuivre ou de fonte.

Carbonate de Potassium. $KOCO^3$.

7. Propriétés et préparation. — Le carbonate de potassium est blanc, pulvérulent, d'une saveur âcre et alcaline. Il est déliquescent dans l'air humide ; l'eau en dissout son poids à la température ordinaire. Il est insoluble dans l'alcool. Au rouge, il fond sans se décomposer ; mais la vapeur d'eau lui enlève son acide carbonique. Nous avons vu que le charbon le réduit à l'état de potassium en dégageant l'oxyde de carbone.

Quand on veut obtenir le carbonate de potassium pur, on calcine du sel d'oseille (*oxalate de potassium*) dans une capsule d'argent; on dissout le résidu, on le filtre, on l'évapore à siccité et on conserve le produit dans des flacons bien bouchés.

Ordinairement, on calcine le *tartre* (*bitartrate de potassium*) avec son poids de salpêtre, dans un vase couvert, jusqu'à ce que la masse ne dégage plus de fumée; le résidu est noir à cause du charbon qui s'y trouve; on lui donne le nom de **flux noir** et on l'emploie dans les laboratoires comme fondant réducteur. Si l'on mélange au tartre deux fois plus de salpêtre, le résidu obtenu est blanc et porte le nom de **flux blanc**, souvent aussi celui de **sel de tartre** qui révèle son origine.

Le carbonate de potassium ainsi préparé n'a d'usage que dans les laboratoires. Pour faire les savons mous, où il est nécessaire, et pour le blanchiment, on emploie le sel du commerce, plus connu sous le nom de **potasse naturelle** ou de **potasse du commerce**.

Potasse du commerce.

8. Sous le nom très impropre de **potasse du commerce**, on désigne le carbonate de potassium impur que fournit l'incinération des végétaux terrestres. Les plantes qui croissent loin de la mer renferment de la potasse combinée à des acides organiques, tels que les acides **acétique, oxalique, tartrique, malique,** acides décomposables par la chaleur; quand on brûle les plantes, elles laissent un résidu grisâtre qui constitue les cendres; les acides organiques, qui renferment du charbon, ne peuvent brûler sans produire de l'acide carbonique; aussi trouve-t-on dans les cendres des carbonates, surtout du carbonate de potassium.

On constate très facilement la présence des carbonates alcalins dans les cendres. Pour cela, on délaye dans de l'eau chaude de la cendre commune et on filtre. La liqueur filtrée est alcaline; elle fait effervescence avec les acides, preuve qu'elle contient un carbonate, et si on y verse un peu de chlorure de platine alcoolisé il s'y forme un précipité jaune, révélant la potasse. D'ailleurs, dans les ménages, on fait la lessive avec des cendres, et cette lessive n'est qu'une dissolution d'un sel de potassium.

Toutes les plantes sont loin de laisser la même quantité de cendres comme résidu de leur combustion complète; les plantes herbacées en donnent plus que les plantes ligneuses, l'écorce plus que les feuilles, celles-ci plus que les rameaux, les rameaux plus que le tronc.

Ces cendres ont une composition complexe et variable avec le terrain où la plante s'est développée. On y trouve une partie soluble, comprenant les sels de potassium, et une partie insoluble, composée surtout de sable et de carbonate de calcium.

L'incinération des végétaux, dans l'unique but d'en extraire la potasse, se pratique dans les contrées où les forêts sont abondantes et les moyens de transporter le bois difficiles, dans l'*Amérique du Nord* notamment, où l'on défriche d'immenses forêts vierges. On utilise au même usage les grandes herbes des *steppes de la Russie* et les broussailles que fournit l'exploitation des forêts de *l'Allemagne* et des *Vosges*.

Incinération. — Ces plantes, desséchées par une longue exposition à l'air, sont brûlées en tas, soit dans des fosses de 1 mètre de profondeur, soit sur des aires planes, bien battues et abritées du vent. On alimente le feu jusqu'à ce que la fosse soit remplie ou que l'on ait sur l'aire une assez grande quantité de cendres.

Lessivage. — Les cendres ainsi obtenues sont passées au crible et tassées dans des tonneaux à double fond percillés de trous et recouverts de paille. On achève de remplir avec de l'eau qui entraîne les sels solubles et passe d'un cuvier à l'autre en s'enrichissant de manière à marquer 15° à l'aréomètre *de Baumé*. Les lessives sont évaporées dans des chaudières plates en tôle jusqu'à ce qu'elles deviennent sirupeuses, puis dans des chaudières de fonte où on les agite jusqu'à dessiccation complète. Le produit solide obtenu est dur, d'une couleur brune ou noire; c'est le **salin**, 100 kilogrammes de bonnes cendres donnent environ 10 kilogrammes de salin.

Calcination du salin. — Le salin brut est impur pour les usages industriels. On le soumet à une calcination à l'air qui détruit les matières organiques auxquelles il doit sa coloration brune. Cette opération s'effectue sur la sole d'un four à réverbère chauffé au rouge sombre par des foyers latéraux (fig. 128). On brasse la matière pour en exposer toutes les parties

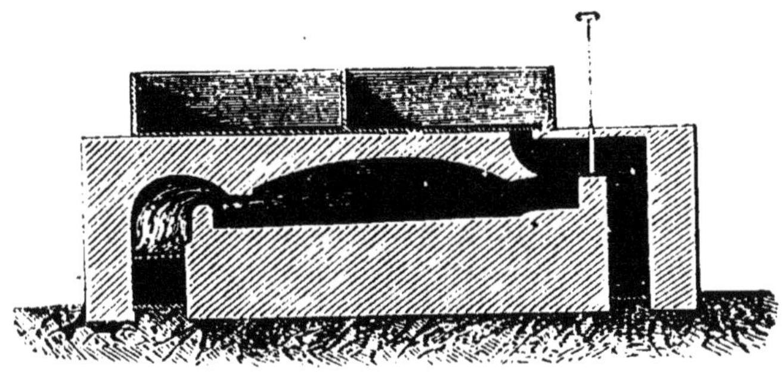

Fig. 128. — Four à calciner les potasses.

à l'action de la flamme. Après le travail, le salin se trouve converti en une masse grisâtre, légèrement colorée et en petits grains; c'est la **potasse perlasse**. Ce produit est souvent désigné, d'après son origine, sous le nom de potasse d'**Amérique**, des **Vosges**, de **Dantzig**, etc.

On retire également un salin de potasse des vinasses de betteraves et des eaux provenant du désuintage des laines.

Les potasses commerciales servent pour la verrerie fine et la cristallerie; elles sont la base des savons mous et de la fabrication d'un certain nombre de sels de potassium.

Azotate de potassium. KOAzO⁵.

9. Propriétés. — L'azotate de potassium, appelé ordinairement **nitre** ou **salpêtre**, est un sel blanc, cristallisé, d'une saveur fraîche et piquante, que le commerce livre en masses cristallines ou en poudre. Il se dissout

dans l'eau avec abaissement de température et sa solubilité est beaucoup
plus grande à chaud qu'à froid.

100 *grammes d'eau dissolvent*	13 *grammes de nitre*	0°
—	— 85	50°
—	— 246	100°
—	— 335	116°

Il est très peu soluble dans l'alcool faible, insoluble dans l'alcool absolu.
Il s'humecte un peu dans une atmosphère saturée d'humidité.

Soumis à l'action de la chaleur, il fond vers 350°. Il se décompose au-
dessous du rouge en dégageant de l'oxygène et en laissant de l'azotite de
potassium :

$$KOAzO^5 = KOAzO^3 + O^2.$$

Projeté sur des charbons ardents, il fond, fuse avec une flamme blanche en activant la combustion, par suite de l'oxygène qu'il dégage.

Sa décomposition facile en fait un oxydant énergique. Un mélange intime de 15 parties de nitre et de 5 parties de soufre en poudre, projeté dans
un creuset chauffé au rouge, brûle avec une flamme éblouissante. Le mélange de 20 grammes de nitre avec 5 de charbon, projeté dans un creuset
au rouge, déflagre avec une grande violence.

Chauffé avec les métaux usuels en limaille, le nitre les convertit en
oxydes. Il sert principalement à la fabrication de la poudre.

10. État naturel. — Le salpêtre est très répandu dans la nature ; il existe,
en faible quantité, dans les eaux pluviales et la neige, sur le sol et dans
nos habitations. Aux *Indes*, en *Égypte*, en *Espagne*, il couvre certaines régions d'efflorescences blanches qui ressemblent à une couche de neige.
Au *Pérou* se trouvent de grands gisements de nitre, mais c'est du nitrate
de sodium mélangé de sable et d'argile, en couche de 2 à 3 mètres d'épaisseur, sur une grande surface, et dont l'exploitation s'accroît tous
les jours. Dans nos contrées tempérées et dans les pays froids, le nitre est
moins abondant ; ce sont des azotates terreux, qui se forment en houppes
blanches très délicates, sur les murs humides des rez-de-chaussée, des caves, des bergeries.

11. Préparation du salpêtre. — On retirait autrefois le salpêtre du lessivage des terres de l'*Inde* et de l'*Égypte* et des platras des vieux murs comme
des matériaux accumulés pour constituer les nitrières artificielles. Aujour-
d'hui, presque tout le salpêtre qu'emploie l'industrie provient de la transformation de l'azotate de sodium du Pérou.

*Transformation de l'azotate de sodium du Pérou en azotate de potas-
sium.* — Le gisement d'azotate de sodium le plus important du Pérou est
celui de la grande Pampa de *Tamarugal*. On en extrait, à l'aide de la poudre, des blocs de sel de 10 à 20 kilogrammes, sous le nom de *caliches*, contenant de 40 à 65 p. 0/0 de nitrate mélangé de sel gemme. Ces blocs sont
concassés, jetés dans des chaudières avec de l'eau, où ils se dissolvent.
Les solutions décantées sont abandonnées au repos. On en retire un sel
cristallisé qui contient jusqu'à 95 p. 0/0 d'azotate de sodium, quand l'opération a été bien conduite. C'est ce sel que l'on envoie en Europe comme
source de salpêtre.

On le convertit en azotate de potassium en provoquant une double décomposition à l'aide du chlorure de potassium qui détermine la formation des deux sels inégalement solubles et par suite séparables l'un de l'autre :

$$NaOAzO^3 \quad + \quad KCl \quad = \quad NaCl \quad + \quad KOAzO^5.$$

Azotate de sodium.   Chlorure de sodium.   Salpêtre.

On fait deux dissolutions, l'une de nitrate du Pérou, l'autre de chlorure de potassium ; on les mêle à chaud. Le sel marin ou chlorure de sodium qui se forme par double échange se dépose en partie parce qu'il est peu soluble ; l'azotate de potassium, très soluble dans l'eau chaude, reste en solution. On le fait cristalliser par refroidissement. Ainsi obtenu, il contient un peu de sel marin dont on le débarassera par le raffinage.

12. Raffinage du salpêtre. — Quelle que soit sa provenance, le salpêtre brut est impur ; il contient des chlorures, notamment du sel marin, qui le rendent hygroscopique et par suite impropre à la fabrication de la poudre. Pour l'amener au degré voulu de pureté, on se fonde sur la différence de solubilité qui existe entre le salpêtre et le sel marin. On dissout le salpêtre brut dans une faible quantité d'eau ; les chlorures qu'il contient restent en partie au fond de la chaudière sans se dissoudre ; on les enlève avec un rateau. La dissolution de salpêtre est trouble, visqueuse, par la présence de matières organiques en suspension. On la clarifie avec du sang de bœuf ou de la colle qui en se coagulant amène les matières organiques à la surface sous forme d'écumes. Quand on a enlevé ces écumes, on transvase le liquide clair dans des cristallisoirs où la plus grande partie du salpêtre qu'il contient se dépose. On agite sans cesse le liquide pendant la cristallisation, pour empêcher le dépôt de gros cristaux et obtenir le solide en neige ou en farine ; les gros cristaux retiendraient des eaux-mères qu'on ne pourrait pas leur enlever. Le sel solide est égoutté ou même turbiné ; après quoi, il est tassé dans des caisses à double fond percé de trous, puis arrosé avec une dissolution saturée à froid de salpêtre pur. Cette dissolution, en traversant le solide, ne peut pas lui enlever de salpêtre puisqu'elle en à tout ce qu'elle peut contenir ; mais elle entraîne les chlorures qui peuvent encore se trouver dans le salpêtre. Après cette opération, le salpêtre est presque absolument pur.

POUDRE

13. Composition. — La poudre des armes à feu est un mélange intime de salpêtre, c'est-à-dire d'un puissant agent d'oxydation, avec le soufre et le charbon, deux substances facilement combustibles. Il est très facile de prouver que c'est un mélange et non une combinaison : les dissolvants peuvent en effet séparer l'un de l'autre les trois corps qui y entrent. Ainsi l'eau enlève à la poudre le salpêtre qui est soluble dans ce liquide. Le résidu, desséché et traité par le sulfure de carbone, abandonne le soufre ; le charbon reste comme dernier résidu.

Mais, bien que la poudre soit un mélange, il est à remarquer que les poids des matières qui la forment satisfont aux proportions chimiques suivantes :

$$KOAzO^3 + 3C + S,$$

où, pour 101 grammes de salpêtre, il faut 18 grammes de charbon et 16 grammes de soufre.

Voici la composition des quatre principales poudres employées en France :

	Salpêtre.	Soufre.	Charbon.
Poudre de chasse.	78	10	12
Poudres de guerre { à canon. . . .	75	12,5	12,5
{ à chassepot. .	74	10,5	15,5
Poudre de mine.	62	18	20

14. Fabrication. — 1° *Matières premières.* — On n'emploie pour la poudre que du salpêtre pur, en petits cristaux, contenant moins de 3 p % de chlorure (s'il en contenait plus, la poudre attirerait l'humidité de l'air). On se sert du soufre raffiné en canons et non pas de la fleur de soufre qu'il faudrait d'abord purifier des acides sulfureux et sulfurique qu'elle contient Le soufre est pulvérisé par des billes de bronze dans des tonnes rotatives, puis tamisé avec grand soin. Le charbon est l'objet d'une fabrication spéciale ; on n'y emploie que des bois tendres comme la bourdaine, l'aune, le peuplier, carbonisés en petites branches et différemment suivant la poudre que l'on veut obtenir.

2° *Trituration ou mélange mécanique des substances.* — Le mélange doit être aussi intime que possible ; il nécessite un broyage qui réduise les matières en particules très ténues et une compression, de manière à obtenir que la masse ait une grande homogénéité et une grande densité. L'opération se fait dans des mortiers de chêne avec des pilons de bronze (fig. 129), ou bien, pour la poudre de chasse, par deux meules en fonte d'un poids de 5,000 kilogrammes roulant dans un auge où l'on place les substances. On opère avec 24 mortiers à la fois dont les pilons sont mus par le même mécanisme, et dans cha-

Fig. 129. — Mortier et pilon pour la poudre.

Fig. 130. — Guillaume à cribler la poudre.

cun on met un litre d'eau avec 1 kilog. 25 de charbon, puis 7 kilog. 5 de salpêtre et 1 kilog. 25 de soufre. On bat très longtemps de manière à obtenir une matière très compacte.

3° *Grenage.* — La pâte est séchée jusqu'à ce qu'elle devienne cassante. On la divise sur un crible appelé *guillaume* (fig. 130), par l'action d'un disque lenticulaire en bois dur, qui porte le nom de *tourteau*. Ce disque, par son poids, brise la pâte et la comprime assez pour la faire passer au travers du tamis. La poudre divisée est passée dans un second crible appelé *grenoir*, qui égalise les grains, puis dans deux autres dont l'un sépare la poussière et l'autre retient les grains trop gros.

4° *Séchage.* — La poudre est séchée à l'air libre pendant la bonne saison ; on l'étend sur des toiles, en couches de 3 à 4 millimètres d'épaisseur, et de temps en temps on renouvelle la surface pour hâter la dessiccation. Dans la saison humide, on chauffe les couches de poudre par des courants d'air chaud.

5° *Lissage.* — La dernière opération, qu'on ne fait subir qu'à la poudre de chasse, c'est le lissage ; elle a pour objet de donner à la poudre une surface polie et brillante pour en assurer la conservation Elle s'effectue en introduisant la poudre dans un tonneau garni de côtes saillantes et que l'on fait tourner : les grains de poudre, roulant les uns sur les autres, usent leurs aspérités et prennent une surface polie.

15. Combustion de la poudre. — La poudre prend feu à une température de 300° brusquement appliquée. Le choc peut l'enflammer s'il produit assez de chaleur ; ainsi le choc du fer contre le fer produit l'explosion ; aussi on n'emploie pas ce métal, mais bien le cuivre, pour les outils avec lesquels on manie la poudre. Elle prend feu par l'étincelle électrique. Les corps en ignition et les flammes qui l'échauffent assez produisent son explosion. En poussière fine, elle brûle lentement ; en grains, elle brûle avec rapidité, parce que la flamme se propage facilement. La meilleure poudre, pour une arme donnée, est celle qui brûle d'une manière complète dans le temps que le projectile met à sortir et qui lui imprime successivement et non pas instantanément, toute la force de projection dont elle est capable.

Questionnaire. — 1. Quelles sont les propriétés du potassium ? Comment brûle-t-il sur l'eau ? — 2. Comment Davy l'a-t-il découvert ? De quel corps le retire-t-on aujourd'hui ? — 3. Quelles sont les propriétés de la potasse caustique ? — 4. Comment la prépare-t-on en solution, en plaques ? — 5. Comment obtient-on le carbonate de potassium pur et blanc ? — 6. Qu'appelle-t-on potasses du commerce ? D'où les retire-t-on ? Comment prouve-t-on que les cendres renferment du carbonate de potasse ? Comment obtient-on le salin, la potasse perlasse ? A quoi servent les potasses commerciales ? — 7. Quelles sont les propriétés du salpêtre ? — 8. Où existe-t-il ? De quels corps et par quel moyen l'obtient-on ? — 9. Comment le raffine-t-on pour l'obtenir pur ? — 10. Quelle est la composition de la poudre ? — 11. Quelles sont les matières premières et les différentes phases de la fabrication ? — 12. Comment s'effectue sa combustion ?

<hr>

TRENTE-CINQUIÈME LEÇON

Sodium et sel marin. — Na = 23.

1. Propriétés du sodium. — Le sodium est mou comme de la cire à la température ordinaire ; doué d'un éclat très brillant quand il est fraîchement coupé, il est d'un blanc d'argent qui se ternit vite à l'air. Il est un peu plus léger que l'eau ; il fond à 96° et il colore en jaune la flamme du gaz où il est brûlé. On peut le laminer entre deux feuilles de papier, le manier, le couper à l'air, pourvu que ni les doigts ni les instruments ne soient mouillés

Il s'oxyde à l'air, mais moins rapidement que le potassium ; il se détruirait complètement dans l'air humide ; aussi le conserve-t-on d'habitude dans de l'huile de naphte. Mais dans l'air sec l'oxydation s'arrête à la surface quand il s'est formé une couche d'oxyde, et on peut le conserver dans des boîtes bien closes, à l'abri de l'humidité.

Il décompose l'eau comme le potassium, donne de la soude qui rend l'eau savonneuse et dégage de l'hydrogène :

$$Na + 2HO = NaOHO + H ;$$

mais la chaleur dégagée par la réaction n'est pas assez forte pour enflammer l'hydrogène, à moins que la quantité d'eau ne soit très faible et rendue

Fig. 131. — Combustion du sodium sur l'eau.

visqueuse par un peu de gomme pour empêcher la gyration du globule métallique ; alors l'hydrogène brûle avec une flamme jaune (fig. 131). Cette décomposition de l'eau est souvent accompagnée d'explosions dont la cause est inconnue.

Le sodium brûle dans le chlore et il enlève ce métalloïde aux composés qui le contiennent. Il a toutes les affinités du potassium, mais avec moins d'énergie.

Il se combine au mercure en donnant un composé solide et en dégageant beaucoup de chaleur. Cet amalgame, d'un usage fréquent dans les laboratoires, s'obtient en introduisant peu à peu du sodium coupé en morceaux dans du mercure un peu chauffé dans un creuset de terre ; chaque fragment de sodium se combine avec incandescence. On peut aussi l'obtenir en faisant arriver un filet de mercure dans du sodium fondu sous une couche de naphte ; la masse se gonfle, devient solide et cristalline.

Le sodium est beaucoup plus employé dans les laboratoires que le potassium, à cause de son bas prix et de la facilité de le manier sans accident. L'industrie de l'*aluminium* en consomme de très grandes quantités.

2. État naturel. — Le sodium est très répandu dans la nature mais à l'état de composés. Le chlorure se rencontre en masses dans le sol, en quantité dans les eaux de la mer ; l'azotate forme de grands bancs au *Pérou*. Les cendres de toutes les plantes marines contiennent du carbonate. L'analyse spectrale révèle presque partout la présence des composés sodiques, tant est grande leur diffusion.

Le sodium a été isolé pour la première fois par *Davy*, par l'électrolyse de la soude.

3. Préparation. — On retire le sodium de son carbonate en le réduisant par le charbon, à haute température :

$$NaOCO^2 + 2C = 3CO + Na.$$

Mais la préparation est beaucoup plus facile et plus sûre que celle du potassium. On l'effectue, comme cette dernière, dans des bouteilles en fer, quand on ne veut opérer que sur de petites quantités. Dans l'industrie, on se sert de l'appareil continu imaginé par *M. Deville*.

La réaction a lieu dans de grands cylindres fortement chauffés qui portent à une extrémité un récipient de *Donny* posé verticalement ; l'autre bout peut s'ouvrir pour permettre de charger et de décharger les cylindres (fig. 132). On fait un mélange de

Carbonate de sodium sec. . . . . . . 30 kilogrammes.
Houille sèche à longue flamme. . . . 13   —
Craie de Meudon. 5   —

le tout pulvérisé et calciné ; on en forme des gargousses que l'on introduit dans le tube et dont on retire les restes après la réaction, pour en intro-

Fig. 132. — Préparation du sodium. — **A, C,** cylindre-cornue ; — **V,** récipient vertical ; — **R,** vase contenant du naphte, où tombe le sodium.

duire de nouvelles. Le sodium, condensé dans le récipient, coule à sa partie inférieure dans une marmite contenant de l'huile de naphte.

On fond ce sodium brut sous l'huile ; quand le métal est liquide, on le moule dans des lingotières, comme on ferait du plomb.

L'industrie, grâce aux patientes recherches de M. Deville, livre aujourd'hui le sodium au prix de 15 fr. le kilogramme.

OXYDE DE SODIUM HYDRATÉ OU SOUDE CAUSTIQUE. — NaOHO.

La **soude caustique** a les mêmes propriétés que la potasse ; comme celle-ci, elle se liquéfie à l'air et absorbe l'acide carbonique ; seulement le carbonate formé est pulvérulent, au lieu que le carbonate de potassium est déliquescent.

On l'obtient d'une manière analogue à la potasse en traitant le carbonate de sodium par l'eau de chaux. On a la **soude à la chaux** et la **soude à l'alcool.** Mais les usages de la soude sont plus nombreux que ceux de la potasse, parce qu'elle est d'un prix moins élevé. Elle forme la base des savons durs ou savons ordinaires.

CHLORURE DE SODIUM — NaCl.

5. Propriétés et usages. — Le chlorure de sodium que l'on appelle **sel gemme** quand on l'extrait des gisements terrestres, **sel marin** quand on le retire des eaux de la mer, partout **sel de cuisine** parce qu'il sert depuis les temps les plus reculés comme assaisonnement de la nourriture de l'homme, a une saveur franchement salée sans arrière-goût. Il cristallise en cubes qui forment par leur réunion des *trémies* (fig. 133). A la chaleur rouge, il décrépite à cause d'un peu d'eau interposée entre ses lamelles

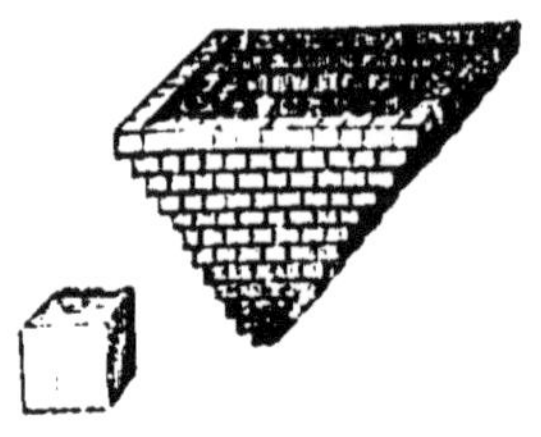

Fig. 133. — Cristal et trémie de sel gemme.

cristallines, puis il fond en répandant des vapeurs blanches. Il n'est pas beaucoup plus soluble dans l'eau chaude que dans l'eau froide. Quand il n'est pas absolument pur, il est déliquescent et presque toujours un peu humide.

Il est décomposé par l'acide sulfurique qui donne avec lui du sulfate de sodium et laisse dégager l'acide chlorhydrique; il est ainsi le générateur du chlore et des chlorures, en même temps des sels de soude, c'est-à-dire de beaucoup de produits industriels très importants.

6. État naturel. — Il est abondamment répandu dans la nature; les eaux de la mer qui couvrent les trois quarts du globe sont une dissolution de chlorure de sodium. Le sol en renferme de grands bancs, que des eaux souterraines dissolvent peu à peu. L'air lui-même en contient à l'état de poussières invisibles que l'analyse spectrale sait révéler.

On ne le fait pas dans les laboratoires, bien qu'il prenne naissance dans l'action de l'acide chlorhydrique sur la soude ou le carbonate de sodium. On l'extrait soit en *blocs* ou *gemmes*, soit des sources salées qu'on retire du sol, soit enfin des eaux de la mer.

7. *Extraction du sel gemme.* — Le sel gemme forme des bancs puissants dans un des étages du trias. Les principales mines exploitées en Europe sont celles de *Wielliczka* en *Pologne* où la couche de sel présente une superficie considérable et une épaisseur de plus de 200 mètres ; en France, les gisements de la *Meurthe*, du *Jura*, de l'*Ariège* et des *Basses-Pyrénées.*

Il est quelquefois assez pur pour être livré à la consommation tel qu'on l'extrait de la mine ; dans d'autres cas, une cristallisation suffit pour l'amener au degré de pureté voulu. Mais le plus souvent on le dissout dans la mine même par deux méthodes différentes.

Dans la première, on ouvre dans le gisement des galeries et des chambres de dissolution où l'on fait arriver des eaux douces. L'eau creuse peu à peu les parois des chambres et les élargit ; quand elle est saturée, on la soutire à l'aide d'un siphon pour la conduire aux chaudières d'évaporation. C'est ainsi qu'on opère dans la Saxe.

Dans le second procédé, on creuse des trous de sonde dans lesquels on engage une série de tuyaux de cuivre réunis les uns aux autres et terminés à la partie supérieure par une pompe. On fait arriver de l'eau par le trou de sonde entre ses parois extérieures et les tuyaux; elle se charge de sel, et la solution saline, plus dense que l'eau ordinaire, occupe la partie inférieure, et c'est elle que la pompe aspire et soulève pour l'envoyer aux chaudières d'évaporation. Dans certains cas, à Dieuze notamment, il existe des nappes d'eau dans les gisements salins ; cette eau se trouve naturellement saturée ; il suffit de l'extraire et de l'évaporer.

8. *Exploitation des sources salées.* — Les sources salées sont dues à des infiltrations dans des gisements de sel d'où les eaux sortent plus ou moins chargées. Pour qu'elles puissent être exploitées, il faut qu'elles contiennent au moins 5 p. % de sel ; elles peuvent en renfermer de 12 à 20 p. %.

surtout quand par des sondages convenables on arrive à les puiser plus près des gisements. Avant de songer à les évaporer économiquement par la chaleur, on les fait concentrer en les évaporant lentement à l'air, soit en les faisant couler le long de cordes qui présentent un très grand développement comme en Savoie), soit surtout en les faisant passer sur des *bâtiments de graduation*. Ce sont des amas de fagots de broussailles (fig. 134), retenus par des châssis, recouverts par des hangars, orientés de manière à présenter leurs grandes faces latérales aux vents qui règnent le plus souvent dans la contrée, le tout surmonté d'une rigole et donnant au-dessus d'une forme de bassin. On fait couler l'eau salée sur ces amas : elle se répand sur une très grande surface ; elle y subit une évaporation qui la concentre notablement. Quand elle arrive dans le bassin, on la remonte sur un second bâtiment, de manière à obtenir qu'elle marque de 14° à 20° à l'aréomètre *Baumé*. On peut alors l'évaporer au feu.

9. **Évaporation.** — Que les eaux sortent des puits de mine ou des bâtiments de graduation, on les amène dans des chaudières peu profondes, mais d'une très grande surface. Ces chaudières, en fonte ou en tôle, sont recouvertes d'une hotte en bois, destinée à provoquer un tirage qui enlève la vapeur d'eau. Elles sont chauffées, les unes directement par la flamme du foyer, les autres par un courant d'air chaud. On commence par porter le

Fig. 134. — Bâtiment de graduation.

liquide à l'ébullition. Il se fait peu à peu un dépôt abondant nommé schlott qui est formé de sulfate double de sodium et de calcium ; on le retire avec des rables et on le dépose dans de petites auges percillées où il s'égoutte au-dessus de la chaudière. On procède ensuite au salinage, dans la même chaudière ou dans une seconde, c'est-à-dire qu'on enlève, à l'aide de rables le sel qui se dépose par l'évaporation. A la fin de l'opération, le sel obtenu contient du chlorure de magnésium qui cristallise avec lui. Pour éviter cet inconvénient et la perte du sel qui résulterait de l'abandon des derniers produits, on ajoute de la chaux aux eaux salées avant l'évaporation. Cette chaux fait déposer la magnésie, et le chlorure de calcium qui se fait est décomposé par le sulfate de sodium des eaux avec dépôt de plâtre et transformation en chlorure de sodium des chlorures qui forçaient à rejeter trop tôt les *eaux-mères*. Le salinage est plus ou moins rapide; quand il a lieu par ébullition et avec enlèvement continu, le sel est en très petits grains, c'est le fin-fin; quand au contraire l'évaporation est lente, les cristaux sont volumineux, on retire du **gros sel**.

10. *Extraction du sel des eaux de la mer.* — L'évaporation des eaux de la mer constitue la source la plus abondante du sel ordinaire. La composition de ces eaux est variable, comme le montre le tableau suivant :

	Océan.	Méditerranée.
Chlorure de sodium.	25,10	27,22
— de potassium . . .	0,50	0,70
Chlorure de magnésium . .	3,50	6,14
Sulfate de magnésium. . . .	5,78	7,02
— de calcium.	0,15	0,15
Carbonate de magnésium. .	0,18	0,19
— de calcium. . . .	0,02	0,01
— de potassium. . .	0,23	0,21
Eau.	964,54	958.36
	1 000,00	1 000,00

L'évaporation s'exécute dans de grands bassins ménagés sur les côtes et désignés sous le nom de **marais salants** dans l'Ouest, de **salins** dans le Midi.

Dans l'Ouest (fig. 135), l'eau arrive, à marée haute, par un petit canal muni d'une vanne, dans un grand bassin de 1 000 mètres carrés dont le niveau domine celui des autres réservoirs. De là elle passe dans un réservoir où elle subit une première concentration, puis dans une série de compartiments rectangulaires qu'elle parcourt successivement et avec lenteur, en se concentrant peu à peu. Quand elle arrive à son maximum de concentration, on la conduit aux cristallisoirs où elle dépose le sel. On recueille le sel, à l'aide de rateaux, d'abord en petits tas pour qu'il s'égoutte, puis en tas plus gros et coniques que l'on recouvre de terre glaise. Sous l'influence de l'humidité entretenue par cette couche de terre, le chlorure de magnésium déliquescent s'écoule; il reste un sel gris encor impur qui a généralement besoin d'être raffiné. Pour cela, on le dissout dans l'eau ; on ajoute de la chaux pour précipiter la magnésie; on filtre dans des vases dont le fond percé de trous est recouvert de nattes et on évapore la solution dans des chaudières.

Une campagne de salinage commence vers le 15 mai et se termine en fin septembre quand disparaissent les beaux jours. Elle prendrait d'ailleurs fin par l'accumulation des *eaux-mères* où le sel marin cesse de se déposer.

11. Salins du midi. — Les marais salants du Midi ne peuvent pas avoir la même disposition que ceux de l'Ouest, à cause de l'absence de marées dans la Méditerranée. Les bassins sont établis dans des terrains argileux.

L'eau de la mer arrive dans le premier par des pentes naturelles; elle y subit sous l'action du soleil une évaporation active. On l'élève ensuite, à l'aide de machines, d'abord dans un second système de bassins, puis dans un troisième où s'effectue le dépôt du sel. Dans ce mouvement, la sur-

Fig. 143. — Marais salants. — 1, arrivée de l'eau ; — 2, grand réservoir d'arrivée ; — 4, 5, 6, 7, différents petits bassins d'évaporation ; — 8, 9, derniers bassins de salaison. — T, tas de sel terré.

face de l'eau se renouvelle sans cesse, ce qui accroît beaucoup son évaporation. Le sel obtenu égoutté en énormes tas de forme pyramidale, est en masses agrégées de gros cristaux blancs ; il est plus pur que celui de l'Ouest.

12. Extraction du sel par la gelée. — Dans le nord de l'Europe, où l'évaporation des marais salants n'est pas possible, on soumet l'eau de la mer à la congélation. Elle donne de la glace pure, et la partie restée liquide se concentre ; si on enlève les glaçons et qu'on fasse de nouveau congeler le liquide, on finit par avoir une eau très chargée, dont on achève la concentration dans des chaudières. Mais le sel ainsi obtenu est encore plus impur que celui de l'Ouest.

13. Utilisation des eaux-mères des marais salants. — Les eaux de la mer contiennent, outre le chlorure de sodium qu'on en retire par l'évaporation, d'autres matières salines dont les bases et les acides (comme la potasse et l'acide sulfurique) sont d'un usage répandu. Ces matières restent dans les *eaux-mères* où le sel s'est déposé; il est donc d'un grand intérêt d'utiliser ces eaux-mères au lieu de les rejeter. M. Balard a indiqué un procédé de traitement de ces eaux qui permet de tirer à peu de frais tout l'acide sulfurique à l'état de sulfate de sodium, et tout le potassium à l'état de chlorure.

Lorsque les eaux ne laissent plus déposer le sel marin sensiblement pur, on les laisse se concentrer jusqu'à 35°; elles déposent alors un produit nommé *sel mixte* qui est un mélange de sulfate de magnésium et de sel marin (le premier domine dans le mélange pendant la nuit, le second pendant le jour). Le dépôt recueilli en tas est égoutté, puis redissous dans de l'eau. Les solutions sont soumises à un refroidissement, soit naturel dans les nuits d'hiver, soit artificiel en toute saison, à l'aide des appareils Carré, à réfrigération par l'évaporation d'ammoniaque. Sous l'influence du froid, il se produit une double décomposition ; le sulfate de sodium formé se précipite et cristallise, le chlorure de magnésium reste en dissolution :

$$NaCl + MgOSO^3 = NaOSO^3 + MgCl.$$

Le sulfate de soude ramassé, égoutté, est obtenu ainsi en grande quantité.

Questionnaire. — 1. Quelles sont les propriétés du sodium ? Comment brûle-t-il sur l'eau ? Comment le combine-t-on au mercure ? — 2. Où le trouve-t-on dans la nature ? — 3. Comment le prépare-t-on industriellement ? — 4. Quelles sont les propriétés et les usages de la soude caustique ? — 5. Quelles sont les propriétés et les usages du chlorure de sodium ? — 6. Quel est son état naturel ? — 7. Comment l'extrait-on des gemmes ? Où en existe-t-il ? — 8. Comment exploite-t-on les sources salées ? — 9. Quelles sont les bonnes conditions pour l'évaporation des eaux salées ? Comment peut-on à volonté obtenir le gros sel et le sel fin ? — 10. Décrire les marais salants de l'ouest, les salins du midi. — 12. Comment extrait-on le sel marin dans les pays froids ? — 13. Quels produits retire-t-on des eaux-mères des marais salants ?

TRENTE-SIXIÈME LEÇON

Sels de sodium. Soude artificielle.

SULFATE. — NaOSO³10Aq.

1. Propriétés. — Le sulfate de sodium se présente en cristaux prismatiques incolores, transparents et volumineux, qui s'effleurissent rapidement à l'air en perdant leur eau. On l'appelle sel de Glauber du nom de celui qui l'a obtenu le premier et qui l'avait nommé le sel admirable à cause de sa beauté quand il vient d'être préparé. Il a une saveur fraîche et amère.

Il est très soluble dans l'eau ; mais sa solubilité, qui s'accroît avec la température depuis 0, est maximum vers 33° ; l'eau peut dissoudre trois fois son poids de sel. Au-dessus de 33°, la solubilité décroît ; on attribue ce phénomène à un changement dans la nature du sel ; on remarque en effet que s'il se dépose d'une solution bouillante, il est anhydre, tandis qu'il prend 10 molécules d'eau pour cristalliser à froid.

La solution saturée et portée à l'ébullition se conserve liquide au repos, bien qu'elle contienne plus de sel qu'elle n'en peut tenir, qu'elle se *sursature*. Si on la laisse refroidir avec précaution, à l'abri des poussières de l'air, soit dans un tube à col effilé (fig. 136), soit en couvrant le vase qui la contient, elle reste sursaturé sans déposer de cristaux. Mais le choc ou le brusque contact de l'air ou d'une baguette de verre lui fait prendre immédiatement l'état solide.

La dissolution dans l'eau a lieu avec abaissement de température; mais un froid considérable est produit par la dissolution de 8 parties de sel dans 5 d'acide chlorhydrique; c'est un mélange réfrigérant souvent employé.

Le sulfate de sodium, chauffé, devient liquide dans son eau de cristallisation; puis anhydre quand il a perdu cette eau; il fond, sans se décomposer, à une plus haute température.

2. Préparation. — Il existe en *Espagne* des gisements de sulfate de sodium que l'on exploite. Mais l'industrie, qui fait de ce produit une consommation énorme, le fabrique en attaquant le sel marin par l'acide sulfurique:

Fig. 136. — Sursaturation du sulfate de soude.

$$NaCl + HOSO^3 + NaOSO^3 + HCl.$$

Cette réaction donne naissance à un dégagement d'acide chlorhydri-

Fig. 137. — Four à sulfate de soude. — A, foyer; — B, calcine; — E, cuvette; — H, cavité pour recueillir le sulfate fait; — K, porte pour charger la cuvette; — P, bassine à chauffer l'acide; — e, valve de communication de la calcine et de la cuvette; — g, tube emmenant le gaz chlorhydrique.

que (c'est elle qui est utilisée dans les laboratoires quand on veut préparer cet acide); le sulfate reste comme résidu. Elle s'accomplit en deux phases dont l'une commence à la température ordinaire et n'exige qu'une chaleur modérée, tandis que la seconde ne s'accomplit qu'à une température voisine du rouge.

Les appareils industriels se composent d'un grand four (fig. 137) qui permet un travail continu sur de grandes masses, des tuyaux de conduite pour le gaz chlorhydrique et des vases où l'on opère sa condensation.

Le four comprend toujours deux compartiments : l'un appelé la cuvette, en plomb ou en fonte, où s'accomplit la première phase de l'opération ; l'autre, la calcine, à réverbère, c'est-à-dire à feu direct, ou à moufle, où l'on chauffe fortement le mélange provenant de la cuvette et d'où l'on retire le sulfate tout formé. Le foyer chauffe d'abord la calcine, et les produits de la combustion viennent ensuite passer sous la cuvette qui n'a pas besoin d'être autant chauffée.

On emploie du sel raffiné et de l'acide sulfurique marquant 60° Baumé et qu'il est avantageux de chauffer au préalable. Le sel introduit dans la cuvette, en y fait couler un poids égal d'acide ; on mélange bien, on ferme et on lute la porte. La réaction devient très vive ; il se dégage des torrents d'acide chlorhydrique presque pur qui vont aux appareils de condensation ; la masse se boursoufle et prend peu à peu une consistance pâteuse. A ce moment, on ouvre la communication entre les deux compartiments du four et on pousse dans le second la masse du sel inachevé. Ce transport effectué, on recharge à nouveau la cuvette pour que l'opération soit continue. On brasse la matière fortement chauffée dans la calcine ; du gaz chlorhydrique s'en dégage encore, entraîné avec les produits de la combustion. Tout le sulfate est à la fin chauffé au rouge naissant ; il prend une coloration jaune qu'il perdra par le refroidissement. On le tire du four avec un racloir et on le fait tomber dans un compartiment où il se refroidit.

Dans ces appareils, on décompose en deux ou trois heures 150 à 200 kilogrammes de sel marin.

Les appareils condensateurs de l'acide chlorhydrique sont les corollaires

Fig. 138. — Bonbonnes à condenser l'acide chlorhydrique. Le gaz marche de gauche à droite, le liquide de droite à gauche, par les siphons d'une bonbonne à l'autre.

nécessaires des fours à sulfate ; c'est le plus souvent une longue série de bonbonnes à demi remplies d'eau (fig. 138), où le gaz circule en sens inverse de l'eau et se dissout peu à peu ; ou une suite de caisses en pierre dure remplies d'eau aux deux tiers et offrant ainsi aux gaz une grande surface de condensation. Quel que soit le mode employé, il faut faire suivre la dernière bonbonne ou la dernière auge d'un tour contenant du grès et du coke concassés, sans cesse humectés d'un filet d'eau et que le gaz traverse avant de se rendre dans l'atmosphère.

Le sulfate de sodium est employé en quantité considérable à la fabrication du verre; mais il sert surtout à la fabrication des soudes commerciales.

Soudes du commerce.

3. Les soudes commerciales sont des carbonates plus ou moins impurs. On les dit **naturelles** quand elles sont fournies directement par la nature, comme celles que l'on retire des végétaux croissant sur le littoral de la mer ; elles sont dites **artificielles** quand elles sont obtenues par des procédés chimiques.

4. **Soude naturelle.** — Diverses plantes qui croissent dans le voisinage de la mer et des lacs salés, et que l'on désigne sous le nom général de *salifères* ou *marines*, comme les *salsola*, les *salicornia*, puisent dans le sol du sel marin, l'élaborent pendant l'acte de la végétation et le transforment en divers sels organiques à base de soude. Quand on les incinère, elles laissent beaucoup de cendres contenant surtout du sel marin et du carbonate de soude. La combustion a lieu dans des fosses où les cendres subissent, sous l'action de la température développée, une demi-fusion et se transforment en une masse agglomérée, de couleur foncée, et d'aspect vitreux, que l'on brasse demi-fluide pour la rendre homogène. C'est la soude brute; la meilleure est produite en *Espagne;* elle renferme au moins le quart de son poids de carbonate.

5. **Soude artificielle.** — Jusqu'à la fin du siècle dernier, c'était la potasse qui était employée presque partout où l'on avait besoin d'un alcali ; la soude ne servait guère qu'à la fabrication des savons durs et les soudes naturelles suffisaient. L'augmentation du prix des potasses fit rechercher les moyens de fabrication artificielle des soudes. En 1789, **Leblanc** découvrit son procédé. On le suit encore aujourd'hui tel que l'auteur l'avait indiqué. Mais il n'est plus le seul qui fournisse le plus économiquement la soude artificielle; le procédé de **Schlœsing**, appliqué par **Solvay**, commence à lui faire une sérieuse concurrence. Nous allons décrire chacun de ces deux moyens d'obtenir les sels de soude dont l'industrie actuelle fait une énorme consommation.

6. **Procédé Leblanc.** — Le procédé Leblanc repose sur la transformation du sulfate de sodium en carbonate sous la double influence du carbonate de calcium et du charbon.

On trouve dans le résidu du sulfure de calcium insoluble mélangé de chaux et du carbonate de soude soluble; il se dégage dans l'opération de l'oxyde de carbone.

Matières premières. — Le sulfate de soude doit être anhydre, poreux et léger, d'une nature homogène ; le calcaire, aussi blanc et aussi pur que possible, exempt d'argile et concassé en petits morceaux. Le charbon est généralement de la houille menue, mais non en poussière. Les matières dosées sont mélangées grossièrement et jetées dans le four à la pelle.

Fours. — Le premier four employé était en briques réfractaires, à deux soles elliptiques avec deux portes latérales (fig. 139). Le mélange, introduit

Fig. 139. — Ancien four à soude. — A, coupe de la première partie; — B, élévation de la deuxième partie; — C, dessus.

d'abord sur la sole la plus éloignée du feu, chauffé par la flamme du foyer, était brassé vigoureusement à main d'homme avec de longs rables en fer, jusqu'à ce que la masse devînt liquide. On le faisait passer sur la sole antérieure, plus chaude, où la fusion devenait plus parfaite et la réaction plus énergique; le brassage était activement continué jusqu'à disparition des petites flammes d'oxyde de carbone. On retirait alors du four par la porte de travail la masse semi-pâteuse que l'on recevait sur un chariot en tôle. Refroidie et solidifiée, cette masse constituait ce que l'on nommait un pain de soude brute.

Depuis quelques années, on emploie le four tournant. C'est un

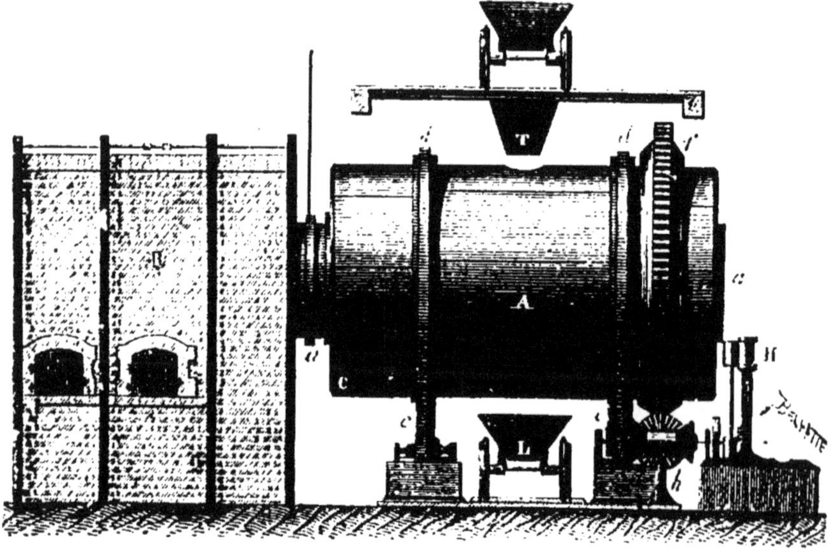

Fig. 140. — Four tournant pour la fabrication de la soude. — A, cylindre tournant; — a, ouverture cylindrique pour le passage de la flamme; — c, d, galets dirigeant le mouvement; — f, roue dentée engrenant avec le pignon h; — v, wagonnet pour recevoir le produit retiré du four.

énorme cylindre en fonte (fig. 140), doublé intérieurement d'une maçonnerie en briques réfractaires et mobile autour de son grand axe qui est horizontal. Deux ouvertures circulaires, ménagées à chaque extrémité, permettent à la flamme d'un foyer voisin de traverser le cylindre comme un
grand carneau et de chauffer ce qu'il contient. On y introduit le mélange et
on met l'appareil en mouvement ; les réactions s'opèrent; les masses y
sont sans cesse remuées. Quand l'opération est terminée, on vide
le contenu du cylindre, c'est-à-dire la soude brute fondue, dans une série
de wagonnets où elle se prend en pains.

Le travail est plus régulier et le rendement est meilleur que dans l'ancien
four.

Lessivage de la soude brute — Les pains de soude brute sont un mélange de carbonate de soude et de sulfure de calcium. Pour séparer les
deux produits, dont le premier est soluble et le second insoluble dans l'eau,
on soumet la masse concassée à un lessivage à l'eau tiède. Ce lessivage
est *méthodique*, c'est-à-dire que l'eau passe sur des produits de moins en
moins épuisés et se sature dans son trajet qui se trouve être l'inverse de
celui qu'on fait suivre à la matière à dissoudre.

Qu'on imagine en effet une série de cuves en gradins (fig. 141), communiquant l'une à l'autre et dans chacune desquelles plonge un panier en

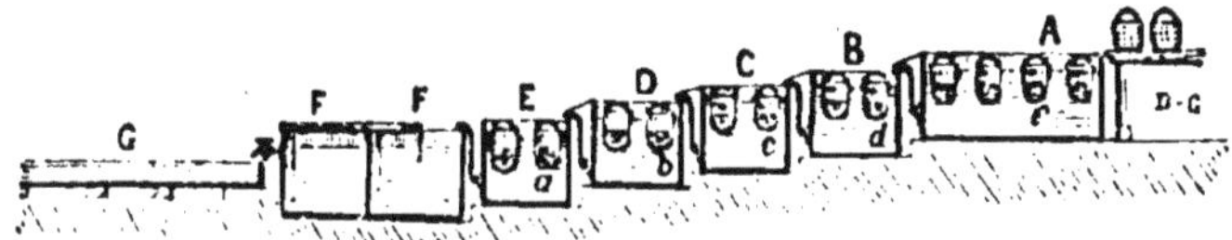

Fig. 141. — Ancien mode de lessivage de la soude brute. — A, B, C, D, auges recevant l'eau
qui s'écoule de l'une à l'autre : — F, cuves de dépôt de la solution ; — G, bassin de l'évaporation ; — a, b, c, d, e, paniers contenant la soude brute.

tôle, percé de trous et rempli de soude brute concassée en fragments.
L'eau arrive dans la cuve supérieure et descend successivement tous les

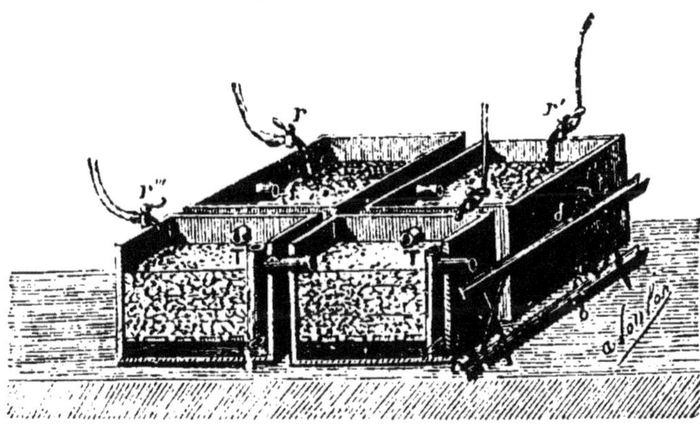

Fig. 142. — Appareil moderne de lixivation de la soude brute sans déplacement des caisses qui
la contiennent. — r, r', r", r''', robinets amenant l'eau pure ; — T, tubes faisant siphon et
conduisant le liquide d'une cuve à l'autre ; — b, d, rigoles d'écoulement du liquide saturé.

gradins. Les paniers les plus élevés renferment le produit le plus épuisé.

On les remplace par ceux du gradin immédiatement inférieur, et dans le dernier on met de la matière qui n'a pas encore subi l'action de l'eau. De cette manière, la soude brute est épuisée avec le moins d'eau possible, et celle-ci, trouvant dans sa marche un produit de plus en plus riche en matières solubles, s'est saturée; son évaporation est bien moins coûteuse.

L'appareil que nous venons de décrire présente l'inconvénient d'exiger trop de travail pour le transport des paniers. On le remplace par une série de cuves horizontales, communiquant les unes aux autres par des tubes, comme l'indique la figure 142. L'écoulement de l'eau de l'une à l'autre est déterminé par la différence de niveau existant entre les colonnes liquides qui diffèrent de densité à mesure qu'elles sont plus concentrées. L'eau passe de la matière la plus épuisée à celle qui l'est le moins, comme dans l'appareil incliné précédemment décrit.

Le résidu insoluble est désigné sous le nom de **marc de soude**.

Les lessives fortes marquant de 24° à 30° Baumé sont conduites dans de grands bassins de dépôt maintenus à une température de 40° où elles se clarifient.

Sel de soude caustique. — Quand on les évapore dans des bassins chauffés, puis sur la sole d'un four à réverbère (fig. 128), on obtient une pâte granuleuse blanche et amorphe; c'est le sel de soude **caustique**, ainsi nommé parce qu'il renferme avec du carbonate une certaine quantité de soude libre.

Sel de soude carbonaté. — Quand on veut un carbonate sec, sans causticité, on soumet avant de les évaporer, les lessives brutes à un courant d'acide carbonique qui transforme la soude libre en carbonate.

Cristaux de soude. — Pour obtenir le carbonate de soude en cristaux, ou ce qu'on appelle vulgairement les *cristaux de soude*, on emploie le sel précédent, que l'on redissout dans le moins d'eau possible. Une grande chaudière en tôle, conique (fig. 143), munie d'un tuyau à vapeur qui débouche près du fond, est remplie aux trois quarts d'eau. Le sel à dissoudre est placé dans un panier percillé mobile au moyen de poulies. On chauffe l'eau par le jet de vapeur; et la dissolution est d'autant plus rapide que l'eau saturée tombe à mesure au fond de la chaudière. La liqueur saturée est abandonnée au repos;

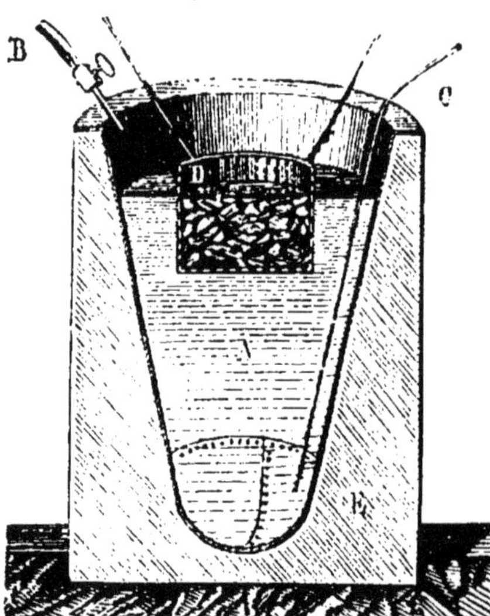

Fig. 143. — Chaudière à dissoudre le sel de soude pour la préparation des cristaux. — A, chaudière conique en tôle. — E, enveloppe de maçonnerie; — C, tuyau à vapeur; — D, panier percillé suspendu.

elle laisse déposer ses impuretés. On la siphone dans des cristallisoirs de dimensions très diverses, où elle cristallise. Les cristaux séchés, concassés, s'effleurissent un peu à la surface. On les embarille pour les soustraire au contact de l'air.

C'est le carbonate à 10 équivalents d'eau ($NaOCO^2 10Aq$). Il renferme 64 p. 0/0 d'eau ; mais pour beaucoup d'usages il est préféré aux sels de soude secs, parce qu'il ne contient pas de matières insolubles.

7. Procédé Schlœsing ou à l'ammoniaque. — Ce procédé qui n'est devenu pratique que depuis quelques années, entre les mains de M. Solvay, a été imaginé en 1854 par **M. Schlœsing.** Il repose sur la réaction suivante :

Le *bicarbonate d'ammonium* donne avec le sel marin, par double décomposition, du *bicarbonate de sodium* peu soluble et du chlorure d'ammonium très soluble dans l'eau :

$$NaCl + AzH^4OHO2CO^2 = NaOHO2CO^2 + AzH^4Cl.$$

Par suite, une solution de sel marin presque saturée est additionnée d'ammoniaque caustique, mélangée de carbonate d'ammoniaque, puis sursaturée par l'acide carbonique ; elle est ensuite portée à l'ébullition et la réaction précédente s'opère. Le bicarbonate de sodium déposé est recueilli, lavé, séché, puis finalement calciné. Il se convertit en carbonate de soude en dégageant la moitié de son acide carbonique qui rentre dans la fabrication.

Le chlorure d'ammonium qui reste dans les eaux-mères, bouilli avec de la chaux, laisse dégager tout l'ammoniaque qu'il contient et que l'on condense dans une nouvelle solution de chlorure de sodium.

On obtient par ce procédé un beau sel de soude, sans causticité, sans impuretés. De plus on peut employer directement l'eau salée, tandis que le procédé Leblanc exige la mise en œuvre de sel cristallisé.

8. Usages des soudes du commerce. — On emploie les cristaux de soude, dans le blanchiment, le sel de soude calciné dans le lessivage et dans la verrerie fine, la soude brute dans la fabrication des bouteilles. Ces produits sont préférés au carbonate de potasse parce qu'ils ne sont pas déliquescents ; il en faut un poids moindre pour produire le même effet chimique ; de plus leur prix est bien inférieur.

BICARBONATE. — $NaO,HO,2CO^2$.

9. Ce sel existe en dissolution dans certaines eaux minérales, notamment dans les eaux de Vichy ; aussi le désigne-t-on d'habitude sous le nom de sel de Vichy.

Il se produit quand le carbonate neutre en cristaux ou en solution est soumis à un excès d'acide carbonique ; aussi sa préparation est très facile.

Dans les laboratoires, on peut faire passer

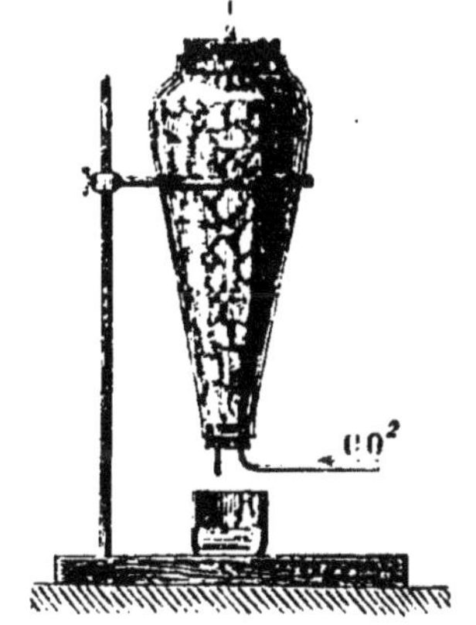

Fig. 114. — Préparation du bicarbonate de soude dans les laboratoires.

un courant de gaz carbonique dans une solution de carbonate neutre ; l'acide est absorbé ; le bicarbonate, peu soluble, se dépose en cristaux souvent volumineux. On peut encore appliquer la réaction principale du procédé **Schlœsing** précédemment décrit.

Quand on opère sur les cristaux de soude, on les place dans un vase allongé qui reçoit le gaz carbonique par son extrémité inférieure et peut écouler l'eau que perdent les cristaux (fig. 144).

$$NaOCO^2 10Aq + CO^2 = NaOHO2CO^3 + 9HO ;$$

la poudre qui reste dans le vase, quand il ne s'écoule plus d'eau, est du bicarbonate pur ; les impuretés, sulfate et chlorure, ont été entraînées par le liquide.

Préparation industrielle. — A *Vichy* et à *Hauterive* (Allier), on tire parti du gaz carbonique qui se dégage en abondance des eaux minérales. On entoure la source d'un puits dans lequel plonge une cloche qui recueille le gaz et on envoie ce gaz à un laveur, puis dans de grandes chambres contenant les cristaux de soude disposés sur des châssis légèrement inclinés. L'acide carbonique pénètre peu à peu les cristaux et les transforme en bicarbonate.

En *Angleterre*, on combine cette fabrication avec celle du sulfate de magnésium pour utiliser l'acide carbonique produit dans l'attaque de la *dolomie* par l'acide sulfurique.

Le bicarbonate chauffé perd la moitié de son acide carbonique. — Sous l'action des acides, il le laisse dégager entièrement : c'est la raison de son emploi à la préparation de l'eau de selz dans les familles.

Questionnaire. — 1. Quelles sont les propriétés principales du sulfate de sodium? Comment le fait-on cristalliser? Comment prépare-t-on une dissolution sursaturée? — 2. Comment produit-on ce sel dans l'industrie? Quelles sont les matières premières, la forme des fours? Comment recueille-t-on l'acide chlorhydrique qui se dégage? — 3. Qu'appelle-t-on soudes du commerce? — 4. Comment obtient-on les soudes dites naturelles ou de warecks? — 5. Quels sont les deux principaux procédés pour obtenir la soude artificielle? — 6. Quel est le principe du procédé Leblanc? Quelles sont les matières premières employées? Comment avait lieu le travail dans l'ancien four? Quel est l'avantage du four tournant? Que contient la soude brute? Comment pratique-t-on le lessivage? Comment retire-t-on de la lessive, le sel de soude caustique, les cristaux de soude. — 7. Citer le principe de la fabrication de la soude à l'ammoniaque. — 8. A quoi servent les soudes du commerce? — 9. Comment obtient-on le bicarbonate de soude, le sel de Vichy?

<hr>

TRENTE-SEPTIÈME LEÇON.

Sels Ammoniacaux.

1. Les sels ammoniacaux résultent de la combinaison des principaux acides avec l'ammoniaque hydratée. Ils sont solides et cristallisables comme les sels de potassium et de sodium, isomorphes avec eux, c'est-à-dire prenant les mêmes formes cristallines et pouvant se remplacer dans les dissolutions, sans changer la cristallisation.

Dans la première partie de cet ouvrage, nous avons étudié l'ammoniaque, montré les propriétés de ce corps à l'état de gaz (AzH^3), la nécessité de le prendre hydraté, c'est-à-dire avec la formule AzH^3HO ou AzH^4O, quand on veut le combiner aux acides et le faire fonctionner comme une base alcaline.

L'ammoniaque humide a bien les propriétés caractéristiques de la potasse et de la soude; comme ces deux corps, elle bleuit fortement le tournesol rouge, verdit le sirop de violette, présente une saveur caustique, remplace les bases insolubles dans leurs dissolutions salines.

Ses combinaisons avec les acides offrent une analogie complète avec celles de la potasse, quand on figure l'ammoniaque par AzH^4O en face de la potasse KO; on a ainsi les réactions parallèles suivantes :

Avec l'acide sulfurique

$$KOHO + HOSO^3 = 2HO + KOSO^3,$$
Sulfate de potassium.

$$AzH^4O,HO + HOSO^3 = 2HO + AzH^4O,SO^3.$$
Sulfate d'ammonium.

Avec l'acide azotique

$$KO,HO + HOAzO^5 = 2HO + KOAzO^5,$$
Azotate de potassium.

$$AzH^4O,HO + HOAzO^5 = 2HO + AzH^4O,AzO^5.$$
Azotate d'ammonium.

Avec l'acide chlorhydrique

$$KO,HO + HCl = 2HO + KCl,$$
Chlorure de potassium.

$$AzH^4O,HO + HCl = 2HO + AzH^4Cl.$$
Chlorure d'ammonium.

L'ammoniaque humide agit donc comme un oxyde basique. On a admis de la considérer comme l'oxyde d'un métal hypothétique AzH^4 auquel on donne le nom d'ammonium et que l'on représente parfois par le symbole Am.

2. Amalgame d'ammonium. — On n'a pas réussi jusqu'ici à isoler ce corps composé AzH^4, qui fonctionne comme un corps simple; mais on l'a obtenu à l'état d'alliage avec le mercure, à l'état d'amalgame, par deux méthodes.

Dans la première, on décompose le sel ammoniac (AzH^4Cl) par un courant électrique, en opérant comme nous avons indiqué pour le potassium (fig. 143), c'est-à-dire en plongeant le fil négatif dans du mercure. On voit celui-ci augmenter de volume, prendre une consistance pâteuse, tout en conservant le brillant métallique des combinaisons du mercure avec les métaux.

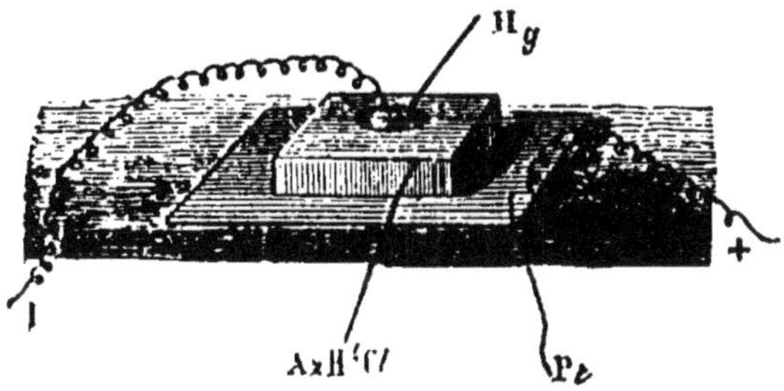

Fig. 143. — Décomposition du sel ammoniac par la pile.

C'est l'amalgame d'ammonium, qui se détruit à l'air en régénérant le mercure et en dégageant de l'hydrogène et de l'ammoniaque.

La deuxième méthode consiste à mettre dans un tube qui contient déjà une solution concentrée de sel ammoniac (AzH⁴Cl) un morceau d'amalgame de sodium (fig. 146). On voit se former un magma métallique qui augmente rapidement de volume et sort du tube ; il se détruit promptement. Cet amalgame d'ammonium s'est formé par double échange : le corps hypothétique AzH⁴ s'est transporté comme un corps simple, et il a donné au mercure le même aspect que prend ce liquide quand il s'allie aux autres métaux :

Fig. 146. — Formation de l'amalgame d'ammonium.

$$NaHg \ + \ AzH^4Cl \ = \ NaCl \ + \ AzH^4Hg.$$

Amalgame de sodium.   Amalgame d'ammonium.

Bien qu'on ne connaisse pas l'ammonium autrement qu'en amalgame, on n'hésite pas à en faire l'analogue du potassium et du sodium ; et les sels ammoniacaux deviennent des sels d'ammonium dont les réactions se prévoient et s'expliquent avec facilité.

Chlorure d'ammonium. AzH^4Cl.

3. Propriétés. — Ce composé que l'on appelle ordinairement **sel ammoniac** a été longtemps désigné par les chimistes sous le nom de **chlorhydrate d'ammoniaque** qui indique sa nature de sel et la manière dont on peut l'obtenir artificiellement en combinant l'acide chlorhydrique et l'ammoniaque. Il se présente en masses blanches ou grises, translucides, à cassure fibreuse, difficiles à pulvériser. Sa saveur est piquante ; il n'a pas d'odeur. Il se dissout dans trois fois son poids d'eau froide dans son poids d'eau bouillante. Il se volatilise, sans fondre et sans se décomposer ; on profite de cette propriété pour le sublimer.

Le potassium et le sodium, le fer et le zinc le décomposent à chaud en produisant une chlorure et en dégageant de l'ammoniaque et de l'hydrogène pour les premiers, de l'azote et de l'hydrogène pour les deux autres :

$$K \ + \ AzH^4Cl = KCl \ + \ AzH^3 \ + \ H ;$$
$$Fe \ + \ AzH^4Cl = FeCl \ + \ Az \ + \ H^4.$$

Les oxydes (MO) le décomposent à chaud en donnant naissance à un chlorure volatil que la chaleur fait disparaître :

$$CuO \ + \ AzH^4Cl \ = \ CuCl \ + \ AzH^3 \ + \ HO.$$

On utilise cette propriété dans la soudure et l'étamage. Le sel ammoniac dont on saupoudre la pièce à étamer dissout les oxydes qui peuvent se former et les transforme en chlorures que la chaleur enlève.

4. Modes de production. — Le sel ammoniacal prend naissance par la combinaison directe de l'acide chlorhydrique et de l'ammoniaque. Si on fait réagir ces deux corps à l'état de gaz secs, ils se combinent, sans rien céder, sous forme d'un nuage blanc qui se dépose à l'état solide.

On peut encore obtenir le sel ammoniac par l'action de l'acide chlorhydrique ou d'un chlorure comme le chlorure de calcium sur le carbonate d'ammoniaque :

$$HCl \;\; + AzH^4OCO^2 = AzH^4Cl + HO + CO^2$$
$$CaCl + AzH^4OCO^2 = AzH^4Cl + CaOCO^2.$$

5. Préparation industrielle. — Le sel ammoniac venait autrefois de l'Égypte où il était préparé en sublimant dans de grands matras la suie formée par la combustion de la fiente des chameaux. Aujourd'hui, l'industrie le prépare à bon marché en faisant agir l'acide chlorhydrique sur le carbonate d'ammoniaque impur de l'urine putréfiée, ou sur les sels ammoniacaux contenus dans les eaux de condensation du gaz d'éclairage et de la distillation des os ou autres matières animales.

L'urine est un produit animal azoté qui contient un principe, *l'urée*, dont la putréfaction donne du carbonate d'ammoniaque. Dans tous les grands centres de population, on recueille les vidanges dans de grands bassins; par le repos, il s'en sépare une matière solide qui desséchée constitue, sous le nom de **poudrette**, un engrais très actif; les eaux qui surnagent, appelées **eaux-vannes**, sont une des sources d'ammoniaque.

Quand on distille la houille, pour obtenir le gaz d'éclairage, les produits gazeux qui sortent des cornues contiennent des sels ammoniacaux que l'on recueille dans de l'eau sous le nom d'**eau de condensation**.

Dans la calcination des os pour obtenir le noir animal, il se dégage des produits volatils, qu'on laissait perdre autrefois, et qu'on a intérêt à condenser dans de l'eau et à séparer par le repos du goudron entraîné avec eux, parce qu'ils contiennent du carbonate d'ammoniaque.

Les eaux ammoniacales prises à ces trois sources sont traitées directement par l'acide chlorhydrique. Quand elles sont assez claires, le liquide est filtré, puis concentré; il s'y dépose des cristaux de sel ammoniac. Quand elles sont trop goudronneuses ou trop impures, on les distille avec de la chaux et on envoie les vapeurs qui se dégagent se condenser dans de l'acide chlorhydrique. La concentration de ce dernier liquide, quand il a été saturé, fait déposer le sel ammoniac.

6. Sublimation.—Pour purifier le sel obtenu, on le chauffe graduellement dans des pots en terre qui présentent leur partie supérieure hors du foyer, ou dans de grandes chaudières hémisphériques de fonte (fig. 147), dont le couvercle en dôme n'est pas chauffé; le sel se volatilise et se sublime à la partie supérieure du récipient qui le contient;

Fig. 147. — Sublimation du sel ammoniac.

on l'enlève sous forme de pains arrondis. Il sert surtout dans le zingage du fer, l'étamage et la soudure.

AZOTATE D'AMMONIUM. — $AzH^4O AzO^5$.

7. Ce sel, cristallisé, blanc, déliquescent, est obtenu par l'action directe de l'acide azotique sur l'ammoniaque et l'évaporation du liquide. Il est très soluble dans l'eau et produit un refroidissement qui va de $+ 10°$ à $- 15°$ quand on le dissout dans son poids d'eau. Cette propriété le fait employer comme mélange réfrigérant, et son usage serait plus répandu encore si son prix était moins élevé.

Chauffé, il se décompose en perdant **quatre** équivalents d'eau ; il dégage alors le protoxyde d'azote :

$$AzH^4O AzO^5 = 4HO + 2AzO ;$$

Rappelons que l'azotite $AzH^4O AzO^3$ perd aussi 4 équivalents d'eau par la chaleur et dégage du gaz azote pur.

SULFATE D'AMMONIUM. AzH^4O, SO^3.

8. Le sulfate d'ammonium est un sel en cristaux transparents, semblables aux cristaux de sulfate de potassium, d'une saveur piquante et amère, solubles dans l'eau. Il décrépite par la chaleur, fond vers $140°$ et ne se décompose que vers $280°$, en donnant d'abord le **bisulfate** ou sulfate acide dont la formule $AzH^4O, HO, 2SO^3$ rappelle celle du bisulfate de potassium.

Il est employé comme engrais. L'industrie en consomme une certaine quantité pour la fabrication de l'alun ammoniacal, le moins cher des aluns.

On le prépare en faisant saturer, dans de l'acide sulfurique étendu, les vapeurs provenant de la distillation des **eaux vannes** ou des **eaux de condensation** des usines à gaz ; ou bien encore en faisant passer ces eaux à travers plusieurs caisses ou filtres contenant du plâtre (sulfate de calcium) et évaporant le liquide jusqu'à cristallisation :

$$AzH^4O CO^2 \; + \; CaO SO^3 \; = \; CaO CO^2 \; + \; AzH^4O SO^3$$

Carbonate des eaux de condensation.	Plâtre.	Carbonate insoluble.	Sulfate d'ammonium soluble.

Dans certaines usines à gaz, on fait passer les produits gazeux sortant des cornues dans une colonne de coke arrosé avec de l'eau acidulée par l'acide sulfurique. Le sulfate se dépose par l'évaporation de ce liquide.

CARBONATES D'AMMONIUM

9. On ne connaît pas celui qui correspond au carbonate de potassium $KO CO^2$. Celui qu'on obtient en condensant les gaz dégagés de la calcination des matières animales répond à la formule

$$\left. \begin{array}{l} 2(AzH^4O) \\ HO \end{array} \right\} 3CO^2 ;$$

on l'appelle sel volatil d'Angleterre ou encore carbonate d'ammoniaque des pharmacies ; il répand à l'air une forte odeur ammoniacale ;

sa saveur est caustique : il s'altère peu à peu ; il devient opaque, pulvérulent, en perdant la moitié de son ammoniaque.

Les pâtissiers l'emploient pour obtenir des pâtes légères et poreuses. On le prépare dans l'industrie en chauffant avec de la craie soit du sulfate, soit du chlorure d'ammonium. On envoie les vapeurs qui se forment se déposer dans des chambres en plomb en communication avec les cornues chauffées. Le sel déposé est ensuite sublimé dans des pots, comme le sel ammoniac ; on l'obtient en masses blanches, fibreuses, que l'on enferme des flacons pour le conserver.

Le bicarbonate d'ammonium $(AzH^4O,HO2CO^2)$ provient du sel précédent abandonné à l'air. On peut l'obtenir en saturant d'acide carbonique une dissolution concentrée de sesquicarbonate ; il se dépose en beaux cristaux qui se volatilisent lentement à l'air.

Questionnaire. — 1. Comment produit-on les sels ammoniacaux ? A quels autres sels sont-ils comparables ? Sous quelle forme y entre l'ammoniaque ? 2. Comment produit-on l'amalgame d'ammonium, par la pile, par la décomposition de l'amalgame de sodium ? — 3. Quelles sont les propriétés du sel ammoniac ? Pourquoi l'emploie-t-on dans la soudure et dans l'étamage ? — 4. Quels sont les modes de production de ce sel ? — 5. Citer les sources d'où l'on peut le retirer industriellement. — 6. Comment le purifie-t-on ? — 7. Comment peut-on produire l'azotate d'ammoniaque ? Quel est son principal emploi ? — 8. D'où provient le sulfate d'ammoniaque que l'on utilise comme engrais ? — 9. Comment obtient-on les carbonates d'ammoniaque ?

TRENTE-HUITIÈME LEÇON

Calcium. — Chaux. — Mortiers.

1. Le calcium est un métal que l'on ne prépare qu'en très petites quantités parce qu'il est sans usage. Il s'oxyde d'ailleurs très rapidement à l'air.

Mais si le métal ne sert pas, son oxyde, la chaux est un des corps les plus employés dans l'industrie. Il est d'ailleurs très répandu dans la nature à l'état de combinaisons.

CHAUX. CaO.

2. **Propriétés et usages.** — La chaux pure est une matière blanche, amorphe, tendre, infusible au feu de forge, ne se ramollissant qu'au chalumeau, pouvant servir à la confection de creusets réfractaires pour les plus hautes températures.

Anhydre, elle porte le nom de chaux vive ; sa saveur est caustique et alcaline. Exposée à l'air, elle en attire l'humidité et tombe en poussière. Elle est très avide d'eau et produit en se combinant avec l'eau un dégagement considérable de chaleur qui réduit en vapeur une portion de l'eau en présence. La chaux augmente de volume, foisonne, puis se délite et se réduit en poudre ; c'est la chaux éteinte ou hydrate défini de formule CaOHO.

Cette chaux éteinte, additionnée d'un peu d'eau pour faire une bouillie claire, prend le nom de lait de chaux. La dissolution limpide constitue l'eau de chaux, qui ne contient guère qu'un gramme de chaux par litre d'eau et qu'il faut conserver dans un flacon toujours plein, à l'abri de l'air, sans quoi elle se transformerait en carbonate.

On emploie la chaux dans la préparation des alcalis caustiques, dans la fabrication du sucre et des bougies, dans l'épilage des peaux, en agriculture comme amendement, et en quantité considérable pour les mortiers.

3. Fabrication industrielle de la chaux. — La chaux pure, pour l'usage des laboratoires, est obtenue par la calcination du marbre blanc, ou mieux encore par la décomposition de l'azotate de calcium que l'on obtient en dissolvant le marbre dans l'acide azotique.

La chaux ordinaire résulte de la cuisson, dans de grands fours, de différentes variétés de calcaire ou carbonate de calcium, notamment du calcaire grossier et de la craie. Au rouge, le carbonate se décompose en acide carbonique qui se dégage et en chaux qui reste :

$$CaO,CO^2 = CaO + CO^2.$$

Le dégagement de l'acide est facilité par l'humidité de la pierre ou l'eau dont on l'arrose et par l'air qui traverse le four ; on laisse perdre l'acide carbonique dans l'atmosphère, ou bien on le recueille si on peut l'employer sur place.

Les fours sont de deux espèces : ceux où l'on suspend le travail après chaque cuisson, c'est-à-dire les fours intermittents, et ceux où le travail est continu, appelés les fours coulants

1° *Fours intermittents.* — Le plus ancien est une cuve circulaire en maçonnerie où l'on dispose au-dessus d'une couche de moellons des couches alternatives de pierres cassées et de combustible (broussailles, tourbe ou lignites) ; on allume le feu pour commencer la chauffe, qui se propage de bas en haut, et quand le feu est arrivé à moitié de la hauteur on recouvre la partie supérieure du four avec du gazon pour que la cuisson soit lente et régulière.

Une autre forme plus répandue est un four en briques avec revêtement en briques réfractaires. On construit dans le bas une voûte avec de grosses pierres et on achève la charge avec des morceaux de plus en plus petits (fig. 148). On brûle des fagots sous la voûte jusqu'à ce que les fragments supérieurs soient bien calcinés ; on laisse refroidir et on enlève la chaux.

2° *Fours coulants.* — On réalise une grande économie de temps et de combustible par l'emploi des fours continus. Dans les uns on dépose en couches alternatives le calcaire et le combustible ; dans les autres, plus perfectionnés, le calcaire est seul dans le four, le combustible est brûlé dans des foyers latéraux; la chaux obtenue est plus pure, elle n'est pas souillée par les cendres. La figure 149 représente le four coulant considéré comme le meilleur ; le défournement a lieu par une galerie creusée vis-à-vis de la portion inférieure du four où se rend la chaux cuite.

Fig. 148. — Four à chaux intermittent.

4. Différentes variétés de chaux. — Les calcaires purs fournissent par calcination des chaux grasses qui s'échauffent beaucoup au contact de

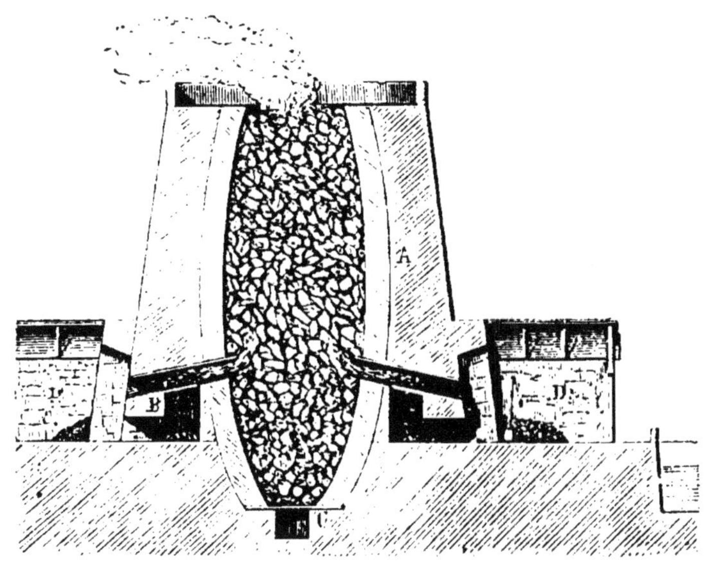

Fig. 140. — Four à chaux continu ; — A, maçonnerie du four ; — B, foyers latéraux ;
—C, cuve à défournement ; — D, hangars latéraux.

l'eau, foisonnent, augmentent de volume et donnent une pâte forte et liante. Les calcaires moins purs, mélangés d'argile, de silice ou de sable, donnent des chaux maigres qui s'échauffent peu, se délitent lentement, sans grande augmentation de volume.

Ces deux espèces, mélangées en pâte à des briques ou à des pierres, ne durcissent qu'à l'air, c'est ce qui les a fait appeler **chaux aériennes.**

Les chaux douées de la propriété de durcir sous l'eau portent le nom de **chaux hydrauliques.** Les savantes recherches de **M. Vicat** ont démontré que ce durcissement est dû à l'argile que ces chaux renferment, et qu'il est d'autant plus rapide que la proportion d'argile est plus grande par rapport à celle du calcaire.

On obtient les chaux hydrauliques en calcinant un calcaire argileux dans un four à chaux ordinaire, avec la précaution de ne pas pousser la cuisson trop loin dans la crainte de fritter la masse. On les fabrique artificiellement en mélangeant dans des proportions convenables de la chaux grasse avec de l'argile, ou même de la craie ou de l'argile en poudre, façonnant en briques et portant à la cuisson. Celles que l'on dit *éminemment hydrauliques*, qui durcissent sous l'eau en trois ou quatre jours et qui après six mois ont acquis la dureté de la pierre, renferment de 15 à 20 pour cent d'argile.

On donne le nom de **ciments** à des chaux très hydrauliques, susceptibles de se solidifier en quelques heures au contact de l'eau ou de l'air, après avoir été gâchées à la manière du plâtre. Ceux qu'on obtient avec des calcaires qui renferment 30 p. % d'argile sont dits à **prise rapide**; réduits en poussière après leur cuisson, et conservés à l'abri de l'air et de l'eau, ils sont très employés sous le nom de *ciment romain*, de *Boulogne*, de *Pouilly*, de *Vassy*, de *Grenoble*, des localités où l'on trouve le calcaire qui les produit.

Les ciments artificiels, dont le Portland est le type et qui ont acquis une si grande importance dans l'art des constructions, sont à prise lente. On les obtient en cuisant convenablement un mélange intime de 78 p. % de calcaire avec 22 à 23 p. % d'argile. La cuisson chasse l'acide carbonique et détermine entre les différents éléments une combinaison intime. La masse retirée du four est triée avec soin et pulvérisée.

On donne le nom de **pouzzolanes**, en général, à toutes les substances qui, mélangées à la chaux grasse éteinte, lui communiquent directement, sans cuisson préalable, la propriété de durcir au contact de l'eau au bout de plus ou moins de temps. On en trouve aux abords des volcans, notamment du *Vésuve*; les *Romains* en ont fait emploi dans leurs constructions, dont les restes sont encore debout. On les produit artificiellement par la cuisson de mélanges d'argile et de sable.

5. Mortiers. — Les mortiers sont des mélanges employés en pâte pour relier et souder solidement les briques, les pierres de taille, les moellons, en un mot toutes les pièces solides d'une construction. La chaux seule, en couche mince entre deux pierres, adhère à chacune d'elles et les soude en durcissant; si la couche est plus épaisse, l'adhérence aux pierres est la même ; mais les différentes parties de la pâte de chaux ne se soudent pas solidement entre elles. On augmente donc la solidité et la résistance des couches de mortiers en multipliant leur surface de contact avec des matières inertes : c'est dans ce but qu'on ajoute à la pâte de chaux des fragments plus ou moins gros de pierres concassées, des sables ou des scories de hauts fourneaux réduites en poudre grossière.

On distingue le *mortier ordinaire*, qui ne durcit qu'à l'air par la dessiccation et l'action des agents atmosphériques, et les *mortiers hydrauliques* qui durcisssent sous l'eau par suite des réactions internes entre leurs éléments constitutifs et l'eau.

6. Mortier ordinaire, théorie de son durcissement. — Le mortier ordinaire, partout employé pour les constructions aériennes, est un mélange de chaux grasse, préalablement éteinte et réduite en bouillie épaisse, avec deux à quatre fois son volume de sable. L'extinction de la chaux est une opération importante, toute simple qu'elle paraisse. Le maçon qui n'en a que peu à éteindre la met sur le sol, l'entoure d'un rebord de sable : il l'arrose avec de l'eau et l'abandonne jusqu'à ce qu'elle soit délitée, puis il ajoute assez d'eau pour la transformer en bouillie. Dans les grands chantiers, on a deux fosses superposées, l'une où l'on jette la chaux dans assez d'eau pour la réduire en pâte, l'autre où l'on conserve cette pâte humide pour les besoins.

Le sable doit être autant que possible exempt de matières terreuses ou organiques qui diminuent la solidité du mortier ou y produisent des efflorescences qui le rendent hygroscopique. Le meilleur est le sable siliceux des terrains primitifs, qui forme le lit de beaucoup de fleuves ou de rivières.

Un bon mortier commence à durcir peu de jours après son emploi, et ce phénomène se poursuit d'une manière lente et continue pendant très longtemps. L'eau est d'abord absorbée par les surfaces sèches des pierres, et la pâte prend peu à peu de la consistance en adhérant aux pierres ou briques qui l'emprisonnent. Puis l'acide carbonique de l'air agit sur les parties qu'il peut atteindre, forme avec la chaux du carbonate calcaire qui s'attache solidement, pour les relier, à toutes les particules solides mélangées à la chaux ; le tout est bientôt d'une grande dureté.

7. Mortiers hydrauliques. -- Théorie de leur durcissement. — Les mortiers hydrauliques, que l'on emploie pour toutes les constructions en contact avec l'eau, sont le plus souvent formés d'un mélange de deux parties de sable fin pour une de ciment, ou simplement d'un mélange de chaux hydraulique et de sable, ou encore de chaux faiblement hydraulique et de pouzzolane, ou enfin de chaux grasse et de pouzzolane énergique. Le mélange des matières est fait à bras ou mécaniquement dans un tonneau vertical muni d'un arbre à palette. Quand on emploie le ciment, on n'en prépare que peu à la fois, car il durcit vite.

Si à ce mortier on mélange intimement des pierres concassées, on produit le *béton* avec lequel on fait aujourd'hui, facilement et rapidement, toutes les constructions sous l'eau, comme les piles de ponts et les digues.

La chaux hydraulique provient d'un calcaire renfermant une proportion plus ou moins forte d'argile, c'est-à-dire de silicate d'alumine. Après la cuisson, cette argile a subi une désagrégation : La combinaison entre la silice et l'alumine n'est plus intime ; ces deux corps se combinent à la chaux, de telle sorte qu'une chaux hydraulique contient réellement du silicate et de l'aluminate de chaux mélangés à de la chaux libre. Quand ce mélange est en contact avec l'eau, ses différents éléments s'hydratent et donnent un composé insoluble très cohérent. Ainsi l'argile et l'eau, par leurs réactions mutuelles sur la chaux, sont les causes du durcissement des mortiers hydrauliques. Ceux que l'on fait en mélangeant de la chaux grasse avec des pouzzolanes naturelles ou artificielles renferment les mêmes éléments, mais non combinés ; c'est l'eau qui en les hydratant amène peu à peu la réaction entre l'argile cuite et la chaux d'où résulte surtout le silicate de chaux qui durcit.

Questionnaire. — 1. Quel est l'aspect du calcium? — 2. Quelles sont les propriétés de la chaux vive, de la chaux éteinte? Comment fait-on un lait de chaux, l'eau de chaux? Quels sont les emplois de la chaux? — 3. Comment fabrique-t-on la chaux dans les fours intermittents, dans les fours coulants? — 4. Quelles sont les variétés de chaux, les propriétés des chaux grasses, celles des chaux maigres? Qu'appelle-t-on chaux hydrauliques? Comment sont formés les ciments? D'où proviennent les pouzzolanes? Comment les fait-on artificiellement? — 5. Qu'est-ce qu'un mortier, un béton? — 6. Comment durcit le mortier ordinaire? — 7. Comment se conduisent les mortiers hydrauliques?

TRENTE-NEUVIÈME LEÇON

Sels de calcium.

1. Chlorure de calcium. — CaCl. — Ce sel s'obtient en dissolvant du marbre ou de la craie dans l'acide chlorhydrique et en évaporant la dissolution. Il est le résidu de la préparation de l'acide carbonique dans les laboratoires :

$$CaOCO^2 + HCl = CaCl + HO + CO^2.$$

Il cristallise en prismes hexagonaux, avec 6 équivalents d'eau de cristallisation. C'est un des sels les plus solubles que l'on connaisse ; il se dissout dans un quart de son poids d'eau avec un abaissement considérable de température ; mélangé à de la glace pilée ou à de la neige, il produit un abaissement de 45°. On emploie sa dissolution, résidu de la préparation du chlorate de potassium, pour arroser les routes pendant l'été. Son affinité pour l'eau fait qu'il maintient le sol humide.

Chauffé, le chlorure de calcium fond dans son eau de cristallisation, puis, quand l'eau est partie, vers 200°, il devient une masse poreuse qui finit par éprouver une seconde fusion. Si on le coule, il se solidifie en plaques : c'est le chlorure *anhydre* qu'il faut conserver dans des flacons bien bouchés, à l'abri de l'humidité.

Le chlorure anhydre est très avide d'eau, dégage beaucoup de chaleur en s'hydratant, ce qui prouve qu'il se combine à l'eau en se dissolvant. On l'emploie pour dessécher les gaz, excepté l'ammoniaque qu'il absorbe. Son bas prix permet de s'en servir pour dessécher les fruitiers et y maintenir l'air dans l'état de sécheresse le plus favorable à la conservation des fruits.

CHLORURE DÉCOLORANT DE CHAUX. — CaOClO,CaCl.

2. Propriétés et usages. — On désigne sous le nom de chlorure de chaux le produit que l'on obtient par l'action du chlore sur la chaux hydratée. C'est en réalité un mélange d'hypochlorite et de chlorure de calcium, analogue à l'*eau de Javel* et à la *liqueur de Labarraque* et préféré à ces deux liquides comme d'un maniement plus facile et d'un prix de revient moins élevé :

$$2CaO + 2Cl = CaOClO,CaCl.$$

C'est une matière blanche, amorphe, pulvérulente, qui répand une odeur de chlore. Il se décompose en effet sous l'influence des acides, même de l'acide carbonique de l'air ; l'hypochlorite, peu stable, cède sa base à l'acide, et l'acide hypochloreux qui ne peut subsister seul dégage son chlore avec celui du chlorure de calcium, de sorte que le chlorure de chaux dégage tout le chlore qu'il contient.

$$CaOClOCaCl + 2CO^2 = 2(CaOCO^2) + 2Cl.$$

Avec les acides faibles ou à l'air, le dégagement du chlore est lent. Mais sous l'action des acides forts, la décomposition est rapide et la production du chlore considérable. Le calcul montre que ce composé renferme environ 200 fois son volume de chlore. La facilité avec laquelle il donne ce gaz en fait un réservoir à chlore précieux pour la décoloration et la désinfection.

On en fait usage pour assainir l'atmosphère des hôpitaux, des ateliers malsains, des amphithéâtres de dissection, des fosses d'aisances. Mais son principal emploi, c'est pour le blanchiment. C'est avec lui qu'on blanchit la pâte à papier et les tissus ; et quand l'action de l'acide qu'on lui mêle et par suite le dégagement du chlore a été bien ménagé, le blanchiment s'opère sans nuire aucunement à la solidité du tissu.

Pour certaines opérations de blanchiment, il faut l'employer en dissolution. On place alors le produit sec dans un tonneau percillé, qui plonge à moitié dans un vase d'eau et qu'on anime d'un mouvement de rotation (fig. 150).

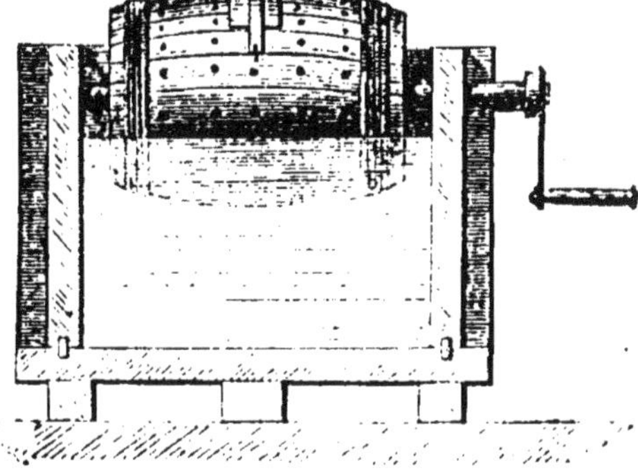

Fig. 150. — Tonneau à dissoudre le chlorure de chaux.

3. Préparation industrielle — On prépare le chlorure de chaux par l'action lente du chlore sur de la chaux éteinte. La chaux vive, choisie aussi pure que possible, est éteinte de manière qu'elle reste pulvérulente ; elle est étalée en couches minces dans de grandes chambres à plusieurs étages superposés que le gaz chlore parcourt de haut en bas. Le chlore est obtenu par l'action de l'acide chlorhydrique sur le bioxyde de manganèse, dans de grandes bonbonnes que la figure 151 représente ; le dégagement du gaz se fait graduellement à mesure que l'oxyde arrive au contact de l'acide. Le gaz est lavé dans des bonbonnes à demi pleines d'eau, puis il passe dans un flacon de Wolff qui permet de juger de la rapidité de son dégagement, et se rend finalement dans le haut des chambres à chaux (fig. 152). L'opération dure toute une journée : on suspend le travail la nuit ; le produit formé refroidit ;

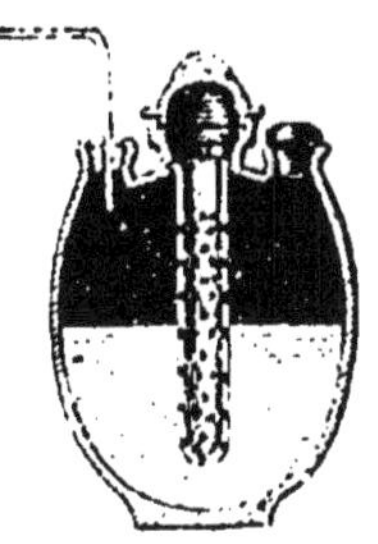

Fig. 151. — Bonbonne à produire le chlore.

Fig. 152. — Chambre à chlorure de chaux. — A, bonbonne à chlore ; — B, bain de sable chauffé ; — C, premier laveur ; — D, second laveur témoin ; — E, tube conduisant le gaz ; — F, compartiments chargés de chaux en poudre.

le lendemain, on l'embarille le plus rapidement possible pour le soustraire à l'action de l'air et surtout de l'humidité.

Cette fabrication est intimement liée à la grande industrie de la soude artificielle, comme moyen d'utiliser l'acide chlorhydrique formé.

CARBONATE DE CALCIUM. $CaO\,CO^2$.

4. **État naturel.** — Le carbonate de calcium est un des corps les plus répandus dans la nature ; il forme la majeure partie de l'écorce terrestre ; il s'y présente sous des aspects variés qui portent des noms particuliers, mais que l'on réunit sous le nom général de calcaires. La variété saccharoïde et compacte constitue les marbres, susceptibles d'un beau poli et dont la coloration est due à des traces de charbon ou d'oxydes métalliques ; l'albâtre est la variété fibreuse et translucide ; la craie est une variété terreuse qui se présente en grandes masses blanches et friables ; le calcaire le plus répandu est celui qu'on désigne sous le nom de calcaire grossier, pierre à bâtir, pierre à chaux ; c'est la variété la moins pure, et quand elle contient un peu d'argile elle constitue la marne, l'une des sources des chaux hydrauliques.

On trouve aussi le carbonate de calcium cristallisé, et il présente un cas remarquable de dimorphisme, le premier qui ait été observé ; en rhomboèdres transparents, il porte le nom de *calcite* ou de spath d'Islande, et il jouit de la double réfraction ; en prismes droits d'un blanc laiteux, c'est l'arragonite.

Dans le règne animal, le *calcaire* forme plus des neuf dixièmes de la coquille des mollusques et des coquilles d'œufs ; il entre pour environ 1/10 dans la charpente osseuse des vertébrés.

5. **Propriétés.** — Quelque soit son aspect, le carbonate de calcium est décomposé par la chaleur : il dégage l'acide carbonique et laisse la chaux pour résidu. Cette décomposition est favorisée par la vapeur d'eau, comme l'ont remarqué tous les chaufourniers qui préfèrent les calcaires humides aux autres. Elle n'a pas lieu, même à haute température, dans un vase clos, quand l'acide carbonique ne peut pas se dégager ; le calcaire fond, s'agglomère et présente, après le refroidissement, l'apparence du marbre. C'est ainsi que Hall a transformé la craie en marbre, en la calcinant dans un canon de fusil solidement bouché. On s'appuie sur cette expérience pour rapporter l'origine des marbres à une fusion des calcaires sous l'influence de la haute température des roches éruptives du terrain primitif et expliquer leur présence au milieu des couches du terrain de transition.

Le carbonate de calcium est presque tout à fait insoluble dans l'eau pure, puisqu'il faut 40,000 litres d'eau pour en dissoudre 1 gramme. Il est plus soluble dans l'eau chargée d'acide carbonique, comme on s'en convainc en versant un peu d'eau de chaux dans une dissolution d'acide carbonique ; le précipité produit d'abord ne tarde pas à disparaître. Si on fait passer un courant de gaz carbonique dans de l'eau de chaux, le liquide devient laiteux par la formation du carbonate ; mais si le gaz continue d'arriver le liquide redevient limpide ; il dissout le précipité à la faveur de l'acide.

Cette propriété de dissolution a une grande importance dans les phénomènes naturels. Les eaux pluviales contiennent de l'acide carbonique qu'elles ont pris à l'air ; elles empruntent aux couches du sol qu'elles traversent du carbonate de calcium qu'elles dissolvent ; aussi trouve-t-on ce sel en dissolution dans toutes les eaux naturelles ; il est la source du calcaire des os des animaux supérieurs comme des coquilles des mollusques. Certaines eaux plus chargées d'acide carbonique dissolvent plus de carbonate de calcium ; quand elles arrivent à l'air, elles perdent leur acide et déposent le calcaire qu'elles ne peuvent plus retenir dissous. C'est ce phénomène qui produit les sources incrustantes, comme celle de *Saint-Allyre*, à *Clermont-Ferrand*, dans l'eau de laquelle les objets se recouvrent d'un enduit pierreux ; il est aussi la cause de la formation des colonnes calcaires qu'on trouve dans les grottes et auxquelles on donne le nom de **stalactites** et de **stalagmites**.

L'ébullition trouble les eaux calcaires ; le carbonate de calcium se dépose peu à peu et finit par former une couche compacte. Les incrustations des chaudières à vapeur n'ont pas d'autre origine ; on ne peut empêcher le dépôt pierreux ; mais on cherche à le rendre aussi peu adhérent que possible, en mélangeant à l'eau des corps qui le divisent et l'empêchent de s'agglomérer.

SULFATE DE CALCIUM. $CaOSO^3$.

6. État naturel et propriétés. — Le sulfate de calcium se rencontre dans la nature anhydre et hydraté. Anhydre, il forme une roche des terrains anciens que les minéralogistes appellent anhydrite. Hydraté, il forme des couches d'une grande étendue dans les terrains tertiaires inférieurs, notamment dans le bassin de *Paris*, à *Montmartre* et à *Pantin* ; on lui donne le nom de gypse. Il se présente en masses compactes, blanches ou souillées par des oxydes : c'est la **pierre à plâtre** ; ou encore en grands cristaux tendres, fibreux, faciles à cliver en lames minces et transparentes : c'est le **gypse en fer de lance**.

Le sulfate de calcium hydraté (CaO, SO^3, $2HO$) est peu soluble ; un litre d'eau n'en dissout que 2 à 3 grammes ; mais cette quantité suffit pour empêcher l'eau d'être potable et de pouvoir servir à la cuisson des légumes. Les eaux qui en sont chargées sont dites **séléniteuses** ; elles ont l'inconvénient de produire dans les chaudières à vapeur des incrustations nuisibles et de devenir insalubres quand elles restent exposées à l'air au contact des matières organiques ; le sulfate de calcium qu'elles contiennent se décompose, donne du sulfure de calcium (CaS) dont l'eau et l'acide carbonique font dégager de l'hydrogène sulfuré.

La propriété saillante du sulfate de calcium hydraté, c'est de perdre son eau de cristallisation quand on le chauffe à 80° dans un courant d'air et à 115° en vase clos, et de pouvoir reprendre cette eau avec une grande facilité en donnant une masse compacte et dure. L'emploi du *plâtre* est fondé sur cette propriété. Le plâtre, c'est du sulfate de calcium qu'une calcination modérée a rendu anhydre.

Quand on le mélange à l'eau, qu'on le *gâche*, suivant l'expression consacrée, il se combine à deux molécules d'eau et forme une pâte plastique qui augmente de volume, peut, par conséquent, prendre les empreintes des moules où elle a été coulée et devient bientôt dure et résistante. Chauffé au-dessus de 100°, le plâtre ne s'hydrate plus que très lentement ; calciné au rouge, il ne peut plus faire prise avec l'eau.

7. Préparation du plâtre. — Le plâtre employé dans les arts provient de
la cuisson du gypse ou pierre à plâtre. Cette opération se pratique généralement dans des fours d'une construction très simple. Sous un hangar on établit des voûtes avec des morceaux de pierre à plâtre, et on les charge d'autres morceaux de plus en plus petits. On allume sous chaque voûte un feu
de bois sec dont la flamme circule à travers toute la masse; après huit ou
dix heures de chauffe modérée, on laisse refroidir. Le plâtre cuit est broyé
sous des meules, tamisé et conservé dans un lieu sec. En attirant l'humidité, il perd sa propriété de faire prise avec l'eau, il *s'évente*.

La cuisson est irrégulière dans ce procédé primitif; les morceaux les
plus près du feu sont trop calcinés; les plus éloignés sont imparfaitement
déshydratés. Le tout réuni donne cependant un bon plâtre, car les matières inertes qu'il contient contribuent pour leur part à la cohésion de
l'ensemble. On a imaginé des fours (fig. 153) qui permettent une cuisson

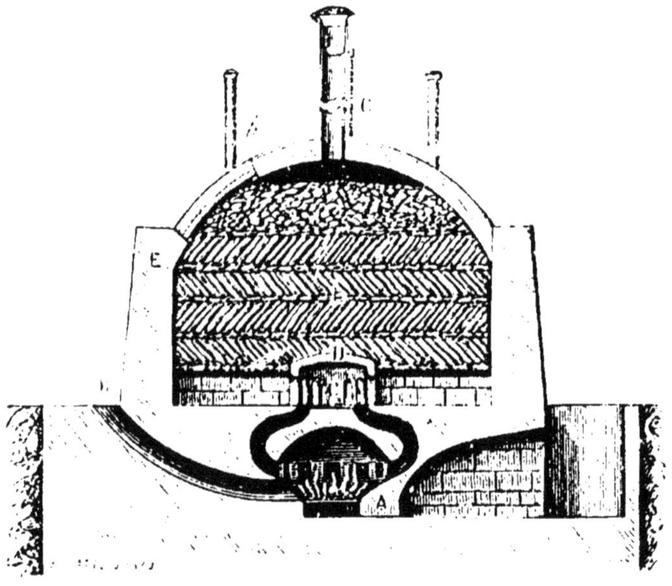

Fig. 153. — Four à plâtre. — A, foyer; — B, conduit par lequel on introduit le combustible;
— D, charge sur voûte; — E, paroi extérieure; — G, cheminée; — H, cheminée pour le
départ des premières vapeurs.

régulière et qui, de plus, utilisent la chaleur perdue d'autres foyers industriels, notamment des fours à coke. Le plâtre des mouleurs, destiné à des
objets délicats, doit avoir été cuit hors du contact du combustible.

8. Usages du plâtre. — Le plâtre est employé dans le moulage et la
construction. Si on le gâche avec de l'eau chargée de gomme ou de colle,
on obtient un produit qui présente plus de dureté et qui est susceptible
de recevoir un beau poli; il porte le nom de stuc; il est employé dans
l'ornementation; on lui fait imiter le marbre, mais il ne résiste pas à
l'humidité. On obtient un produit plus dur en gâchant le plâtre avec de
l'eau chargée d'un dixième d'alun, le laissant se solidifier pour le sou-

mettre à une seconde cuisson plus forte que la première: c'est le *plâtre aluné:* il résiste aux influences hygrométriques.

Le plâtre sert aussi en agriculture; on le répand, au printemps, sur les prairies artificielles (trèfles, luzernes, etc.), auxquelles il procure un développement rapide. On conseille d'en saupoudrer sur les tas de fumier en fermentation, dans le but d'y retenir, sous forme de sulfate d'ammonium fixe, le carbonate volatil qui s'en dégage.

PHOSPHATES DE CALCIUM

9. Nous avons vu que l'acide phosphorique peut donner trois séries de sels, puisqu'il a trois molécules d'hydrogène à échanger contre les métaux. On connaît en effet trois phosphates de calcium qui répondent aux formules suivantes :

$$(CaO)^3PhO^5. \ . \ . \ . \ \text{Phosphate tribasique.}$$
$$(CaO)^2HOPhO^5 \ . \ . \ . \quad — \quad \text{dit neutre.}$$
$$CaO(HO)^2PhO^5 \ . \ . \ . \quad — \quad \text{acide.}$$

Le premier et le dernier présentent seuls de l'intérêt.

10. **Phosphate tribasique.** — Ce corps constitue les 80 centièmes de la partie minérale des os; la cendre d'os est la matière première d'où l'on retire l'acide phosphorique et le phosphore. Le phosphate tribasique est insoluble dans l'eau; mais il y devient soluble en présence de l'acide carbonique, quand il est en poudre. L'acide sulfurique le transforme en phosphate acide soluble, et peut même mettre de l'acide phosphorique en liberté :

$$(CaO)^3PhO^5 + 2HOSO^3 = 2(CaOSO^3) + CaO,2HO,PhO^5.$$

C'est cette réaction que l'on utilise pour préparer le phosphate acide dont on retire finalement le phosphore.

Le phosphate tribasique de calcium est assez abondamment répandu dans la nature. On l'a trouvé d'abord en nodules ou rognons disséminés au milieu des galets des plages de la Manche. Puis on a constaté sa présence en gisements susceptibles d'exploitation, en différentes contrées, dans la *Somme* et dans les *Ardennes,* dans l'étage crétacé que les géologues désignent sous le nom de grès vert; il est surtout abondant en *Espagne* et dans le sud de la *Russie.*

C'est un produit très important depuis qu'on l'emploie comme engrais. Les os, le noir animal qui a servi à la décoloration des jus sucrés et les nodules réduits en poudre peuvent être employés à l'état naturel; répandus sur le sol, ils produisent de bons effets, surtout dans les terrains de défrichement. Le phosphate de chaux qu'ils contiennent devient en partie soluble à la faveur de l'acide carbonique; il peut dès lors être absorbé par les plantes et concourir à leur développement.

On obtient de meilleurs résultats en traitant au préalable les phosphates naturels par de l'acide sulfurique, en les transformant d'abord en ce que l'on appelle des **superphosphates.**

On fait un mélange avec de la poudre de nodules et de la poudre d'os ou des noirs; on l'attaque par une quantité convenable d'acide sulfurique; la masse s'échauffe; on la laisse sécher peu à peu, et si l'opération a été bien conduite elle se granule d'elle-même et elle est prête pour l'emploi. La poudre de superphosphates est un mélange de plâtre, de phosphate acide de calcium soluble et souvent d'un phosphate tribasique non attaqué. Elle a d'autant plus de valeur qu'elle indique à l'analyse une plus grande quantité d'acide phosphorique soluble. C'est un engrais très recherché aujourd'hui des agriculteurs, qui ont l'excellente habitude de le mêler au fumier de ferme et de s'en servir surtout pour les céréales.

On a cru longtemps que la poudre d'os n'avait aucune utilité comme engrais; mais de nombreuses expériences ont démontré toute l'importance de l'acide phosphorique comme élément fertilisant; c'est à lui notamment que le guano du Pérou doit ses excellents effets.

Questionnaire. — 1. D'où provient le chlorure de calcium? Quelles sont les propriétés du sel cristallisé, du sel desséché; comment se conduisent-ils avec l'eau? — 2. Quelles sont les propriétés du chlorure décolorant de chaux? Comment l'emploie-t-on au blanchiment? — 3. Comment le prépare-t-on dans l'industrie? — 4. Quels sont les divers états du carbonate de chaux naturel? — 5. Comment perd-il son acide carbonique? Comment peut-il être dissous par les eaux naturelles? Quelle est l'origine des stalactites? Comment explique-t-on les incrustations des chaudières à vapeur? — 6. Quelles sont les propriétés du plâtre? Où le trouve-t-on? — 7. Comment cuit-on le plâtre? — 8. Quels sont les emplois du plâtre, ceux du stuc et du plâtre aluné? — 9. Combien y a-t-il de phosphates de chaux? — 10. D'où tire-t-on le phosphate tribasique? Que sont les nodules? Comment les transforme-t-on en superphosphates? Quels sont leurs usages?

QUARANTIÈME LEÇON

Magnésium et ses sels.

1. **Propriétés du magnésium.** — Le magnésium est un métal blanc comme le zinc qui se recouvre rapidement à l'air d'une couche d'oxyde. Il est malléable et peu tenace; il se laisse limer facilement. Il est très léger; sa densité est de 1,75. Il fond vers 500° et peut être volatilisé et distillé dans un courant d'hydrogène.

Il est inaltérable dans l'air sec, s'oxyde à l'air humide et décompose lentement l'eau. Sa propriété la plus remarquable, c'est de donner, en brûlant à l'air et surtout dans l'oxygène, une flamme blanche d'un très grand éclat. On allume un fil ou un ruban de magnésium à la flamme d'une bougie ou d'un bec de gaz et il continue à brûler; quand on le projette en limaille dans la flamme d'une lampe à alcool, il donne des étincelles très vives et très belles. Le produit de sa combustion est la magnésie matière blanche, farineuse et douce au toucher.

La lumière du magnésium fatigue l'œil et provoque les réactions chimiques; elle peut faire détoner le mélange de chlore et d'hydrogène comme la lumière solaire et aussi produire les réactions photographiques. On s'en est servi pour éclairer l'intérieur des grottes ou des espaces peu éclairés, afin d'en prendre une vue photographique.

Le magnésium a été pour la première fois retiré de son chlorure en 1828 par M. *Bussy*. On le prépare aujourd'hui par l'action du sodium sur le chlorure de magnésium en présence de spath-fluor pulvérisé qui sert de fondant, et on le purifie par la distillation.

M. *Bunsen* l'a obtenu en décomposant le chlorure en fusion par le courant électrique.

OXYDE DE MAGNÉSIUM OU MAGNÉSIE. — MgO.

2. L'oxyde qui se forme dans la combustion du magnésium est la *magnésie calcinée*, poudre blanche, volumineuse et presque infusible. On la prépare généralement par la calcination de la *magnésie blanche* des pharmaciens (*carbonate*) jusqu'à ce que le produit ne fasse plus effervescence avec les acides.

Elle est presque insoluble dans l'eau: sa dissolution bleuit légèrement un papier de tournesol rouge. On l'obtient hydratée, sous la forme $MgOHO$, en précipité blanc, en versant de la potasse dans un sel soluble de magnésium.

La magnésie sature les acides comme les bases fortes des métaux alcalins et alcalino-terreux; mais elle n'est pas caustique. On l'emploie comme contre-poison de l'acide arsénieux et des autres acides. La médecine l'utilise fréquemment pour combattre les aigreurs d'estomac qu'elle fait disparaître en se combinant aux acides qui les produisent.

3. **Sulfate de magnésium.** — $MgOSO^3,7Aq.$ — Ce sel, le plus important des sels magnésiens, appelé aussi *sel amer*, *sel d'Epsom*, *sel de Sedlitz*, existe dans les eaux-mères des marais salants et dans certaines eaux de sources auxquelles il donne des propriétés purgatives. On admet qu'il se forme dans le sol par l'action des eaux sélénitenses sur les composés du magnésium. Si, en effet, sur une couche d'un sel de magnésium pulvérisé on fait passer à diverses reprises une eau qui a dissous du plâtre (fig. 154), il s'effectue un double échange et le liquide ne contient bientôt plus que du sulfate de magnésium.

C'est un sel incolore, d'une saveur amère et salée; il cristallise en fines aiguilles qui contiennent 7 équivalents d'eau.

Il donne des réactions parallèles à celles de l'acide sulfurique, en agissant

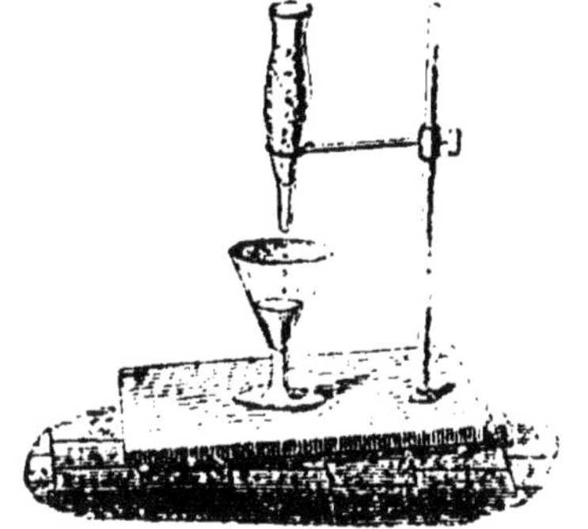

Fig. 154. — Préparation du sulfate de magnésium.

sur les sels; on peut l'employer à la place de cet acide pour obtenir le chlore, l'acide chlorhydrique et même l'acide azotique; mais son action est moins énergique que celle de l'acide sulfurique.

$$2HOSO^3 + NaCl + MnO^2 = MnOSO^3 + NaOSO^3 + 2HO + Cl.$$
$$2MgOSO^3 + NaCl + MnO^3 = MnOSO^3 + NaOSO^3 + 2MgO + Cl.$$

On l'emploie habituellement comme purgatif, à la dose de 10 à 50 grammes. Les eaux minérales de *Sedlitz* et d'*Epsom* lui doivent leurs propriétés.

On le prépare en attaquant par l'acide sulfurique le carbonate naturel de magnésium, et on utilise l'acide carbonique qui se dégage pour la préparation du bicarbonate de sodium.

4. Carbonate double de calcium et de magnésium. — On trouve ce composé dans divers terrains, en roches assez abondamment répandues; on lui donne le nom de dolomie. Il paraît être la source de tous les sels magnésiens que renferment les eaux naturelles. Il cristallise en rhomboèdres, comme le carbonate de calcium, et quand on se rappelle que l'acide carbonique est biatomique, on donne à ces deux corps isomorphes des formules analogues en les écrivant ainsi:

$$\left.\begin{array}{l} CaO \\ CaO \end{array}\right| C^2O^4 \qquad\qquad \left.\begin{array}{l} CaO \\ MgO \end{array}\right| C^2O^4.$$

Carbonate de calcium.   Dolomie.

5. Magnésie blanche des pharmaciens. — Le produit désigné sous ce nom est un carbonate de magnésium hydraté qui se présente d'habitude en pains blancs extrêmement légers. On l'obtient en précipitant par du carbonate de sodium une solution bouillante d'un sel magnésien. Le précipité est ensuite moulé et séché. Sa composition est assez variable; d'ordinaire, le carbonate retient un peu de magnésie; sa formule la plus habituelle est $3(MgOCO^2)$, $MgOHO$, $3Aq$. Par la calcination, ce corps perd son eau, dégage l'acide carbonique et laisse comme résidu la magnésie.

6. Caractères des sels de calcium ou de chaux et des sels de magnésium. — Les sels de magnésium solubles dans l'eau ont une saveur amère très prononcée.

Les sels de chaux en dissolution donnent un précipité blanc quand on y verse de l'oxalate d'ammoniaque.

La potasse et la soude y produisent un précipité blanc gélatineux qui se dissout dans une solution de sel ammoniac.

Le carbonate d'ammonium ne détermine pas de précipité dans les solutions des sels magnésiens que l'on a mélangés de sel ammoniac; c'est ce caractère qui permet de différencier nettement les sels de magnésium des sels de baryum et de calcium.

Enfin le phosphate de sodium détermine dans les dissolutions magnésiennes rendues ammoniacales un précipité grenu, cristallin, qui s'attache aux parois du verre; c'est le *phosphate ammoniaco-magnésien*, dont on trouve l'analogue dans certains calculs urinaires.

Questionnaire. — 1. Quelles sont les propriétés du magnésium? Comment est-il préparé? — 2. Comment obtient-on la magnésie? A quoi l'emploie-t-on? — 3. D'où vient le sulfate de magnésium et à quoi sert-il? — 4. Qu'est-ce que la dolomie? — 5. Comment obtient la magnésie blanche des pharmaciens et quelle est sa composition? — 6. Comment caractérise-t-on les sels de chaux et les sels de magnésium?

QUARANTE ET UNIÈME LEÇON

Aluminium. — Alumine. — Aluns. — $Al = 13,5$.

1. Propriétés physiques de l'aluminium. — L'aluminium est un métal d'un blanc bleuâtre, susceptible d'un beau poli. Il est aussi malléable que

l'or et l'argent; on peut l'amener par le battage en feuilles d'une épaisseur
très faible. On l'obtient facilement en fils très fins, tenaces comme ceux
de l'argent, mais il faut pour cela le recuire souvent à une douce chaleur.
Il est le plus léger de tous les métaux usuels; sa densité est 2,5; c'est là
une de ses propriétés les plus remarquables et qui le rend particulièrement propre à tous es usages où le poids considérable des autres métaux
est un inconvénient; on fait, en effet, avec 1 kilogramme d'aluminium,
un objet de même volume qu'avec 7 kilog. 5 d'or et 4 kilogrammes d'argent.

L'aluminium est très sonore; un lingot suspendu à un fil, rend par le
choc un son prolongé comparable à celui du cristal.

Son point de fusion est intermédiaire entre celui du zinc et celui de
l'argent; c'est donc un métal facilement fusible; mais il n'est pas volatil.

2. Propriétés chimiques. — L'air, humide ou sec, est sans action sur
l'aluminium; le métal pur ne s'oxyde pas quand on le chauffe, mais il
brûle avec facilité au chalumeau, quand il contient du silicium.

Il n'est pas altéré par l'hydrogène sulfuré qui noircit si rapidement
l'argent. L'acide sulfurique et l'acide azotique ne l'attaquent pas à froid
et le dissolvent à peine quand ils sont concentrés et bouillants Mais
l'acide chlorhydrique le dissout rapidement, et d'autant mieux qu'il est
plus concentré.

Les dissolutions de potasse et de soude attaquent l'aluminium avec
dégagement d'hydrogène et de production d'aluminates alcalins; l'action
de l'ammoniaque en solution est plus faible. Les alcalis fondus n'ont pas
d'effet sur le métal même au rouge naissant.

Les acides organiques, tels que l'acide acétique ou vinaigre, l'acide
tartrique ou le tartre des vins, n'altèrent pas sensiblement l'aluminium.
Mais si l'on ajoute du sel marin au vinaigre, le métal est attaqué comme
il le serait par un acide chlorhydrique dilué. Il n'en résulte dans la pratique aucun danger parce que le sel d'aluminium formé n'est pas vénéneux.
En résumé, l'aluminium est remarquable par sa grande résistance à
l'altération sous l'influence des principaux agents chimiques.

3. Usages de l'aluminium. — L'aluminium peut remplacer l'argent, le
cuivre, l'étain pour les usages domestiques et industriels; jusqu'ici, à
cause de son prix élevé (130 francs le kilogramme), on ne l'emploie guère
que dans la confection d'objets de luxe (bijouterie, marqueterie, coutelle-
rie). Il est probable qu'il remplacera l'acier dans la fabrication des instruments de physique et de chirurgie, à cause de son inaltérabilité, surtout
si on peut l'obtenir à meilleur marché. Allié au cuivre dans la proportion
de $\frac{1}{10}$, il donne un bronze d'une belle couleur jaune, moins altérable
que le bronze ordinaire et capable d'être facilement fondu et forgé.

C'est M. *Wœhler* qui en 1827 obtint le premier l'aluminium en réduisant
son chlorure par le potassium. Mais c'est aux patientes recherches de
M. *Deville* que l'on doit le procédé suivi actuellement et qui consiste à
réduire le chlorure double d'aluminium et de sodium par le sodium en
présence d'un fondant approprié qui rassemble le métal et permette de
l'obtenir en lingot.

ALUMINE OU OXYDE D'ALUMINIUM. — Al^2O^3.

4. Propriétés de l'alumine. — L'aluminium étant à peu près inoxydable à toute température, on ne peut obtenir son oxyde, l'alumine, que d'un de ses sels.

L'alumine pure est blanche; elle constitue une poudre légère, sans odeur ni saveur, qui happe à la langue. Elle n'est fusible qu'au chalumeau oxhydrique; fondue, elle donne un liquide étirable en fils qui, refroidi, constitue une masse assez dure pour rayer le verre.

L'alumine calciné au delà du rouge sombre est absolument insoluble dans l'eau et sans aucune affinité pour ce liquide; simplement desséchée, elle peut absorber jusqu'à 15 p. % de son poids d'eau qu'elle retient ensuite avec énergie. Cette propriété, qu'elle communique aux terres argileuses, leur permet de mieux résister à la sécheresse de l'air et de conserver longtemps l'eau nécessaire à l'entretien de la végétation.

Hydratée, l'alumine est blanche quand elle est humide et translucide après dessiccation. Elle est insoluble dans l'eau, où elle reste à l'état de substance gélatineuse ayant l'aspect de l'empois d'amidon; on a pu cependant obtenir une variété soluble, mais qui se coagule avec une extrême facilité.

Elle est soluble dans les acides avec lesquels elle forme des sels où elle joue le rôle de base ; elle se dissout aussi dans la potasse et la soude en donnant encore des sels, mais où elle joue le rôle d'acide; on donne à ces derniers sels le nom d'aluminates : si on verse dans un sel d'aluminium quelques gouttes d'une dissolution de potasse, on voit apparaître le précipité gélatineux d'alumine qui se redissout quand on ajoute un excès d'alcali; le même phénomène n'a pas lieu avec l'ammoniaque parce que l'alumine est à peu près insoluble dans ce liquide.

La propriété la plus saillante de l'alumine hydratée, c'est son affinité pour les matières organiques. On la met en évidence en chauffant de

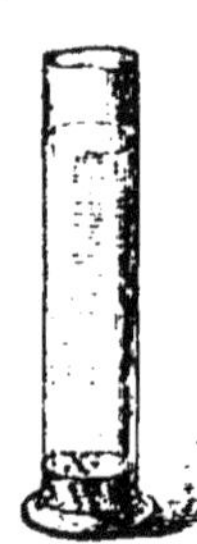

l'alumine en gelée avec une décoction de cochenille et en laissant refroidir le mélange dans une longue éprouvette (fig. 155); l'alumine se rassemble peu à peu et se dépose, en entraînant avec elle toute la matière colorante; le liquide surnageant reste incolore. On peut donner une autre forme à l'expérience; on chauffe à l'ébullition de la cochenille ou de la garance avec une solution d'alun; le liquide se colore en rouge; on filtre, et dans le liquide clair on verse du carbonate de sodium. L'alumine se précipite et entraîne au fond du vase tout le principe colorant.

On donne le nom de laques aux composés insolubles d'alumine et de matières colorantes. Les laques sont utilisées dans la peinture et dans l'impression des papiers de tenture, et c'est à l'état de laques formées dans les tissus que certaines matières colorantes entrent dans la teinture.

Fig. 155.

Un tissu de coton ne se teint pas dans une solution chaude de garance; mais il prend et retient la couleur s'il a été au préalable imprégné d'alumine; dans ce cas, l'alumine est ce qu'en teinture on appelle *un mordant*.

5. État naturel et préparation. — L'alumine est très répandue dans la nature, puisqu'elle est la base des argiles. Quand elle est pure, cristallitée et incolore, elle constitue la pierre précieuse connue sous le nom de *corindon* qui a le brillant du cristal et une dureté qui se rapproche de celle du diamant. Le corindon, coloré par des traces d'oxydes métalliques, mais resté transparent, constitue les pierres précieuses suivantes : le *rubis* d'une belle teinte rouge, le *saphir* bleu, la *topaze* jaune, l'*émeraude* d'une belle couleur verte et l'*améthyste* violette.

Le corindon grossier, mélangé d'oxyde de fer et réduit en poudre, constitue l'*émeri* que l'on recherche à cause de sa dureté pour polir les corps durs, les cristaux naturels, le fer, l'acier, les glaces, le verre.

L'alumine hydratée existe également sous le nom de gibbsite dans quelques roches et sous forme d'argile plus ou moins ferrugineuse, non cristallisée, comme dans la bauxite de la Provence.

Dans les laboratoires, on prépare l'alumine anhydre en calcinant fortement l'alun ammoniacal. On obtient l'alumine hydratée en précipitant une dissolution d'alun ou d'un autre sel d'alumine par l'ammoniaque ou son carbonate; le précipité blanc qui se dépose lentement est de consistance gélatineuse; il peut être lavé et ensuite desséché. Différents chimistes, notamment *Ebelmen, Sainte-Claire-Deville, Gaudin, Debray* ont obtenu l'alumine pure en petits cristaux semblables aux corindons naturels.

6. Sels d'alumine. — L'alumine donne deux espèces de sels, puisqu'elle peut fonctionner comme base avec les acides forts et comme acide au contraire avec les bases puissantes. Les plus importants du premier groupe sont le sulfate d'aluminium, les aluns préparés pour l'industrie et les silicates si abondants dans toutes les roches primitives du globe, et dont les produits de désagrégation forment les argiles. Le seul intéressant du second groupe est l'aluminate de soude.

Aluminate de soude. — On a préparé longtemps ce sel en précipitant l'alun par la soude caustique et en ajoutant de l'alcali jusqu'à ce que le précipité fût entièrement dissous. C'était un procédé coûteux à cause de l'emploi de la soude. Aujourd'hui on chauffe au rouge un mélange de 1 partie de carbonate de soude et de 2 parties de minerai des Baux finement pulvérisé; la masse frittée a l'aspect d'une poudre sèche un peu verdâtre; elle abandonne à l'eau l'aluminate très soluble qu'elle contient. On se sert de cette dissolution comme mordant dans la teinture; les acides, même l'acide carbonique, y précipitent l'alumine sous forme de gelée.

7. Sulfate d'aluminium. — Le produit obtenu par l'action de l'acide sulfurique sur l'alumine pure répond à la formule $Al^2O^3, 3SO^3$; c'est le sulfate d'aluminium. Il cristallise très difficilement en retenant 18 équivalents d'eau. Ordinairement il se présente en blocs rectangulaires blancs, plus ou moins durs, déliquescents et très solubles dans l'eau.

Sa solution concentrée fait déposer de l'alun sous forme de précipité blanc quand on la mélange à un sel de potassium; elle constitue ainsi un bon réactif de la potasse.

Le sulfate d'aluminium sert pour l'encollage de la pâte des papiers communs et même du papier fin quand il est pur.

On en fabrique aujourd'hui de grandes quantités en attaquant des kaolins aussi exempts de fer que possible par l'acide sulfurique. Le kaolin pulvérisé et tamisé est d'abord calciné sur la sole d'un four à réverbère; cette opération a pour but de peroxyder le fer pour le rendre insoluble et en même temps de favoriser l'action de l'acide. Le mélange d'acide et de kaolin a lieu dans de grandes chaudières de plomb chauffées; après l'attaque, le liquide est versé dans de grands bassins, où il abandonne l'argile non attaquée et la silice, puis décanté dans d'autres vases, où il dépose de l'alun, et enfin évaporé; la masse se fige par le refroidissement; elle est livrée au commerce sous forme de blocs rectangulaires ou de fragments concassés.

Ce produit n'est pas toujours exempt d'une petite quantité de fer qui en limite l'emploi. On obtient un sulfate sans trace de fer en traitant par l'acide sulfurique l'alumine de l'aluminate de soude et évaporant la liqueur. Cette opération se fait surtout dans les usines à aluminium de *Salyndres* et de *Newcastle*.

ALUNS.

8. Propriétés des aluns. — Le sulfate d'aluminium ne cristallise pas; mais si on mélange à sa dissolution une solution d'un sulfate alcalin on obtient par évaporation un beau produit cristallisé; c'est ce sulfate double qui porte le nom d'alun. Le plus anciennement connu est l'*alun de potasse*, autrement dit le sulfate double d'aluminium et de potassium qui répond à la formule $Al^2O^3,3SO^3,KOSO^324Aq$.

L'alun est un sel blanc d'une saveur amère; il est très soluble dans l'eau qui, à 10°, en dissout un dixième de son poids, et à 100° trois fois et demie son poids. La solution d'alun peut être sursaturée comme celle du sulfate de sodium et si on descend dans une dissolution sursaturée un petit cristal d'alun suspendu à un fil on voit le plus souvent le liquide se remplir de petits cristaux séparés: et quelquefois, quand la solution est basique, le cristal plongé s'accroît rapidement tout en conservant sa forme primitive.

L'alun ordinaire cristallise en octaèdres; quand il est complètement exempt de composés solubles du fer et que de plus il contient un petit excès d'alumine, il cristallise en cubes (fig. 156). L'*alun de Rome* est dans ce dernier cas. Pour faire cristalliser en cubes l'alun ordinaire, il suffit d'ajouter à sa dissolution, chauffée vers 40°, un peu d'ammoniaque qui précipite le fer et forme un peu de sous-sulfate d'alumine qui paraît nécessaire pour obtenir la forme cubique.

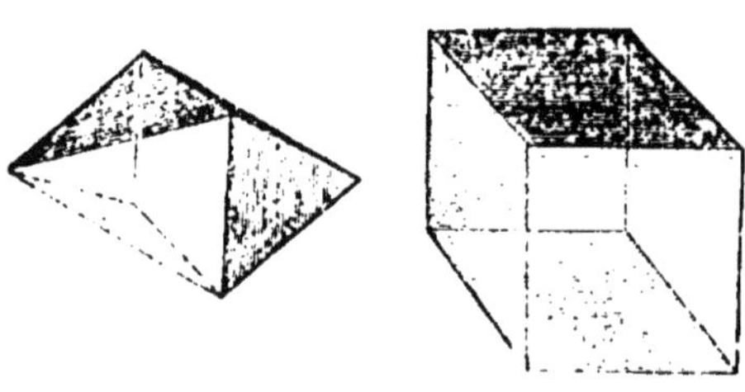
Fig. 156. — Cube et octaèdre d'alun.

L'alun fond quand on le chauffe vers 90°; il se dissout dans ses 24 équivalents d'eau de cristallisation, et si on le laisse refroidir en cet état il prend un aspect vitreux qui lui a fait donner le nom d'*alun de roche*. Chauffé davantage, il perd peu à peu son eau de cristallisation, il se boursoufle, augmente de volume, et forme au-dessus du creuset une espèce de champignon qui s'élève notablement. C'est l'alun anhydre ou calciné, employé comme caustique pour ronger les chairs. Au rouge vif, l'alun se décompose, de l'acide sulfureux et de l'oxygène se dégagent, il reste un mélange d'alumine et de sulfate de potasse.

9. Principaux aluns. Isomorphisme. — Si on ajoute au sulfate d'aluminium, au lieu du sulfate de potassium, le sulfate de sodium ou le sulfate d'ammonium, on produit deux autres aluns, l'*alun de soude* et l'*alun d'ammoniaque*, qui partagent les propriétés de l'alun de potasse.

Ces trois aluns ont des formules identiques:

Alun de potasse.	$KOSO^3, Al^2O^3 3SO^3 24Aq.$
Alun de soude.	$NaOSO^3, Al^2O^3 3SO^3 24Aq,$
Alun d'ammoniaque. . . .	$AzH^4OSO^3, Al^2O^3 3SO^3 24Aq.$

Tous les trois sont blancs, cristallisés en cubes ou en octaèdres, très solubles dans l'eau.

Si dans l'un de ces aluns on remplace l'alumine Al^2O^3 par une autre base de même formule chimique, comme le sesquioxyde de fer, Fe^2O^3, le sesquioxyde de chrome, Cr^2O^3, on obtient de nouveaux sels à base de potasse et d'ammoniaque qui conservent encore 24 Aq de cristallisation et dont les cristaux ont encore la forme cubique: on les désigne aussi sous le nom d'aluns.

La série des aluns est donc très nombreuse. Ce mot d'alun, qui ne désigne pour le vulgaire que le sel blanc à base de potasse et d'alumine dont nous avons étudié les propriétés, désigne pour le chimiste une combinaison de deux sulfates, l'un à base d'oxyde de la forme MO, l'autre à base d'oxyde de la forme M^2O^3, le tout soudé en forme cristalline par 24 équivalents d'eau de cristallisation.

Tous ces corps présentent un très remarquable exemple d'*isomorphisme*. Non seulement ils prennent tous la même forme cristallisée, le cube ou l'octaèdre du premier système (fig. 157); mais un cristal de l'un, placé dans une dissolution saturée d'un des autres, s'y accroît sans modifier en rien sa forme primitive. Ainsi, quand on place un cristal d'alun de chrome, qui est en cube d'une belle couleur violette, dans une solution saturée d'alun de Rome, le cube violet se recouvre d'un cube incolore qui en continue exactement la forme.

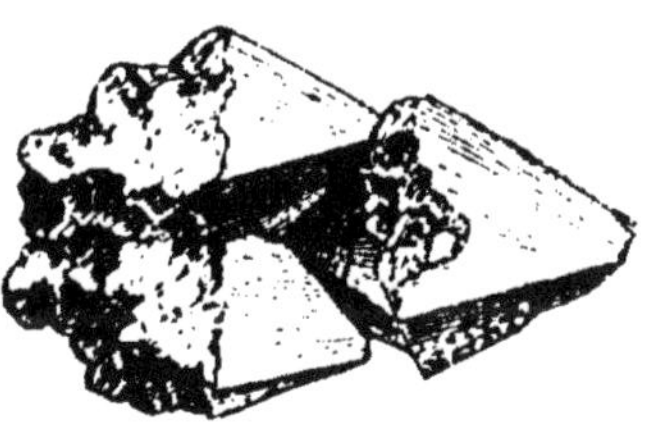

Fig. 157. — Cristaux d'alun.

10. Usages des aluns. — On emploie les aluns comme mordants dans la teinture et dans les impressions sur tissus, et pour la fabrication des laques employées dans les papiers peints. On s'en sert comme d'*antiseptiques* pour conserver la colle-forte et les peaux avec leurs poils. L'encollage du papier en utilise de grandes quantités. L'alun sert pour clarifier les suifs; on l'a recommandé à très petite dose pour la clarification des eaux troubles; on pense que le carbonate de chaux des eaux détermine la formation d'un sous-sel d'alumine qui, en se rassemblant, entraîne avec lui les matières en suspension dans le liquide. La médecine emploie la solution d'alun comme astringent, et l'alun calciné comme caustique.

Les deux aluns les plus employés sont l'alun de potasse et l'alun d'ammoniaque: ce sont les deux seuls qu'on fabrique industriellement.

Questionnaire. — 1. Quelles sont les propriétés physiques de l'aluminium? — 2. Comment agissent sur ce métal les principaux agents chimiques? — 3. Quels sont ses usages et comment l'obtient-on? — 4. Quelles sont les propriétés de l'alumine? Quelle est son action sur l'eau, sur les matières colorantes? — 5. Où trouve-t-on l'alumine dans la nature? Sous quelles formes? Comment la prépare-t-on dans les laboratoires? — 6. Quels sont les principaux sels d'alumine? Comment obtient-on l'aluminate de soude? — 7. Quels sont les propriétés, les emplois et la fabrication du sulfate d'aluminium? — 8. Quels sont les caractères généraux des aluns et les propriétés générales des corps de ce groupe? — 9. Qu'est-ce que l'isomorphisme? — 10. Quels sont les usages des aluns? Les deux aluns les plus employés?

QUARANTE-DEUXIÈME LEÇON.

Silicates. — Argiles. — Poteries.

1. Silicates. — Les alcalis forts, la potasse ou la soude, se combinent à chaud avec la silice et donnent des *silicates*. On prépare dans les laboratoires le *silicate de potasse* que l'on appelait autrefois *liqueur des cailloux*, à cause de sa provenance, en faisant fondre à un feu vif du quartz en poudre ou du sable blanc avec de la potasse; on obtient une masse vitreuse en partie soluble dans l'eau, appelée pour cela *verre soluble*. L'addition d'un acide dans la dissolution produit un précipité de silice gélatineuse qui est la silice des laboratoires : fraîchement préparée, elle est soluble dans les alcalis; mais il suffit de la chauffer pour la rendre aussi insoluble que le quartz naturel.

Les silicates sont très nombreux dans la nature. Rarement ils ont une composition aussi simple que celle du silicate de potasse ou de soude; ils renferment d'habitude des proportions variables et multiples de la base et de l'acide, et ils sont presque toujours groupés pour former les roches cristallisées que les minéralogistes distinguent en espèces Ainsi, sous le nom de *feldspath*, on désigne des silicates doubles dans lesquels une des bases est toujours l'alumine, tandis que l'autre est un alcali ou une base alcalino-terreuse; le *mica* en feuillets transparents ou en paillettes est lui-même un silicate triple où l'alumine et les oxydes de fer et de manganèse se trouvent combinés à l'acide silicique.

2. Origine des argiles. — Les feldspaths sont excessivement répandus dans les terrains anciens; ils y forment la plus grande partie de toutes les roches cristallisées, telles que les granites et les porphyres. Sous l'action des agents atmosphériques, ils éprouvent une altération lente qui les désagrège et change leur nature; les deux silicates dont ils sont formés se séparent et se partagent autrement la silice; il en résulte deux silicates indépendants, dont l'un peut être entraîné peu à peu par l'eau, laissant l'autre qui est complètement insoluble et qui présente alors l'aspect de la terre forte ou franche, c'est-à-dire de l'*argile*.

Ainsi le feldspath pur et blanc qui porte le nom d'*orthose* et dont la formule est

$$KO,SiO^2,Al^2O^3 3SiO^2,$$

se dédouble sous l'action de l'air et de l'eau en

$$Al^2O^3,SiO^2, 2Aq + KO,SiO^2 + 2SiO^2,$$

silicate d'alumine hydraté et silicate de potasse soluble avec de la silice libre.

Le silicate d'alumine hydraté constitue une argile blanche et pure, qu'on désigne sous le nom de *kaolin*.

On attribue la même origine à toutes les argiles, et l'on rapporte leurs différences d'aspect, de couleur et de composition aux espèces minérales diverses avec lesquelles les feldspaths sont mélangés et qui peuvent se retrouver dans les produits de leur désagrégation.

3. Propriétés des argiles. — Toutes les argiles exposées à l'air donnent une matière blanche ou grise, quelquefois colorée par des corps étrangers. Elles sont douces au toucher et happent à la langue quand elles sont sèches.

Pétries avec l'eau, elles forment une pâte plus ou moins liante qui en se desséchant se fendille et se contracte, mais qui ne perd toute son eau que vers 300°; alors elle n'a plus la propriété de former pâte avec l'eau par un nouveau pétrissage.

Les argiles pures, qui ne contiennent ni oxyde de fer ni chaux, sont infusibles aux plus hautes températures; elles donnent par la cuisson des produits réfractaires, mais elles subissent un *retrait* qui varie de 10 à 20 p. %. Ce n'est presque que du silicate d'alumine hydraté qui donne une pâte très liante et longue; aussi appelle-t-on ces corps des argiles *plastiques*.

Celles qui contiennent du fer et de la chaux peuvent former des silicates multiples moins infusibles que les silicates simples et prennent à la cuisson un ton rouge ou brun ; elles ont moins de plasticité et d'onctuosité ; elles forment une pâte moins longue : on les appelle argiles *figulines ;* elles servent à la fabrication des poteries communes.

Les *marnes*, très répandues dans le sol où elles jouent un rôle important en retenant les eaux, sont des mélanges divers de carbonate de chaux, de sable et d'argiles plus ou moins colorées.

POTERIES.

4. On donne le nom générique de *poteries* à tous les objets en terre cuite, quelles qu'en soient d'ailleurs la composition, la couleur et l'aspect. Les poteries sont nombreuses et très différentes, depuis la brique ordinaire jusqu'à la porcelaine fine. L'examen de leur cassure permet de les distinguer en *poteries simples*, homogènes dans toute leur masse, et en *poteries composées*, dont la pâte colorée est masquée par un vernis ou une *couverte*, incolore et opaque comme les faïences, ou dont la pâte blanche est néanmoins recouverte d'un vernis, blanc lui-même, imperméable et vitreux, comme les porcelaines.

Elles se composent toutes d'argile qui en constitue l'élément *plastique* et d'une substance siliceuse qui lui est intimement mélangée, qu'on appelle l'élément *dégraissant* et dont il est facile de comprendre le rôle. L'argile pure, pétrie avec l'eau donne une pâte qui se laisse étendre en plaques minces, façonner en tous sens et mouler sans se déchirer. Mais lorsqu'on la cuit pour lui donner de la dureté, elle subit un retrait considérable, se fendille et se crevasse. Il n'en est plus de même si on ajoute à l'argile du sable qui ne fait pas pâte avec l'eau et ne se contracte pas au feu; le mélange se moule comme l'argile et ne subit aucun retrait à la cuisson. Ainsi, dans la pâte des poteries, il entre donc toujours avec l'argile une matière étrangère; et si pour quelques espèces on emploie de l'argile seule, c'est qu'elle contient la substance siliceuse nécessaire, parmi les produits qui l'accompagnent.

On peut diviser les poteries en trois classes :

1° Les objets à pâte tendre, c'est-à-dire rayables par le fer, fusibles à haute température ; ce sont les *terres cuites*, briques, tuyaux, fourneaux ; les *poteries lustrées* et *vernissées*, et les poteries communes, recouvertes d'un vernis opaque et blanc, qui forment la *faïence ordinaire ;*

2° Les poteries à pâte dure et opaque, non rayables par l'acier et infusibles : c'est la *faïence fine* et les *grès ;*

3° Les poteries à pâte dure et translucide, qui forment les différentes *porcelaines tendres* et *dures.*

5. Terres cuites. — On désigne sous ce nom les produits céramiques ordinaires qui ne sont pas recouverts de vernis : tels sont les briques, les tuiles, les tuyaux de conduite ou de drainage, les pots à fleurs, etc. Leur pâte est composée d'argile figuline ou de marne argileuse que l'on pétrit avec l'eau et à laquelle on ajoute comme dégraissant du sable ou des escarbilles et scories de forges, ou encore du ciment comme c'est le cas pour les briques réfractaires.

On moule à la main ou dans des appareils mécaniques. On dessèche longtemps à l'air et on cuit à une température peu élevée.

Les objets cuits présentent une couleur plus ou moins rouge, suivant la composition de l'argile ; ils sont peu sonores.

6. Poteries communes. — Les poteries ordinaires ont une pâte homogène et colorée, composée d'argile brune comme celle de *Vaugirard* ou d'*Arcueil*, et de sable. Elles sont façonnées au tour. Le tour du potier se compose d'un axe vertical que l'ouvrier fait tourner à l'aide d'une meule horizontale suspendue à l'axe et qui communique un mouvement de rotation à une petite table horizontale sur laquelle l'ouvrier pose la terre. La terre tourne autour des doigts de l'ouvrier et forme un objet à contours courbes.

Les pièces faites, séchées à l'air, puis lentement par la chaleur perdue des fours, sont ensuite cuites. On les recouvre d'un vernis habituellement plombifère, d'*alquifoux* par exemple, et on les repasse au four pour fondre le vernis.

Le mérite de ces poteries, c'est d'être d'un prix très modique et de pouvoir aller au feu sans se casser. Le vernis se raye facilement et de plus il est attaquable par les acides ; il peut être nuisible s'il contient des sels de plomb ; aussi renonce-t-on à ce genre d'objets dans certains usages culinaires.

7. Faïences. — On désigne sous le nom de *faïences* des poteries à pâte homogène, recouvertes ou émaillées d'un vernis opaque brun ou blanc, dont on fait, sous le nom de faïences communes, des tasses, des assiettes, etc. Elles sont plus anciennes en Europe que les produits vitrifiés, grès et porcelaines. On en fabriquait en Italie au xive siècle. Deux siècles plus tard, *Bernard de Palissy* fit revivre avec éclat cette fabrication qui avait été abandonnée ; mais il emporta ses procédés dans la tombe et cette industrie dégénéra de nouveau. Aujourd'hui on ne fait plus en faïence que des vases de cuisine destinés à aller au feu et des plaques pour cheminées, fourneaux et poêles.

La pâte est composée d'argile d'Arcueil et de marne ou de sable marneux. L'émail est à base d'oxyde d'étain et de plomb ; on le colore souvent par d'autres oxydes.

8. Faïence fine. — La faïence fine, dite aussi faïence anglaise, est une poterie à pâte dure, blanche, et très homogène. Elle porte en France le nom de **terre de pipe**, elle est composée d'argile plastique mêlée de silice prise dans le silex pyromaque ou pierre à fusil. Les deux éléments sont broyés, malaxés, lavés et tamisés avec soin ; on les amène à l'état de bouillie dite *barboline*, puis en pâte assez dure pour le moulage ou le travail au tour. Le vernis, posé sur les pièces déjà cuites, est composé de sable feldspathique, de minium et de borax ; il prend au feu un aspect vitrifié incolore, et il est susceptible de recevoir des décorations très variées.

9. Grès. — Les grès sont à pâte dure, sonore, homogène, imperméable à l'eau, demi-vitrifiée, mais non translucide. On les divise en deux catégories : les grès-cérames communs et les grès fins.

Les *grès-cérames communs*, dont on fait les touries, les jarres, les vases de chimie, sont composées d'argile plastique *dégraissée* par du sable quartzeux. Les pâtes sont moulées ou travaillées au tour, puis desséchées lentement, sans autre précaution que de les soustraire à la pluie. La cuisson se fait dans un four à sole légèrement inclinée (fig. 158), chauffé par l'avant, et où les pièces sont libres ou encastrées, c'est-à-dire enfermées et protégées dans des cazettes que nous décrivons ci-dessous pour la porcelaine et qui sont de même matière que le grès lui-même.

Fig. 158. — Four à grès. — *h*, foyer ; — *f*, laboratoire ; — *g*, cloison ; — *d*, *e*, avant du foyer.

Pour cuire le grès il faut une température élevée grâce à laquelle il se forme sur les pièces à cuire une couche vitrifiée par un commencement de fusion qui les rend imperméables et leur sert de glaçure.

On facilite la formation de ce vernis en projetant du sel marin dans le four vers la fin de la cuisson. Le sel se volatilise ; ses vapeurs sont décomposées au contact de la vapeur d'eau et de la silice, et cette dernière forme un enduit de silicate de soude et d'alumine qui donne le lustre vitrifié des grès cuits.

Les *grès-cérames fins* diffèrent essentiellement des grès communs par la composition de leur pâte et par celle de leur vernis. Les pâtes, faites avec beaucoup de soin et composées d'éléments très finement broyés, contiennent une argile plastique mélangée de kaolin argileux et de feldspath, de telle sorte que l'ensemble puisse devenir très dur par la cuisson, sans être translucide.

La cuisson se fait dans un four vertical (fig 159) à foyer latéral et inférieur et sole perceillée.

Souvent cette poterie ne reçoit aucune glaçure. D'autres fois on se contente d'enduire les cazettes d'un mélange de sel marin, de potasse et de minium qui se volatilise au feu et vitrifie la surface des pièces. Enfin on colore les pâtes à l'aide d'oxydes métalliques finement pulvérisés et ajoutés avec une poudre de porcelaine.

Dans ce groupe rentrent les vases et autres objets finement décorés qui ont fait le renom de Wedgwood.

10. Porcelaines. — Les porcelaines sont les produits céramiques à pâte dure, non rayable par l'acier et translucide. C'est de tous les plus estimés et les plus soignés dans leur fabrication.

On les divise en trois catégories : la *porcelaine dure* ou *vraie*, la *porcelaine tendre naturelle* ou *anglaise* et la *porcelaine artificielle*, dite *française*. La porcelaine dure est fabriquée par les *Chinois* depuis plus de vingt siècles.

Son invention en *Europe* date seulement du xviiie siècle; c'est en *Saxe* que *Boettger* créa la première fabrique de porcelaine à pâte dure, analogue à la porcelaine de Chine, après avoir découvert par hasard le *kaolin* dans

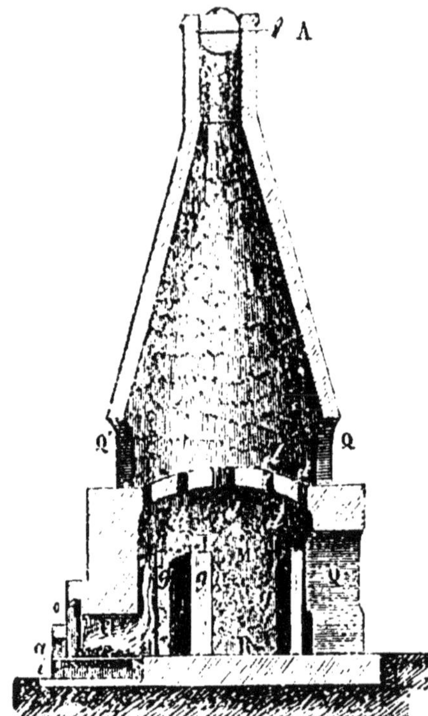

Fig. 150. — Four à grès fin, — A, registre de la cheminée; — A', voûte avec ses carneaux *d, d*; — *g*, cheminées particulières à chaque foyer; — Q, porte du cône de la cheminée; — C, foyer.

une poudre à perruque employée à cette époque. Soixante ans plus tard, on découvrait le kaolin dans les environs de *Limoges*, et on commençait à *Sèvres* la fabrication de la porcelaine, qui a depuis été grandissant et qui est aujourd'hui une de nos plus belles industries.

Pour se faire une idée claire de la fabrication de la porcelaine, il est nécessaire d'examiner séparément la nature des matières premières qui entrent dans sa composition, les manipulations qu'on leur fait subir pour obtenir la pâte, le façonnage des objets, leur cuisson, la nature des vernis ou couvertes dont ils sont revêtus.

Matières premières. — L'élément argileux et plastique de la porcelaine est le *kaolin;* l'élément dégraissant consiste en feldspath et en sables siliceux.

Le kaolin, produit de la décomposition des roches feldspathiques, est séparé par lavage des masses terreuses mêlées de silice où il est contenu. On en connaît trois variétés : le *caillouteux* qui est grenu, friable, à grains tendres mêlés de grains quartzeux et durs : l'*argileux*, doux au toucher, d'une couleur blanche uniforme, formant avec l'eau une pâte très liante; le *sablonneux*, friable et maigre au toucher, avec du quartz à l'état de sable très fin.

Les feldspaths qui entrent dans la composition de la pâte de porcelaine sont l'*orthose* et l'*albite*; on leur joint du sable d'Aumont et même un peu de craie de Meudon.

Préparation des pâtes. — Les matières, très divisées par lévigation ou broyage, et convenablement dosées après analyse, sont mélangées à l'état d'une bouillie claire dans des cuves munies d'agitateurs; elles se déposent en un limon sous le nom de *barbotine*, que l'on dessèche pour l'amener à consistance convenable. On les pétrit nombre de fois pour les rendre bien homogènes, après les avoir battues, coupées et malaxées, et on les abandonne sous l'eau pendant plus d'un an. Elles subissent une sorte de *pourriture;* les matières organiques se détruisent par une fermentation lente; il se dégage des gaz qui, d'après Brongniart, communiquent à toutes les parties un mouvement continuel supérieur à tous les malaxages; les pâtes noircissent d'abord par de l'hydrogène sulfuré, mais elles blanchissent à la longue. On les suppose alors propres à subir le dernier pétrissage qui précède leur emploi.

Façonnage des objets. — On façonne les objets au tour, ou par moulage, ou par coulage, suivant les formes des pièces. Le moulage s'opère en couvrant des moules en plâtre et en creux soit d'une feuille de pâte plate et mince, soit de petits morceaux que l'on comprime l'un contre l'autre avec les doigts et dont on égalise ensuite l'épaisseur. Le coulage repose sur la propriété des moules poreux d'absorber l'humidité.

Les objets sortant des mains de l'ouvrier sont séchés lentement dans des espaces couverts.

Cuisson. — Avant de cuire les pièces, on les place dans des cazettes en argile réfractaire de première qualité qui les protègent contre les poussières et permettent de les superposer. Cette opération qu'on appelle *encastrage* doit être faite avec beaucoup de soin pour obtenir des produits qui ne soient pas déformés.

Une première cuisson a pour but de durcir la pièce sans lui enlever toute sa perméabilité; c'est le *dégourdi.* La seconde cuisson, destinée à fixer la glaçure, durcit complètement l'objet.

On les opère dans un four vertical à trois étages superposés qui communiquent par des voûtes à carneaux; les deux inférieurs sont chauffés par des foyers latéraux dits *alandiers;* le dernier est chauffé seulement par la flamme perdue des autres (fig. 160) et ne sert qu'à dégourdir les pièces sèches. On commence la cuisson par un feu léger dit *petit feu;* quand on est arrivé au rouge, on commence le *grand feu.* Sitôt l'apparition du rouge blanc, il faut suivre l'état du four; on le fait à l'aide de petites pièces de porcelaine vernissée qui portent le nom de montres et que l'on retire pour examiner leur glaçure.

Glaçure ou couverte. — On donne le nom de *couverte* au vernis brillant qui recouvre la plupart des porcelaines du commerce. Les objets sans glaçure sont dits en *biscuit.*

La couverte doit fondre à la température où la porcelaine commence à se vitrifier; elle doit être incolore et lisse, présenter un éclat vitreux, être assez dure pour résister à l'acier et ne pas se fendiller ni se gercer. On trouve ces qualités à une roche feldspathique, la *pegmatite* ou *petuntzé* des Chinois, que l'on pulvérise et que l'on met en suspension dans l'eau. Les pièces dégourdies sont plongées dans cette eau qui tient la pegmatite porphyrisée; elles en sortent humides; elles se sèchent promptement en absorbant l'eau, et la matière siliceuse reste uniformément répartie à leur surface.

La cuisson définitive leur donne toutes les qualités qu'on leur désire

11. Porcelaines tendres. — Les porcelaines tendres ne résistent pas à une température aussi élevée que la porcelaine dure ; la chaleur du dégourdi

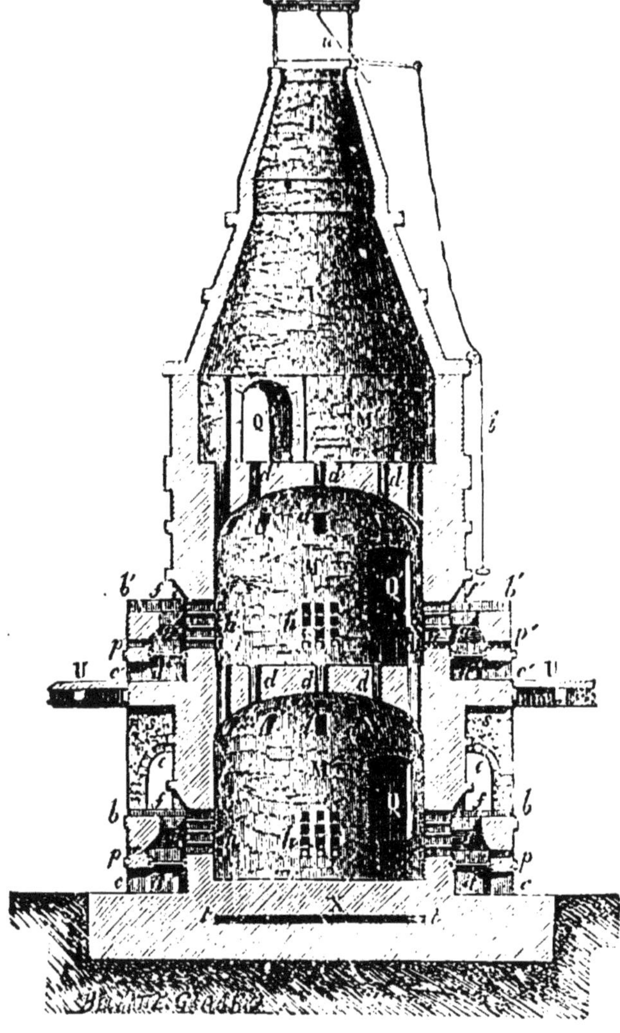

Fig. 100. — Four à porcelaine. — M, M', M", laboratoires où l'on dispose les pièces à cuire et où la flamme des foyers *g, g,* arrive par des ouvertures *h, h* ; — *l, l'*, haut du four en forme de cheminée ; — Q, Q', Q", porte des trois étages ; — *b, c, d, e, f,* parties principales de chacun des foyers extérieurs.

de cette dernière suffit à les cuire. Elles sont estimées surtout pour l'éclat de leurs décorations.

La *porcelaine tendre française* est un verre, c'est-à-dire un silicate alcalin, dont la transparence est affaiblie par l'addition d'une assez forte quantité de chaux argileuse.

La *porcelaine tendre anglaise*, dite *naturelle*, est formée d'un kaolin argileux, additionné de quartz et d'os calcinés, avec une glaçure où entrent, avec le silex et la craie, du borax, du carbonate de soude et du minium.

Elle est d'un travail facile, d'une décoration commode; mais elle a l'inconvénient de présenter une glaçure attaquable et trop aisément fusible.

Questionnaire. — 1. Comment sont composés les silicates? Comment fait-on le silicate de potasse? Quelle est la composition des feldspaths? — 2. D'où proviennent les argiles, le kaolin? — 3. Quelles sont les propriétés des argiles, et leur aspect? — 4. Quelle est la composition générale des poteries? Comment les divise-t-on? — 5. 6. Décrire la fabrication des terres cuites usitées et des poteries communes? — 7. 8. 9. Comment fabrique-t-on les faïences communes, les faïences fines, les grès? — 10. Comment classe-t-on les porcelaines? Quelles sont les matières premières entrant dans leur fabrication, la préparation qu'elles nécessitent? En quoi consiste la glaçure ou couverte? — 11. Quel est le caractère des porcelaines tendres?

QUARANTE-TROISIÈME LEÇON

Verres.

1. Nature des verres. — Les verres sont des combinaisons de l'acide silicique avec des bases variables dont les unes sont la potasse ou la soude et les autres la chaux ou l'oxyde de plomb, auxquelles se joignent l'alumine et l'oxyde de fer. Ainsi le cristal est un silicate double de potassium et de plomb; le verre à vitres un silicate de soude et de chaux, le verre à bouteilles un mélange de silicates de soude, de potasse, de chaux, d'alumine et d'oxyde de fer. Le caractère général de ces produits, c'est d'être fusibles et de donner en se refroidissant des corps transparents avec un éclat particulier qu'on a appelé l'éclat vitreux.

2. Propriétés physiques du verre. — Le verre est transparent et fragile; il est assez dur pour n'être rayé que par le diamant qui sert à le couper en feuilles et par l'acier trempé qui permet d'obtenir sur les tubes une cassure nette. Sa densité varie avec sa composition; le plus dense est le cristal à base d'oxyde de plomb.

Chauffé lentement, il commence par se ramollir et possède alors une plasticité que l'on met à profit pour lui donner telle forme que l'on veut.

A une température plus élevée, il subit la fusion visqueuse.

Soumis quelque temps à une chaleur voisine de celle qui peut le fondre, il perd sa transparence et sa fusibilité, il devient plus dur et moins fragile, il se *dévitrifie* et présente l'aspect d'une mince plaque de porcelaine. Ce phénomène est assez fréquent, dans le travail du verre au chalumeau des laboratoires, entre les mains des commençants.

Refroidi brusquement quand il a été fondu, le verre se *trempe*, c'est-à-dire qu'il subit un nouvel arrangement moléculaire qui peut lui permettre de résister à un choc, mais non à une rayure; il est devenu si cassant qu'il suffit de le rayer pour le réduire immédiatement en minces fragments. Les *larmes bataviques* obtenues en laissant tomber dans l'eau des gouttes de verre fondu permettent de constater ce phénomène; on peut frapper leur portion ovoïde avec un marteau sans les briser et, si on casse leur extrémité effilée, toute la masse se réduit en poussière.

Le verre devient donc cassant quand il subit un brusque et notable changement de température; il suffit en effet de verser de l'eau froide sur un morceau de verre fortement chauffé pour le casser.

Les objets en verre, fabriqués rapidement avec du verre fondu qui passe brusquement de la température de 500° ou 600° à une température de 20° ou 30°, éprouvent une trempe qui nuit à leur solidité. On corrige ce défaut par le *recuit* qui consiste à les chauffer graduellement pour les laisser refroidir ensuite aussi graduellement et avec lenteur. C'est à un recuit insuffisant que l'on peut souvent rapporter la rupture sans cause matérielle apparente d'un certain nombre d'objets en verre.

3. **Propriétés chimiques du verre.** — L'air sec est sans action sur le verre. Il n'en est pas de même de l'eau, ni par suite de l'air humide. L'eau tend à dédoubler les silicates qui forment le verre pour dissoudre le silicate alcalin soluble; il en résulte une dévitrification plus ou moins profonde. On constate en effet que l'eau, bouillant longtemps dans un vase de verre, devient alcaline. L'action de l'air humide se remarque sur les vitres, dont la surface finit avec le temps par se ternir et prendre un aspect nébuleux.

Les acides tendent tous à enlever au verre une partie des bases qu'il renferme; l'acide fluorhydrique le corrode avec énergie et promptitude. L'action des autres acides, beaucoup moins vive, n'est pas moins réelle; les acides du vin dévitrifient le verre à bouteilles.

Les alcalis caustiques peuvent enlever au verre sa silice.

Le verre est donc altéré par un assez grand nombre de corps; le meilleur est celui qui résiste le mieux à ces diverses causes d'altération.

4. **Classification des verres.** — On divise les verres en deux classes :

1° Les *verres proprement dits*, à base alcalino-terreuse, qui forment deux subdivisions et comprennent les *verres à base de potasse*, le verre de Bohême et le crown-glass, et les *verres à base de soude*, le verre à vitres et à glaces et le verre à bouteilles;

2° Les *cristaux*, dont la base est alcalino-plombeuse; c'est le cristal, le flint-glass, le strass et l'émail.

Verre de Bohême. — Ce verre est remarquable par sa limpidité et sa faible densité. C'est un silicate de potasse et de chaux fait de matières choisies avec un soin extrême. On ajoute au quartz, à la potasse et à la chaux qui le forment un peu d'acide arsénieux dont on ne retrouve pas trace dans le verre. Cet acide sert de corps oxydant pour les traces de pro-toxyde de fer contenues dans les matériaux employés et qui donneraient au verre une teinte verdâtre; de plus, en se volatilisant, il facilite l'affinage du verre.

Le verre de Bohême est difficilement fusible et résiste bien à la plupart des agents chimiques.

Crown-glass. — Le crown-glass est moins siliceux; mais il doit être aussi soigné dans sa fabrication et obtenu exempt de bulles et de stries et autant que possible incolore. Il sert à la confection des lentilles des instruments d'optique où on l'associe au *flint-glass* pour former les objectifs achromatiques.

Verre à glaces et à vitres. — Le verre à glaces est le plus beau des verres à base de soude; il contient moins de chaux que le verre à vitres;

ii est par suite plus fusible, mais moins dévitrifiable. Il doit avoir une grande transparence et ne présenter ni bulles, ni nœuds, ni stries.

Le verre à vitres est le plus commun, celui dont la consommation est la plus grande. On fait entrer dans sa composition du sable siliceux, du carbonate de soude sec, du calcaire et des débris de verre concassés qui facilitent la fusion. Depuis quelques années on substitue au carbonate de soude le sulfate de soude, moins cher, d'après les conseils de Pelouze, et on ajoute du charbon pulvérisé pour faciliter la décomposition du sulfate. Les verriers ajoutent à ces matières premières 2 à 3 p. % de manganèse qui colorerait en rose une masse de verre incolore et qui, par suite, fait disparaître presque entièrement la teinte verte particulière aux verres à base de soude; on donne à cet oxyde le nom de *savon* des verriers.

Verre à bouteilles. — Le verre à bouteilles est de tous le plus complexe ; il entre dans sa composition du sable ocreux et une argile ocreuse, des soudes de varechs, des cendres et des charrées ou cendres lavées. Toutes ces matières contiennent de l'oxyde de fer auquel est due la *couleur* verte particulière à ce verre. Il se dévitrifie avec facilité parce qu'il est peu alcalin et qu'il contient une assez forte proportion d'alumine.

Cristal. — Le cristal, le plus sonore de tous les verres et l'un des plus limpides, est obtenu en fondant ensemble du sable très pur avec du carbonate de potasse cristallisé et du minium, c'est-à-dire des matières choisies avec le plus grand soin. On n'opère la fusion dans des creusets ouverts que si l'on chauffe au bois. Quand le chauffage a lieu à la houille, on emploie des creusets à dôme et ouverture latérale (fig. 161), pour éviter que des escarbilles ou des corps étrangers ne se mélangent avec les matières en fusion.

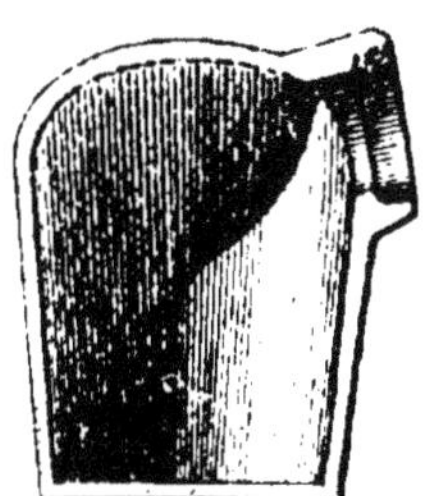

Fig. 161. — Creuset à fabriquer le cristal.

Flint-glass. — Le flint-glass est une variété de cristal employée avec le crown dans les instruments d'optique. Sa fabrication doit être tout particulièrement soignée, pour que le produit soit d'une parfaite homogénéité et ne présente dans sa masse ni bulles ni stries. On l'obtient ainsi, depuis les travaux de Guinand, en brassant la masse avec un outil de même nature que le creuset, pour faciliter le dégagement des bulles gazeuses. La figure 162 représente la coupe d'un four avec le creuset et l'outil destiné au brassage.

Strass. — Le strass est un cristal dont la préparation réclame autant de soin que celle du flint ; c'est le plus dense de tous les verres. Il est aussi le plus réfringent et sert surtout à cause de cette propriété pour la fabrication des pierres précieuses artificielles. On lui donne facilement des teintes diverses en y mélangeant des traces d'oxydes métalliques colorés, comme les oxydes de cobalt, de manganèse et de chrome. Les pierres précieuses que l'on produit ainsi sont semblables aux gemmes naturels; il ne leur manque que la dureté. On la leur donne parfois en collant à leur surface une feuille mince levée à une pierre incolore de peu de valeur.

Émail. — L'émail est un cristal rendu opaque par de l'oxyde d'étain ou du phosphate de chaux des os calcinés. Il est habituellement blanc, mais il peut recevoir différentes couleurs par l'addition d'oxydes métalliques colorés.

5. Fusion du verre. — Les matières qui entrent dans la composition du verre sont finement pulvérisées et introduites dans des creusets de terre réfractaire bien recuits et bien chauffés. Le chauffage se fait au bois ou à la houille, ou encore, ce qui est préférable, par les combustibles gazeux, c'est-à-dire par l'oxyde de carbone dégagé d'un charbon quelconque. Pendant la fusion, il se dégage des gaz de la masse fondue et il se rassemble à la surface des matières non vitrifiées que les verriers appellent le *fiel du verre* et qu'on enlève pour affiner le verre.

On laisse tomber le feu pour que la matière prenne un état pâteux et soit à point pour le travail.

6. Travail du verre. — On faisait autrefois tous les objets par soufflage,

Fig. 162. — Four et creuset à flint. — *n, g, j,* agitateur destiné à remuer la masse du verre en fusion.

comme on fait encore les bouteilles. L'ouvrier trempe l'extrémité de la canne, long cylindre métallique creux, dans le creuset; il en rapporte une masse de verre fondu et pâteux à laquelle il donne diverses formes en soufflant dans la canne, en l'animant d'un mouvement de rotation ou en appuyant l'objet en partie fait contre un moule dont l'objet prend exactement le contour.

Aujourd'hui on ne façonne plus ainsi que les petits objets. Les glaces sont coulées sur une table horizontale, au lieu d'être faites comme jadis d'un cylindre soufflé, coupé à ses deux extrémités, fendu suivant une de ses génératrices et étendu ensuite horizontalement.

Tous les objets, quels qu'ils soient, sont recuits avec soin dans des fours qui les réchauffent très lentement et d'où on les retire peu à peu pour les soumettre à un refroidissement lent et progressif.

Le reste du travail diffère suivant les objets: les glaces sont polies avec des sables de plus en plus fins et ensuite avec du colcothar; les verres sont taillés par usure sur des meules diverses.

7. Décoration des produits vitreux. — La décoration du verre et celle de la porcelaine ont beaucoup de points communs; on comprend en effet que dans le cas des matières terreuses, c'est encore un verre que l'on décore, puisque c'est la couverte, c'est-à-dire une matière vitreuse, qui porte les couleurs.

On applique les couleurs sur la surface du verre, ou bien on les fixe dans toute sa masse. Dans le premier cas, les verres sont *peints*; dans le second, ils sont *teints*.

On obtient les verres teints en fondant avec le verre blanc des oxydes métalliques colorants qui n'en altèrent pas la transparence : l'oxyde de chrome ou de cuivre donne le *vert*; l'oxyde de cobalt, le *bleu*; l'oxyde de manganèse, le *violet*; le protoxyde de cuivre ou le pourpre de Cassius, le *rouge*; le sulfure d'argent, le *jaune*.

Si l'on plonge dans un de ces verres colorés fondus une canne de verrier à l'extrémité de laquelle est déjà du verre blanc et qu'on souffle, on fait un objet dont la surface seule est teinte sous une faible épaisseur; c'est le *verre doublé*, qui permet de produire des dessins blancs sur fond de couleur, si l'on enlève par places la pellicule colorée.

Pour peindre le verre on dépose à sa surface les oxydes colorants mélangés de fondants incolores, comme le quartz, le borax, le salpêtre destinés à les fixer. Il faut que ces matières fondent et se glacent avant le ramollissement du verre ou l'altération de la glaçure de la porcelaine Il faut donc les soumettre à une température inférieure à celle qui a amené la fusion de l'objet. On les appelle pour cette raison *couleurs de petit feu* ou de *moufle*, du nom du fourneau où on les fixe et que représente la figure 163, par opposition aux couleurs de la masse, qu'on appelle *couleurs de grand feu*.

Quant aux appliques de métaux, on les fixe à leur état naturel après les avoir mêlés d'un fondant qui donne le brillant par le brunissage;

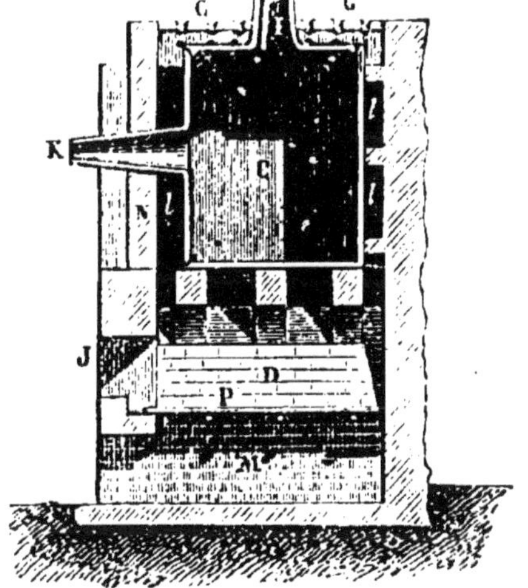

Fig. 163. — Moufle pour décoration des verres. — C, moufle; — K, ouverture pour y regarder de l'extérieur; — I, tuyau pour l'échappement des vapeurs; — J, P, D, foyer; — N, cloison en briques réfractaires; — *l*, cavité où passe la flamme pour chauffer la cavité centrale.

leur sert de véhicule, et on leur donne le brillant par le brunissage; ou bien, comme c'est le cas pour la porcelaine, on les dépose en combinaisons chimiques facilement réductibles, qui les laissent sur l'objet en mince épaisseur avec toutes leurs qualités ; ce sont les *lustres* dont la décoration fait un grand emploi.

Questionnaire. — 1. Quelle est la nature chimique des verres? — 2. Quelles sont les principales propriétés physiques du verre? — 3. Quelle est l'action des principaux agents chimiques sur le verre? — 4. Comment classe-t-on les verres? Quels sont les caractères et la composition du verre de bohême, du crown, du verre à vitre, du verre de bouteilles, des principaux cristaux? — 5 et 6. Comment produit-on le verre? Comment le travaille-t-on? — 7. Sur quels principes repose la décoration des produits vitreux, porcelaines ou verres?

QUARANTE-QUATRIÈME LEÇON

Fer. — Fonte. — Acier.

1. État naturel du fer. — Le fer, le plus important des métaux par ses applications, est aussi celui qui est le plus répandu dans l'écorce terrestre; il n'est presque aucun terrain qui en soit complètement exempt; presque toutes les terres en contiennent, sinon comme élément essentiel, du moins comme élément accessoire; il s'y trouve à différents états de combinaison suivant la nature de la roche dans laquelle il est engagé. Il se rencontre dans certaines eaux auxquelles il communique des propriétés médicales qui s'expliquent par la présence constante du fer dans le sang de l'homme et des animaux.

On ne le rencontre pas à l'état natif dans les roches; mais, sous cette forme, il constitue la presque totalité de la substance des pierres tombées du ciel, des *météorites*, dont quelques-unes pèsent plusieurs centaines de kilogrammes.

Malgré cette profusion, et bien que ses propriétés de dureté, de ténacité, de résistance au choc le placent au premier rang pour servir aux armes, aux outils et aux machines, le fer n'est pas le premier métal qu'ait employé l'industrie humaine. C'est que les procédés pour l'obtenir ne sont pas aussi simples ni aussi faciles que ceux qui donnent l'étain et le cuivre, les deux éléments du bronze, bien plus anciennement connu que le fer.

Les minéraux qui contiennent du fer en quantité assez grande et dans un état tel qu'on puisse avec avantage l'extraire et le purifier sont appelés **minerais de fer**. Ceux qui se prêtent à l'exploitation sont très abondants, mais peu nombreux en espèces; ils renferment toujours le métal à l'état d'oxyde: c'est l'*oxyde magnétique*, le *sesquioxyde anhydre* et *hydraté* et le *carbonate de protoxyde*. Les sulfures, si communs sous le nom de *pyrites*, ne sont pas utilisés pour l'extraction du fer; le métal serait de mauvaise qualité et son travail difficile ; on en retire le soufre à l'état d'acide sulfureux, l'une des matières premières de l'acide sulfurique.

L'oxyde magnétique de fer, Fe^3O^4, constitue l'un des meilleurs minerais ; les variétés compactes forment la pierre d'aimant ; il est très répandu dans la *Suède*, la *Norwége* et le *Canada*.

Le sesquioxyde de fer anhydre, Fe^2O^3, existe, à l'état cristallisé, en beaux morceaux brillants et irisés dans les mines de l'île d'*Elbe*; c'est le *fer oligiste*.

En masses amorphes, il constitue le minerai rouge, très répandu sous le nom d'*hématite* rouge.

Le sesquioxyde de fer hydraté, Fe^2O^3HO, est très répandu dans les terrains jurassiques, associé à du manganèse et parfois à un peu de pyrite de cuivre; le gisement le plus renommé est celui du *Erzberg* en *Styrie*.

2. Traitement des minerais. — Les minerais de fer sont ordinairement mêlés à des matières étrangères que l'on appelle gangue et dont il faut les débarrasser en majeure partie. On ne leur fait subir pour cela que des préparations mécaniques fort simples. Les mines terreuses sont lavées dans un courant d'eau qui les débarrasse d'une portion de la gangue. Les minerais en roches sont concassés, bocardés et triés. Souvent on soumet ces derniers au grillage dans le but d'expulser l'eau et l'acide carbonique, d'oxyder la pyrite qui peut y être associée et de rendre le minerai plus poreux et plus facile à réduire.

En extraire le plus de fer possible et par les moyens les plus économiques, tel est le but de la sidérurgie. L'importance de cette opération n'est plus à démontrer; tout le monde sait que le fer, sous ses différentes formes, est un des produits les plus utiles à l'industrie. Les procédés que la métallurgie du fer met en œuvre sont assez complexes pour que l'on cherche à s'en faire une idée générale et précise avant de pénétrer dans les détails..

Si les minerais étaient purs, il suffirait de les chauffer avec du charbon à une température élevée pour les réduire et en dégager le métal ; ce métal réduit possédant la propriété de se souder directement et sans intermédiaire, à chaud, les portions isolées peuvent être réunies et soudées entre elles. Mais les minerais, même les plus riches, contiennent toujours de la gangue qu'il faut rendre fusible pour pouvoir en extraire et en séparer les molécules de fer.

La gangue est souvent siliceuse, c'est-à-dire formée de quartz ou d'argile; or ces deux corps sont infusibles tant qu'ils restent seuls ; ils ne le deviennent que par leurs combinaisons avec des bases, comme l'oxyde de fer et la chaux en particulier.

La gangue des minerais riches chauffés avec le charbon devient assez facilement fusible, par la formation d'un silicate double d'alumine et de fer, pour qu'on puisse extraire *directement* du fer malléable de ces minerais, en perdant une partie notable du métal.

Les minerais moins riches ne peuvent pas être soumis à ce traitement. Il y faut déterminer la fusion de la gangue sans que le fer fasse partie du silicate double fusible d'où le métal sera extrait. C'est dans ce but qu'on ajoute du carbonate de chaux ou castine aux minerais siliceux, de l'argile ou erbue aux minerais calcaires, pour que le silicate fusible soit à base d'alumine et de chaux. Pour former ce silicate, il faut une haute température ; et, dans les conditions de chaleur ou le fer du minerai se trouve placé, il se combine avec le charbon, se carbure ; il devient de la fonte. Cette fonte est un produit d'art susceptible d'application ; c'est comme un nouveau minerai de fer d'où on pourra extraire facilement le métal.

Ainsi, il y a deux modes d'exploitation des minerais de fer. Le premier, qui donne *directement* le métal avec perte d'une partie, est désigné sous le nom de méthode catalane. Le second, dans lequel on obtient d'abord de la *fonte* ou fer carburé, sans perte notable du métal, mais à une température bien plus élevée, constitue la méthode des hauts-fourneaux.

3. Méthode catalane. — La méthode catalane n'est plus guère employée que dans le midi de la France et dans la Catalogne, où les minerais sont très riches et très fusibles ; elle emploie le charbon de bois comme combustible.

La forge se réduit à un foyer pour opérer la fusion du minerai et à une tuyère pour injecter le vent destiné à activer la combustion du charbon. Le creuset (fig. 164) est une cavité en pierres réfractaires de 70 à 80 centimètres de profondeur, avec une paroi élevée et l'autre basse et courbée. On y accumule du charbon, que l'on allume, et où vient souffler le vent de la tuyère ; au-dessus on charge, contre la grande paroi, du charbon ; contre la petite (appelée contrevent), le minerai concassé. A mesure que la combustion marche et que la masse s'affaisse, on ajoute de nouvelles charges de minerai et de com-

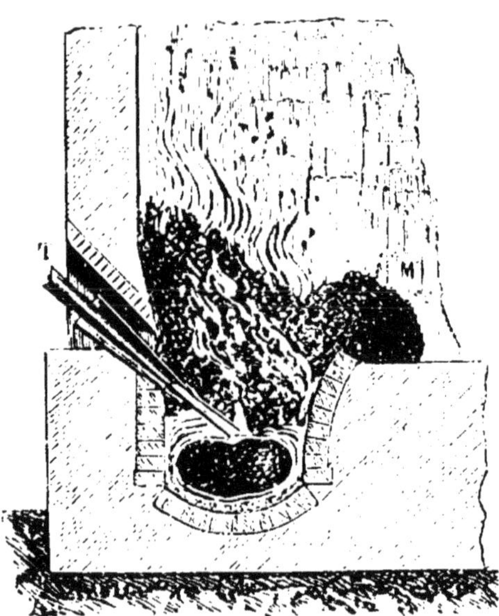

Fig. 164. — Four catalan pour la réduction du minerai de fer.

bustible. L'opération est terminée quand le minerai est descendu dans le creuset à l'état de fer en masses spongieuses et de scories fondues. On fait écouler la partie liquide des scories ; on enlève le métal spongieux rassemblé en bloc, appelé la *loupe*; on porte cette loupe sur une enclume où un lourd marteau l'aplatit et en fait sortir la scorie qui y est emprisonnée. Les parcelles du fer se soudent en une masse compacte et homogène, que l'on divise en *lopins* pour les forger et les étirer en barres.

Voici le travail chimique qui s'est opéré. Sous l'influence du vent de la tuyère, le charbon brûle et dégage de l'acide carbonique. Cet acide, en contact avec un excès de charbon incandescent, repasse à l'état d'oxyde de carbone, et ce dernier, rencontrant les morceaux du minerai qui ne lui opposent aucun obstacle, réduit le minerai avant que celui-ci arrive au fond du creuset :

$$CO_2 + C = 2CO.$$
$$Fe_2O_3 + 3CO = 3CO_2 + 2Fe.$$

Le minerai réduit, qui arrive dans le creuset, est exposé à une température assez élevée pour faire entrer la silice en combinaison avec l'alumine de la gangue et une portion de l'oxyde de fer; le silicate double, qui se forme ainsi, est fusible et constitue la scorie fondue dans laquelle les parcelle de fer s'agglutinent et se réunissent pour former la loupe.

Les scories coulées contiennent 30 p. % de fer que l'on perd ainsi dans
ce procédé. C'est là un grave inconvénient de la méthode catalane et la
raison qui la fait rejeter de nos jours. On suppose qu'elle a été longtemps
la seule employée à l'extraction du fer, et que les scories ferrugineuses,
que l'on trouve en bien des endroits, sont les résidus des opérations
effectuées anciennement par les premiers sidérurgistes qui s'installaient
partout où ils trouvaient un minerai convenable. L'industrie moderne
traite ces scories avec avantage et parvient à en extraire presque tout le
métal.

4. **Hauts-fourneaux.** — Le plus grand progrès de la fabrication du
fer a été réalisé par la découverte de la fonte et l'invention du haut-four-

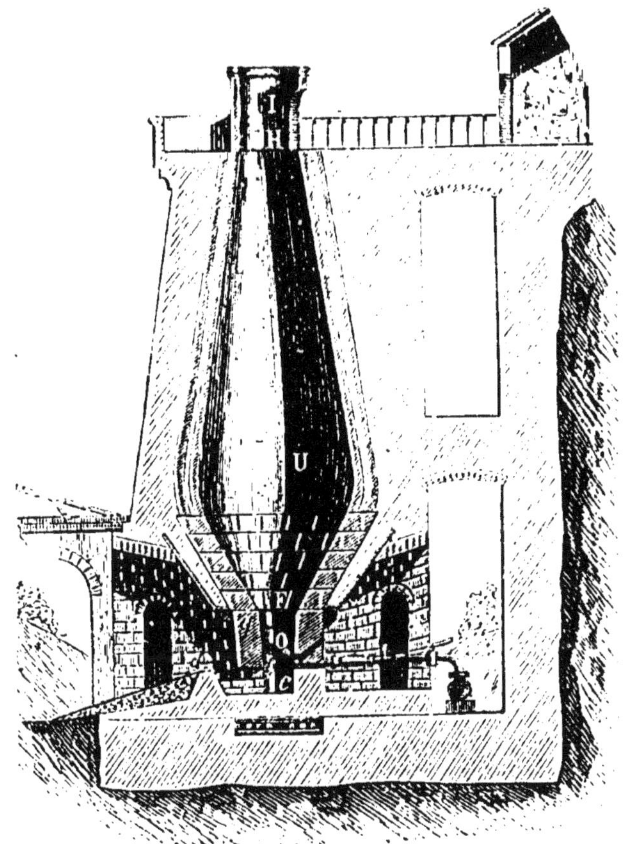

Fig. 165. — Haut-fourneau.

neau. C'est en effet de la fonte, c'est-à-dire du fer carburé, et non du fer
métallique, que l'on obtient d'abord des minerais ; mais le traitement est
si parfait que le fer peut être séparé des terres presque aussi complètement qu'il le serait dans une analyse.

Un haut-fourneau a la forme de deux troncs de cône réunis par la base
(fig. 165). Sa hauteur totale varie de 12 à 20 mètres, suivant la nature du
combustible. L'ouverture supérieure H s'appelle le *gueulard* : c'est par là
qu'on jette dans l'appareil le minerai et le combustible ; la partie élargie

s'appelle le *ventre*; le cône supérieur est la *cuve*; le cône inférieur, les *étalages*. La partie inférieure qui reçoit les tuyères et où s'effectue la fusion s'appelle *ouvrage* au-dessus des tuyères, *creuset* en dessous. La paroi antérieure (*d*) du creuset, qui se trouve un peu en avant de la paroi (*q*) de l'ouvrage, est une pierre prismatique appelée *dame*; elle est continuée au dehors par un plan incliné.

5. Réactions chimiques qui s'opèrent dans les hauts-fourneaux. — Quand l'appareil est en marche, on jette, de temps à autre, par le gueulard un mélange du minerai, du combustible et du fondant de la gangue. Habituellement on associe plusieurs minerais, dont on connaît exactement la nature, avec la quantité convenable de castine ou d'erbue et de combustible pour obtenir un mélange fusible et une fonte de bonne qualité. Incessamment de l'air, que l'on a intérêt à chauffer d'abord, est lancé par les tuyères et monte dans le fourneau. Il y a donc lieu de suivre séparément la marche ascendante des gaz et la marche descendante du minerai.

1° *Marche ascendante des gaz.* — **L'air,** en arrivant dans l'ouvrage, trouve du charbon qu'il brûle en produisant une haute température et en formant de l'acide carbonique. L'acide carbonique, à mesure qu'il s'élève, devient de l'oxyde de carbone au contact du charbon incandescent. Cet oxyde de carbone rencontre dans les étalages de l'oxyde de fer assez chaud pour être réduit; il repasse donc en partie à l'état d'acide carbonique qui redevient encore oxyde de carbone par les différentes couches de combustible. Il s'y joint le gaz carbonique dégagé de la castine et en partie transformé par le charbon, et l'hydrogène provenant de la vapeur d'eau du mélange introduit dans le four, et à laquelle le charbon a pris l'oxygène. De sorte qu'il sort par le gueulard des gaz riches en hydrogène et en oxyde de carbone. On les laissait perdre autrefois. On les recueille aujourd'hui et on les utilise comme combustibles, notamment pour chauffer l'air lancé par les tuyères.

2° *Marche descendante du minerai et du combustible.* — Au haut du fourneau, le minerai se déshydrate et se dessèche; il s'échauffe peu à peu à mesure qu'il descend, et rencontrant l'oxyde de carbone il est en partie réduit. Le mélange de fer, d'oxyde non encore réduit, de gangue alumineuse, de chaux et de charbon arrive aux étalages où règne une température élevée; c'est alors qu'a lieu la formation du silicate double d'alumine et de chaux qui constituera la scorie ou le laitier, et que le fer se combine avec un peu de carbone et de silicium et passe à l'état de *fonte*. La fonte, plus fusible que le fer, devient liquide dans l'ouvrage en même temps que le silicate qui forme le laitier; les deux liquides tombent dans le creuset, la fonte au-dessous du laitier à cause de sa plus grande densité.

Le laitier s'écoule quand il déborde la dame. On retire la fonte du creuset plein en perçant une ouverture, fermée pendant l'opération par un tampon d'argile; elle coule dans des rigoles creusées dans du sable où elle prend, en se solidifiant, la forme de demi-cylindres qu'on nomme *gueuses*.

On peut donc diviser la hauteur d'un haut-fourneau en quatre régions dont chacune est caractérisée par un travail spécial. La première est la zone de *déshydratation*: elle descend jusqu'au $\frac{1}{3}$ de la cuve; puis vient la zone de *réduction* qui occupe la base de la cuve; dans les étalages, la zone de *carburation*, et enfin dans l'ouvrage la zone de *fusion*.

Les combustibles généralement employés sont le charbon de bois et le coke. L'emploi de ce dernier exige une plus grande hauteur au fourneau. Le coke contient en effet des sulfures ou pyrites qu'il faut faire passer dans les scories pour éviter qu'un peu de soufre ne passe dans la fonte, ce qui nuirait à sa qualité ; pour atteindre ce résultat, on ajoute plus de castine au minerai ; le laitier devient moins fusible; il exige alors plus de combustible.

FONTE.

6.Propriétés et usage des fontes. — La fonte est une combinaison de fer avec le carbone qui contient de petites quantités de silicium, de manganèse, de phosphore et de soufre, et qui est plus fusible que le fer.

Il en existe plusieurs variétés, contenant toutes de 2 à 5 p. $^0/_0$ de carbone et qui se ramènent à deux espèces distinctes, la fonte *grise* et la fonte *blanche*, différant non seulement par la couleur, mais encore par la dureté, la ténacité et la fusibilité.

La *fonte grise*, dont la couleur varie du noir au gris clair, est d'une solidité et d'une ténacité considérables; on peut la tourner et la forer. Elle exige pour fondre une plus haute température que la fonte blanche; mais, au lieu de devenir pâteuse d'abord comme cette dernière, elle passe instantanément de l'état solide à l'état liquide ; aussi est-elle employée de préférence au moulage pour tuyaux de conduite, poêles, grilles, etc. Attaquée par l'acide chlorhydrique, elle dégage du gaz hydrogène très fétide et laisse un résidu de graphite en paillettes; elle contient donc le carbone sous deux états, partie combinée au fer et partie libre ou graphite. On suppose que c'est à ce graphite qu'elle doit de se rouiller facilement par l'eau.

La *fonte blanche* a un éclat métallique et une couleur argentine ; elle est très cassante et cède au choc du marteau; elle est souvent lamellaire. Elle ne laisse pas de résidu quand on l'attaque par l'acide chlorhydrique, preuve qu'elle ne contient que du carbone combiné. Elle est souvent manganésifère.

Il est possible d'obtenir, avec la plupart des minerais, l'une ou l'autre de ces deux variétés, en conduisant convenablement le feu du haut-fourneau et les mélanges qu'on y introduit. La fonte grise fondue et brusquement refroidie devient blanche et la fonte blanche liquide refroidie lentement devient grise. Une seconde fusion peut donc modifier beaucoup la nature des fontes.

Les fontes sont employées au moulage ou bien à la production du fer et de l'acier.

Fig. 166. — Cubilot pour la fusion de la fonte à mouler.

Pour le moulage, on choisit les fontes noires; on leur fait subir une seconde fusion dans un four vertical appelé *cubilot* (fig. 166), où elles sont mélangées avec du coke et soumises au courant d'air d'une tuyère. Le liquide est reçu dans des pots garnis à l'intérieur de terre réfractaire et porté dans les moules où il se solidifie très promptement.

Quand, au lieu de chauffer la fonte avec du coke dans des fours verticaux où elle se carbure, on la place dans des conditions propres à lui faire perdre les matières étrangères qu'elle renferme, le silicium, le manganèse, le phosphore et le soufre et surtout tout ou partie de son carbone, on obtient le fer ou l'acier. Cette opération prend le nom d'*affinage;* elle utilise l'action combinée de la chaleur et de l'air ; et elle emploie comme combustible le charbon de bois, le coke ou la houille.

7. Affinage de la fonte. — On se sert pour cette opération de foyers qui ont une certaine ressemblance avec les forges ordinaires (fig. 167); le creuset, formé de plaques de fer recouvertes d'argile, est surmonté d'une hotte et d'une cheminée; il reçoit le vent d'une tuyère. On le remplit de charbon, et, sur le combustible rendu incandescent, on place les morceaux de fonte concassés. La fonte entre en fusion, et en tombant goutte à goutte au fond du creuset elle s'oxyde à la surface et se débarrasse d'une partie du carbone et du silicium dont les combinaisons forment la scorie. La fonte devient de moins en moins fusible: l'ouvrier la ramène sous le vent de la tuyère où elle continue de s'oxyder, l'affinage s'avance, et le métal débarrassé de la scorie est rassemblé en une *loupe* qu'on porte sous le marteau-pilon pour la cingler et donner au fer la forme de barres. Le fer obtenu est de bonne qualité ; mais on n'en obtient pas

Fig. 167. — Four comtois d'affinage de la fonte. — D, creuset; — G, hotte de la cheminée; — I, tuyère; — c, d, plan incliné pour écouler la scorie.

plus des trois quarts du poids de la fonte. Ce procédé est en usage en France dans la *Franche-Comté;* on lui donne parfois le nom de *procédé comtois.*

La substitution du coke ou de la houille au charbon de bois dans l'affinage de la fonte est aujourd'hui entrée dans la pratique industrielle. Dans une première opération, on refond la fonte sous un courant d'air oxydant.

Puis vient le **puddlage** qui s'exécute dans un four à réverbère que l'on chauffe rapidement par un grand foyer distinct de la sole (fig. 168). La fonte est chargée sur la sole chauffée, avec des oxydes de fer, des battitures. On donne un coup de feu très fort pour porter la masse au rouge blanc ; quand la fonte est pâteuse, on la brasse pour en exposer toutes les parties à l'oxygène qui se dégage des scories et des battitures ; il s'échappe du métal des jets de flamme bleue d'oxyde de carbone. La masse devient moins fusible, le fer *prend nature;* l'ouvrier en rassemble les divers fragments nageant dans la scorie pour les souder en une loupe qu'on retire du four et qu'on porte sous le marteau à cingler, dans le but d'en expulser les scories interposées.

Pour terminer l'affinage du fer, on le coupe lorsqu'il est encore rouge;

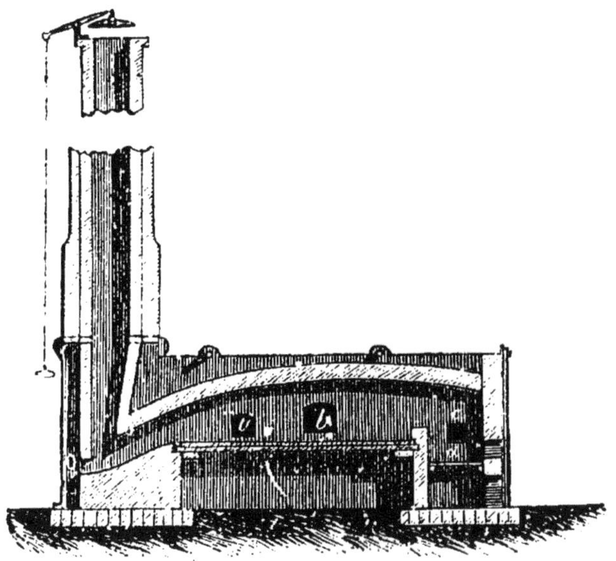

Fig. 168. — Four à puddler. — *a*, foyer; — *b* et *u*, portes de travail.

on en forme des paquets que l'on porte au blanc soudant dans un four dit *à réchauffer*; à leur sortie de ce four, les paquets sont soumis au corroyage, ensuite au laminage qui les transforme en barres.

On retire par cette méthode 82 kilogrammes de fer de 100 kilogrammes de fonte

ACIER.

8. L'acier est un composé de fer et de carbone durcissant par la trempe et susceptible d'acquérir, par un recuit convenable, de l'élasticité et de la souplesse sans perdre toute sa dureté. L'acier est moins carburé que la fonte : il ne contient que de 0,6 à 2 p. % de carbone, tandis que la fonte en renferme de 2 à 3; il contient aussi, mais en bien moins grande proportion, le silicium et les autres corps étrangers de la fonte.

Pour faire de l'acier, il faut ajouter du carbone au fer ou en retrancher à la fonte. La carburation du fer donne ce qu'on appelle l'acier de cémentation; la décarburation incomplète de la fonte produit l'acier naturel.

9. Acier naturel. — L'acier naturel obtenu par le traitement direct d'un minerai de fer par la méthode catalane porte le nom de *fer aciéreux*; celui qu'on obtient par l'affinage incomplet de la fonte, au charbon de bois ou même à la houille dans les fours à puddler, s'appelle *acier de forge*; l'affinage direct de la fonte immédiatement après sa sortie du haut-fourneau donne l'acier *Bessemer*.

Fer aciéreux. — Dans les forges catalanes, on obtient directement du fer malléable; cependant, dans certaines régions de la forge, le fer peut se carburer, ce qui permet d'obtenir de l'acier. On parvient à en obtenir si l'on favorise la carburation et si l'on prévient en même temps la décarburation du fer. Pour satisfaire à ces deux conditions, on emploie une forte proportion de charbon de bois et on fait écouler fréquemment les scories qui par un long contact enlèveraient au fer le carbone qu'il a pu prendre. La masse obtenue est loin d'être homogène; mais ce fer aciéreux convient à la confection des armes blanches, des ressorts, des faux et des socles de charrue.

Acier de forge. — Quand on affine la fonte pour acier, au bois ou à la houille, au petit foyer ou au four à réverbère, il faut porter toute son attention sur l'action décarburante du bain de scories pour la modérer au besoin par l'addition de sable quartzeux, de manière à obtenir de l'acier et non du fer. La masse retirée du four, martelée et étirée, ne présente pas toujours une grande homogénéité.

Acier Bessemer. — Dans ce procédé récent, on reçoit la fonte liquide directement dans l'appareil spécial appelé convertisseur. C'est une sorte de cornue à col très court (fig. 169), mobile sur un axe, et portant au fond les ouvertures des tuyères qui y amènent le vent d'une bonne soufflerie. C'est l'air injecté qui brûle le carbone et les corps étrangers de la fonte, en

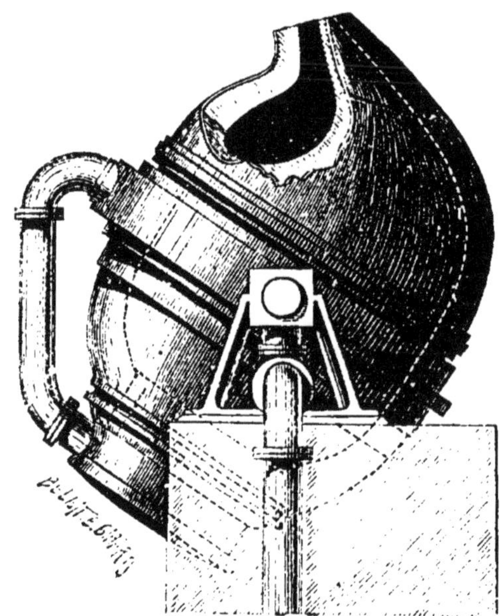

Fig. 169. — Convertisseur Bessemer.

produisant un bouillonnement tumultueux dans la masse liquide. On juge de l'opération par la flamme du convertisseur; et, au moment convenable, on renverse l'appareil pour couler le métal. L'acier obtenu est de composition constante et homogène. Le procédé est économique, puisqu'il évite la perte du combustible nécessaire dans les autres méthodes pour ramener à l'état liquide la fonte qu'on a laissé refroidir.

10. Acier de cémentation. — La cémentation, c'est-à-dire la carburation du fer, s'effectue dans des caisses en briques réfractaires disposées dans un four où l'on peut les chauffer à une haute température. Le fond de chaque caisse contient une couche bien tassée de cément (charbon de bois pulvérisé mélangé de cendres ou de suie); sur cette couche, on range un lit de barres de fer de 4 à 6 centimètres de large et de 1 à 2 d'épaisseur, puis une couche de cément tassé, et ainsi des couches alternatives jusqu'au haut de la caisse. On chauffe graduellement et on maintient la température au rouge plus ou moins de temps, suivant l'épaisseur des barres; après quoi, on laisse refroidir lentement. L'acier obtenu présente souvent à sa surface de petites soufflures ou ampoules qui lui font donner le nom d'*acier-poule*. Il n'est pas homogène; la surface est toujours plus carburée que les couches profondes.

Pour diminuer ces inégalités, on a recours au **corroyage** qui consiste à assortir en paquets des barres d'acier brut, à les chauffer dans un four à vent où elles se soudent, à les tremper pour les casser ensuite et répéter l'opération sur les fragments.

11. Acier fondu. — Mais on n'obtient d'acier suffisamment homogène que par la fusion. Cette opération s'effectue dans des fours à réverbère ou dans des creusets fortement chauffés dans un four à vent à puissant tirage. L'acier fondu est coulé en lingots ou en barres. Il est remarquable par sa dureté et par sa finesse. L'un des plus estimés est celui qu'on fabrique aux Indes et qu'on nomme l'acier **Wootz**.

On commence à le fabriquer au four à réverbère.

12. Propriétés de l'acier — L'acier est brillant, susceptible d'un beau poli; sa texture est grenue, mais à grains fins et serrés. Sa densité est un peu inférieure à celle du fer. Son point de fusion est aussi plus bas que celui du fer, mais supérieur à celui de la fonte; ainsi il semble que le carbone en s'unissant au fer lui donne de la fusibilité.

Sa propriété caractéristique est de devenir très dur et très cassant par la trempe. Pour tremper l'acier, on le chauffe fortement et on le refroidit brusquement en le plongeant dans un liquide; la dureté qu'acquiert le métal est en raison de la célérité du refroidissement. Quand on chauffe l'acier trempé, et qu'on le refroidit lentement, on lui enlève tout ou partie de la dureté qui lui avait été communiquée. Cette opération du **recuit** est employée pour produire des aciers de diverses qualités; comme l'acier chauffé passe successivement par diverses couleurs : jaune, pourpre, violet, bleu clair, bleu foncé, on utilise cette propriété pour recuire jusqu'à telle ou telle couleur suivant la nature des objets qu'on veut faire; ainsi les ressorts de montre se recuisent au violet et au bleu, les scies fines et les forets au bleu foncé.

Les propriétés chimiques de l'acier sont les mêmes que celles du fer; seulement les acides laissent sur le premier une tache noire plus intense que sur le fer. Cette tache, qui est du charbon insoluble dans l'acide, n'est homogène que dans le cas où le carbone est uniformément réparti dans la masse; dans le cas contraire, elle forme un dessin irrégulier. Le **damas**, qui nous venait autrefois de l'Orient, est de l'acier où le carbone est irrégulièrement réparti; plongé dans un acide, il prend l'aspect caractéristique qui le distingue.

Questionnaire. — 1. Sous quelles formes trouve-t-on le fer dans la nature? Quels sont les principaux minerais exploités? — 2. Comment débarrasse-t-on les minerais d'une partie de leur gangue? Quel est le principe de la sidérurgie? Quelles sont les deux principales méthodes employées? — 3. Comment opère-t-on dans la méthode catalane? Quelles sont les réactions qui se produisent? — 4. Quelle est la forme d'un haut-fourneau? — 5. Quelles sont les réactions qui s'y produisent, dans la marche ascendante des gaz chauds, dans la descente du minerai? Comment coule-t-on la fonte et la scorie? — 6. Quelle est la composition de la fonte grise, de la fonte blanche ? Comment emploie-t-on la fonte au moulage? — **7.** Comment affine-t-on la fonte pour en tirer le fer, au petit foyer, au puddlage? — S. Quelle est la composition chimique de l'acier? — 9. Comment obtient-on l'acier naturel à l'état de fer aciéreux, d'acier de forge, d'acier Bessemer? — 10 et 11. Comment produit-on l'acier de cémentation, l'acier fondu? — 12. Quelles propriétés gagne l'acier par la trempe?

QUARANTE-CINQUIEME LEÇON

Fer et ses composés.

1. Propriétés du fer. — Le fer est gris bleuâtre, doué de l'éclat métallique. C'est le plus tenace des métaux usuels; un fil de 2 millimètres de diamètre ne se rompt que par une traction de 249 kilogrammes. Il est ductile et malléable; on le réduit en fils très fins par la filière, en lames minces au laminoir : c'est alors la tôle. L'écrouissage le rend cassant; mais le recuit lui rend sa flexibilité. Sa densité varie entre 7,2 et 7,8.

Le fer pur, que l'on appelle **fer doux**, fond vers 1500°, c'est-à-dire au rouge blanc (le fer mélangé de carbone est plus fusible). Le fer doux est magnétique, c'est-à-dire attirable à l'aimant; mais il ne conserve l'aimantation que s'il est à l'état d'acier.

Le fer possède la propriété précieuse de se ramollir légèrement avant de fondre et de se souder à lui-même; aussi il peut être façonné à la forge par le martelage. Quand il est de bonne qualité, sa texture est grenue, mais il devient fibreux sous l'action du marteau; c'est alors qu'il possède sa plus grande ténacité. Le fer fibreux peut reprendre peu à peu l'état cristallin et redevenir cassant sous l'influence de vibrations répétées ; cette métamorphose moléculaire se remarque dans les essieux de voitures, les câbles des ponts suspendus ; pour lui rendre sa ténacité première, il faut le forger.

Le fer est inaltérable à l'air sec à la température ordinaire; au rouge, il absorbe l'oxygène et se convertit en oxyde magnétique Fe^3O^4; cette combustion se fait avec vivacité dans l'oxygène pur. Quand on bat sur l'enclume le fer chauffé un peu au-dessous du rouge, il s'en détache en étincelles des écailles oxydées auxquelles on donne le nom de **battitures**. Le fer très divisé est pyrophorique.

A l'air humide, le fer se couvre de **rouille** qui est du sesquioxyde hydraté. L'oxydation est lente à s'établir; mais elle se propage rapidement une fois commencée. La première tache de rouille forme avec le fer un couple voltaïque qui décompose l'eau dont l'oxygène se porte sur le fer, tandis que l'hydrogène naissant se combine à l'azote de l'air pour donner de l'ammoniaque; on trouve en effet toujours de l'ammoniaque accompagnant la rouille. On préserve le fer de l'oxydation en le recouvrant d'un corps gras ou d'un vernis, ou mieux encore en protégeant sa surface par un autre métal. Le fer recouvert d'une mince couche d'étain constitue le **fer blanc** : protégé par une mince couche de zinc, il porte le nom de **fer galvanisé**.

Le fer s'unit à un grand nombre de corps simples, notamment aux métalloïdes de la première famille et au soufre.

Il décompose l'eau rouge en devenant oxyde, Fe^3O^4, et en dégageant de l'hydrogène. Il décompose aussi un grand nombre d'acides en produisant un sel correspondant et mettant en liberté de l'hydrogène. C'est ainsi qu'il agit sur l'acide chlorhydrique, sur l'acide sulfurique étendu et sur quelques acides organiques, comme l'acide acétique.

2. Préparation du fer pur. — Le meilleur fer du commerce renferme toujours un peu de matières étrangères, notamment du carbone et du silicium. Pour obtenir du fer chimiquement pur, on peut traiter au feu de forge, dans un creuset réfractaire, du fil de clavecin par de l'oxyde de fer et du verre pilé ; ce dernier fait office de fondant, l'oxyde agit comme oxydant sur le carbone et le silicium, et l'on obtient un culot métallique d'un blanc d'argent. Mais il est plus commode de soumettre l'oxyde ou le chlorure à la réduction par l'hydrogène.

On met le sesquioxyde de fer dans un tube où l'on fait passer un courant de gaz hydrogène sec (fig. 171); on chauffe légèrement le tube à la lampe à alcool; il s'en dégage de la vapeur d'eau et il y reste une poudre très divisée de fer pur. Si l'on n'a pas chauffé au-delà de 250°, cette poudre prend feu au

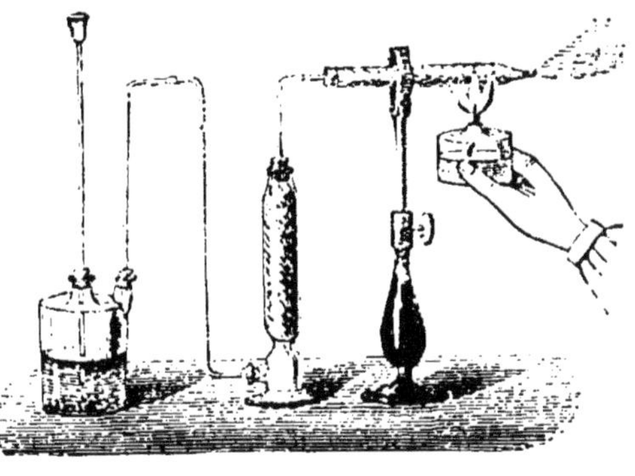

Fig. 170. — Réduction de l'oxyde de fer par l'hydrogène.

contact de l'air; elle tombe en étincelles quand on la projette du tube : c'est le **fer pyrophorique**. Il est plus inflammable encore quand on réduit un mélange d'oxyde de fer et d'alumine.

OXYDES DE FER.

3. Le fer forme avec l'oxygène :

$$Le\ protoxyde. \dots \dots \dots FeO ;$$
$$Le\ sesquioxyde. \dots \dots \dots Fe^2O^3 ;$$

puis une série d'oxydes intermédiaires, résultant de la combinaison des deux précédents et dont l'*oxyde magnétique*, Fe^3O^4, est le plus intéressant. On obtient aussi l'*acide ferrique*, FeO^3 ; il n'a qu'une importance théorique.

Le *protoxyde* de fer à l'état hydraté s'obtient toutes les fois qu'on verse un alcali dans la solution du sulfate de fer ou vitriol vert; le précipité est blanc au moment où il apparaît, mais il s'oxyde très promptement, passe au vert et finalement au brun. Il est très peu soluble dans l'eau (1 gramme par 150 litres) ; il lui donne cependant une saveur ferrugineuse prononcée et la propriété de se troubler à l'air. C'est une base puissante, très répandue dans la nature.

4. Sesquioxyde de fer, Fe^2O^3. — On obtient le sesquioxyde de fer à l'état d'hydrate quand on verse un alcali dans une solution de perchlorure de fer. C'est un précipité d'un rouge brun dont la composition moyenne est Fe^2O^33Aq. La rouille dont se couvre le fer à l'air humide est le même composé. Ce produit, calciné, perd son eau d'hydratation et devient rouge; aussi les argiles ferrugineuses et les ocres qui lui doivent leur couleur jaune deviennent-elles rouges par l'action du feu.

On l'obtient anhydre en calcinant l'azotate ou le sulfate de fer. Cette dernière opération se fait industriellement pour la fabrication de l'acide sulfurique de Nordhausen; le résidu qui reste dans la cornue est une poudre d'un brun rouge appelé **colcothar**, assez dure pour être employée au polissage des métaux et des glaces quand on l'a amenée par lévigation à un degré de ténuité convenable. (L'industrie des glaces prépare son colcothar par la calcination de l'oxalate de fer obtenu par l'action de l'acide oxalique sur une solution de sulfate; l'oxyde rouge obtenu est d'une extrême finesse.)

Si l'on mélange du sel marin au sulfate de fer, le produit qu'on obtient après calcination est un sesquioxyde cristallisé en paillettes très dures; on l'emploie sous le nom de *poudre à rasoirs* pour affiler ces instruments.

Rappelons que le sesquioxyde de fer naturel est très répandu, cristallisé et amorphe; c'est un des minerais les plus abondants.

Le sesquioxyde de fer hydraté est ramené à l'état de protoxyde par les matières organiques; mais son nouvel état ne persiste pas, le protoxyde jouissant de la propriété d'absorber l'oxygène de l'air avec une grande rapidité. Il en résulte qu'au contact des matières combustibles le sesquioxyde de fer joue le rôle d'un oxydant énergique qui, en se reformant sans cesse, porte l'oxygène de l'air sur les matières organiques. C'est cette propriété qui explique la détérioration rapide des bois autour des clous de fer qui les fixent; elle rend compte aussi de la destruction des tissus tachés d'encre ou de sels de fer, sur lesquels le lessivage a développé de la rouille. On pense que le sesquioxyde des terres arables fixe de l'oxygène sur les matières organiques des engrais et contribue ainsi à les transformer en matériaux assimilables par les plantes.

5. Oxyde magnétique Fe^3O^4. — L'oxyde magnétique naturel est le meilleur des minerais de fer; les fers de la Suède lui doivent leur supériorité. La pierre d'aimant en est presque entièrement formée. Il se forme artificiellement quand on décompose l'eau par le fer incandescent. Mais il n'a, comme produit de laboratoire, d'autre intérêt que d'être un oxyde salin qui donne, quand on l'attaque par un acide, des sels de protoxyde et des sels de sesquioxyde, comme s'il était réellement formé du groupement FeO, Fe^2O^3, forme de sel où le sesquioxyde jouerait le rôle d'acide.

6. Sulfures de fer. — Les sulfures de fer sont plus nombreux encore que les oxydes; on en connaît huit parmi lesquels nous ne retiendrons que les deux plus importants :

> Le protosulfure de fer (ou sulfure ferreux). . FeS.
> Le bisulfure, appelé *pyrite*. . . . . FeS^2.

Protosulfure de fer. — FeS. — On obtient le protosulfure de fer en chauffant dans un creuset des poids égaux de limaille de fer et de fleur de soufre. Le produit formé est une masse noire, dure, métallique, utilisée dans les laboratoires, à la préparation à froid de l'hydrogène sulfuré; il suffit en effet de l'attaquer par un acide (sulfurique ou chlorhydrique) pour dégager le gaz :

$$FeS + HCl = FeCl + HS.$$

Le fer chauffé, plongé dans de la vapeur de soufre ou dans du soufre fondu, se couvre d'une croûte métallique cassante de sulfure.

Rappelons que la combinaison du soufre et du fer en limaille peut s'opérer à la température ordinaire, quand le mélange est humecté, et qu'elle dégage assez de chaleur pour vaporiser une partie de l'eau et même provoquer l'inflammation de corps combustibles mêlés à la masse.

Bisulfure de fer ou pyrite. — FeS^2. — Le bisulfure de fer, appelé ordinairement **pyrite**, est un produit naturel abondamment répandu. On le trouve cristallisé sous deux formes différentes, en cubes et en prismes. La **pyrite cubique** est d'un bel éclat métallique et d'un beau jaune d'or (son nom vulgaire d'*or des ânes* fait allusion à ce bel aspect d'une matière sans grande valeur). Elle est très dure et fait feu sous le briquet. La **pyrite prismatique** est plus blanche, mais douée comme l'autre d'un bel éclat métallique. Elle est très oxydable ; à l'air humide, elle attire l'oxygène, tombe peu à peu en poussière et se convertit finalement en sulfate de fer. Son oxydation dégage de la chaleur, et c'est à sa présence dans les schistes houillers que l'on attribue les incendies de certaines houillères.

Les pyrites ne sont pas, à proprement parler, des minerais de fer. On les grille à l'air pour obtenir le gaz sulfureux nécessaire à la fabrication de l'acide sulfurique.

Quand on les distille en vase clos, elles perdent du soufre et laissent comme résidu la pyrite magnétique, Fe^3S^4 :

$$3(FeS^3) = S^2 + Fe^3S^4.$$

On peut considérer cette dernière comme un double sulfure FeS,Fe^2S^3 analogue à l'oxyde FeO,Fe^2O^3 et magnétique comme lui ; c'est une analogie de plus, et bien frappante, entre le soufre et l'oxygène.

SULFATE DE FER. — $FeOSO^37Aq$.

7. Préparation. — Le sulfate de fer, désigné ordinairement dans le commerce sous le nom de **vitriol vert**, **couperose verte**, est le sel de fer le plus important. On le prépare en attaquant le fer par l'acide sulfurique étendu et par l'oxydation des pyrites au contact de l'air humide.

Dans de l'acide sulfurique étendu d'eau, on introduit du fer en morceaux, en rognures ou en limaille ; il se dégage de l'hydrogène :

$$Fe + HOSO^3nAq = FeOSO^3nAq + H.$$

L'industrie emploie de l'acide sulfurique de qualité inférieure, impropre à tout autre usage (comme celui qui a servi à l'épuration des huiles), et elle utilise de vieilles ferrailles et les déchets des ateliers de tournure et de forage. On fait écouler dans une cheminée l'hydrogène infect qui se dégage. La liqueur, concentrée, est abandonnée dans des cuves où elle dépose de gros cristaux sur des bâtons immergés.

Les pyrites dures préalablement grillées et les argiles pyriteuses efflorescentes sont oxydées en tas. La masse devient pulvérulente, et le sulfure se transforme en sulfate. On lessive la matière, et la solution, concentrée par la chaleur est ensuite conduite dans de grands cristallisoirs.

Le sulfate de fer ainsi préparé n'est pas pur; il contient différents sulfates, notamment celui de cuivre qui est le plus facile à éliminer; il suffit, en effet, de mettre du fer dans la dissolution du sel impur pour précipiter le cuivre à l'état métallique.

8. **Propriétés et usages.** — Le sulfate de fer cristallise en prismes verts contenant 7 équivalents d'eau de cristallisation. Il se dissout à froid dans une fois et demie son poids d'eau et dans le tiers de son poids d'eau bouillante. Il perd $6Aq$, quand on le chauffe à 100°; le 7e équivalent ne disparaît qu'à 300°; le sel anhydre est d'un blanc grisâtre; mais il reprend sa couleur verte quand on lui rend l'eau qu'il a perdue. Au rouge sombre, il dégage l'acide sulfurique fumant et laisse comme résidu le colcothar.

Ses cristaux prennent à l'air un aspect ocreux dû à la formation d'un sulfate de sesquioxyde insoluble; ils sont difficiles à conserver. La même oxydation se produit sur la dissolution du sel dans l'eau: elle se trouble rapidement et dépose une ocre jaunâtre. Quand ce phénomène se produit pendant l'évaporation de la solution, on la fait bouillir avec un peu de limaille de fer qui ramène à l'état de protoxyde le sesquioxyde qui s'était formé.

Le sulfate de fer absorbe le bioxyde d'azote et se colore en brun. On utilise cette propriété pour caractériser les azotates. On fait chauffer dans un tube un mélange d'azotate et d'acide sulfurique auquel on ajoute un cristal de sulfate de fer; celui-ci se colore en brun parce qu'il absorbe le composé azoté qui s'est dégagé.

Le sulfate de fer est employé à la fabrication de l'acide sulfurique fumant et du colcothar. Il est d'un grand usage en teinture: sa facilité à s'oxyder le fait utiliser comme réducteur de l'indigo; avec la noix de galle, il teint en noir; mélangé au tannin, il contribue à former l'encre ordinaire. Il sert à la fabrication du bleu de Prusse. Enfin on l'emploie avec succès comme désinfectant des fosses d'aisances parce qu'il fixe le sulfure d'ammonium à l'état de sulfure de fer.

PRUSSIATES ET BLEU DE PRUSSE.

9. Quand on calcine au rouge un mélange de limaille de fer et de carbonate de potasse avec des matières azotées, comme la corne, la chair desséchée, les rognures de cuir, etc., on obtient une masse qui lessivée donne une liqueur d'où se déposent par refroidissement des cristaux jaunes; c'est le prussiate jaune de potasse, ainsi appelé parce qu'il sert à la fabrication du bleu de Prusse. On peut extraire de ce sel, en le traitant par le chlore, un solide en cristaux rouges par transparence, qu'on a appelé prussiate rouge.

Le premier de ces deux composés a pour formule $Fe_7C^2Az^3K^2$ ou $FeCy^3K^2$; ses propriétés chimiques le rapprochent des cyanures métalliques; aussi son vrai nom chimique est-il ferrocyanure de potassium; le second est le ferricyanure du même métal. L'un et l'autre sont d'excellents réactifs des sels de fer ; leurs réactions présentent assez d'intérêt, au point de vue théorique, pour légitimer leur étude.

Ferrocyanure de potassium. — $FeCy^3K^2$. — Ce sel se présente en cristaux d'un jaune citron, solubles dans l'eau, inaltérables à l'air. Sa dissolution donne dans les sels de sesquioxyde de fer un précipité *bleu;* mais elle précipite aussi beaucoup d'autres solutions métalliques: dans les sels de plomb, le précipité *est blanc;* il est *brun marron* dans les sels de cuivre; elle n'est pas elle-même précipitée par l'ammoniaque comme les autres sels de fer. C'est qu'en effet le fer y fait partie intégrante de la portion du corps qui se transporte dans toutes ses réactions, à la manière d'un corps simple; c'est le potassium, qui peut y être remplacé par différents métaux et même par l'hydrogène. On trouve en effet dans les sels de cuivre et de plomb, traités par le ferrocyanure, les réactions suivantes :

$$FeCy^3K^2 + 2(CuOSO^3) \quad = \quad FeCy^3Cu^2 \quad + \quad 2(KOSO^3)$$
Ferrocyanure
de cuivre.

$$FeCy^3K^2 + 2(PbOAzO^5) \quad = \quad FeCy^3Pb^2 \quad + \quad 2(KO,AzO^5),$$
Ferrocyanure
de plomb.

et si l'on soumet le dernier précipité $FeCy^3Pb^2$ à l'action de l'hydrogène sulfuré, il se forme un sulfure noir de plomb et il reste un liquide acide qui décompose les carbonates avec effervescence, comme le fait l'acide chlorhydrique, et peut régénérer le ferrocyanure de potassium si on le met en contact avec la potasse. C'est l'acide ferrocyanhydrique qui est de tous points comparable aux autres hydracides :

$$FeCy^3Pb^2 \quad + \quad 2HS \quad = \quad 2PbS \quad + \quad FeCy^3H^2.$$
Acide
ferrocyanhydrique.

On voit par ces exemples que le ferrocyanure de potassium est l'un des sels d'un acide dont le groupe complexe $FeCy^3$ se transporte complètement comme un corps simple; on comprend alors que le fer y soit masqué aux réactions ordinaires et que la chaleur seule puisse le chasser, en détruisant la molécule du corps. On comprend aussi pourquoi il faut préférer pour ce composé le nom de ferrocyanure à son ancien nom de prussiate jaune.

10. Bleu de Prusse. — Le bleu de Prusse, ainsi appelé parce qu'il a été découvert au dernier siècle par un chimiste de Berlin, se produit toutes les fois qu'on traite un sel de sesquioxyde de fer (le perchlorure par exemple, Fe^2Cl^3,) par du ferrocyanure de potassium :

$$2(Fe^2Cl^3) + 3(FeCy^3K^2) = 6KCl + (FeCy^3)^3(Fe^2)^2.$$
Bleu de Prusse.

C'est un précipité d'un bleu foncé, qui desséché se présente en masses compactes à reflets rougeâtres ou cuivreux, capables d'acquérir par le frottement un bel éclat métallique bronzé.

Dans l'industrie, pour l'obtenir, on mélange la dissolution de ferrocyanure à une dissolution de sulfate de protoxyde de fer; le précipité produit est d'un bleu blanchâtre; il se fonce à mesure que le fer se suroxyde;

pour assurer cette oxydation, on mélange à la masse du chlorure de chaux.
On filtre le précipité pour le dessécher ensuite.

Le bleu de Prusse est insoluble dans l'eau et dans les acides ; cependant il devient soluble dans l'acide oxalique quand il a séjourné un jour ou deux dans l'acide sulfurique. On lui fait subir cette préparation pour obtenir l'*encre bleue*.

La teinture et l'impression des tissus font du bleu de Prusse un grand usage.

Questionnaire. — 1. Quelles sont les propriétés physiques du fer? Qu'est-ce que le fer doux, le fer fibreux? L'oxyde de battitures, la rouille? Le fer blanc, le fer galvanisé? — 2. Comment prépare-t-on le fer pur? — 3. Quels sont les principaux oxydes de fer? Comment obtient-on le protoxyde hydraté? — 4. Quelles sont les propriétés du sesquioxyde, ses emplois, son action sur les matières organiques? — 5. Quelles sont les propriétés de l'oxyde magnétique? — 6. Quels sont les principaux sulfures de fer, les usages du proto-sulfure, les propriétés des pyrites? — 7. 8. Comment prépare-t-on le sulfate de fer? — Quelles sont ses propriétés, ses usages? — 9. Qu'appelle-t-on prussiates? — Comment obtient-on le prussiate jaune? Quel nom lui donne-t-on? — 10. Qu'est-ce que le bleu de Prusse? Comment le fait-on?

QUARANTE-SIXIÈME LEÇON

Zinc. Zn = 33.

1. Minerais de zinc. — Le zinc était connu des anciens qui savaient fabriquer le laiton ; mais c'est seulement de ce siècle que date son usage vulgaire. On l'extrait de deux minerais : la *calamine* et la *blende*. La calamine est un carbonate de zinc associé à de l'oxyde de fer et à de la gangue ; elle fournit la majeure partie du zinc du commerce ; ses principaux gisements sont en *Silésie* et en *Belgique*, aux environs d'*Aix-la-Chapelle* où se trouvent les mines de la *Vieille-Montagne*. La blende est un sulfure de zinc, mêlé ordinairement de sulfure de fer ou accompagnant les gîtes de galène ou sulfure de plomb.

Malgré leur différence de composition chimique, ces deux minerais sont soumis au même traitement pour en extraire le métal. On les lave pour les séparer de l'argile ocreuse qui forme la gangue, puis on les grille, c'est-à-dire qu'on les soumet à l'oxydation. La blende perd son soufre et s'oxyde ; la calamine perd son acide carbonique ; toutes deux laissent pour résidu de l'oxyde de zinc. Cet oxyde est traité par du charbon qui le réduit à chaud. A la température où l'on opère, le zinc se volatilise, distille et vient se condenser dans des récipients où il est recueilli.

Les fourneaux où s'opère cette réduction peuvent recevoir un nombre plus ou moins grand de cylindres en terre réfractaire que l'on remplit d'un mélange du minerai grillé avec de la houille menue. On ajoute à l'orifice de chaque cylindre un tube en terre renflé en forme d'allonge, terminé par un cornet en tôle (fig. 171). Le zinc en vapeurs passe du creuset chauffé dans le tube où il se condense ; l'allonge retient les poussières métalliques entraînées. Ces dernières sont traitées à nouveau comme minerai; c'est en effet de l'oxyde de zinc. Le métal liquide est extrait de la panse pour être coulé en plaques ou en saumons.

2. Purification du zinc. — Le métal obtenu est impur et contient des traces d'autres métaux. Pour le purifier, on le redistille dans un creuset muni d'un tube, comme l'indique la figure 172 Le creuset plein de zinc est luté avec soin, puis chauffé;

Fig. 171. — Fourneau à réduire le minerai de zinc, avec son tube à panse et son allonge.

les vapeurs métalliques se condensent dans le tube et le liquide qu'elles donnent tombe goutte à goutte dans un vase plein d'eau.

Pour obtenir le zinc chimiquement pur dont on a parfois besoin dans les laboratoires, on commence par calciner l'oxyde en mélange avec du sucre. Puis on chauffe le résidu charbonneux obtenu dans un tube de terre incliné placé dans un fourneau à réverbère; le métal distille et s'écoule par l'extrémité du tube d'où on le recueille dans l'eau.

3. Propriétés physiques du zinc. — Le zinc est d'un blanc bleuâtre, assez mou, mais peu flexible. Il adhère aux limes d'acier avec lesquelles on le travaille : on dit qu'il les *graisse*. Sa densité varie de 6,8 à 7,2. Quand il est pur, il est très malléable; mais s'il contient comme celui du commerce des traces d'autres métaux, il est cassant à froid. Cependant à 100° il redevient malléable, peut être laminé et étiré en fils;

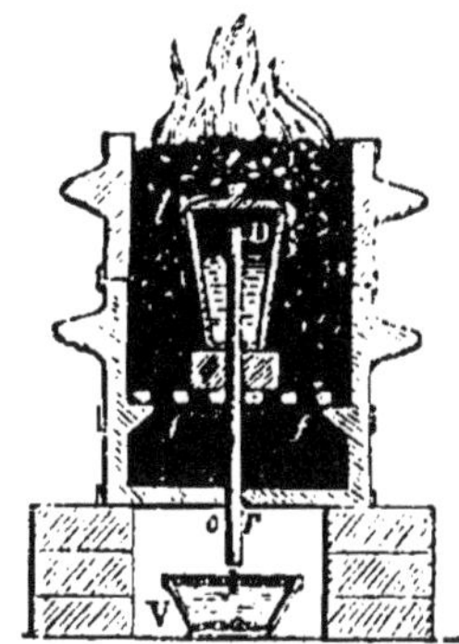

Fig. 172. — Creuset à purifier le zinc. — D, creuset luté, traversé par le tube T, qui débouche au-dessus d'un vase V plein d'eau, où le métal se rassemble.

mais chauffé davantage il redevient très cassant, à tel point qu'à 200° il peut être facilement pulvérisé dans un mortier. C'est le plus dilatable de tous les métaux ; une feuille de zinc clouée sur tout son pourtour se tuile et se déchire par les variations de température. Le zinc entre en fusion vers 500°; on le grenaille facilement en le versant lentement dans de l'eau froide. Au rouge, il se volatilise.

4. Propriétés chimiques. — L'air sec est sans action sur le zinc solide. L'air humide le recouvre d'une mince couche d'oxyde qui se carbonate et qui protège le métal d'une altération plus profonde, comme un vernis imperméable. Le zinc fondu, chauffé au-dessus de son point de fusion, s'oxyde rapidement : le métal brûle en produisant une belle lumière d'un blanc bleuâtre; l'oxyde formé est une poudre blanche d'où s'élèvent des flocons très légers et très blancs.

Le zinc pur n'est que très faiblement attaqué par les acides minéraux. Si l'on plonge en effet dans de l'eau acidulée par l'acide sulfurique une lame de zinc très pur, elle n'est pas attaquée; tout au plus se couvre-t-elle de quelques petites bulles gazeuses d'hydrogène. Si l'on plonge alors une lame de cuivre dans le même liquide et qu'on la réunisse à la lame de zinc, aussitôt l'action chimique commence et on peut constater de l'électricité dans un fil qui réunit extérieurement les deux lames (fig. 173). Dans ce cas, l'hydrogène dont le zinc a pris peu à peu la place se dégage contre la lame de cuivre : les deux lames et le liquide forment un couple voltaïque, un élément de pile électrique :

$$Zn + HOSO^3 + nAq = ZnOSO^3,nAq + H.$$

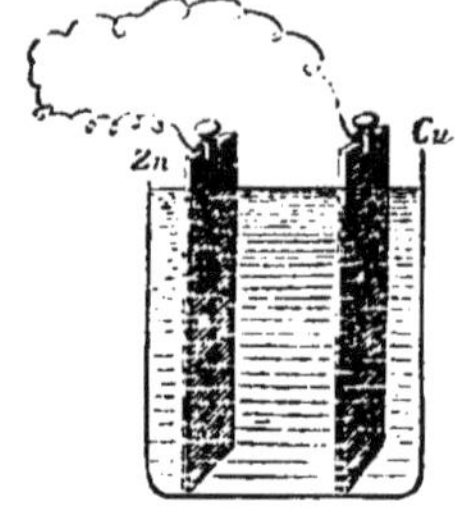

Fig. 173. — Pile simple pour l'action chimique de l'eau acidulée sur le zinc pur.

Le zinc du commerce est immédiatement attaqué par l'eau acidulée et les autres acides. On pense que les métaux étrangers qu'il contient forment avec lui des couples électriques qui éveillent pour ainsi dire l'action chimique. Nous avons vu que le zinc sert à préparer l'hydrogène qu'il fait dégager abondamment de l'eau acidulée ou de l'acide chlorhydrique.

Les acides organiques attaquent le zinc et donnent avec lui des composés vénéneux ; le vin qui a séjourné quelques secondes dans un vase de zinc a acquis une amertume caractéristique.

Le zinc peut décomposer l'eau à l'ébullition, en présence de la potasse et de la soude; il la décompose seul, comme le fer, à une température élevée.

5. **Usages du zinc.** — En feuilles épaisses, le zinc est employé pour les toitures, les gouttières, les tuyaux, les vases à contenir l'eau, arrosoirs, baignoires, etc. C'est le métal attaquable des piles électriques. Il sert aussi à confectionner par estampage des ornements repoussés. Il est exclu des ustensiles de cuisine.

Quelques-uns de ses alliages présentent un haut intérêt : tel est le laiton ou cuivre jaune dont nous parlerons en traitant du cuivre; tel est aussi le **fer galvanisé.**

Fer galvanisé. — On désigne sous ce nom le fer recouvert d'une mince couche de zinc destinée à protéger le métal altérable de l'oxydation. Si l'on expose à l'air humide un clou, un fil ou une lame de fer galvanisé, c'est la couche de zinc qui s'oxyde légèrement et se recouvre d'une couche d'hydro-carbonate protégeant le tout comme un vernis imperméable.

Pour recouvrir le fer de zinc, on le décape d'abord en le laissant séjourner quelque temps dans une eau contenant $\frac{1}{100}$ d'acide sulfurique; on le sèche rapidement et on le plonge dans un bain de zinc fondu sur lequel flotte une couche de sel ammoniac qui préserve le métal de l'oxydation et achève de décaper le fer au moment de son immersion. Au sortir du bain, les pièces de fer sont plongées dans une solution étendue de sel ammoniac où le zinc non adhérent se détache; elles sont ensuite séchées.

On a reproché à ce mode d'opérer un inconvénient dû à l'inégale dilatabilité des deux métaux sous l'action de la chaleur, qui finit par faire détacher le zinc du fer. Et on a substitué au zincage par immersion le zincage par la pile, qui donne un dépôt bien plus adhérent et bien plus solide.

OXYDE DE ZINC. — ZnO.

6. **Propriétés et usages.** — L'oxyde de zinc est une poudre blanche, jaune parfois quand il contient de l'oxyde de fer. Il est vrai qu'il se colore

en jaune par une forte chaleur; mais cette coloration est temporaire; le refroidissement lui rend sa blancheur. C'est la laine *philosophique* des alchimistes, qui avaient ainsi nommé les flocons neigeux qui s'élèvent du zinc fortement chauffé.

Il est indécomposable par la chaleur, à peine soluble dans l'eau, mais soluble dans les acides et dans la potasse. On le considère comme une base énergique, puisqu'il sature bien les acides. Il peut d'ailleurs fonctionner aussi comme acide, puisqu'il se dissout dans la potasse; c'est donc un oxyde indifférent.

L'oxyde de zinc est employé dans la peinture sous le nom de blanc de zinc. Il remplace avec avantage le *blanc de plomb* ou *céruse*. Celui-ci est très vénéneux; ses poussières exercent une action funeste sur la santé des ouvriers, et de plus il noircit à l'air sous l'influence des émanations sulfureuses. Le blanc de zinc est inoffensif; son maniement n'offre aucun danger et il ne noircit pas par l'hydrogène sulfuré. Il doit donc être préféré à la céruse, et il l'aurait remplacée depuis longtemps si les peintres comprenaient bien leur intérêt.

7. **Préparation.** — L'oxyde de zinc s'obtient dans les laboratoires hydraté ou anhydre. Pour l'avoir hydraté, on verse peu à peu de la potasse dans une solution de sulfate ou de chlorure de zinc; il se dépose une poudre blanche qui est l'oxyde. Il faut éviter un excès de réactif dans cette précipitation; un peu trop de potasse redissoudrait le précipité formé en formant un zincate de potasse soluble.

Pour obtenir l'oxyde anhydre, on fond du zinc dans un creuset ou sur un têt que l'on peut chauffer assez. Quand les vapeurs métalliques s'enflamment, l'oxydation est rapide: c'est une des plus belles combustions que l'on réalise dans les laboratoires.

Fabrication industrielle. — L'industrie prépare le blanc de zinc en chauffant le métal dans les cornues disposées pour que la vapeur de zinc qui en sort rencontre de l'air et brûle en produisant l'oxyde (fig. 173). Le tuyau où se rendent les vapeurs qui sortent de la cornue a une prise d'air dont on règle le tirage; il communique à une série de chambres successives sur les parois desquelles l'oxyde de zinc se dépose en poussière. L'oxyde est recueilli dans des trémies d'où on le fait tomber dans des tonneaux.

8. **Chlorure de zinc.** — ZnCl. — Le zinc décompose vivement l'acide chlorhydrique; il se dégage beaucoup d'hydrogène et il reste du chlorure de zinc. Par l'évaporation de cette dissolution, on obtient le sel cristallisé et hydraté. L'évaporation à sec donne un produit sirupeux, le chlorure anhydre gris, transparent, fusible à 250° sans vapeurs sensibles, propriété qui le fait employer pour bain à température constante et élevée.

Les soudeurs préparent à mesure de leurs besoins une dissolution de chlorure de zinc qu'ils emploient concurremment avec le sel ammoniac pour décaper les pièces à souder; ce corps détruit en effet les oxydes en les transformant en chlorures volatilisables.

9. **Sulfate de zinc.** — ZnOSO³7Aq. — Le sulfate de zinc désigné aussi sous le nom de couperose blanche ou de vitriol blanc est en cristaux incolores sous forme de prismes droits. Il est isomorphe avec le sulfate de magnésie, prenant comme lui 7 équivalents d'eau de cristallisation. Sa saveur est amère, il est vénéneux. L'eau en dissout la moitié de son poids à la température ordinaire, son propre poids à l'ébullition. Maintenu à 100°, le sel cristallisé fond dans son eau de cristallisation et perd 6 équi-

valents d'eau; il ne devient anhydre qu'à 230°. Chauffé plus fortement, il dégage de l'acide sulfureux et de l'oxygène et il laisse un résidu d'oxyde.

Il est employé dans les ateliers d'indiennerie. Il peut servir à con-

Fig. 174. — Four et chambres à préparer l'oxyde de zinc. — A, chambre à condenser et recueillir l'oxyde; — B, tube de prise d'air; — C, creuset où le zinc est volatilisé; — T, tuyau entraînant les vapeurs de zinc et l'air; — F, foyer.

server les pièces anatomiques. La médecine l'utilise dans les ophtalmies.

Ce sel s'obtient en dissolvant le zinc dans l'acide sulfurique étendu. C'est le résidu de la préparation de l'hydrogène dans les laboratoires et de l'attaque du zinc dans les piles électriques. Dans les grands établissements de galvanoplastie, on recueille les dissolutions de zinc, on les concentre et on les verse dans des cristallisoirs où le sulfate se dépose. On peut encore l'obtenir par le grillage de la blende ou sulfure de zinc, le lessivage du minerai oxydé et l'évaporation du liquide.

Par ces divers procédés, on n'obtient qu'un produit impur, mélangé souvent de sulfate de fer. Pour éliminer ce dernier composé, on fait passer un courant de chlore dans la dissolution de sulfate de zinc impur; le chlore oxyde le fer et le fait passer à l'état de sesquioxyde. On chauffe le liquide pour chasser l'excès de chlore et on y introduit un peu d'oxyde de zinc qui prend la place de l'oxyde de fer et fait déposer ce dernier. On décante, et on concentre pour faire cristalliser le sulfate pur. D'ordinaire, pour l'industrie, on fond le sel dans son eau de cristallisation et on le coule en pains.

Questionnaire. — 1. Quels sont les deux minerais de zinc? Comment les traite-t-on pour en retirer le métal? — 2. Comment purifie-t-on le zinc? — 3. Quelles sont les propriétés physiques du zinc? — 4. Quelle est l'action des principaux agents chimiques sur ce métal? — 5. Quels sont ses usages? Comment fait-on le fer galvanisé? — 6. Quels sont les propriétés et les usages de l'oxyde de zinc? — 7. Comment l'obtient-on dans les laboratoires? Comment l'industrie fait-elle le blanc de zinc? — 8. A quoi sert le chlorure de zinc? — 9. Comment obtient-on le sulfate.

QUARANTE-SEPTIÈME LEÇON

Étain. — Sn = 59.

1. Extraction de l'étain. — L'étain est un des métaux le plus anciennement connus. Il entre dans la composition du bronze qui a fourni à l'homme ses premiers outils métalliques. Le seul minerai de ce métal est l'oxyde appelé **cassitérite**. On le trouve souvent cristallisé dans les terrains anciens ; on l'exploite en filons ou en sables. Les principaux gisements sont dans le comté de Cornouailles en Angleterre, en Saxe et en Bohême, aux Indes, dans la presqu'île de Malacca et l'île de Banca.

L'extraction de l'étain comprend un traitement physique assez difficultueux, qui a pour but de séparer l'oxyde de la plus grande partie de sa gangue, et une réduction chimique très simple qui consiste à enlever l'oxygène de l'oxyde par le charbon.

Le minerai en sables provenant des alluvions est trié, bocardé et lavé ; dans cette opération, l'oxyde d'étain, assez lourd, gagne le fond des appareils ; les matières étrangères sont entraînées par l'eau. Le minerai en filons doit de plus être soumis à un grillage qui a pour but d'en séparer le soufre et l'arsenic.

La réduction du minerai épuré s'opère ordinairement dans un four de manche (fig. 175) où on l'accumule avec des couches alternatives à charbon. Une tuyère fournit l'air nécessaire à la combustion. L'étain fondu s'écoule dans deux bassins étagés dont le premier retient les scories qui surnagent le métal. On fait couler celui-ci dans le second bassin et on le brasse avec des bûches de bois vert ; les gaz qui se dégagent entraînent à la surface les scories disséminées dans la masse liquide et réduisent en même temps le peu d'oxyde qui s'y trouve. On coule le métal dans des lingotières où il se fige promptement.

Cet étain de première fusion contient des métaux étrangers. On utilise pour le purifier la *liquation*, c'est-à-dire la propriété qu'a un alliage chauffé de perdre d'abord sa portion

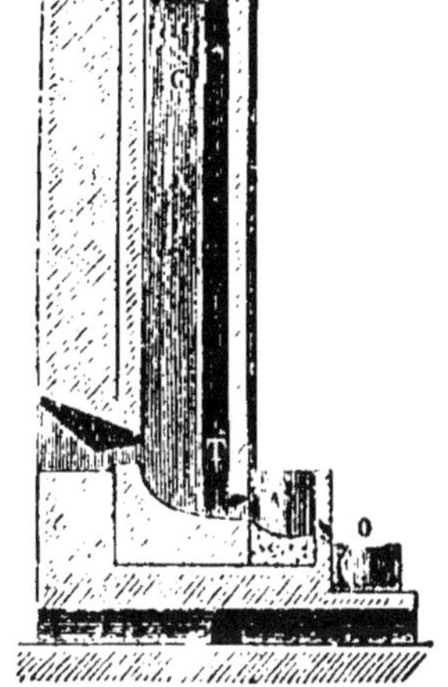

Fig. 175. — Four à manche pour obtenir l'étain. — A, premier bassin ; — O, second bassin.

la plus fusible. On place les saumons ou pains d'étain sur la sole inclinée d'un four à réverbère chauffée au bois ; le métal fondu s'écoule par la partie déclive du four vers un bassin d'où on le coule en lingots.

2. Propriétés physiques de l'étain. — L'étain pur est d'un blanc d'argent ; s'il tire sur le bleu ou sur le gris avec un aspect plus mat, c'est qu'il contient des traces d'autres métaux. C'est un métal mou, très malléable, mais peu tenace. Il peut être réduit en feuilles de trois dix-millièmes de millimètre d'épaisseur, qui, sous le nom de tain, sont employées à l'étamage des glaces. Lorsqu'on le frotte, l'étain répand une odeur désagréable qu'on retrouve dans plusieurs de ses combinaisons. Il est d'une texture cristalline, se plie facilement et fait entendre quand on le plie un bruit particulier qu'on appelle le **cri de l'étain**. Sa densité est de 7,2.

L'étain fond à 228° et ne se volatilise pas quand on le chauffe davantage. On peut le fondre sur une feuille de papier au-dessus de charbons allumés, avant que le papier ne soit carbonisé. Le métal fondu donne en se refroidissant une masse de cristaux enchevêtrés les uns dans les autres. On peut l'obtenir en poudre en le versant fondu dans une boîte en bois enduite de craie que l'on agite vivement pendant le refroidissement. Le commerce le livre en feuilles, en baguettes, en pains et en larmes; il est obtenu sous cette dernière forme en laissant tomber de haut des lingots chauffés à plus de 100° qui se divisent en fragments.

3. Propriétés chimiques de l'étain. — L'étain ne s'altère pas à l'air à la température ordinaire; mais l'air chaud l'oxyde; on remarque en effet que l'étain fondu se recouvre d'une pellicule grisâtre d'oxyde. L'étain ne décompose la vapeur d'eau qu'à la chaleur rouge.

A froid, l'acide sulfurique est sans action sur l'étain; mais vers 150° il l'oxyde plus ou moins vite suivant son degré de concentration; l'acide concentré est décomposé en acide sulfureux avec dépôt de soufre; l'acide étendu dégage en outre de l'hydrogène sulfuré.

L'acide chlorhydrique étendu attaque lentement l'étain; l'acide concentré et chaud l'attaque avec énergie et dégagement d'hydrogène.

L'action de l'acide azotique ordinaire est extrêmement violente : il se dégage des torrents de vapeurs nitreuses et il reste une poudre blanche d'acide métastannique.

Les lessives alcalines dissolvent le métal à chaud; il se dégage de l'hydrogène et il se forme des stannates alcalins.

4. Usages de l'étain. — L'étain est d'un grand usage pour la fabrication d'ustensiles de ménage. En feuilles minces, il sert à préserver un grand nombre de substances alimentaires de l'action de l'air et de l'humidité; son inaltérabilité à l'air le fait employer pour recouvrir et protéger le fer et le cuivre.

Ses alliages ont beaucoup d'importance; avec le plomb, il donne la *soudure*; avec le cuivre, il constitue le *bronze*; avec le mercure, il forme le *tain* des glaces.

Étamage. — L'étamage a pour but de recouvrir un métal oxydable ou toxique comme le cuivre d'une légère couche d'étain, inoxydable et inoffensive. Pour étamer le cuivre, on le frotte à chaud avec du sel ammoniac ou mieux du chlorure d'ammonium et de zinc, pour le *décaper*: l'oxyde qui se trouve à la surface du métal et qui empêcherait l'adhérence de l'étain se change en chlorure que le frottement enlève facilement. On promène de l'étain fondu, avec un tampon d'étoupe, sur la surface chauffée du cuivre; il se forme alors un alliage qui ne présente qu'une mince épaisseur, mais qui peut résister un certain temps. On peut augmenter l'épaisseur de la couche d'étain en lui alliant $\frac{1}{10}$ de plomb; mais l'emploi de ce dernier métal doit être rejeté quand il s'agit d'ustensiles où l'on prépare les substances alimentaires. L'étamage d'un ustensile de cuivre doit être refait aussitôt que le cuivre se trouve à nu en quelque point.

Le fer-blanc, si employé pour la casserolerie ordinaire et pour un grand nombre d'objets, est du fer étamé. Les feuilles de fer laminées sont décapées dans un acide étendu, puis desséchées et immergées dans de la graisse fondue qui les préserve de l'oxydation. On les plonge dans un bain d'étain, recouvert lui-même de graisse, et quand on les sort, on les brosse et on les nettoie avec du son pour enlever l'excès d'étain. Le fer étamé se conserve très bien quand la couche d'étain ne présente pas de solution de continuité ; mais si le fer est à nu en un point, l'oxydation y est rapide, et la rouille se propage comme sur le fer ordinaire, et même bien plus facilement parce que les deux métaux forment un couple électrique où le fer est le métal attaquable sur lequel se porte l'oxygène de l'air et celui de l'eau décomposée. C'est pour ce motif que le fer-blanc coupé se détériore rapidement; l'oxydation commence sur les bords qui ne sont pas protégés et elle gagne toute la feuille.

Moiré du fer-blanc. — La surface du fer-blanc peut présenter un aspect cristallin auquel on donne le nom de **moiré métallique.** L'étain fondu et refroidi se prend en effet en cristaux à grandes lames enchevêtrées les unes dans les autres, qu'on peut rendre apparentes en enlevant la pellicule extérieure qui les masque. Pour faire le moiré, on chauffe, jusqu'à lui faire prendre une teinte jaune, une feuille étamée, placée horizontalement au-dessus d'un fourneau. On lave la feuille avec de l'acide sulfurique étendu d'eau ; on l'égoutte bien et on y applique, au moyen d'une éponge, une liqueur acide contenant de l'eau régale qu'on n'y laisse agir que peu de temps, et sous l'action de laquelle les cristallisations apparaissent. On peut modifier, par certains artifices, l'aspect du moiré et l'obtenir granulé ou étoilé. On préserve sa surface de l'oxydation par un vernis au copal.

On met encore en évidence la grande tendance de l'étain à former de beaux cristaux brillants par l'expérience suivante : on verse au fond d'une éprouvette longue et étroite une dissolution concentrée de protochlorure d'étain dans l'acide chlorhydrique, et, par-dessus, de l'eau avec assez de précaution pour que les liquides ne se mélangent pas ; on descend alors dans l'éprouvette une baguette d'étain ; après quelques jours, on voit des cristaux s'élancer de la baguette, et simuler grossièrement la forme sinueuse des éclairs : on donne à cette préparation le nom d'*arbre de Jupiter*.

COMPOSÉS DE L'ÉTAIN.

Les composés utiles de l'étain sont peu nombreux; le *bioxyde*, le *bisulfure* et les deux *chlorures* sont à peu près les seuls employés.

5. Oxydes de l'étain. — L'étain donne, avec l'oxygène, deux composés dont chacun est susceptible de se présenter sous plusieurs formes.

Protoxyde. — SnO. — Quand on précipite une dissolution de protochlorure d'étain par l'ammoniaque, on obtient une poudre blanche, insoluble dans l'eau, soluble dans les acides, c'est le protoxyde hydraté ; il se suroxyde promptement en absorbant l'oxygène de l'air. Ce composé n'a qu'un intérêt théorique; il donne le protoxyde anhydre quand on le calcine, et ce dernier corps se présente sous trois aspects différents de couleur, sans changer de composition.

Bioxyde. — SnO^2. — Le bioxyde anhydre qui constitue le **cassitérite** se forme par l'oxydation à l'air de l'étain en fusion. C'est une poudre grise qui porte le nom de **potée d'étain** et qu'on prépare en assez grande quantité pour les émaux, c'est-à-dire pour les vernis blancs et opaques dont on recouvre les poteries.

L'oxydation de l'étain à l'air serait très longue; on la favorise par la présence du plomb qui s'oxyde rapidement et que l'étain désoxyde pour s'oxyder lui-même.

Le bioxyde d'étain hydraté se présente sous deux formes :

Celui qu'on obtient en décomposant le bichlorure d'étain par un carbonate alcalin et que l'on appelle acide stannique, SnO^2,HO;

Celui qui prend naissance par l'action de l'acide azotique sur le métal, qui répond à la formule S^5nO^{10}, $'OHO$ et qu'on appelle acide **métastannique**.

L'un comme l'autre est une poudre blanche, insoluble dans l'eau, soluble dans les alcalis, mais le premier seul est soluble dans les acides. On les différencie surtout par les sels qu'ils donnent avec la potasse et la soude; ainsi, tandis que le premier SnO^2HO donne des stannates de la forme $KOSnO^2$, le second donne des métastannates qui répondent à la formule KO,Sn^5O^{10}. On peut d'ailleurs les transformer l'un dans l'autre, puisqu'il suffit de chauffer l'acide stannique pour le transformer en acide métastannique.

Le premier est sans emploi; cependant la teinture utilise le stannate de soude. Mais l'acide métastannique sert à la préparation d'une couleur céramique, le **pink-colour**, qui donne à la faïence une teinte rouge œillet; on l'emploie aussi pour donner de l'opalescence à certains verres.

6. Sulfures d'étain. — L'étain donne deux sulfures que l'on obtient tous deux par voie humide en précipitant un sel d'étain par l'hydrogène sulfuré.

Le *protosulfure*, SnS, obtenu dans une solution de protochlorure, est un précipité brun marron.

Le *bisulfure*, SnS^2, produit dans le bichlorure, est un précipité d'un jaune sale, soluble comme le précédent dans le sulfure d'ammonium. Ils ne servent l'un et l'autre que pour caractériser les solutions stannifères.

Or mussif. — Le bisulfure, obtenu par voie sèche, est une matière écailleuse, grasse au toucher, d'une belle couleur jaune. C'est l'or mussif employé pour bronzer les objets en plâtre et surtout pour frotter les coussins des machines électriques. On l'obtient en chauffant graduellement au bain de sable jusqu'au rouge un amalgame de 12 d'étain et 6 de mercure avec 7 de fleur de soufre et 6 de sel ammoniac. Il se forme différents produits volatils qui se subliment dans le col du matras, tandis que le bisulfure se retrouve dans le fond.

7. Protochlorure d'étain. — SnCl. — Le protochlorure d'étain peut s'obtenir à l'état anhydre par l'action du gaz chlorhydrique sur l'étain. A l'état hydraté, $SnCl2HO$, il porte le nom de sel d'étain des teinturiers. On l'obtient en dissolvant le métal dans de l'acide chlorhydrique; l'action commence à froid; mais pour la continuer il faut chauffer le liquide vers 70°; il se dégage de l'hydrogène d'une odeur alliacée et fétide. On abandonne la solution concentrée dans des vases de grès où elle cristallise.

Le sel d'étain du commerce a l'aspect d'une masse cristalline à petites aiguilles blanches, devenant rapidement jaunâtres. Il est très soluble dans l'eau et s'y dissout en produisant un abaissement de température; si la quantité d'eau ajoutée est plus de trois fois le poids du chlorure, ou si l'on étend d'eau une solution limpide, le liquide se trouble, et il se dépose un précipité blanc d'oxychlorure d'étain en même temps qu'il reste en solution un chlorure double ; c'est l'eau qui a été décomposée et ses deux éléments sont rentrés l'un et l'autre en combinaison :

$$3(SnCl) \; + \; HO \; = \; SnCl,SnO \; + \; SnCl,HCl$$
Oxychlorure.   Chlorure double.

L'acide chlorhydrique empêche le trouble et la précipitation.

La propriété la plus saillante du protochlorure d'étain, c'est sa facilité à s'oxyder qui en fait un puissant réducteur. Solide, il jaunit en produisant de l'oxyde d'étain et du bichlorure.

$$2(SnCl) + O^2 = SnCl^2 + SnO^2.$$

Les agents oxydants et chlorurants produisent le même effet. La solution du protochlorure réduit les sels de mercure et les sels de fer. Cette dernière réaction est facile à mettre en évidence ; elle explique l'emploi du sel d'étain dans les ateliers d'indiennerie. Qu'on humecte avec une solution chlorhydrique de sel d'étain une tache de rouille sur un linge blanc, un lavage enlève la tache sans altérer le tissu : le sel d'étain a ramené le sesquioxyde de fer à l'état de protoxyde qui s'est dissous dans l'acide chlorhydrique, et l'eau a enlevé ce produit.

Si sur une étoffe teinte uniformément en brun ou en noir avec des composés de fer on imprime par places du sel d'étain, et qu'on lave, tout ce que le chlorure aura touché deviendra soluble et sera enlevé par l'eau ; on produira donc des dessins blancs sur fond coloré, en rongeant la couleur par le sel d'étain : celui-ci est appelé **rongeant** quand il produit cet effet.

La teinture l'emploie aussi comme **mordant** incolore, surtout pour les rouges, qu'il fixe en relevant leur éclat.

8. **Bichlorure d'étain.** — $SnCl^2$. — Le bichlorure d'étain se forme à l'état anhydre quand on fait passer un courant de chlore sec sur de la grenaille d'étain légèrement chauffée dans une cornue de verre. La combinaison a lieu avec production de lumière, et le composé volatil formé va se condenser dans un récipient refroidi.

C'est un liquide incolore, d'une odeur désagréable ; il répand à l'air d'épaisses fumées blanches qui l'ont fait appeler liqueur fumante de **Libavius** ; elles sont dues à la formation d'un hydrate. Le bichlorure d'étain a en effet une très grande affinité pour l'eau ; quand on le jette dans ce liquide, il fait entendre un frémissement analogue à celui qu'y produit un fer rouge.

Il se décompose dans un excès d'eau en déposant de l'oxyde d'étain ; ici encore, comme avec le protochlorure, l'eau est décomposée :

$$SnCl^2 + 3HO = Sn^2,HO + 2HCl.$$

Le bichlorure d'étain a une grande tendance à se combiner aux chlorures des métaux des deux premières sections pour donner des chlorures doubles ; on l'appelle un *chlorure acide*.

Hydraté, il est employé dans la teinture sous le nom d'oxymuriate d'étain et obtenu par l'action du chlore sur le protochlorure ou ses eaux-mères.

Questionnaire. — 1. Quel est le minerai d'étain? Où le trouve-t-on? Comment peut-on en retirer le métal? — 2. Quelles sont les propriétés physiques de l'étain? Comment peut-on le fondre? Sous quelles formes le trouve-t-on dans l'industrie? — 3. Quelle est l'action de l'air sur l'étain? L'action des acides? — 4. Quels sont les principaux usages de l'étain? Comment pratique-t-on l'étamage? Qu'est-ce que le fer blanc? Comment peut-on moirer le fer blanc? — 5. Quelles sont les propriétés des oxydes de l'étain? Comment fabrique-t-on la potée d'étain? — 6. Qu'est-ce que l'or mussif? — 7. Quels sont les usages du protochlorure ou sel d'étain des teinturiers? Comment montre-t-on que ce sel peut agir comme rongeant? — 8. Comment fait-on le bichlorure d'étain?

QUARANTE-HUITIÈME LEÇON.

Plomb. — Pb = 104.

1. État naturel et extraction. — Le plomb est connu depuis les temps historiques; les Romains le tiraient des Gaules et de l'Espagne et n'ignoraient pas qu'en général il renferme un peu d'argent. Les anciens alchimistes lui avaient donné le nom de saturne, en raison de son avidité pour les autres métaux; on retrouve encore ce nom usité dans la dénomination de certains de ses sels.

Le plomb se rencontre dans la nature à l'état de sulfure, de sulfate et de carbonate. Le sulfure est le minerai le plus répandu et le plus important; c'est la **galène** qui présente un aspect métallique, d'un gris brillant, à faces cristallines. La galène se rencontre surtout dans les terrains anciens associée à d'autres sulfures et souvent recouverte de sulfate ou de carbonate. Elle renferme presque toujours un peu d'argent qui ajoute à sa valeur. Les gisements les plus considérables sont en *Angleterre* et en *Allemagne*; la *France* n'en possède que peu, en *Bretagne*. Quand elle est pure, elle contient 85 p. % de plomb. Habituellement, au sortir de la mine, elle est accompagnée de beaucoup de gangue, dont on la débarrasse en partie en la concassant et en la soumettant à des lavages qui entraînent les matières terreuses. Cependant, lorsque les galènes sont argentifères, on ne peut pas pousser bien loin cette séparation mécanique, parce qu'il y aurait perte d'argent.

1. *Les minerais oxydés* sont chauffés avec du charbon dans un petit four à manche muni de tuyères; on recueille le plomb fondu dans un creuset.

2. *Les galènes riches* sont grillées sans addition d'aucun corps étranger; les deux éléments s'oxydent, de sorte qu'après un certain temps de l'action de l'air et de la chaleur il se trouve dans la masse de l'oxyde de plomb, du sulfate qui s'est formé par le dégagement d'acide sulfureux et sa transformation en acide sulfurique, et enfin du sulfure que l'air n'a pas attaqué. Si alors on continue de chauffer, ces trois corps réagissent l'un sur l'autre; le plomb est mis en liberté et coule liquide dans la partie déclive du four.

3. Quand les *galènes* sont *un peu siliceuses*, on ne peut pas leur faire subir le traitement précédent. On a recours alors à l'action du fer qui. ayant plus d'affinité pour le soufre que le plomb, peut l'enlever aux galènes et mettre le métal en liberté.

2. Raffinage et désargentation. — Le plomb obtenu par l'une ou l'autre de ces méthodes est appelé **plomb d'œuvre** : il contient plus ou moins d'argent, le plus souvent assez pour qu'on puisse en retirer ce métal avec avantage. Lorsque la quantité d'argent est extrêmement faible, ou que les plombs sont impurs, on les raffine avant de les livrer au commerce ou à la désargentation.

Le raffinage consiste à refondre le plomb, à le chauffer assez pour oxyder les impuretés; on décrasse et on écume le bain liquide de temps à autre, et enfin on coule en lingots. On retire des crasses traitées comme minerais un plomb arsenical qu'on emploie de préférence à la fabrication du plomb de chasse.

Le premier procédé suivi pour enlever l'argent au plomb d'œuvre est la *coupellation*, que nous décrirons au chapitre de l'argent; il est à peu près abandonné; il avait en effet l'inconvénient grave de transformer tout le plomb en *litharge* (oxyde) dont on ne tirait pas toujours facilement bon parti. On opère aujourd'hui par deux méthodes remarquables : le pattinsonage et le zincage, qui ont l'une et l'autre pour but de séparer les plombs d'œuvre en deux portions dont l'une contient tout l'argent et sert à l'extraction de ce métal et dont l'autre constitue le **plomb pauvre** ou **plomb doux** du commerce.

Pattinsonage. — Ce procédé, dû à l'ingénieur *Pattinson*, est basé sur ce fait que le plomb argentifère fondu se partage par le refroidissement en plomb presque pur, qui se prend en cristaux, et en alliage plus riche en argent que le plomb primitif, qui reste liquide. Si donc on fait fondre du plomb argentifère, et qu'on le laisse refroidir, on peut retirer de la chaudière (fig. 176), avec une écumoire, des cristaux de plomb pauvre, tandis qu'il reste une seconde partie enrichie du métal précieux. En faisant subir la même opération à la partie enrichie d'une part, et à la partie appauvrie de l'autre, on obtient d'un côté du plomb un peu plus riche, de l'autre du plomb plus

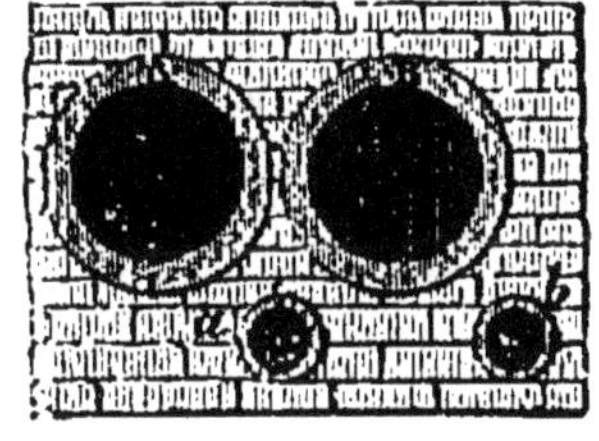

Fig. 176. — Chaudières accouplées pour le pattinsonage. — A, B, chaudières de fusion; — a, b, chaudières de dépôt.

pauvre ; au bout d'un nombre suffisant d'opérations, on arrive, d'un côté, au plomb destiné à être traité pour l'argent; de l'autre, au plomb le plus pauvre, qui constitue le plomb marchand. L'industrie effectue aujourd'hui cette opération sur presque tous les plombs.

Zincage. — Si l'on mélange au plomb fondu une quantité de zinc égale à environ 30 fois le poids de l'argent contenu dans le plomb, le zinc s'empare de l'argent et d'un peu de plomb, et forme un alliage qui monte à la surface du bain, sous forme d'écumes. Ces écumes recueillies et distillées se séparent en deux parties; le plomb et l'argent d'une part, d'autre part, le zinc qui passe à la distillation et que l'on peut réemployer. Le plomb appauvri retient un peu de zinc dont on le débarrasse facilement par un raffinage. Tel est le procédé moderne de la désargentation des plombs par le zinc, qui paraît être de tous le plus économique.

3. Propriétés du plomb. — Le plomb est d'un gris bleuâtre, très brillant quand il vient d'être coupé ou coulé, mais se ternissant rapidement à l'air. Sa densité est de 11, 4.

C'est le plus mou des métaux usuels; on le raye avec l'ongle ; on le plie sous le doigt; on le coupe au couteau; il laisse une trace grise sur le papier. Il peut être laminé, mais on ne peut l'étirer en fils très fins ; il est le moins tenace des métaux.

Il fond à 330° et se volatilise en rouge; chauffé une heure dans un four à porcelaine, il peut perdre jusqu'à 9 p. % de son poids; aussi faut-il tenir compte de cette propriété dans les opérations métallurgiques.

Le plomb se ternit rapidement à l'air; mais l'altération s'arrête à la surface, car l'oxyde formé est un vernis imperméable qui recouvre et protège les couches profondes.

Si on fond le métal à l'air, l'oxydation est plus rapide, et si l'on enlève l'oxyde à mesure qu'il se forme , on peut transformer en très peu de temps une assez grande masse de plomb en oxyde.

L'eau distillée et l'eau de pluie, au contact de l'air, altèrent le plomb et le recouvrent d'une couche blanche d'hydrocarbonate. L'eau ordinaire de source qui contient quelques sels en dissolution, n'a au contraire aucune action sur le plomb. On peut mettre ce double fait en évidence en abandonnant pendant une heure du plomb, fraîchement coulé et présentant une grande surface, dans deux verres, contenant l'un de l'eau distillée, l'autre de l'eau de source ; après qu'on a retiré le plomb, on verse de l'hydrogène sulfuré dans les deux verres; seul, le liquide du premier noircit, dénotant la présence dans l'eau d'un composé plombique. L'action des eaux sur le plomb présente une importance de premier ordre au point de vue de l'hygiène ; aussi a-t-elle été l'objet de nombreux travaux. Il faut éviter de recueillir les eaux pluviales dans des récipients de plomb ; car elles y acquièrent des propriétés toxiques. Les tuyaux de plomb peuvent être employés sans danger à la conduite de la plupart des eaux courantes, toujours chargées de petites quantités de sels dissous: leur surface interne se recouvre d'un léger dépôt qui forme enduit et préserve l'eau du contact du métal. Les eaux courantes, chargées de matières organiques ou de nitrates, agissent comme les eaux de pluie, à moins toutefois qu'elles ne contiennent des sulfates et des carbonates qui empêchent alors la dissolution du plomb.

L'acide azotique attaque le plomb avec facilité, même à froid; il y a dégagement de vapeurs rutilantes et formation d'azotate de plomb. L'acide chlorhydrique ne dissout le plomb qu'à chaud. L'acide sulfurique étendu n'attaque pas sensiblement le plomb; mais l'acide concentré le dissout partiellement à froid, et totalement à chaud; c'est pourquoi on peut se servir de chambres de plomb pour fabriquer cet acide et de vases de plomb pour commencer à le concentrer; mais on ne peut y opérer la concentration complète. Les acides organiques attaquent le plomb à froid et donnent avec lui des sels vénéneux.

4. Usages du plomb. — La facilité du plomb à se plier sans cassure ni gerçure le fait employer en feuilles pour tapisser les cuves pneumatiques des laboratoires et l'intérieur des réservoirs. Les fils très souples et peu altérables servent aux jardiniers pour fixer les plantes à leurs tuteurs. La grande mollesse du métal est utilisée pour relier des pièces d'autres métaux, et obtenir, par pression, des fermetures hermétiques. L'industrie de l'acide sulfurique emploie des quantités considérables de plomb pour les chambres et les premières chaudières évaporatoires. Enfin le plomb sert en tuyaux pour la conduite des eaux et du gaz; la souplesse du métal permet de faire suivre aux tuyaux les courbures les plus accidentées.

Tuyaux de plomb. — Pour fabriquer les tuyaux, on fait venir le plomb fondu dans un réservoir où un piston muni d'une longue tige peut se mouvoir (fig. 177); cette tige s'engage dans une ouverture cylindrique qu'elle ne remplit pas complètement; le mouvement du piston pousse le plomb fondu dans l'espace annulaire compris entre la tige et le cylindre; le plomb se fige hors du récipient en un cylindre creux que l'on enroule sur un tambour. On peut, avec cet appareil, faire des tuyaux d'une très grande longueur.

Plomb de chasse. — Pour obtenir les grains sphériques du plomb, il faut laisser tomber de haut, dans un bassin d'eau, des gouttes de plomb liquide. L'expérience a appris qu'on n'obtiendrait que des grains en larmes avec le plomb seul; et que la forme sphérique est obtenue quand on ajoute au plomb fondu de 5 à 8 millièmes d'arsenic. On fond le plomb dans de grandes bassines au-dessous d'une couche de cendres: on y ajoute du sulfure d'arsenic en quantité convenable; on enlève les crasses, et on coule le métal fondu dans les *passoires* chauffées, c'est-à-dire dans des demi-

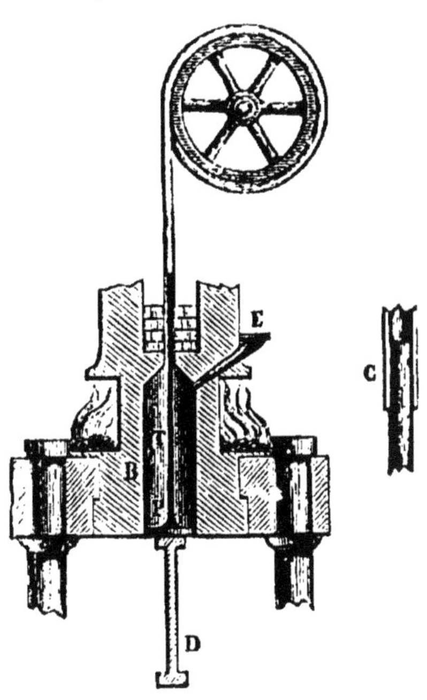

Fig. 177. — Appareil à fabriquer les tuyaux de plomb. — B, bassin contenant le plomb en fusion; — P, piston muni de sa tige T et qu'un organe D fait monter; — C, tube dans lequel est envoyé le plomb fondu, et où la tige du piston ne laisse qu'un espace annulaire.

sphères en tôle percées de trous parfaitement ronds. Il faut que la hauteur de chute soit d'au moins 50 mètres; aussi ne peut-on faire cette opération que dans les vieilles tours ou dans les puits de mines. On crible les grains pour les assortir, et on les lisse en les faisant tourner dans un tonneau avec un peu de plombagine.

5. Alliages de plomb. — Le plomb peut s'allier avec tous les métaux; ses alliages les plus importants sont ceux qu'il donne avec l'antimoine et l'étain, et aussi avec le fer.

L'antimoine donne de la dureté au plomb et l'on se sert de cet alliage pour la fabrication des caractères d'imprimerie. Il fond facilement, devient parfaitement liquide et peut reproduire les moules avec précision.

De plus, il est assez dur pour ne pas se déformer sous l'action des presses.

L'étain s'allie au plomb en toutes proportions, et donne des alliages dont le point de fusion est toujours plus faible que celui des deux métaux constitutifs. Le plus employé est la *soudure des plombiers*.

Le plus oxydable est formé de 4 parties de plomb pour 1 partie d'étain; il brûle comme de l'amadou et sert à préparer la *potée d'étain*, qu'on emploie pour émailler les faïences.

Tôle plombée. — On peut recouvrir de plomb la tôle de fer dans le but de la faire servir aux toitures; elle est moins lourde que le plomb et dure plus que le zinc.

Le procédé pour l'obtenir consiste à plonger le fer décapé dans un bain de plomb qu'on préserve de l'oxydation par un mélange de chlorure de zinc et de sel ammoniac (on ne peut employer les graisses parce qu'elles se décomposent à la température de fusion du plomb).

COMPOSÉS DU PLOMB.

6. **Oxydes du plomb.** — Le *protoxyde de plomb* est le produit de la calcination du plomb à l'air: si la température ne s'est pas élevée jusqu'à le fondre, c'est une poudre jaune que l'on appelle massicot; s'il a été fondu, il porte le nom de litharge; il se présente alors sous des aspects variés, en petites lamelles cristallines blanches, jaunes ou rouges.

Le massicot se prépare dans l'industrie par la calcination du plomb sur des soles horizontales; on enlève la pellicule d'oxyde à mesure qu'elle se forme; on le broie et on le débarrasse par lévigation du plomb métallique qui l'accompagne.

La litharge est produite dans le traitement du plomb pour en retirer l'or et l'argent; l'oxyde en fusion est reçu dans de grands creusets où il se refroidit lentement pour donner la litharge rouge.

L'oxyde de plomb hydraté s'obtient en précipitant un sel de plomb par l'ammoniaque.

Le *bioxyde de plomb*, qu'on nomme souvent *oxyde puce* à cause de sa couleur, est une poudre d'un rouge brun foncé. C'est un oxydant énergique. Ainsi, lorsqu'on le broie dans un mortier un peu chaud avec $\frac{1}{6}$ de son poids de fleur de soufre, le mélange prend feu.

Si on le projette humide dans un flacon d'acide sulfureux, il transforme cet acide en acide sulfurique qui forme avec l'oxyde restant une poudre blanche de sulfate de plomb.

Il se combine avec les bases pour donner des sels, les plombates, où il fonctionne comme acide; aussi lui a-t-on donné le nom d'*acide plombique*.

On l'obtient en attaquant le minium par l'acide azotique étendu et chaud; il reste comme résidu après qu'un lavage a enlevé l'azotate de plomb formé. Il n'a d'usage que dans les laboratoires.

Le *minium* est une poudre rouge brillante dont la composition n'est pas constante, mais qu'on s'accorde à considérer comme du plombate de plomb (2PbO,PbO²). L'acide azotique lui enlève en effet le protoxyde PbO en laissant le bioxyde.

Le produit commercial est obtenu par la calcination du massicot dans des fours ordinairement à deux étages. On convertit dans l'un le plomb fondu en massicot en évitant de fondre l'oxyde formé. Le massicot est lavé, tamisé, desséché, puis soumis à une seconde calcination ménagée qui en change la couleur; il absorbe de l'oxygène et se convertit en minium. Il ne faut pas dépasser la température de 300°, car le minium par une chaleur trop forte abandonne de l'oxygène et se décompose.

Le minium le plus estimé est la **mine orange**, obtenue en Angleterre par la calcination de la céruse.

Le minium sert à la fabrication du strass, du flint-glass et du cristal qui lui doivent leur limpidité et leur pouvoir réfringent; on le préfère à la litharge parce qu'il est ordinairement plus pur (il doit être complètement exempt de cuivre) et qu'il abandonne, en se transformant en silicate, de l'oxygène capable de détruire les traces des matières organiques qui accompagnent la soude. Il sert à faire des mastics pour luter les jointures des machines. On l'emploie pour colorer les papiers de tenture, la cire à cacheter, etc. On l'applique en peinture sur le fer pour préserver ce dernier de l'oxydation.

Il est souvent falsifié avec de l'oxyde de fer ou de la brique pilée; mais cette fraude est facile à découvrir, car le minium pur, calciné au rouge, laisse un résidu jaune, tandis que le colcothar et la brique conservent leur couleur. Le minium pur se dissout rapidement et complètement quand on le fait bouillir avec de l'eau sucrée aiguisée d'acide azotique.

7. Sels de Plomb. — Le plomb peut donner avec chaque acide un ou plusieurs sels; mais les plus importants sont les acétates qui seront étudiés dans la chimie organique et le carbonate connu sous le nom de céruse.

L'azotate, $PbOAzO^5$, qu'on obtient en attaquant le plomb par l'acide azotique, est soluble dans l'eau, mais il ne donne une solution limpide que dans l'eau distillée. Il décrépite quand on le chauffe et se décompose en laissant un résidu d'oxyde de plomb et en dégageant un mélange de vapeurs nitreuses et d'oxygène qui permet d'obtenir à l'état liquide le premier de ces deux gaz :

$$PbOAzO^5 = PbO + AzO^4 + O.$$

Il facilite beaucoup la combustion des mèches qui en sont imprégnées

Le sulfate, $PbOSO^3$, est un composé insoluble en poudre blanche qui se forme par l'action de l'acide sulfurique concentré et chaud sur le plomb :

$$Pb + 2HOSO^3 = PbOSO^3 + 2HO + SO^2.$$

8. Carbonate de plomb. — $PbOCO^2$. — Le carbonate de plomb se rencontre en cristaux dans la nature. On l'obtient dans les laboratoires en précipitant un sel de plomb par un carbonate alcalin ; c'est une poudre blanche, insoluble dans l'eau qui, calcinée à l'abri de l'air, donne un résidu de litharge, et à l'air le minium désigné sous le nom de mine orange.

Le carbonate de plomb qu'on emploie dans les arts sous le nom de céruse ou de blanc de plomb est un hydrocarbonate, de composition variable, auquel on attribue la formule $2(PbOCO^2), PbO,HO$.

9. Fabrication industrielle de la céruse. — On connaît deux procédés pour préparer la céruse ; le plus ancien porte le nom de procédé *hollandais* ; l'autre, imaginé par Thénard en 1801, est dit procédé de *Clichy,* du nom de la localité où il fut d'abord pratiqué.

1° *Procédé de Clichy.* — Le procédé de Clichy est fondé sur ce fait qu'un courant d'acide carbonique, dirigée dans une solution d'acétate tribasique de plomb $(PbO)^3,C^4H^3O^3$, précipite du carbonate de plomb $2(PbO,CO^2)$ et régénère l'acétate neutre, $PbO,C^4H^3O^3$, susceptible de dissoudre de nouveau de l'oxyde de plomb et de reproduire de l'acétate basique

On commence donc par faire de l'acétate basique en ajoutant peu à peu de la litharge en poudre à de l'acide acétique étendu jusqu'à ce que le liquide marque 17 à 18° Baumé. On dirige ensuite à travers le liquide éclairci un courant d'acide carbonique produit soit par la combustion de coke, soit, comme l'a proposé M. Dumas, par un four à chaux. Le dépôt de céruse s'effectue ; on décante le liquide clair pour lui faire redigérer de la litharge, le ramener à l'état d'acétate basique, pour recommencer la précipitation. De sorte que la dépense ne réside que dans la litharge et dans l'acide carbonique ; toutefois une addition d'acide acétique est de temps en temps nécessaire pour compenser les pertes inévitables.

La figure 178 représente une coupe de l'ensemble des appareils.

La céruse obtenue est lavée, puis séchée dans des pots en terre ; elle

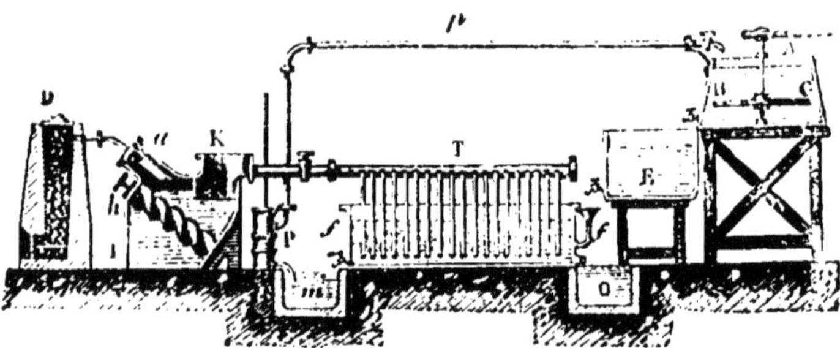

Fig. 178. — Appareil à fabrication continue de la céruse par le procédé de Clichy. — A, vase à fabriquer l'acétate tribasique ; — B, C. agitateur ; — E, vase de dépôt pour l'acétate liquide ; — D, four à chaux pour produire l'acide carbonique ; — T, tube à dégagement du gaz carbonique dans la cuve où l'acétate a été amené ; — m, cuve où l'on décante l'acétate pour le renvoyer par la pompe P et le tube p dans le vase A ; — O, vase où la céruse formée dans chaque précipitation se dépose.

est très blanche, en poudre très fine et se combine très intimement à l'huile dans le broyage.

M. Ozouf, à Saint-Denis, a perfectionné cette méthode en employant de l'acide carbonique pur pour la précipitation et en faisant opérer le séchage et l'embarillage par un appareil dans une chambre close, ce qui met les ouvriers à l'abri de toutes les poussières pernicieuses du produit.

2° *Procédé hollandais.* — Dans ce procédé, on expose des lames de plomb, sous l'influence d'une température de 35° à 40° à l'action de l'air, de l'acide carbonique et des vapeurs de vinaigre. L'air oxyde le métal ; les vapeurs de vinaigre y font de l'acétate basique que l'acide carbonique convertit en carbonate. L'acide carbonique et la chaleur sont fournis par la fermentation du fumier. Des lames de plomb roulées en spirale sont introduites dans de grands pots en grès au fond desquels on met du vinaigre (fig. 179). Sur une forte couche de fumier, on dispose une série de ces pots : on les couvre avec des plaques ou lames de plomb peu épaisses coulées en grilles ; par dessus, on met un plancher en bois sur lequel on dispose une seconde série de pots entourés de fumier. On accumule ainsi plusieurs étages dans une même fosse. Au bout de 4 à 6 semaines, les lames de plomb sont plus ou moins profondément converties en céruse. On les bat pour en détacher la poudre blanche de carbonate de plomb. Autrefois ce travail était une des manipulations les plus dangereuses pour la santé des ouvriers ; on effectuait le battage et le brossage à la main dans une atmosphère constamment chargée de poussières pernicieuses de cé-

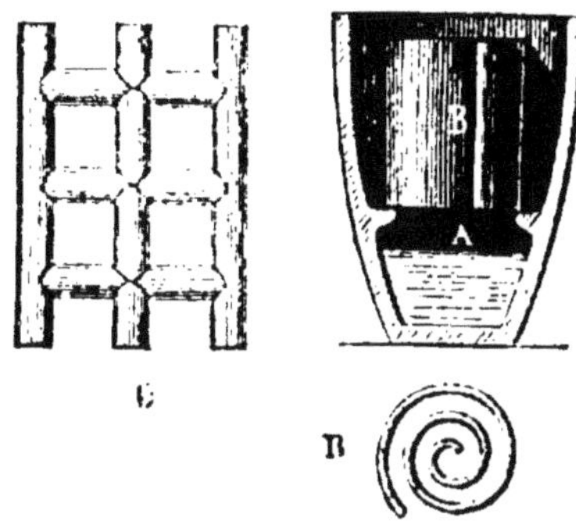

Fig. 179. —Céruse par le procédé hollandais.

ruse. Aujourd'hui il est fait mécaniquement dans des appareils clos, ainsi que la dessiccation qui succède au lavage de la poudre.

La céruse des fosses est plus opaque et moins blanche que la céruse de *Clichy :* elle peut contenir parfois un peu de sulfure de plomb, s'il s'est dégagé de l'acide sulfhydrique du fumier ; elle est généralement préférée par les peintres.

La céruse n'est pas seulement dangereuse à fabriquer ; mais elle donne lieu parmi les ouvriers peintres qui la broient et l'emploient à des accidents connus sous le nom de coliques saturnines. On a réalisé un progrès important en opérant mécaniquement la trituration de la céruse avec l'huile et en la vendant toute broyée.

9. **Usages de la céruse.** — La céruse est le blanc le plus fréquemment employée en peinture ; elle donne un vernis très opaque et qui *couvre* bien : mais elle a l'inconvénient grave de noircir aux émanations sulfureuses et de perdre assez promptement son éclat. Le blanc de zinc n'a point ce défaut. On la joint souvent aux autres couleurs parce qu'elle détermine la dessiccation de l'huile. Broyée avec une petite quantité d'huile de manière à donner un corps presque solide, elle constitue le *mastic des vitriers.*

Elle est souvent mélangée à d'autres blancs comme le sulfate de plomb ou de baryte ; pure, elle se dissout intégralement dans l'acide azotique.

Questionnaire. — 1. Quel est le principal minerai de plomb? Quels sont ses gisements? — 2. Comment obtient-on le plomb raffiné? Quels sont les divers moyens de le désargenter? — 3. Quelles sont les propriétés du plomb? Quelle est l'action de l'air, l'action de l'eau distillée et de l'eau courante sur le plomb? Comment agissent les principaux acides sur ce métal?— 4. Quels sont les usages du plomb? Comment fabrique-t-on les tuyaux, le plomb de chasse? — 5. Quelle est la composition des principaux alliages du plomb ? — 6. Comment fait-on le massicot, la litharge, le minium? — 7. Quels sont les sels de plomb les plus utiles? — 8. Comment fabrique-t-on la céruse par le procédé de Clichy, par le procédé hollandais? — 9. Quels sont les usages de ce produit?

QUARANTE-NEUVIÈME LEÇON

Cuivre. — Cu = 31,75.

1. Minerais de cuivre. — Le cuivre est le premier métal que l'homme ait employé pour fabriquer ses instruments de guerre et ses outils tranchants. Les premiers hommes le trouvaient probablement en grandes masses à l'état natif, et ils pouvaient l'obtenir par le chauffage et le martelage, les deux opérations les plus simples de la métallurgie, les deux premières sans contredit de l'art de préparer les métaux. On rencontre encore aujourd'hui, notamment sur le lac supérieur, au *Chili* et *au Pérou*, des amas considérables de cuivre natif ; et il est naturel de penser qu'il en existait autrefois dans l'ancien continent, à l'île de *Chypre*, d'où les *Grecs* et les *Romains* tiraient la majeure partie de leur cuivre, qu'ils appelaient cuprum comme pour rappeler son lieu d'origine.

Actuellement on retire le cuivre des minerais oxydés provenant de l'*Oural* et de l'*Amérique du Sud*, et surtout les **pyrites cuivreuses** qui présentent des gisements importants dans les deux mondes. Quand elle est pure, la pyrite de cuivre est d'un beau jaune de bronze, présentant l'aspect métallique ; elle est presque toujours mélangée de pyrite de fer, ou encore alliée à des sulfures d'arsenic et d'antimoine qui donnent à la masse un aspect gris. La gangue est ordinairement siliceuse.

2. Cuivre pur des laboratoires. — Pour obtenir le cuivre complètement exempt de métaux étrangers, on plonge une lame de fer bien décapée dans une solution de sulfate de cuivre ; on enlève le métal déposé ; on le lave à l'acide chlorhydrique, on le sèche et on le fond sous une couche de borax. On peut aussi réduire l'oxyde de cuivre par l'hydrogène.

3. Propriétés du cuivre. — Le cuivre est d'une belle couleur rouge. Frotté entre les doigts, il laisse une odeur désagréable. Il est très malléable ; on peut le réduire, comme l'or, en feuilles d'une extrême ténuité, qui laissent passer une lumière verte. C'est le plus tenace des métaux usuels après le fer. Sa densité est 8,8. Il conduit bien l'électricité ; aussi est-il employé pour faire les bobines des électro-aimants.

Il fond au rouge, vers 1200° ; à une température élevée il se volatilise, et ses vapeurs colorent la flamme en vert. Il peut cristalliser en cubes.

Le cuivre ne s'altère pas dans l'air sec et froid ; mais il s'oxyde au rouge. Le métal se couvre d'abord d'une pellicule rouge de protoxyde, puis d'une pellicule noir de bioxyde. Cette oxydation a toujours lieu sans incandescence ; aussi le choc ne produit pas d'étincelles sur le cuivre. On met à profit cette propriété dans les poudreries, en employant des ustensiles de cuivre au lieu d'ustensiles de fer.

A l'air humide, le cuivre se recouvre d'un hydrocarbonate qu'on appelle vulgairement **vert-de-gris** et qui protège le reste de l'oxydation. C'est la patine, sorte de vernis protecteur dont le temps a recouvert les anciennes statues

L'acide chlorhydrique n'attaque le cuivre qu'à chaud, en dégageant de l'hydrogène, et encore l'action est-elle très lente. L'acide sulfurique concentré et bouillant dégage de l'acide sulfureux, et laisse du sulfate de cuivre qu'il faut étendre d'eau, pour lui donner la possibilité de prendre sa forme cristalline et sa couleur bleue ·

$$Cu + 2HOSO^3 = CuOSO^3 + 2HO + SO^2.$$

L'acide azotique attaque violemment le cuivre, en dégageant à l'air des torrents de vapeurs nitreuses, et en vase fermé du bioxyde d'azote ·

$$3Cu + 4(HOAzO^5) = 3(CuOAzO^5) + 4HO + AzO^2.$$

Les acides organiques, même les plus faibles, forment avec le cuivre des sels vénéneux : la bougie laisse une tache sur le cuivre, et il suffit d'humecter de vinaigre de la tournure du métal pour former un sel que l'eau peut enlever.

L'ammoniaque et les alcalis oxydent le cuivre, ou plutôt le mettent en état de s'oxyder à l'air. Il suffit d'agiter de la tournure de cuivre avec de l'ammoniaque pour obtenir un liquide d'une teinte bleue due à la formation d'oxyde cuivrique et à sa dissolution dans l'alcali.

La facile altération du cuivre soit par les alcalis, soit par les acides végétaux, et la propriété des sels formés d'être vénéneux, imposent l'obligation de n'employer pour les usages culinaires que des vases de cuivre étamés, toujours tenus dans un état de propreté irréprochable qui permette de vérifier à tout instant l'état de l'étamage.

L'albumine et l'eau fortement sucrée sont les antidotes du cuivre dans les cas d'empoisonnement.

4. **Usages du cuivre.** — **Ses alliages.** — Le cuivre rouge sert à fabriquer les chaudières, les alambics, les casseroles de cuisine. En lames, il est employé au doublage des navires. Mais c'est sous forme d'alliages qu'il a le plus d'emplois.

Outre les alliages avec l'argent et l'or dont il sera parlé dans les chapitres suivants, les plus employés des alliages du cuivre sont ceux qu'il forme avec le zinc, c'est-à-dire les laitons et ceux qu'il donne avec l'*étain* et l'*aluminium* et qu'on nomme **bronzes**.

Laitons. — Le *laiton* ou *cuivre jaune*, formé de cuivre et de zinc, fondus ensemble au four à réverbère ou au creuset, et coulé en plaques entre des masses de fonte ou de granit, présente la couleur jaune de l'or quand il est fraîchement décapé.

Il est plus dur que le cuivre, et il se laisse laminer, marteler et travailler facilement, quand on lui a ajouté un peu de plomb et d'étain ; aussi ses usages sont très nombreux ; il sert à la fabrication des boutons, des épingles, de mille ustensiles tels que lampes, flambeaux, etc. Il est susceptible d'un beau poli, et il garde longtemps un bel aspect quand il a été verni ; c'est la raison qui le fait employer pour les instruments de physique. On le dore avec facilité, et il sert à fabriquer les bijoux de bas prix.

Quand on lui donne l'aspect de l'argent, il prend le nom de maillechort. (Voyez page 127, tableau de la composition des alliages.)

Bronzes. — L'alliage de cuivre et d'étain, connu sous le nom de *bronze*, présente une composition variable avec les usages auxquels on le destine, et des propriétés différentes suivant les cas. D'une manière générale, il est plus dur et plus fusible, quoique aussi tenace que le cuivre. Il peut devenir très sonore et très cassant. La trempe produit sur lui un effet tout opposé à celui qu'elle exerce sur l'acier : les bronzes deviennent malléables quand on les plonge incandescents dans l'eau, et le recuit les durcit à nouveau. Pendant le refroidissement, le bronze a une grande tendance à se liquater. Cette propriété est un obstacle au coulage des grosses pièces qu'on ne réussit bien qu'en surmontant l'objet d'une assez grande masse d'alliage à en séparer plus tard, et dont l'effet est de rendre le refroidissement plus lent.

Voici la composition des principaux bronzes employés :

	Cuivre.	Étain
Bronze des canons.	90	10
— *des cloches.*	78	22
— *des tams-tams.*	80	20
— *des médailles.*	95	5

On donne aux bronzes d'art un vernis qui les protège et en rend le ton plus agréable en les soumettant à l'action d'un liquide formé d'acétate de cuivre et de sel ammoniac; ils y prennent le ton sombre du bronze florentin.

Le bronze d'aluminium, formé de 90 de cuivre et de 10 d'aluminium, est éminemment utile par sa ténacité plus grande que celle du fer et sa dureté qui le rend précieux pour les coussinets de locomotives.

5. Oxydes de cuivre. — Le cuivre donne avec l'oxygène plusieurs composés dont deux seulement présentent de l'intérêt : le *protoxyde*, Cu^2O, et le *bioxyde*, CuO.

Le protoxyde, Cu^2O, appelé encore *sous-oxyde* ou *oxyde rouge* à cause de sa couleur, se rencontre dans la nature en cubes et en octaèdres d'un rouge-cochenille On l'obtient artificiellement par deux procédés :

1° En calcinant dans un creuset 100 parties de sulfate de cuivre avec 28 parties de carbonate de soude sec et 25 de cuivre en limaille; on retire ainsi une poudre cristalline d'un rouge foncé;

2° En faisant bouillir quelque temps une dissolution étendue d'acétate de cuivre avec du glucose; il se dépose une poudre d'un rouge sombre.

Le protoxyde de cuivre donne avec les fondants un verre d'un beau rouge rubis ; c'est la raison de son emploi pour la coloration des verres en pourpre.

Le **bioxyde**, CuO, est une poudre noire quand il est anhydre, un précipité d'un bleu gris quand il est hydraté.

On l'obtient anhydre en chauffant à l'air de la tournure de cuivre ; elle se recouvre d'une pellicule noire que l'on peut enlever. Mais l'oxydation ne gagne toute la masse que si le cuivre est très divisé, comme celui qu'on obtient dans la précipitation d'un sel de cuivre par le fer. Pour préparer rapidement de grandes quantités de bioxyde, on décompose par la chaleur l'azotate de cuivre sous une cheminée à bon tirage. La poudre noire obtenue est hygroscopique ; on la calcine au rouge et on la pulvérise avant de l'employer pour l'analyse organique.

Le bioxyde hydraté se produit quand on précipite par la potasse le sulfate de cuivre en solution. C'est un précipité bleu qui ne doit sa couleur qu'à son état d'hydratation ; car si on le fait bouillir, il se déshydrate même au sein de l'eau et devient noir. L'hydrate bleu est soluble dans l'ammoniaque et donne une liqueur d'un bleu magnifique que l'on peut étendre sans affaiblir sensiblement sa teinte. L'*eau céleste* que les pharmaciens mettent dans de grands bocaux comme ornement est une dissolution ammoniacale étendue d'hydrate d'oxyde de cuivre.

Le bioxyde de cuivre noir est réduit par l'hydrogène à une chaleur modérée (fig. 179); c'est cette réaction qui a servi à *M. Dumas* à établir par synthèse la composition de l'eau en poids.

Il est aussi réduit par le charbon avec dégagement d'acide carbonique, comme on peut s'en assurer en faisant chauffer dans un tube un mélange intime de charbon et d'oxyde noir de cuivre et en envoyant le gaz qui se dégage dans de l'eau de chaux.

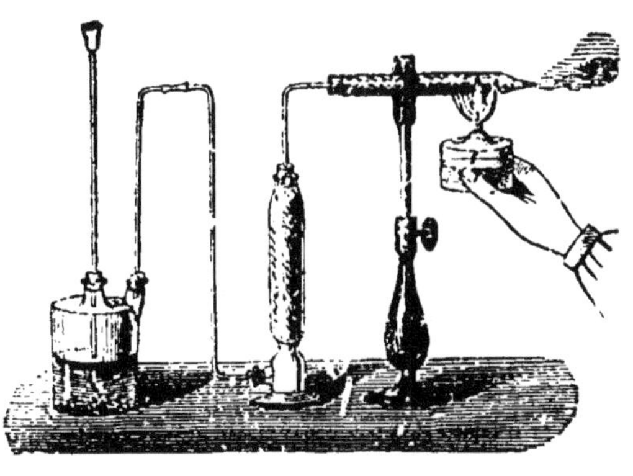

Fig. 180. — Réduction de l'oxyde de cuivre par l'hydrogène.

Les matières organiques, formées en grande partie d'hydrogène et de carbone, réduisent l'oxyde de cuivre à chaud avec dégagement de vapeur d'eau et d'acide carbonique que l'on peut recueillir et qui permettent de déterminer la quantité de carbone et d'hydrogène contenus dans la substance. C'est la réaction principale de l'analyse organique; on la vérifie facilement en chauffant avec l'oxyde de cuivre un peu d'amidon; on constate le dégagement de vapeur d'eau et d'acide carbonique.

6. **Sels de cuivre.** — Le cuivre donne un ou plusieurs sels avec chacun des acides; mais ces sels n'ont pas tous la même importance.

L'azotate, $CuOAzO^5$, que l'on forme quand on attaque le cuivre par l'acide azotique, est une masse verte qui se décompose par la chaleur et laisse un dépôt noir d'oxyde de cuivre.

Le carbonate, $CuOCO^2$, n'a pu être obtenu artificiellement. Quand on précipite à froid un sel de cuivre par le carbonate de soude, la poudre bleuâtre et volumineuse qui se produit est un hydrocarbonate répondant à la formule $CuOCO^2$, $CuO2HO$.

Si on chauffe ce précipité, il se resserre et verdit en perdant une molécule d'eau; sa composition est alors la même que celle de la malachite, minerai de cuivre *vert* exploité en Sibérie, et dont les beaux morceaux servent à la fabrication de vases, de socles de pendules, de chambranles de cheminées, etc.

Il existe un sesquicarbonate naturel de cuivre qui possède une très belle couleur *bleue* et que l'on nomme **azurite**. On l'imite artificiellement en Angleterre par un procédé resté secret qui donne une substance appelée *cendres bleues artificielles*. Les *cendres bleues ordinaires* s'obtiennent en décomposant le sulfate de cuivre par la chaux; c'est un mélange d'oxyde hydraté de cuivre avec du sulfate de chaux et un peu de chaux.

7. **Sulfate de cuivre.** $CuOSO^3$, 5Aq. — Le sulfate de cuivre est le plus important de tous les sels de ce métal; il porte le nom vulgaire de **vitriol bleu** ou encore de **couperose bleue**. Solide, il se présente en cristaux

bleus formés de parallélipipèdes doublement obliques. Il est soluble dans
4 parties d'eau froide et dans 2 parties d'eau bouillante, et insoluble dans
l'alcool. Sa saveur est métallique et très désagréable; il est vénéneux
comme tous les sels de cuivre.

A l'air sec, vers 15° ou 20°, ses cristaux s'effleurissent en perdant
2 molécules d'eau. Chauffé à 100°, il perd 4 équivalents d'eau de cristallisation; le cinquième ne disparaît qu'à 210°; le sel est alors devenu une
poudre blanche amorphe, très hygrométrique, prenant rapidement l'humidité et à laquelle on rend, en l'humectant, sa couleur bleue d'abord et
avec elle la propriété de cristalliser.

On prépare ce sel pour les besoins de l'industrie par des procédés qui
rappellent la fabrication du sulfate de fer ou vitriol vert.

Le premier moyen consiste à traiter à chaud par l'acide sulfurique
concentré les rognures et planures des ateliers de cuivre: il se dégage de
l'acide sulfureux que l'on emploie à faire du sulfite de soude; le liquide
contient le sulfate de cuivre qu'on fait cristalliser par évaporation.

Un second procédé utilise les lames de cuivre qui ont servi au doublage
des navires. On les mouille; on les saupoudre de soufre en fleur et on les
soumet à l'action de la chaleur et de l'air dans un four. Pendant ce traitement, le cuivre est partiellement transformé en sulfate. Les lames encore
chaudes, plongées dans de l'eau, abandonnent le sulfate qui cristallise
dans sa solution; elles peuvent servir à une nouvelle opération analogue.

Le grillage des pyrites cuivreuses disposées par couches alternatives
avec du combustible, et le lessivage du produit, donnent un liquide qui
dépose du sulfate de cuivre. Mais le sel est impur; il contient notamment
du sulfate de fer. Pour l'en débarrasser, on le met en dissolution; on
ajoute un peu d'acide azotique et on évapore pour peroxyder le fer et le
rendre insoluble.

Le résidu n'abandonne plus à l'eau que du sulfate de cuivre pur.

Nous verrons que l'affinage des matières d'or et d'argent donne aussi
de beau sulfate de cuivre.

Les usages de ce sel sont nombreux. Il sert à chauler les blés, à teindre
en noir et marron, à préparer l'argent, à préparer les autres sels de cuivre,
notamment les *verts* de Schèele et de Schweinfurt.

Questionnaire. — 1. Où trouve-t-on le cuivre natif? Quels sont les autres
minerais de ce métal? — 2. Comment obtient-on du cuivre pur? — 3. Quelles
sont les propriétés du cuivre? Comment agit l'air sur lui? Quelle est l'action
des principaux acides minéraux et organiques? — 4. Quels sont les alliages
usuels du cuivre? Qu'est-ce que le laiton et le bronze et comment le fabrique-t-
on? — 5. Quelles sont les propriétés et les emplois des oxydes du cuivre? —
6. Quels sont les principaux sels de cuivre? — 7. Comment obtient-on le sulfate
et quels sont ses usages?

CINQUANTIÈME LEÇON.

Mercure. — $Hg = 100$.

1. Extraction du mercure. — Le mercure désigné autrefois sous le nom
de vif-argent, à cause de son éclat et de sa grande mobilité, était connu
des Grecs et des Romains qui le retiraient d'Espagne et l'employaient à la
dorure de l'argent et du cuivre.

Il se rencontre dans la nature en dépôts de sulfure rouge ou cinabre et à l'état natif en gouttelettes métalliques brillantes, disséminées dans les roches. Il n'existe en grandes masses que sur quelques points du globe. Le cinabre, substance lourde, sans éclat, rouge ou brune, accompagnée d'argile, est disséminé dans les schistes ou les calcaires compactes superposés au terrain carbonifère. Les gisements principaux sont ceux d'*Almaden* en *Espagne*, d'*Idria* en *Carniole*, de *New-Almaden* en *Californie*.

Le traitement qu'on fait subir au cinabre pour en retirer le mercure est très simple. Il consiste à griller le minerai concassé. Sous l'influence de l'air et de la chaleur, le soufre brûle et quitte le mercure que la chaleur volatilise. Les produits gazeux sont envoyés dans des appareils à condensation où le mercure reprend l'état liquide et se dépose en gouttelettes.

2. Propriétés physiques du mercure. — Le mercure est liquide à la température ordinaire et doué d'un grand éclat; lorsqu'il est pur, sa surface forme un miroir parfait. Il n'adhère pas aux corps, si ce n'est aux métaux auxquels il s'allie; c'est à cause de cette propriété qu'il forme un menisque convexe dans les vases et tubes de verre et qu'en petite quantité il prend la forme de gouttes sphéroïdales parfaitement arrondies. Quand il est souillé de métaux étrangers, il perd sa fluidité, ses gouttes s'allongent; on dit qu'il *fait la queue*.

La densité du mercure est à 0° de 13, 596. Il se solidifie à — 40° et présente des propriétés physiques analogues à celles du plomb.

Il n'émet de vapeurs sensibles qu'au-dessus de 25°, comme on peut s'en assurer en suspendant dans un flacon qui contient du mercure une lame d'or ou un papier imprégné d'un sel d'argent. La lame d'or ne blanchit et le papier ne brunit fortement que quand il se dégage des vapeurs du mercure. Le mercure bout à 350° et peut être distillé dans une cornue de verre.

Le mercure qui se sépare à l'état métallique par la réduction de ses sels forme une poudre noire sans éclat; on ne peut le réunir en globules brillants que par une ébullition prolongée avec l'acide chlorhydrique.

3. Propriétés chimiques. — Le mercure pur exposé à l'air dans un milieu tranquille ne s'altère pas; quand il est souvent agité, l'été, ou qu'il n'est pas absolument pur, il se recouvre d'une pellicule grisâtre que l'on peut voir sur toutes les cuves à mercure des laboratoires; c'est un mélange intime de mercure divisé et d'oxyde qui adhère au verre. Chauffé à l'air vers 350°, le mercure se convertit à la surface en oxyde rouge qu'une chaleur plus grande peut décomposer. Nous rappellerons que c'est ce double fait qui a permis à Lavoisier de réaliser sa remarquable analyse de l'air.

Le mercure ne décompose l'eau à aucune température; agité avec ce liquide, il paraît lui céder une petite quantité de substance, qui n'est probablement qu'une matière très divisée en suspension et non dissoute. Cette *eau mercurielle* jouit de propriétés thérapeutiques qui la faisaient employer autrefois comme vermifuge.

Le soufre et le chlore s'unissent à froid avec le mercure. L'acide azotique l'attaque aussi à froid en donnant une réaction analogue à celle qu'il produit avec le cuivre et le plomb. L'acide sulfurique étendu est sans action; mais il dissout le métal quand il est concentré et chaud en dégageant de l'acide sulfureux et produisant un dépôt blanc de sulfate

de mercure. L'acide chlorhydrique, même bouillant, n'attaque pas le mercure.

Le mercure en vapeurs exerce sur l'économie animale une action
toxique très énergique qui se traduit d'abord par une salivation abondante
pour se continuer par un *tremblement* dit *tremblement mercuriel*. Il exerce
aussi une action délétère sur les plantes.

4. Purification du mercure. — Lorsque le mercure se trouve souillé par
des matières en suspension ou des pellicules qui ternissent sa surface et
adhèrent au verre, on se contente, pour le purifier, de le filtrer en le faisant tomber en filet très mince par un entonnoir effilé.

S'il contient des métaux étrangers qui y sont dissous à l'état d'amalgame, il faut ou le distiller, ou le traiter par des agents chimiques. La
distillation ne le purifie pas toujours complètement; aussi préfère-t-on
traiter le mercure impur par de l'acide azotique avec lequel on l'abandonne
pendant vingt-quatre heures. Il se forme d'abord de l'azotate de mercure
que les métaux étrangers décomposent en régénérant le mercure et passant eux-mêmes à l'état d'azotates. On lave la masse à l'eau; on filtre
pour séparer le mercure, et on chauffe celui-ci dans une capsule de fer
pour le dessécher.

5. Usages du mercure. — Le mercure sert dans la construction des ther-
momètres, baromètres et manomètres; il est employé dans les laboratoires pour la manipulation et l'analyse des gaz. Mais son usage le plus
important est dans l'extraction de l'argent et de l'or, comme on le verra
aux chapitres suivants. On l'utilise aussi en médecine sous forme d'on-
guents pour l'usage externe: l'onguent napolitain, fait en éteignant le
mercure avec son poids d'axonge, et l'onguent gris qui est formé de 1 partie du précédent avec 3 parties d'axonge.

Amalgames. — Le mercure possède une grande tendance à s'unir à
beaucoup d'autres métaux pour former des alliages souvent cristallisés,
connus sous le nom d'amalgames. Ceux de potassium, de sodium, d'étain,
d'argent et d'or se forment par l'union directe des métaux au mercure.
L'amalgame dont on recouvre le zinc des piles peut se former directement
aussi quand le zinc plonge dans un vase contenant de l'eau acidulée au
fond duquel on a versé le mercure.

Il n'y a guère que ceux d'étain et de cuivre qui aient un emploi industriel, le premier pour l'étamage des glaces, le second comme amalgames
des dentistes.

Étamage des glaces. — Étamer une glace, c'est la recouvrir d'une pellicule métallique brillante qui y reste adhérente et constitue le corps opaque poli, destiné à réfléchir la lumière. Pour réaliser cette opération, on
étend sur une surface parfaitement horizontale une feuille d'étain de la
dimension de la glace; on y verse du mercure que l'on y promène partout
avec une patte de lièvre, puis ensuite assez du métal liquide pour former
une couche de 3 à 4 millimètres d'épaisseur. On fait glisser la glace sur la
feuille métallique de manière à chasser l'excès du mercure, et quand les
les deux surfaces coïncident bien, on charge la glace de corps lourds pour
déterminer une pression qu'on maintient pendant quinze jours. L'étain
s'allie au mercure et l'alliage se fixe fortement au verre; il constitue le
tain des glaces qu'il faut protéger contre tout frottement capable de le
rayer.

Amalgame des dentistes. — On le prépare en triturant du sulfate de mercure avec du cuivre en poudre dans de l'eau à 60°; par le broyage, le cuivre précipite le mercure qui se combine avec l'excès du cuivre pour donner l'amalgame, qu'on lave et qu'on exprime fortement dans un nouet de peau.

La propriété de ce composé c'est de se ramollir par la chaleur et de pouvoir rester quelque temps plastique si on le broie dans un mortier après l'avoir chauffé ; elle explique son emploi au plombage des dents.

6. Oxydes de mercure. — Le mercure donne avec l'oxygène deux composés analogues de composition avec les deux oxydes du cuivre: l'un que l'on peut appeler **sous-oxyde, protoxyde,** ou **oxyde mercureux** Hg^2O ; l'autre que l'on appelle **oxyde rouge, bioxyde** ou **oxyde mercurique** qui répond à la formule HgO.

Le premier peut être obtenu par l'action de la potasse sur le calomel; il est noir et très instable.

Oxyde rouge. — HgO — L'oxyde rouge est le produit qui se forme sur le mercure maintenu pendant longtemps au contact de l'air dans le voisinage de son point d'ébullition ; c'est le précipité per se des anciens chimistes.

On le prépare habituellement par la calcination de l'azotate ou par voie humide en précipitant par la potasse un sel de mercure. Par voie sèche, on obtient une poudre rouge brique d'un brun foncé à chaud, grenue et cristalline, jaune orangé vif quand elle est tamisée.

Le précipité obtenu par voie humide est jaune, même lorsqu'il est desséché. Il se prête mieux que le précédent aux combinaisons avec les acides.

L'oxyde de mercure se décompose vers 400° en oxygène qui se dégage et en mercure qui se condense; il n'y a donc qu'environ 50° entre la température de sa formation et celle où il se détruit.

7. Sulfure de mercure. HgS. — Cinabre et vermillon. — Quand on fait passer un courant d'hydrogène sulfuré dans une solution d'un sel de mercure, il se précipite un sulfure amorphe en poudre noire.

Ce sulfure noir, chauffé dans un ballon ouvert, se volatilise et va se condenser dans les parties froides sous forme de petits cristaux d'un rouge violacé ; il a changé d'aspect sans changer de composition; dans cet état, il porte le nom de cinabre et il est semblable à celui qu'on trouve dans la nature et qu'on exploite pour en retirer le mercure. Le cinabre, naturel ou artificiel, se décompose quand on le chauffe à l'air et le métal devient libre; nous avons vu que la métallurgie du mercure repose sur cette propriété.

Le sulfure noir, digéré quelque temps à une douce chaleur avec les sulfures alcalins, acquiert une belle nuance écarlate ; il constitue le **vermillon,** que l'on peut appeler un cinabre préparé par voie humide. On peut obtenir un beau vermillon en triturant pendant quelques heures 100 parties de mercure avec 38 parties de fleur de soufre ; on fait ensuite digérer ce mélange dans une solution de 25 parties de potasse et de 150 parties d'eau, en remuant d'abord constamment, puis de temps en temps à une température de 40° à 45°. Après huit heures, le dépôt commence à rougir et quand il a atteint la nuance écarlate on le décante, on le lave et on le sèche.

Le meilleur vermillon est celui de Chine, préféré des peintres à cause de sa résistance à l'action prolongée de la lumière.

Le produit du commerce est souvent falsifié par du minium, du colcothar ou de la brique pilée qui n'affaiblissent pas sa teinte. On découvre ces fraudes en chauffant un peu de vermillon dans un têt; s'il est pur, il se volatilise complètement, tandis que les matières étrangères restent comme résidu.

8. Chlorures de mercure. — Le mercure donne avec le chlore deux composés : le protochlorure, Hg^2Cl, appelé aussi *mercure doux* ou *calomel*, et le bichlorure, $HgCl$, désigné sous le nom de *sublimé corrosif* qui rappelle deux de ses propriétés, notamment celle qu'il possède d'être très vénéneux.

Calomel. — Hg^2Cl. — Ce composé, que l'on rencontre dans la nature en masses blanches cristallisées en prismes, est préparé dans les laboratoires pour les usages de la médecine.

On l'obtient par voie humide en ajoutant de l'acide chlorhydrique ou un chlorure alcalin à la solution d'azotate de protoxyde de mercure. C'est un précipité blanc, caillebotté, qu'on lave avec soin et qui donne une poudre très divisée.

Pour l'obtenir par voie sèche, on chauffe au bain de sable, dans de grands matras en verre à fond plat, un mélange de sulfate de mercure, de sel marin et de mercure métallique :

$$HgOSO^3 + NaCl + Hg = Hg^2Cl + NaOSO^3;$$

le chlorure formé se sublime dans le haut du matras en masse compacte que l'on détache, qu'on pulvérise et qu'on lave avec soin.

Calomel à la vapeur. — Pour le mettre dans un état beaucoup plus

Fig. 181. — Appareil pour la fabrication du calomel à la vapeur.

divisé, qui permette de le laver plus facilement et de le séparer complètement des traces de bichlorure qu'il pourrait contenir et qui le rendraient offensif, on le chauffe pour le réduire en vapeurs et on envoie ces vapeurs dans un récipient assez vaste pour que leur condensation ait lieu dans la masse d'air qu'elles rencontrent et non sur les parois. Le produit obtenu en poudre impalpable porte le nom de calomel à la vapeur.

Dans les laboratoires, on peut diviser le calomel en condensant sa vapeur par un jet de vapeur d'eau. Dans le fourneau A, on place la cornue qui contient le sulfate de mercure et le sel marin. Le calomel distillé arrive dans le récipient B en même temps qu'un jet de vapeur fourni par un ballon D. Il se condense en poudre impalpable dans le vase C contenant de l'eau froide.

Autrefois on préparait le calomel en broyant longtemps du sublimé corrosif avec du mercure et en distillant le mélange. Le nom de mercure doux était donné au calomel par opposition à la propriété toxique du sublimé qui servait à le faire.

Le calomel sublimé est une poudre blanche qu'il faut conserver dans des flacons en verre jaune ou opaque, parce que la lumière lui fait subir une décomposition partielle. Il est insoluble dans l'eau ; il faudrait 12 litres d'eau bouillante pour en dissoudre 1 gramme.

Lorsqu'on le fait bouillir avec l'acide chlorhydrique ou avec un chlorure alcalin, il se forme du sublimé corrosif, et il peut se déposer du mercure. Cette réaction explique, d'après Mialhe, l'action du calomel comme médicament ; il devient soluble en rencontrant des chlorures alcalins dans les voies digestives. Mais cette transformation présente un danger si elle est complète ; car le sublimé corrosif produit est un poison très énergique ; c'est pourquoi on recommande de ne jamais recourir à l'emploi du calomel que longtemps avant ou après les repas.

Le calomel est usité comme purgatif et vermifuge. Il est facile de s'assurer qu'il ne contient pas de trace de bichlorure en l'arrosant d'eau et en y plongeant une lame de fer bien décapée ; la lame doit rester inaltérée, tandis qu'elle se couvre d'une tache noire de mercure métallique quand il y a seulement $\frac{1}{40000}$ de bichlorure dans la masse.

9. **Bichlorure de mercure.** — HgCl. — Le bichlorure de mercure ou sublimé corrosif peut s'obtenir par l'action directe du chlore sec sur le métal chauffé, ou plus facilement par dissolution de l'oxyde rouge dans l'acide chlorhydrique. Mais généralement on opère par voie sèche en chauffant un mélange de sulfate de mercure et de sel marin ; les deux sels échangent leurs bases :

$$HgOSO^3 + NaCl = HgCl + NaOSO^3.$$

On chauffe pour sublimer le bichlorure. Mais il faut opérer sous une cheminée à bon tirage, pour se mettre à l'abri des vapeurs délétères qui se dégagent.

Le bichlorure obtenu est en aiguilles cristallines incolores ; il est soluble dans deux fois son poids d'eau bouillante et dans quinze fois son poids d'eau froide, très soluble dans l'alcool et dans l'éther. Il possède une saveur âcre et très désagréable. C'est un poison violent. Son antidote le plus sûr est le blanc d'œuf ou l'albumine qui forme avec lui un composé insoluble.

Beaucoup d'agents chimiques l'altèrent ou le décomposent, en déposant ou du calomel ou même du mercure et mettant du chlore en liberté ; aussi est-il employé souvent comme chlorurant.

Sa propriété de se combiner à l'albumine et aux autres matières animales le fait employer à la conservation des herbiers, qu'il préserve de ravages des insectes, et des préparations anatomiques qu'il durcit et qu'il rend imputrescibles.

La médecine, qui s'en sert comme médicament, ne doit l'employer qu'à très faible dose et avec circonspection en le mélangeant à des matières albuminoïdes qui en affaiblissent l'action.

10. Sels de mercure. — Le mercure donne avec chaque acide deux sels; mais aucun d'eux n'a d'usages hors des laboratoires, excepté le *sulfate* qui sert dans la pile de Marié-Davy et que l'on obtient en attaquant le métal par de l'acide sulfurique.

Questionnaire. — 1. Comment retire-t-on le mercure de son minerai le cinabre? — 2. Quelles sont les propriétés physiques de ce métal? — 3. Comment peut-on oxyder le mercure? Quelle est l'action que les acides exercent sur lui? — 4. Comment purifie-t-on le mercure? — 5. Quels sont ses usages? Quels sont les principaux amalgames? Comment étame-t-on les glaces? — 6. Quelles sont les propriétés de l'oxyde rouge de mercure? — 7. Comment prépare-t-on le vermillon? — 8. Quels sont les usages du calomel? Comment le produit-on à la vapeur? Quelle précaution faut-il prendre dans son emploi? — 9. Quelles sont les propriétés du bichlorure?

CINQUANTE ET UNIÈME LEÇON

Argent. — Ag = 108.

1. Minerais d'argent. — L'argent, usité comme métal précieux depuis une haute antiquité, existe dans la nature à l'état natif, à l'état de sulfures simples et complexes, de chlorure, bromure et iodure. Il se trouve mélangé en faible proportion dans d'autres minerais comme la galène et les cuivres gris, d'où on le retire à cause de sa grande valeur. C'est ce qui fait appeler mines d'argent des mines de plomb et de cuivre qui fournissent accessoirement une certaine quantité de métal précieux.

Les minerais d'argent qui ne contiennent pas d'autre métal utilisable rentrent tous dans les trois classes suivantes :

1° *L'argent natif*, qui se présente seul ou associé à d'autres minerais, comme au lac *Supérieur*, offre la forme de cristaux ramifiés, figurant de minces arbustes appelés *dendrites*; on le mélange avec d'autres minerais pour le traiter.

2° *L'argent chloruré*, qui est disséminé ordinairement dans une gangue terreuse, constitue les minerais *colorados* du Mexique, du Chili, du Pérou, et même les terres rouges de la Bretagne.

3° *Les minerais noirs*. Ils contiennent l'argent sous tous les états chimiques en combinaison avec le soufre, l'antimoine et l'arsenic ; ils produisent la majeure partie de l'argent mis en circulation. L'Amérique du Sud et le Mexique renferment les plus riches gisements.

Le traitement des minerais d'argent repose sur l'emploi du mercure qui dissout l'argent avec facilité, de là le nom d'amalgamation donné à la méthode en usage depuis 1560 au Pérou et au Mexique. L'amalgamation est différente suivant qu'on dispose ou non de combustible.

2. Extraction de l'argent des plombs d'œuvre. — Le plomb d'œuvre riche ou enrichi par la méthode de Pattinson est soumis à la coupellation. L'opération consiste à fondre l'alliage d'argent et de plomb dans un four où l'air puisse constamment oxyder la surface du bain métallique. Le plomb et les autres métaux étrangers passent à l'état d'oxydes qu'on enlève, et, à un moment, il ne reste plus que l'argent inoxydable, qu'il suffit de laisser refroidir.

Le four de coupellation de l'industrie (fig. 182) est à sole circulaire dont on garnit la surface d'une épaisse couche de marne. Quand le mélange métallique y est sous forme de bain liquide, on donne le vent par des tuyères; la surface du plomb s'oxyde promptement et la température est assez forte pour fondre l'oxyde formé, qu'on fait couler le long de la paroi du four par une rigole pratiquée à dessein. Quand il n'y a plus au-dessus de l'argent fondu qu'une très mince pellicule de plomb, elle se teinte de mille couleurs et presque immédiatement après l'argent

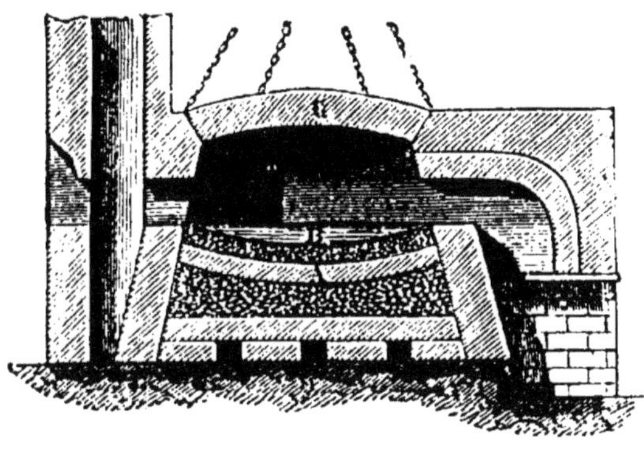

Fig. 182. — Four industriel de coupellation. — A, sole du four recouverte d'une couche absorbante; — B, bain métallique; — C, dôme mobile pour augmenter la température.

apparaît très brillant et très blanc, c'est le phénomène de l'*éclair*; il annonce la fin de l'opération. On n'a plus qu'à laisser le métal se refroidir lentement.

La litharge recueillie peut être utilisée sous cette forme ou bien réduite par le charbon dans un petit four à manche pour en retirer le plomb.

3. Propriétés physiques de l'argent. — L'argent est le plus blanc des métaux; il est susceptible d'un poli brillant qui n'a de supérieur que celui de l'acier. On pense qu'il doit sa belle couleur blanche à son grand pouvoir réfléchissant; sa couleur propre est jaunâtre; quand il est très divisé, comme celui qu'on obtient par la réduction à froid du chlorure, il est gris; mais il devient brillant par le frottement. Après l'or, c'est le plus malléable et le plus ductile des métaux; on a pu le réduire en feuilles de 0 millim. 003 d'épaisseur, et avec un gramme faire un fil de 2,640 mètres de longueur. Sa densité est 10,47.

L'argent fond vers 1000°, et se volatilise à une température peu supérieure. Lors donc que de l'argent fondu est longtemps chauffé, comme dans les ateliers d'affinage, il peut y avoir une perte par volatilisation; pour l'éviter, on fait communiquer les fourneaux de fusion avec de grandes chambres de condensation où les gaz déposent les poussières d'argent entraînées, avant de se rendre à la cheminée.

L'argent fondu dissout environ vingt-deux fois son volume d'oxygène qu'il garde à l'état de gaz jusqu'au moment où il se solidifie; alors, si la solidification est rapide, le départ de l'oxygène est brusque, et le gaz déchire l'enveloppe solide de la surface du métal et peut en projeter quelques parcelles; c'est le phénomène du *rochage;* on peut l'éviter en refroidissant très lentement l'argent.

4. Propriétés chimiques. — L'argent est inoxydable dans l'air à toute température; c'est cette qualité qui en fait un métal précieux. De tous les acides, c'est l'acide azotique, même étendu, qui l'attaque le plus facilement; il se dégage du bioxyde d'azote qui se transforme à l'air immédiatement en vapeurs nitreuses, et il se forme une dissolution d'azotate d'argent :

$$3Ag + 4HOAzO^5 = 3(AgOAzO^5) + 4HO + AzO^2.$$

L'acide sulfurique agit sur l'argent comme sur le mercure, le cuivre et le plomb; il doit être concentré et chaud pour dégager de l'acide sulfureux et former du sulfate d'argent.

L'acide sulfhydrique noircit l'argent en formant à sa surface un sulfure noir adhérent. Il faut attribuer à cette cause la teinte noire que prend l'argenterie au contact des œufs peu frais, ou aux émanations d'une fuite de gaz d'éclairage ou encore à celles qui s'échappent des fosses d'aisances.

L'acide chlorhydrique concentré et chaud attaque superficiellement l'argent en formant un chlorure insoluble qui masque et protège le reste du métal. Le sel marin agit de même; il ternit l'argent par la formation d'une pellicule de chlorure; aussi dore-t-on toujours l'intérieur des salières en argent pour les préserver de cette altération.

Les alcalis caustiques n'attaquent pas l'argent; c'est pourquoi on emploie des capsules de ce métal **pour concentrer** la potasse et la soude.

5. Alliages d'argent. — L'argent, **dont** les usages sont connus de tout le monde, n'est pas employé seul; il n'est pas assez dur; il s'userait vite et perdrait par le frottement la finesse de ses empreintes. On lui allie du cuivre qui lui donne de la dureté, et parfois même un peu de zinc. Ce sont des alliages de cuivre et d'argent qui constituent les pièces d'orfèvrerie et les monnaies. Le cuivre n'altère pas, d'une manière appréciable, la blancheur de l'argent tant qu'il ne lui est pas allié en proportion forte. On peut toujours d'ailleurs blanchir les alliages d'argent et de cuivre en les plongeant dans une eau légèrement acidulée après les avoir fortement chauffés; la couche superficielle de cuivre s'est oxydée, et l'oxyde se dissout dans l'eau acidulée mettant à nu l'argent pur auquel on donne le blanc mat par un frottement convenable.

Les alliages qui ont cours en France sont les suivants :

	Argent.	Cuivre.	Zinc.	Tolérance.
Médailles.	950	50	»	0,002
Vaisselle.	950	50	»	0,005
Monnaies (de 5 fr.). . . .	900	100	»	0,002
— *petites pièces.* . .	835	93	72	0,002
Bijouterie.	800	200	»	0,005

Les deux premiers qui contiennent 950 d'argent sont dits *au premier titre :* le dernier, 800, est dit au *second titre.*

Leur fabrication est soumise au contrôle de l'État et leur composition est vérifiée dans les bureaux de *garantie* et ne doit pas s'écarter en plus ou en moins de la fraction indiquée dans le tableau précédent sous le no de *tolérance.*

6. Essai des matières d'argent. — Il est indispensable de pouvoir déterminer rapidement et avec une grande précision le *titre* d'un alliage d'argent, c'est-à-dire la proportion de ce métal qui entre dans les divers objets d'argenterie et de bijouterie. Il faut même, pour préparer l'analyse rigoureuse, ou pour fixer la valeur d'un objet que l'on ne veut pas détériorer, posséder une méthode qui permette d'indiquer l'alliage à composition connue dont se rapproche le plus l'objet à essayer.

Ce dernier mode d'essai qui n'est qu'approximatif, mais qui donne néanmoins des résultats très approchés entre des mains exercées, se fait à la *pierre de touche* ou à l'aide de la dissolution de sulfate d'argent. La pierre de touche est une pierre siliceuse noire très dure, inattaquable par les acides, assez rugueuse pour qu'un alliage frotté à sa surface y laisse une trace que le frottement d'un linge n'enlève pas. L'essai de l'argent se fait en comparant la couleur de la trace laissée sur une pierre de touche par l'objet essayé à celles que donnent des alliages à titres connus.

La dissolution de sulfate d'argent permet de distinguer rapidement et facilement les objets du second titre de ceux du premier titre ; elle ne se ternit qu'à la longue sur ces derniers, tandis qu'elle noircit promptement sur les autres.

L'analyse exacte d'un alliage d'argent, la fixation rigoureuse du titre, qui exige que l'on ait au moins un gramme et demi de la matière, peut se faire par la *coupellation* ou par la voie humide indiquée par *Gay-Lussac* en 1832.

7. Argenture. — L'argent sert aussi à recouvrir la surface d'autres métaux d'un vernis brillant et inaltérable. L'ancien procédé qui consistait à recouvrir la surface à argenter d'un amalgame d'argent et à chauffer l'objet pour volatiliser le mercure et fixer l'argent n'est plus guère pratiqué.

Le procédé le plus employé est l'argenture galvanique. Les objets décapés sont plongés dans un bain (ordinairement du *cyanure d'argent* dissous dans le *cyanure de potassium*) et mis en communication avec le pôle négatif d'une pile, tandis qu'au pôle positif est fixée une lame d'argent qui se dissout à mesure dans le liquide et en maintient la composition. L'argent se dépose avec sa couleur ; on lui donne le brillant par le frottement.

Les petits objets qu'on ne galvanise pas sont argentés avec des poudres au chlorure ou au cyanure d'argent mélangés de craie et de tartre ; mais l'argenture est légère et dure peu.

On argente les glaces à l'aide d'une dissolution alcaline de nitrate d'argent qu'on fait réduire par le sucre interverti, le glucose ou l'aldéhyde.

8. Oxyde d'argent. — AgO — Lorsqu'on verse de la potasse dans une dissolution de nitrate d'argent, il se forme un dépôt brun d'oxyde d'argent hydraté qui peut perdre son eau et devenir anhydre, par l'action de la chaleur.

Isolé, cet oxyde est peu stable ; il se décompose déjà à 100°. Il n'en constitue pas moins une base puissante neutralisant les principaux acides.

Digéré dans de l'ammoniaque très concentrée, il se change en une poudre noire connue sous le nom d'argent fulminant, qui détone au moindre choc quand il est sec.

9. Chlorure d'argent. — AgCl. — Le chlorure d'argent se forme toutes les fois qu'on verse dans un sel soluble d'argent soit de l'acide chlorhydrique, soit un chlorure dissous. C'est un précipité blanc, d'apparence neigeuse, qui gagne vite le fond du verre et se rassemble facilement si la liqueur est acide. Desséché dans l'obscurité, il constitue une poudre blanche qui violace à la lumière diffuse et noircit au soleil. La chaleur le fond en un liquide jaune qui prend par le refroidissement l'apparence de la corne. Il est complètement insoluble dans l'eau et dans les acides ; ses dissolvants sont l'ammoniaque, qui par évaporation spontanée le laisse déposer en cristaux semblables à ceux du chlorure naturel, l'hyposulfite de soude et le cyanure de potassium qui forment avec lui des sels doubles.

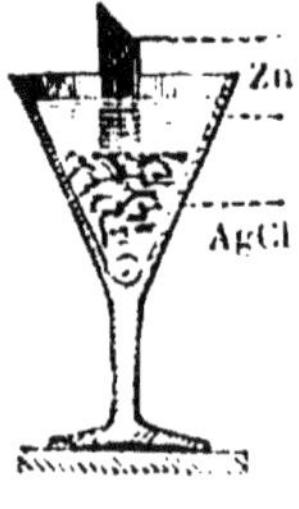

Fig. 183.

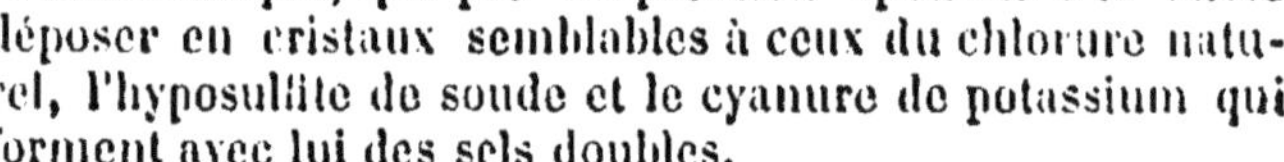
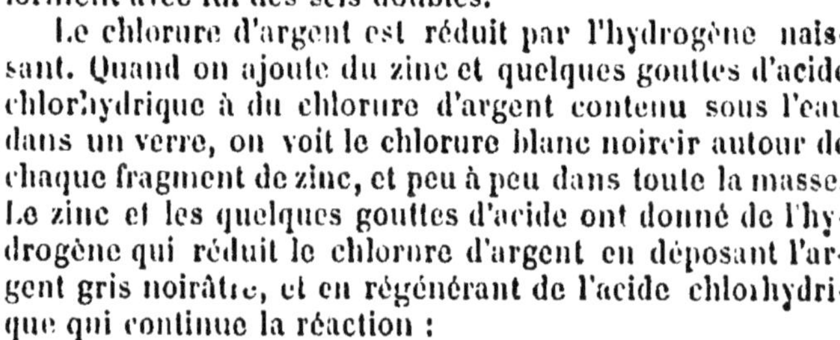

Le chlorure d'argent est réduit par l'hydrogène naissant. Quand on ajoute du zinc et quelques gouttes d'acide chlorhydrique à du chlorure d'argent contenu sous l'eau dans un verre, on voit le chlorure blanc noircir autour de chaque fragment de zinc, et peu à peu dans toute la masse. Le zinc et les quelques gouttes d'acide ont donné de l'hydrogène qui réduit le chlorure d'argent en déposant l'argent gris noirâtre, et en régénérant de l'acide chlorhydrique qui continue la réaction :

$$Zn + HCl = ZnCl + H$$
$$H + AgCl = Ag + HCl.$$

Cette réduction est mise à profit pour retirer l'argent des liquides qui peuvent le contenir, et même pour préparer l'argent pur. On transforme en chlorure d'argent les dissolutions que l'on veut traiter ; on lave le chlorure, on le réduit par le zinc comme ci-dessus. Quand la réduction est terminée, on le brosse, on le lave. On décante le liquide, puis on ajoute de l'acide sulfurique étendu sur la poudre d'argent pour dissoudre les parcelles de zinc qui ont pu y rester. Il suffit de laver ensuite soigneusement la poudre et de la sécher pour la fondre avec du borax si l'on veut un culot d'argent métallique.

Le chlorure d'argent peut encore être réduit à chaud par la craie et le charbon ou par la chaux vive ; mais il faut maintenir au moins une demi-heure la température au rouge. On emploie 100 parties de chlorure avec 70 parties de craie et 4 parties de charbon.

La propriété saillante du chlorure d'argent, c'est de noircir à la lumière en passant, suivant l'intensité lumineuse, par les diverses nuances, depuis le rouge violacé jusqu'au violet noir. Sous cette influence, le chlorure devient insoluble dans ses dissolvants ordinaires, notamment dans l'hyposulfite de soude qui le dissout quand la lumière ne l'a pas altéré. La photographie utilise cette propriété pour obtenir les épreuves sur papier.

Le bromure et l'iodure d'argent sont deux corps blancs quand on les produit à l'abri des rayons actifs de la lumière ; ils deviennent immédiatement jaunâtres à la lumière diffuse, et en même temps ils cessent d'être solubles dans l'hyposulfite de soude et le cyanure de potassium, leurs dissolvants ordinaires. C'est cette propriété qui les fait employer en photographie pour obtenir l'épreuve inverse, que l'on appelle un négatif ou un cliché.

10. Azotate d'argent. — AgOAzO⁵. — Le sel d'argent le plus commun est l'azotate, que l'on obtient en attaquant de l'argent vierge par de l'acide azotique pur. Si l'on ne dispose que d'argent monnayé, et qu'on l'attaque par de l'acide azotique, on obtient un mélange d'azotate d'argent et d'azotate de cuivre, d'une couleur verte. On évapore la dissolution à sec et l'on continue à chauffer jusqu'à ce que toute la masse soit bien noire; la chaleur décompose l'azotate sec de cuivre, avec dépôt d'oxyde de cuivre noir, sans altération de l'azotate d'argent. En reprenant le résidu par l'eau, il ne se dissout que l'azotate d'argent que l'on filtre et que l'on concentre pour le faire cristalliser.

L'azotate d'argent est très soluble dans l'eau. Chauffé, il fond en un liquide qui se prend en masse cristallisée par le refroidissement. Coulé en crayons quand il est fondu, il constitue la pierre infernale des chirurgiens, qui cautérise les plaies et ronge les chairs. Ce sel est facilement décomposé par les matières organiques ; ainsi sa dissolution tache les doigts, le papier, le linge d'une marque qui devient d'un *noir bleuté* et qui est formée d'argent métallique réduit. On peut enlever la tache par le cyanure de potassium; mais quand elle est sur la peau il vaut mieux avoir recours à l'iodure de potassium, parce que le cyanure très vénéneux peut s'inoculer par une blessure ou une égratignure, et amener de graves accidents.

La propriété que possède le nitrate d'argent de noircir au contact des matières organiques le fait employer comme *encre à marquer le linge*. On dissout 2 parties de nitrate dans 7 d'eau distillée, on y ajoute 1 partie de gomme et on colore avec du noir de fumée impalpable. La place où l'on veut écrire est d'abord mouillée avec une dissolution de gomme et de carbonate de soude, puis séchée et repassée, après quoi on y trace les caractères et l'on expose l'écriture au soleil pour qu'elle noircisse promptement.

Le *nitrate d'argent* est le corps le plus employé en photographie, car c'est lui qui sert à préparer le bromure, l'iodure et le chlorure dont on met la sensibilité à profit.

Questionnaire. — 1. Quels sont les principaux minerais d'argent et comment en retire-t-on le métal ? — Comment extrait-on l'argent des plombs d'œuvre? — 3. Quelles sont les propriétés physiques de l'argent? — 4. Quelle est l'action des principaux acides? L'argent est-il oxydable? — 5. Quels sont les alliages d'argent et leur titres? — 6. Comment essaie-t-on approximativement un alliage d'argent? — 7. Quels sont les différents procédés de l'argenture? — 8. 9. Quels sont les principaux composés de l'argent? Les propriétés du chlorure, du bromure et de l'iodure? — 10. Comment fait-on l'azotate d'argent?

CINQUANTE-DEUXIÈME LEÇON

Or. — Au = 98.

1. État naturel. — L'or, se rencontrant généralement à l'état natif, est de tous les métaux celui qui a attiré le premier l'attention de l'homme. Son éclat et son inaltérabilité en ont fait une matière précieuse. Il est connu et apprécié depuis la haute antiquité comme le *roi des métaux*. Les alchimistes le comparaient au soleil et lui attribuaient les plus grandes

vertus; aussi tous leurs efforts tendaient-ils à transformer les autres métaux en or.

L'or natif existe en filons dans les terrains anciens où il a pour gangue
le quartz blanc. On l'y trouve disséminé en petits cristaux cubiques ou
en filaments ou grains irréguliers, en minces lamelles et en paillettes. On
donne le nom de **pépites** aux fragments d'un certain volume; d'ordinaire leur poids est de quelques grammes; exceptionnellement on en a
trouvé de plus de 20 kilogrammes.

L'or natif se trouve également dans des alluvions anciennes, provenant
de la destruction de filons ou de roches quartzeuses aurifères; il s'y présente en paillettes disséminées dans des sables; et c'est dans ces sables que
se fait habituellement la recherche du métal précieux.

L'or est très répandu; mais il n'existe le plus souvent qu'en très faibles
quantités aux endroits où l'on peut cependant constater sa présence.
Ainsi certains fleuves de France, le *Rhône*, le *Rhin*, la *Garonne*, l'*Ariége*,
roulent dans leurs sables granitiques des paillettes d'or que l'on ne
peut guère exploiter, car il faudrait laver plus de 3 millions de kilogrammes de sables pour obtenir un kilogramme d'or. Les gisements
aurifères les plus riches sont ceux de l'*Australie*, de la *Californie*, du *Brésil*,
de la *Sibérie*.

2. Extraction de l'or. — La méthode la plus ancienne et la plus simple
consiste à laver les sables aurifères ou les roches concassées et pulvérisées
dans une *sébile* de bois ou de tôle (fig.
184). On met dans ce vase quelques
poignées de sable et on le plonge
dans l'eau en lui imprimant un rapide
mouvement de rotation; les matières
solides se séparent et se déposent à
peu près par ordre de densité; les
paillettes d'or plus lourdes gagnent le
fond du vase, tandis que les matières
plus légères restent en dessus et peu-

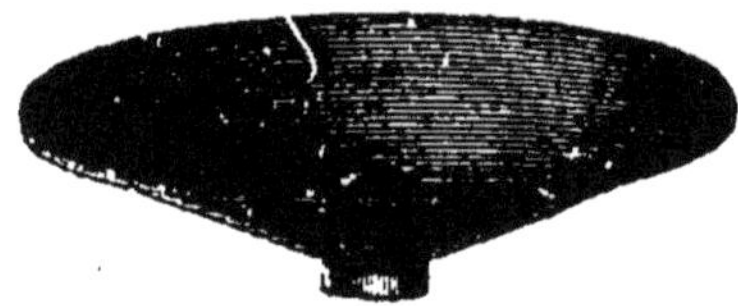

Fig. 184. — Sébile à laver les sables
aurifères.

vent être rejetées. L'or lavé est encore accompagné de beaucoup de matières étrangères.

Cet appareil primitif a fait place à de plus complexes, d'abord à la table
à secousses avec des arrêts sur son fond incliné, puis ensuite au *sluice* aus-
tralien, long canal de plus de mille mètres, à fond raboteux et garni d'aspérités, au sommet duquel on jette le minerai d'or entraîné par un fort
courant d'eau et où l'on retrouve les paillettes aurifères rassemblées contre
les obstacles du fond.

On épure la poudre d'or encore sableuse par l'amalgamation. L'or se
dissout dans le mercure avec lequel il est pétri, et l'amalgame formé se
sépare facilement des impuretés. On exprime cet amalgame liquide pour
séparer l'excès de mercure, et la partie solide qui reste est soumise à la
distillation, soit dans des appareils analogues à ceux qu'on emploie pour
l'argent, soit dans des cornues en fonte dont le tube de dégagement est
refroidi pour condenser le mercure. L'or est obtenu spongieux; on le refond avec un peu de borax pour le couler ensuite en lingots.

3. Propriétés et usages de l'or. — L'or possède une belle couleur jaune,
très brillante; réduit en feuilles minces, il paraît vert par transparence;

précipité d'une solution dans un état de division extrême, il forme une poudre d'un noir violacé.

C'est le plus malléable et le plus ductile de tous les métaux. On peut le réduire en feuilles de moins de dix-millièmes de millimètre d'épaisseur et on a pu étirer un gramme d'or en un fil de 3 kilomètres.

L'or fond vers 1.200°, et en fusion il paraît vert, probablement par une petite quantité de vapeur qu'il émet. Il peut se souder à lui-même sans fusion préalable ; ainsi l'or précipité se transforme en une masse cohérente quand on le comprime, et il prend sous le brunissoir l'éclat métallique.

La densité de l'or est de 19,2.

L'or est un des métaux les plus inaltérables ; il résiste à l'action de l'eau, de l'air, de l'oxygène dans toutes les conditions. Il n'est pas dissous par les acides ; l'eau régale seule l'amène en solution. Le chlore et le brome sont les seuls métalloïdes qui l'attaquent à froid. Le mercure l'amalgame à toute température.

L'or est employé en alliages pour les monnaies et la bijouterie ; en feuilles pour dorer le bois, le plâtre, etc. ; en peinture, sous le nom d'*or en coquilles*, mélange de feuilles d'or et de miel. En dissolution, il sert à la dorure des objets métalliques et en photographie.

4. Dorure. — La dorure consiste à recouvrir d'une faible couche d'or des objets d'une valeur relativement faible pour leur donner l'aspect et l'inaltérabilité du métal précieux. Elle se pratique par trois procédés : la *dorure au mercure*, la *dorure galvanique* et la dorure par immersion ou *au trempé*.

La dorure au mercure, connue déjà des anciens, consiste à appliquer sur le métal à dorer une couche d'amalgame d'or qu'on décompose ensuite par la chaleur pour chasser le mercure. Elle ne peut s'appliquer qu'aux métaux attaquables eux-mêmes par le mercure, comme l'argent, le cuivre et le bronze. Elle a le grave inconvénient d'être très insalubre par suite des vapeurs de mercure qui se dégagent de l'amalgame chauffé, et elle a été en partie abandonnée depuis la découverte des deux autres procédés.

La dorure galvanique se fait en plongeant les objets métalliques ou métallisés, fixés au pôle négatif d'une pile faible, dans un bain formé de cyanure d'or dissous dans le cyanure de potassium. Le dépôt est noirâtre ; on lui donne le brillant de l'or par un frottement contre un corps dur qui porte le nom de brunissoir.

La dorure par immersion ou au trempé, que l'on applique aux bijoux ordinaires et à une foule de petits objets, a lieu en plongeant les corps, parfaitement décapés, environ une minute dans un bain de chlorure d'or, rendu alcalin par un mélange convenable de bicarbonate de potasse.

Le dépôt est d'une faible épaisseur ; mais il se conserve bien et peut même résister quelque temps au frottement.

5. Alliages d'or. — L'or se combine directement avec la plupart des métaux. Les plus importants des alliages sont ceux que donne l'or avec l'argent, le mercure et le cuivre.

On rencontre dans la nature des alliages d'or et d'argent dont la composition est très variable. On en fabrique en orfévrerie qui sont désignés sous les noms d'or vert, renfermant 30 p. % d'argent, et d'électrum renfermant 20 % d'argent.

L'amalgame d'or se produit très facilement : un bijou blanchit immédiatement au contact du mercure. Il n'a d'intérêt que dans l'extraction de l'or métallique et dans la dorure au mercure.

Le cuivre, en s'alliant à l'or, augmente sa dure' et rehausse son éclat. Il fait partie intégrante des bijoux et des monnaies d'or qui sont, en France, soumis aux mêmes lois de garantie que es objets d'argent. Voici leurs titres.

	Titre.	Tolérance.
Monnaies.	0,900	0,002
Médailles.	0,916	0,002
Bijour.	0,920 0,810	0,003
	0,750	0,008

6. Essai des matières d'or. — La détermination exacte du titre d'un alliage d'or exige une analyse minutieuse ; l'essai approximatif d'un bijou ou d'un objet qu'on ne veut pas détériorer se fait à la **pierre de touche.**

1° Pour *essayer un bijou à la pierre de touche,* on le frotte sur la pierre, de manière à y laisser une trace d'un centimètre de long et de 2 à 3 millimètres de large. A côté, on en fait une semblable avec un alliage à 750 millièmes, de même couleur que le bijou, et on mouille les deux traces avec une eau régale faible qui les attaque légèrement en affaiblissant leur éclat. Si le bijou est à un titre inférieur à 750, sa trace noircit rapidement, et le frottement d'un linge l'enlève en laissant persister l'autre. L'alliage auquel on compare les bijoux s'appelle **touchau** ; on en fait un certain nombre au même titre, mais avec des nuances différentes et un essayeur habile peut avec eux reconnaître le titre d'un alliage à 10 millièmes près.

2° Pour l'analyse exacte, il faut recourir à la **coupellation.** La présence d'une petite quantité d'argent pouvant rester dans l'or coupellé oblige à suivre une marche différente de celle de la coupellation des alliages d'argent. On détermine d'abord le titre approximatif de l'alliage à essayer. On en pèse 0 gr. 5 et on y ajoute un poids d'argent égal à 3 fois le poids de l'or ; cette addition d'argent se nomme **inquartation.** On coupelle, avec une quantité convenable de plomb, le mélange des deux métaux précieux, et on obtient un bouton métallique qui les contient et où il n'y a pas trace de cuivre.

Pour opérer ce que l'on appelle le départ, c'est-à-dire la séparation de l'or et de l'argent, on aplatit le bouton sur une enclume ; on le lamine en feuille mince que l'on tourne en cornet et qu'on introduit dans un matras où l'on fait bouillir de l'acide azotique. L'argent est dissous ; l'or reste sous la forme du cornet qu'il faut laver, sécher et recuire au moufle pour lui donner de la cohérence et enfin pouvoir le peser.

7. Chlorure d'or. — Au^2Cl^3. — De tous les composés de l'or, le chlorure est le plus employé et le plus facile à obtenir, puisqu'il résulte de l'attaque de l'or par l'eau régale. C'est une dissolution d'un jaune clair, qui, évaporée, donne des cristaux en aiguilles d'un jaune rougeâtre, déliquescents et par conséquent très solubles.

La solution de chlorure d'or est décomposée, avec dépôt d'or métallique,

par un grand nombre de corps. Quand on y verse du sulfate de protoxyde
de fer filtré, il s'y forme un dépôt d'une poudre d'or extrèmement ténue et
d'un violet noir. L'acide oxalique produit le même effet ; et on se sert de
l'un ou l'autre de ces deux corps pour séparer complètement l'or des autres corps avec lesquels il peut se trouver et préparer l'or chimiquement
pur.

La laine, la soie, la peau se colorent en pourpre foncé au contact du
chlorure d'or, et la lumière favorise cette réduction. La lumière seule peut
à la longue décomposer la solution de chlorure d'or et produire, sur les
parois des flacons, un dépôt d'or métallique.

Toutes les matières organiques réduisent le chlorure d'or à l'ébullition
et décolorent sa solution ; on se sert de cette propriété pour révéler leur
présence dans les eaux.

Le chlorure d'or se combine avec les chlorures alcalins pour donner
des chlorures doubles : c'est ce qui le fait considérer comme un *chlora-
cide*.

Il sert, en photographie, au *virage* des papiers positifs auxquels il
donne la teinte noir violacé que l'on préfère à la teinte chocolat du chlorure d'argent. Il est la base des liquides pour la dorure. Il sert à la préparation industrielle du *pourpre de Cassius*.

8. **Pourpre de Cassius.** — On désigne sous ce nom un précipité signalé
pour la première fois par Cassius en 1683, et qui se produit par l'action
des sels d'étain sur le chlorure d'or. Ce produit prend à la vitrification la
couleur pourpre carminée, la plus belle que nous sachions produire. C'est
la raison de son emploi à la décoration de la porcelaine.

On l'obtient en plongeant des lames ou de la grenaille d'étain dans une
dissolution neutre et étendue de chlorure d'or ; il se forme un dépôt flo-
conneux, d'aspect brunâtre, puis violet pourpre, que l'on peut filtrer
si l'on a pris soin de le faire bouillir avec du sel marin.

On l'obtient encore en ajoutant à du chlorure d'or, du bichlorure d'é-
tain qui ne produit rien, puis, peu à peu, du protochlorure qui donne
naissance au pourpre.

La composition de ce corps n'est pas bien établie ; car, tandis que les
uns le considèrent comme une combinaison d'acide stannique et d'oxyde
d'or, M. Debray l'envisage comme une laque d'acide stannique colorée par
de l'or très divisé.

CINQUANTE-TROISIÈME LEÇON.

Platine. — Pt = 95,5.

1. État naturel. — Le platine n'est guère connu que depuis le milieu du siècle dernier. On le trouve à l'état natif, en grains et même en pépites, dans les terrains qui contiennent l'or et le diamant. Les gisements les plus riches sont ceux de la *Colombie* et du *Brésil*, et, en Europe, ceux des monts *Ourals*. On extrait les grains de platine des sables où ils sont disséminés, par des lavages analogues à ceux qu'on fait subir aux sables aurifères. La poudre métallique provenant du lavage renferme le platine, associé à d'autres métaux dont le plus important et le moins gênant est l'*irridium*; les autres, qui n'existent qu'en faible quantité, sont: le *palladium*, le *rhodium*, le *ruthénium*, le *titane* et le *chrome*; leur présence rendait difficile l'extraction du platine, avant que *M. Deville* ait appliqué la méthode de fusion directe aux minerais platinifères.

2. Extraction du platine. — La première méthode employée avec quelque succès, a été celle de *Wollaston*; elle consiste à dissoudre le platine dans l'eau régale, pour le précipiter ensuite chimiquement de sa dissolution et

le séparer ainsi de la plupart des métaux étrangers, puis à régénérer le platine métallique. On attaque donc le minerai par l'eau régale qui dissout, avec le platine, un peu d'irridium et laisse insolubles les matières minérales qui l'accompagnaient. Dans le liquide concentré, on verse une dissolution saturée de chlorure d'ammonium; il se forme un chlorure double de platine et d'ammonium qui est insoluble, que l'on peut recueillir et séparer. On le dessèche et on le chauffe peu à peu jusqu'à le décomposer, et finalement il reste du platine sous la forme d'une masse spongieuse, peu cohérente, de couleur grise; c'est l'*éponge* ou la *mousse* de platine.

Pour transformer cette mousse en métal, on la comprime à froid, au moyen d'une presse à vis, dans un anneau de fer, et l'on martèle à chaud le disque ainsi obtenu;

Fig. 185. — Appareil Deville pour l'extraction du platine. — *f, n, n'*, creuset en chaux; — D, F, o, s, s'*, chalumeau; — H, cheminée.

le platine possède, en effet, la propriété de se souder à lui-même comme le fer.

3. Procédé Deville par fusion. — On fond le minerai dans un four en

chaux, après lui avoir ajouté 2 à 5 p. % de chaux pour enlever l'oxyde de
fer. Quand le platine est fondu, on le coule dans une lingotière en chaux.
En général, une seule fusion ne suffit pas pour un affinage complet. On
fond de nouveau le métal dans une atmosphère oxydante et on le coule
après fusion.

Le four en chaux (fig. 185) se compose de deux parties: la sole ou
creuset et le couvercle. On obtient le creuset en pratiquant une cavité
hémisphérique dans un morceau de chaux vive; le couvercle est aussi
creusé en calotte sphérique surbaissée, et il est percé d'un trou dans l'axe
des deux calottes. C'est dans ce trou que l'on introduit l'appareil combustible, c'est-à-dire le chalumeau oxhydrique à gaz séparés qui amène,
par deux canaux distincts, le gaz d'éclairage et l'oxygène. La flamme s'é-
chappe par une ouverture latérale qui permet de plus de suivre l'opération.
Une ouverture pratiquée dans le creuset permet d'introduire peu à
peu le mélange de minerai et de chaux par petites portions de 2 ou 3
grammes.

Le métal obtenu est du platine allié à l'irridium et à un peu de rhodium, qui présente plus de résistance au feu et aux réactions chimiques
que le métal pur.

4. **Propriétés physiques du platine.** — Le platine du commerce est d'un
blanc gris, intermédiaire entre la couleur de l'argent et celle de l'étain.
C'est le plus lourd de tous les métaux: sa densité est 21,5. Il est malléable et ductile; on peut en effet l'obtenir en fils très fins presque aussi
tenaces que les fils de fer.

On ne peut le fondre dans les fourneaux ordinaires; il s'y ramollit seulement, ce qui permet de le souder. Mais on le fond à l'aide du chalumeau
à oxygène dans des creusets de chaux. Le métal fondu absorbe l'oxygène
comme l'argent et *roche* comme ce dernier métal quand son refroidissement est trop brusque.

Le platine obtenu par précipitation chimique d'un de ses sels est une
poudre noire appelée noir de platine, qu'on peut obtenir dans un état de
division extrême, à tel point que 1 centimètre cube du métal puisse recouvrir une surface de 1,100 mètres carrés. On prépare ce platine très divisé
en décomposant une dissolution de chlorure platinique par une dissolution
alcoolique de potasse, et lavant la poudre obtenue pour la débarrasser de
tous les corps étrangers. Ce métal divisé possède la propriété de condenser
les gaz; il absorbe 250 fois son volume d'oxygène et 700 à 800 fois son
volume d'hydrogène. La chaleur développée par la condensation est assez
forte pour provoquer l'inflammation du gaz s'il est combustible; si l'on
dirige un jet d'hydrogène sur du noir de platine en présence de l'air, l'hydrogène s'enflamme: c'est sur ce fait que repose le *briquet à hydrogène*
employé avant l'invention des allumettes phosphorées pour se procurer du
feu à volonté.

Quand les gaz condensés par le platine peuvent se combiner sous
l'influence d'une élévation de température, comme l'hydrogène et l'oxygène, comme aussi les carbures d'hydrogène et l'air, la chaleur produite
par la condensation dans les pores du métal divisé suffit à déterminer
l'inflammation ou la combinaison du mélange gazeux, et le platine peut
rester quelque temps incandescent. C'est ainsi que le platine divisé (en noir
ou en éponge) peut faire détoner un mélange d'hydrogène et d'oxygène.
C'est la raison pour laquelle un fil de platine roulé en spirale et suspendu

au-dessus d'une lampe à alcool redevient incandescent et y reste quelque temps après qu'on a soufflé la lampe (fig. 186); qu'une spirale de platine fixée dans un carton et suspendue dans un verre contenant de l'éther, après avoir été chauffée, se conserve rouge de feu, tant qu'il y a de l'air dans le verre formant ainsi ce que l'on appelle parfois la lampe sans flamme.

Fig. 186. — Lampe
sans flamme.

Le platine à tous ses états absorbe les gaz, mais avec d'autant plus de puissance qu'il est plus divisé; ainsi l'éponge a un pouvoir absorbant plus grand que le métal cohérent, et le noir un pouvoir plus considérable que l'éponge.

On prépare économiquement du platine jouissant d'une force assez grande de condensation en faisant bouillir quelques instants du charbon de bois en poudre grossière ou de la pierre-ponce concassée avec du chlorure de platine, et en calcinant la matière au rouge sombre dans un creuset fermé; on obtient ainsi le charbon et la ponce platinés que l'on peut substituer au noir de platine dans les expériences décrites ci-dessus.

5. Propriétés chimiques du platine. — Le platine ne s'oxyde ni dans l'air ni dans l'oxygène, quelle que soit la température. Mais, sous l'influence de la chaleur, le phosphore, le soufre, l'arsenic, le silicium l'attaquent plus ou moins rapidement et le rendent fusible ou cassant. Ainsi le phosphore, chauffé légèrement dans un vase de platine, le perce instantanément parce qu'il donne un phosphure très fusible. Il faut se souvenir de ce fait quand on calcine des sels dans un creuset de platine et empêcher que des parcelles de charbon, agissant par réduction sur les sels, ne mettent en liberté l'un des corps cités ci-dessus, qui détériorerait promptement le creuset.

Les acides, même concentrés et bouillants, n'attaquent pas le platine; l'eau régale peut seule le dissoudre. Les alcalis peuvent se combiner avec lui; aussi ne se sert-on jamais de vases de platine pour les concentrer.

6. Usages du platine. — On emploie le platine pour les petits creusets et capsules des laboratoires d'analyse et pour les alambics où l'on concentre l'acide sulfurique. Son prix élevé, 900 francs le kilogramme, limite beaucoup ses emplois; il pourrait cependant rendre de grands services dans bien des appareils industriels par sa grande résistance à la chaleur et à l'altération chimique.

On a proposé, ces temps derniers, de le substituer à l'argent, pour métalliser les glaces, et le platinage commence à remplacer l'argenture.

7. Composés du platine : bichlorure. — $PtCl^2$. — Le platine donne avec les principaux agents chimiques un grand nombre de combinaisons; mais le chlorure est le seul sel usuel.

On obtient ce chlorure en dissolvant du platine dans l'eau régale. On évapore la dissolution à une douce chaleur, et on obtient une masse cristalline rouge qui est un chlorure double de platine et d'hydrogène. Chauffée, cette masse se dédouble en acide chlorhydrique qui s'en va en vapeurs, et le bichlorure de platine reste dans la capsule sous forme d'un corps solide amorphe rouge brun.

Il est très déliquescent, très soluble dans l'eau qu'il colcre en jaune foncé et dans l'alcool. La chaleur le décompose en ses éléments.

Il se combine avec les autres chlorures, surtout les chlorures alcalins, avec lesquels il joue le rôle d'acide et forme des chlorures doubles appelés aussi *chloroplatinates*. Les deux plus importants de ces sels doubles sont ceux de potassium et d'ammonium; ils ont pour formule :

$$PtCl^2KCl \quad et \quad PtCl^2AzH^4Cl;$$

Ils sont tous deux jaunes, insolubles dans l'eau et surtout dans l'alcool.

Ils prennent naissance quand on verse une solution de chlorure de platine dans du chlorure de potassium ou d'ammonium, et qu'on ajoute au liquide un peu d'alcool. On met à profit leur formation pour caractériser les sels de potasse et ceux d'ammoniaque et les différencier des sels de soude où il ne se forme pas de précipité.

On comprend qu'à leur tour les sels de potasse ou d'ammoniaque puissent servir à caractériser une solution d'un sel de platine.

Questionnaire. — 1. Sous quel état trouve-t-on le platine? — 2. Comment obtient-on le métal par le procédé de Wollaston? — 3. Comment l'obtient-on par fusion? — 4. Quelles sont les propriétés du platine en lames, en fils, en noir, sous forme de charbon platiné? — 5. Quelle est l'action des principaux agents chimiques sur le platine? — 6. Quels sont les usages de ce métal? — 7. Quelles sont les propriétés de ses composés?

TROISIÈME PARTIE

CHIMIE ORGANIQUE

CINQUANTE QUATRIEME LEÇON

Généralités sur les substances organiques. Analyse et synthèse.

1. But de la chimie organique. — La chimie organique est la partie de la chimie qui s'occupe d'étudier toutes les substances qui existent dans les êtres vivants, *végétaux* et *animaux*, ou qui en dérivent. Elle cherche à découvrir les lois suivant lesquelles se forment et se métamorphosent les corps élaborés par la plante ou l'animal, pour les en extraire et parvenir à les imiter et à les reproduire.

Elle est moins différente de la chimie minérale qu'elle ne le parait au premier abord ; car la matière vivante et la matière brute ont les mêmes éléments. Ce qui est aujourd'hui acide carbonique, ammoniaque, vapeur d'eau, substance minérale en un mot, peut devenir, par la végétation, substance vivante, feuille, fleur ou fruit ; et l'animal comme la plante, en cessant de vivre, rendent à la nature minérale les éléments dont ils sont formés.

2. Substances organisées et substances organiques. — Les végétaux et les animaux sont formés d'un amas de *cellules*, de *fibres*, de *vaisseaux* autrement dits de *tissus* et de *liquides* qui se développent sous l'influence de la vie et s'altèrent plus ou moins rapidement après la mort de l'être. Ainsi une feuille, la matière farineuse d'une graine, les fibres du bois, la sève, un morceau de chair, un os, le sang, le lait, voilà des parties constitutives d'êtres vivants ; on les nomme des substances organisées. Elles sont toujours insolubles et ne présentent jamais la forme cristalline.

De chacune d'elles on peut retirer des corps qui ont fréquemment la structure cristalline ou une composition constante et qui, une fois isolés, n'ont plus rien de la forme que la vie leur avait donnée, mais peuvent au contraire se confondre avec les corps minéraux. On les appelle substances organiques. Ainsi on extrait le sucre cristallisé de la pulpe de betterave, l'acide citrique solide du jus de citron, l'amidon de la farine de blé, la fécule du tubercule de la pomme de terre, la gélatine des os, l'albumine de l'œuf. L'albumine, la gélatine, la fécule et l'amidon, l'acide citrique et sucre sont des substances organiques

On appelle même substances organiques des corps formés artificiellement avec des éléments qui ne proviennent pas de la nature vivante, soit parce qu'on en trouve d identiques dans l'organisme, soit parce que la mobilité de leurs éléments ou leur constitution les rapproche des produits de la nature vivante.

3. **Composition des substances organiques.** — Quatre corps simples constituent, à peu de chose près, l'ensemble des corps organiques. Ce sont :

Le carbone, l'hydrogène, l'oxygène et l'azote.

1° *Le carbone.* — Toute substance organique soumise à l'action de la chaleur laisse du charbon pour résidu. Si elle est combustible, elle dégage en brûlant de l'acide carbonique, preuve évidente que le carbone est l'un des éléments essentiels de la nature vivante.

2° *L'hydrogène.* — Le gaz des marais, qui se dégage des matières végétales en décomposition dans l'eau, et le grisou des houillères sont des carbures d'hydrogène. Tels aussi sont les pétroles et la benzine, on constate qu'ils produisent de la vapeur d'eau lorsqu'ils brûlent, c'est-à-dire quand ils se combinent à l'oxygène de l'air.

3° *L'oxygène.* — Le sucre, l'amidon, le bois, les matières grasses contiennent de l'oxygène uni au carbone et à l'hydrogène.

4° *L'azote.* — Enfin l'azote se rencontre dans le blanc d'œuf, dans le lait et dans la chair musculaire.

Certains produits naturels contiennent aussi du soufre et du phosphore.

Les produits artificiels ont souvent du chlore, du brôme, de l'iode, de l'arsenic ou des métaux. Mais, à part ces exceptions, la plus grande partie des substances provenant de la matière vivante ne contiennent que trois ou quatre éléments.

Malgré cette simplicité de matériaux, les produits organiques sont très nombreux, parce que les corps simples s'y groupent de mille et une manières, s'associent en des proportions très multiples que l'on ne rencontre pas dans les espèces minérales.

4. **Les moyens d'étude de la chimie organique.** — Quand les chimistes ont commencé à étudier les corps d'origine organique, ils y ont trouvé un champ de recherches d'une richesse inouïe. Leurs efforts n'ont d'abord eu qu'un but, séparer les uns des autres les produits divers mélangés dans les organes des animaux et des végétaux. C'est ainsi qu'ils ont extrait les essences et les parfums des fleurs et des feuilles de certaines plantes, les corps gras des graines oléagineuses, l'amidon de la farine de blé, la glucose du suc de raisin. Après avoir extrait les différents corps, ils les ont décrits dans toutes leurs propriétés et comparés les uns aux autres. Ils ont défini un certain nombre d'espèces chimiques qui ont reçu le nom de *principes immédiats* et dont chacun a des caractères bien nets. Puis ils ont cherché à connaître la composition de chacun d'eux, à les réduire en leurs éléments pour pouvoir formuler les réactions chimiques auxquelles on peut les soumettre.

On a donc procédé d'abord par *analyse*, en allant du composé au simple, comme le minéralogiste qui dédouble une roche en sels métalliques divers, ceux-ci en acides et bases et enfin en corps simples, métaux et métalloïdes.

Mais on ne s'est pas borné à extraire des organes des êtres vivants les corps qu'ils contiennent; on a voulu les reproduire en dehors des forces vitales qui les forment dans la nature : on a essayé leur *synthèse* à l'aide des affinités chimiques des éléments. On a réuni l'un à l'autre deux ou trois des corps simples qui forment les corps organiques et avec les premiers composés obtenus on a fait de toutes pièces des corps de plus en plus complexes. La chimie organique est devenue la chimie du carbone et de ses combinaisons. La synthèse et l'analyse s'y prêtent un mutuel appui.

5. **Analyse des corps organiques.** — L'opération qui conduit à la connaissance directe des éléments d'un corps s'appelle **analyse élémentaire**; on ne peut l'appliquer qu'aux substances très pures et bien caractérisées, et jamais aux mélanges. Or tout corps organisé est un mélange; il entre dans sa structure diverses espèces chimiques, divers **principes immédiats** que l'on sépare les uns des autres par un traitement spécial. Ce traitement, ou, si l'on veut, cette sorte d'analyse est appelée **analyse immédiate.**

Ainsi, dans une orange, on distingue à première vue trois portions différentes : l'écorce, le jus sucré et les cellules qui le contiennent, sans y comprendre les graines dont chacune est elle-même un corps composé. De l'écorce, on peut extraire une essence aromatique et combustible et un produit colorant; du jus, on retire du sucre et un acide. Chacune de ces dernières substances est une espèce chimique, un *principe immédiat* du corps organisé. En opérer la séparation, c'est faire l'analyse immédiate de l'orange. Tandis que, reprendre chaque espèce chimique obtenue pure, et chercher les corps simples dont elle est formée, c'est faire l'analyse élémentaire.

6. **Procédés de l'analyse immédiate.** — Il est difficile de préciser les procédés employés dans l'analyse immédiate, parce qu'il faut les modifier dans chaque cas particulier. Tantôt on a recours au triage mécanique ou à la pression, comme s'il s'agit d'extraire les jus sucrés et les huiles des cellules qui les contiennent. Dans d'autres cas, on utilise l'action de la chaleur, comme s'il s'agit de séparer deux liquides inégalement volatils ou deux solides dont les points de fusion sont très différents. Le plus souvent on a recours aux dissolvants convenablement choisis et dont les principaux sont l'eau, l'alcool, l'éther, le chloroforme et le sulfure de carbone. Enfin on peut avoir recours à une solution faiblement alcaline s'il faut enlever un acide à un mélange, ou à une solution acide pour fixer une base organique.

Un des exemples les plus simples est celui qu'offre l'analyse immédiate de la pomme de terre. Le tubercule, lavé, est râpé et réduit en une bouillie que l'on reçoit sur un linge et que l'on presse au-dessus d'une terrine sous un filet d'eau. On opère ainsi une première séparation : dans le linge restent les débris des cellules déchirées, autrement dit la *cellulose*.

L'eau de lavage laisse déposer par le repos une poudre blanche en petits grains que l'on sépare par décantation; c'est un deuxième principe, la *fécule.*

Si on porte le liquide à l'ébullition, il y apparaît des filaments solides; c'est un troisième principe, l'*albumine*, que la chaleur a coagulée.

Enfin dans ce liquide débarrassé de l'albumine et évaporé on peut constater la présence d'un *acide* et d'un *principe sucré*. C'est donc cinq espèces chimiques que l'eau et la chaleur ont permis de retirer du tubercule de la pomme de terre.

Chacune d'elles est pure si elle a un point de fusion ou d'ébullition constant; ou bien, quand elle cristallise, lorsque ses cristaux affectent tous la même forme.

Questionnaire. — 1. Quel est le but de la chimie organique? — 2. Qu'appelle-t-on substances organisées, substances ou corps organiques? — 3. Quels sont les corps simples qui forment presque tous les corps organiques? Comment y démontre-t-on la présence du carbone et de l'hydrogène? — 4. Quels sont les moyens d'étude de la chimie organique? Comment a-t-elle d'abord procédé? — 5. Qu'appelle-t-on principes immédiats, analyse immédiate? — 6. Quels sont les principaux procédés qu'emploie l'analyse immédiate?

CINQUANTE-CINQUIÈME LEÇON

Analyse élémentaire.

1. Analyse élémentaire. — L'analyse élémentaire a pour but de déterminer les corps simples contenus dans un principe immédiat bien pur, d'en chercher les proportions pour en établir la formule chimique.

Comme les corps organiques sont composés presque exclusivement de *carbone*, d'*hydrogène*, d'*oxygène* et d'*azote*, il suffit de doser exactement ces quatre corps. L'opération diffère notablement selon que la substance contient ou non de l'azote; on commence donc par une sorte d'analyse qualitative: on recherche si le corps à analyser est azoté.

On met la matière dans un tube d'essai avec un fragment de potasse et l'on chauffe jusqu'à fusion. S'il y a de l'azote, il se dégage de l'ammoniaque que l'on reconnaît ou à son odeur, ou aux vapeurs blanches dont s'entoure une baguette de verre trempée dans l'acide chlorhydrique et présentée à l'entrée du tube, ou enfin à l'aide d'un papier de tournesol.

2. Analyse des matières non azotées. — On se propose de déterminer le poids du carbone, de l'hydrogène et de l'oxygène contenus dans un poids donné de la substance à analyser. La méthode employée, qui est susceptible d'une grande précision, est fondée sur la conversion du carbone en acide carbonique et de l'hydrogène en eau, sous l'influence de l'oxyde noir de cuivre en excès qui cède son oxygène. On recueille séparément ces deux gaz. Le poids du premier fait connaître la quantité de carbone contenu dans la substance; on déduit le poids de l'hydrogène du poids de l'eau recueillie. On ne dose donc directement que le carbone et l'hydrogène. Le poids de l'oxygène se trouve en retranchant du poids de la substance celui des deux éléments dosés. Tel est le principe de cette méthode imaginée par *Gay-Lussac* et perfectionnée par *Liebig*.

3. Appareils employés. — Voici quels sont les appareils nécessaires pour cette opération. C'est d'abord le *tube à combustion* dans lequel on brûle la matière organique au contact de l'oxyde de cuivre. On le prend en verre vert dur, de 50 à 60 centimètres de long, d'un diamètre de 15 millimètres, et on l'effile à la lampe en relevant l'extrémité (fig. 189).

C'est ensuite le *tube à recueillir l'eau*; c'est un tube en U contenant de la ponce sulfurique et muni d'un petit tube deux fois recourbé et à ampoule (fig. 187).

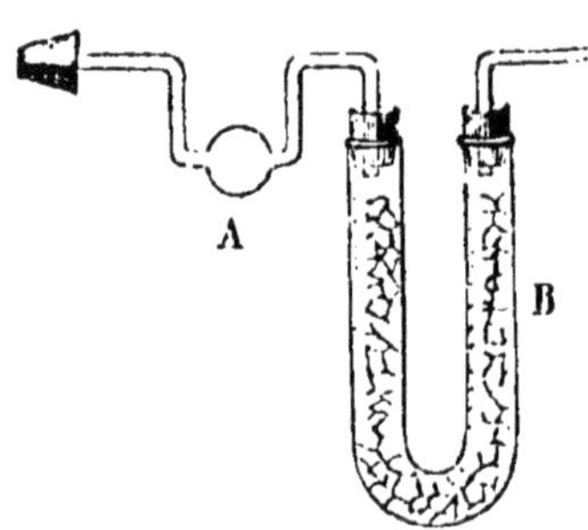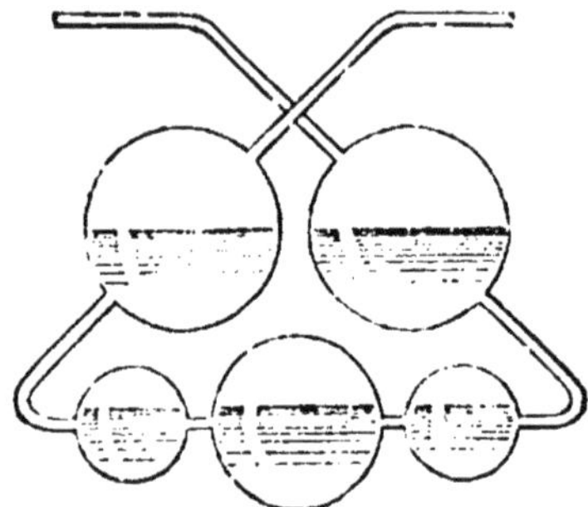

Fig. 187. — Tube à recueillir l'eau —
A, boule où l'eau se condense; —
B, ponce sulfurique.

Fig. 188. — Tube à boules de Liebig.

Ce sont enfin les deux tubes à recueillir l'acide carbonique. Le premier, dit *tube de Liebig*, est à cinq boules réunies (fig. 188); il contient une solution de potasse; il est disposé pour que le gaz carbonique en y arrivant soit en contact avec une grande surface de liquide. Le second, qui le suit, contient des morceaux de potasse.

Remplissage du tube à combustion. — On introduit dans le tube à combustion un peu d'oxyde de cuivre chaud, que l'on y promène pour enle-

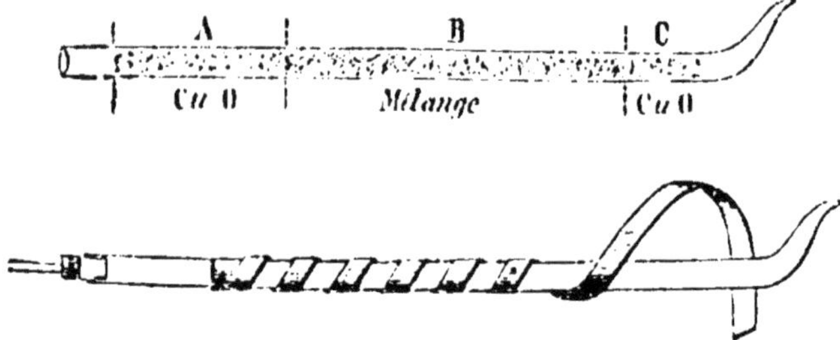

Fig. 189. — Tube à combustion.

ver les poussières et l'humidité adhérant aux parois intérieures. On rejette cet oxyde. On en prend d'autre sur une main de cuivre et on le verse dans le tube de manière à ce qu'il forme une colonne de 5 à 6 centimètres. On mélange ensuite la matière à analyser, que l'on a au préalable bien desséchée et pesée (environ de 3 à 5 décigrammes), dans un mortier de verre ou de porcelaine bien sec et chaud, avec assez d'oxyde de cuivre pour que le tout occupe 20 à 25 centimètres du tube; on introduit ce mélange dans le tube et on achève de le remplir jusqu'à 5 centimètres de son ouverture avec de l'oxyde de cuivre que l'on verse, du creuset où il a été chauffé, dans le mortier, avant de l'introduire dans le tube.

On enroule une bande de clinquant en spirale autour du tube, afin de pouvoir le chauffer sans crainte qu'il se déforme. On le bouche avec un bon bouchon qui porte le premier tube en U à ponce sulfurique, et or le

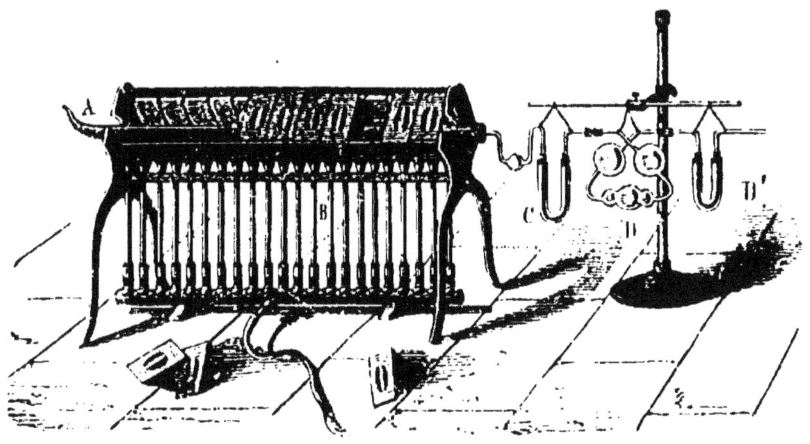

Fig. 190. — Appareil monté pour analyse organique. — A, tube à combustion ; — B, grille à gaz ; — C, tube à recueillir l'eau ; — D et D', tubes à potasse pour recueillir l'acide carbonique.

place sur une grille à combustion pour le chauffer au charbon ou au gaz. On adapte alors les uns aux autres les tubes à recueillir les gaz avec de petits bouts de caoutchouc solidement fixés. On a fait avant la tare du tube à ponce et celle des deux tubes à potasse, que l'on note et que l'on conserve séparément.

On dispose du côté de l'extrémité effilée du tube, au-dessus d'une petite grille, un petit matras contenant du chlorate de potassium fondu, en communication avec un tube à dessécher l'oxygène, terminé lui-même par un tube de caoutchouc. L'opération est alors prête.

Marche de la combustion. — On chauffe d'abord la partie antérieure du tube, celle qui ne contient que de l'oxyde de cuivre, puis quand elle est rouge on chauffe un peu la portion voisine de la pointe effilée ;

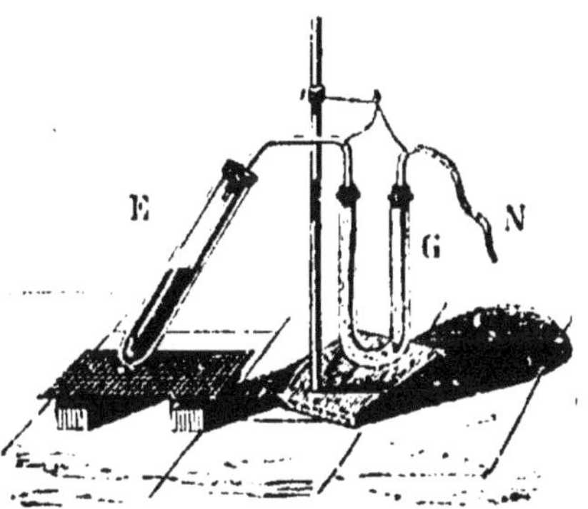

Fig. 191. — E, tube à chlorate de potassium fondu ; — G, tube à dessécher l'oxygène ; — N, tube en caoutchouc à mettre à la pointe A du tube à combustion.

puis peu à peu la partie qui contient la matière à analyser. Cette portion de l'opération demande une grande surveillance. Il faut en effet que la décomposition de la matière se fasse lentement et avec régularité. On juge de sa vitesse par la rapidité des bulles de gaz qui sortent du tube à boules.

Quand le dégagement gazeux a cessé, le tube étant chauffé sur toute sa longueur, on attache à l'extrémité effilée le tube de caoutchouc de l'appareil à oxygène, ce dernier étant chauffé depuis quelques instants déjà et donnant du gaz, et on casse la pointe du tube à combustion. Un courant d'oxygène balaie le tube et brûle les dernières parcelles de carbone qui auraient pu échapper à la combustion. En passant dans le tube à boules, il prend de l'humidité; mais il la perd dans le dernier tube à potasse. Et finalement tout l'appareil reste plein d'oxygène.

Cela fait, après avoir débarrassé la pointe du tube à combustion du caoutchouc qu'on y avait fixé, on aspire par l'extrémité du tube à potasse, pour remplacer par de l'air l'oxygène qui remplissait les tubes tarés.

On laisse refroidir les tubes à eau et à acide carbonique, puis on les porte sur la balance. L'augmentation de poids du premier permet de trouver le poids de l'hydrogène; celle des seconds, le poids du carbone.

Soit 0^{gr},3 le poids livré à l'analyse.

On a constaté 0^{gr},293 d'acide carbonique recueilli
et 0^{gr},06   d'eau

Il y avait dans la substance $\dfrac{6}{22} \times 0{,}293 = 0^{gr}{,}08$ de carbone.

$$\frac{1}{9} \times 0{,}06 = 0^{gr}{,}0067 \text{ d'hydrogène,}$$

et le reste, c'est-à-dire, 0^{gr},2133 d'oxygène.

Si le poids trouvé pour le carbone, ajouté à celui de l'hydrogène, formait le poids total, on en conclurait qu'il n'y a pas d'oxygène dans la substance, qu'elle est un carbure d'hydrogène.

4. Analyse d'une substance azotée. — Cette analyse exige deux opérations: dans l'une, on détermine le *carbone* et *l'hydrogène;* l'autre est consacrée au *dosage de l'azote.*

Pour déterminer le carbone et l'hydrogène, on agit comme pour une substance non azotée, avec cette différence qu'on emploie un tube à combustion de 0^m,80 rempli comme il est dit ci-dessus et dont les 0^m,30 près de l'ouverture contiennent des planures de cuivre réduit. Ce cuivre a été obtenu en grillant à l'air des planures de cuivre rouge pour les oxyder à la surface et en les réduisant dans un tube de verre chauffé et traversé par un courant d'hydrogène. Le cuivre ainsi obtenu est poreux et par suite très propre à l'usage auquel on le destine, c'est-à-dire à décomposer les composés oxydés de l'azote qui peuvent se dégager du tube à combustion et qui troubleraient les résultats de l'analyse, s'ils arrivaient sans décomposition dans les tubes absorbants.

La détermination de l'azote se fait par deux méthodes :
1° *A l'état de gaz et mesuré en volume;*
2° *A l'état d'ammoniaque, en brûlant la matière par la chaux sodée.*

La première méthode, d'une exécution assez délicate, n'est guère employée que lorsqu'on ne peut recourir à la seconde, beaucoup plus facile et plus rapide, c'est-à-dire quand l'azote existe dans la matière à l'état d'acide azotique ou de compo é nitreux.

5. Dosage de l'azote en volume. — L'opération repose sur ce fait que dans la combustion d'une matière azotée par l'oxyde de cuivre l'azote se dégage avec la vapeur d'eau et l'acide carbonique; et si les gaz passent sur un colonne de cuivre chauffé qui décompose les composés oxydés de l'azote, que l'eau prenne l'état liquide et que l'acide carbonique disparaisse dans une solution de potasse, l'azote est seul obtenu gazeux et peut être mesuré, à condition bien entendu qu'on ait d'abord débarrassé le tube de l'air qu'il contenait.

Le tube à combustion (fig. 192) a une longueur de 80 à 90 centimètres; il est fermé, rond à son extrémité. On met au fond une colonne de

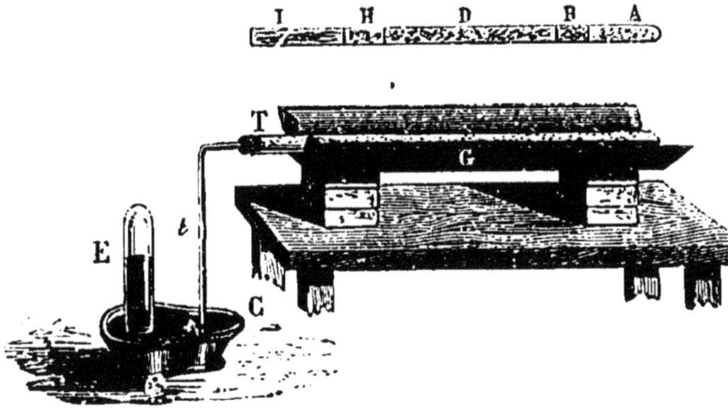

Fig. 193. — Dosage de l'azote ; — A, bicarbonate; — B et H, oxyde de cuivre; — D, oxyde de cuivre et substance, — I, cuivre en planure ; — T, tube à combustion; — *t*, tube à dégagement de 0ᵐ,80 de long ; — C, cuvette à mercure ; — E, éprouvette à recueillir le gaz.

bicarbonate de sodium, puis une d'oxyde de cuivre pur, puis le mélange de la substance avec de l'oxyde de cuivre, une autre colonne d'oxyde pur, et enfin le reste est rempli de cuivre réduit en planures. On le bouche d'un bon bouchon, portant un tube abducteur d'une longueur d'au moins 0ᵐ,80 qui se rend dans une cuve à mercure.

Le tube est placé sur une grille. On chauffe d'abord graduellement le bout qui contient le bicarbonate ; ce sel se décompose, produit de l'acide carbonique qui balaye le tube et chasse l'air qui y était contenu. On reconnaît que tout l'air est chassé, et qu'aucune parcelle ne pourra augmenter le volume de l'azote de la substance, quand le gaz carbonique qui se dégage est entièrement absorbable par une solution de potasse. Alors on cesse de chauffer le bicarbonate et on place au-dessus de l'extrémité du tube abducteur une large éprouvette pleine de mercure et dans le haut de laquelle on a envoyé une solution concentrée de potasse.

On commence la combustion en chauffant d'abord la partie antérieure du tube, puis peu à peu la portion qui contient la substance. La vapeur d'eau et l'acide carbonique qui se dégagent avec l'azote disparaissent dans la solution de potasse; l'azote seul vient occuper le haut de l'éprouvette. A la fin, quand le dégagement s'arrête, on chauffe de nouveau le bicarbonate de sodium, dont l'acide carbonique envoie dans l'éprouvette tout l'azote restant dans le tube.

L'éprouvette est alors agitée sur le mercure, puis portée sur l'eau; le mercure tombe, la solution de potasse s'étend et on lit alors le volume du gaz azote mesuré humide, sous une pression et à une température que l'on note.

Le poids de l'azote est connu par le calcul suivant :

Appelons **V** le volume mesuré en *cc*,   II la pression barométrique,
  t la température,   *f* la force élastique de la vapeur
d'eau.

0,967 × 0,001293 étant le poids du centimètre cube d'azote à 0°, on obtient d'après une formule bien connue

$$P = \frac{V\,(H - f) \times 0.967 \times 0,001293}{(1 \times 0,00366t)\ 760}.$$

C'est le poids d'azote contenu dans l'essai livré à l'analyse

6. **Dosage de l'azote à l'état d'ammoniaque par la chaux sodée.** — La chaux sodée est un mélange de chaux et d'hydrate de soude obtenu en calcinant deux parties de chaux éteinte avec une partie d'hydrate de soude caustique.

La matière azotée, mélangée avec un excès de chaux sodée, éprouve une combustion aux dépens de l'oxygène de l'eau de l'hydrate de soude, et l'azote combiné à de l'hydrogène naissant se dégage à l'état d'ammoniaque. On recueille ce dernier gaz dans de l'acide sulfurique dont on connaît le titre; après l'opération, le titre de l'acide est abaissé, et de la différence on conclut le poids d'ammoniaque qui s'est dégagée et partant le poids d'azote que contenait la matière. Voilà le principe de la méthode.

Le tube employé a au plus 0ᵐ,50; on met au fond de l'oxalate de chaux, puis de la chaux sodée, puis le mélange des quelques décigrammes de la substance avec de la chaux sodée; enfin le reste du tube est rempli de chaux sodée seule.

On lui fixe par un bouchon un *tube de Will* à trois boules (fig. 193)

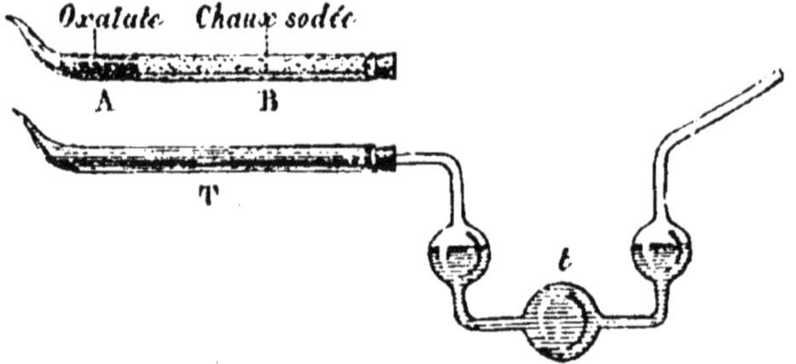

Fig. 193, — Dosage de l'azote en ammoniaque. — T, tube à combustion; —
t, tube à acide sulfurique.

contenant de l'acide sulfurique titré et on commence la combustion que l'on poursuit graduellement. Quand elle est terminée, on chauffe l'oxalate qui dégage CO et CO², ce dernier se fixe à l'alcali et le premier s'oxyde par l'eau de l'hydrate sodique et met en liberté de l'hydrogène qui pousse dans le condensateur à boules l'ammoniaque restée dans le tube.

L'acide sulfurique titré dont on se sert est fait en étendant au volume d'un litre 61ᵍʳ,25 de cet acide concentré. 10 centimètres cubes de ce liquide peuvent saturer 0ᵍʳ,2125 d'ammoniaque, contenant 0ᵍʳ,175 d'azote.

Avant l'opération, on cherche le titre de l'acide. On se sert pour cela d'une dissolution de sucrate de chaux (obtenue en mettant en contact de l'eau sucrée et de la chaux éteinte, filtrant et conservant à l'abri de l'air). Dans 10 centimètres cubes de la liqueur acide rougie par du tournesol, on verse peu à peu avec une burette graduée le sucrate de chaux dissous et on note le nombre de centimètres cubes qu'il a fallu pour faire virer le liquide au bleu. Soit N le nombre des divisions de la burette.

Après la combustion, on renouvelle l'essai sur les 10 centimètres cubes d'acide retirés du *tube à boules de Will* et ayant saturé l'ammoniaque; soit N' le nombre de divisions de la burette contenant le sucrate dans ce second cas.

$\dfrac{N - N'}{N}$ représente la fraction des 10 ème d'acide que l'ammoniaque a saturée, et puisque ces 10ème d'acide auraient pu absorber $0^{gr},175$ d'azote, le poids d'azote de la portion de substance analysée est $\dfrac{N - N'}{N} \times 0,175$.

Ainsi, supposons que le premier essai de l'acide ait exigé. . . . . 24ème de sucrate
et le second de l'acide partiellement saturé. . . . . 18ème —

La portion saturée correspond à . . . . 6ème de sucrate

Or 24ème de sucrate neutralisent l'acide qui absorbe $0^{gr},2125$ d'ammoniaque, produits eux-mêmes par $0^{gr},175$ d'azote.

6ème de sucrate révèleront $\dfrac{6}{24} \times 0,175$ d'azote, ou $0^{gr},044$ d'azote.

7. Détermination de la formule du corps analysé. — Quand on possède les résultats d'une analyse faite d'après les procédés précédents, on est en mesure de calculer la composition centésimale de la matière analysée. On établit ainsi les rapports des éléments; il reste à fixer le nombre des équivalents sous lequel chacun d'eux entre pour former le poids atomique de la substance.

Dans certains cas, il peut suffire de diviser le poids de chaque élément par son équivalent. Mais pour le plus grand nombre des analyses il faut recourir à une seconde opération.

Prenons comme exemple l'analyse de l'acide acétique concentré; la composition centésimale est la suivante :

$$
\left\{
\begin{array}{l}
\text{Carbone. . } 40,00 \\[2mm]
\text{Hydrogène. } 6,60 \\[2mm]
\text{Oxygène. . } 53,4 \\
\qquad \overline{\quad\quad} \\
\qquad 100
\end{array}
\right.
\quad \text{et les rapports des équivalents} \quad
\left\{
\begin{array}{l}
\text{Carbone . } \dfrac{40}{6} = 6,66 \\[3mm]
\text{Hydrogène. } \dfrac{6,6}{1} = \\[3mm]
\text{Oxygène. . } \dfrac{53,4}{8} = 6,6
\end{array}
\right.
$$

Ce premier calcul révèle que l'acide acétique renferme des équivalents égaux de carbone, d'hydrogène et d'oxygène. Mais quel est le nombre de ces équivalents? Un de chaque corps amène la formule CHO; deux, trois, quatre, etc., les formules $C^2H^2O^2$, $C^3H^3O^3$, etc., qui conviennent aussi bien que la première, s'il ne s'agissait que de vérifier l'analyse.

Pour faire cesser cette indétermination, combinons l'acide acétique avec l'oxyde de plomb, nous obtiendrons un sel blanc cristallisé dont la composition centésimale donne

$$\text{Plomb.} \dots\dots\dots\dots\dots\dots\dots\dots \quad 63^{gr},8$$
$$\text{Acide acétique.} \dots\dots\dots\dots\dots\dots \quad 36^{gr},2$$

Or l'équivalent du plomb est 104 ; le poids de sel contenant un équivalent de plomb, c'est-à-dire l'*équivalent du sel*, est donc

$$\frac{100 \times 104}{63,8} = 163.$$

Le même poids 104^{gr} de plomb donne 166^{gr} d'azotate dont la formule est $PbOAzO^5$, où Pb (104) occupe la place de H (1), si on la compare à l'acide azotique $HOAzO^5$. Dans le poids d'un équivalent de cet azotate, si on enlève 104^{gr} représentant le plomb et qu'on les remplace par 1^{gr} représentant l'hydrogène, on obtient l'équivalent de l'acide azotique $HOAzO^5$.

De même, si à 163 grammes du premier sel on enlève 104 pour le plomb et qu'on ajoute 1 pour l'hydrogène, on obtient pour l'équivalent de l'acide acétique

$$163 - 104 + 1 = 60$$

Un équivalent de carbone, d'hydrogène et d'oxygène donne

$$6 + 1 + 8 = 15.$$

L'acide acétique contient donc quatre équivalents de chacun de ces corps simples.

La formule brute doit être $C^4H^4O^4$, et si on la rapproche de l'acide azotique, elle est $HO, C^4H^3O^3$.

Voilà pour le cas de l'analyse d'un acide.

Quand le corps analysé est une base, pour en déterminer la formule, on l'engage en combinaison avec un acide et on opère d'une manière analogue.

Enfin, quand la matière est neutre, on suit l'une de ses métamorphoses si c'est possible ; ou bien, si elle est volatile, on se sert de la densité de sa vapeur et on fait représenter à la formule quatre volumes, parce qu'on a remarqué que les équivalents bien connus des corps volatils répondent à 4 volumes de vapeur.

On rencontre dans les corps organiques plusieurs exemples de substances qui accusent à l'analyse le même nombre d'équivalents de chaque corps simple, et qui cependant sont différentes dans leurs propriétés et leurs métamorphoses ; on dit qu'elles sont isomères et non identiques. Nous signalerons ces exemples au courant du cours.

Questionnaire. — 1. Quel est le but de l'analyse élémentaire ? Comment s'assure-t-on qu'une substance contient de l'azote ? — 2. Que se propose-t-on dans l'analyse des substance non azotées ? Quel est le principe de cette analyse ? Comment dose-t-on le carbone et l'hydrogène ? — 3. Quels sont les appareils employés ? Comment remplit-on le tube à combustion ? — 4. Comment dose-t-on l'azote ? — 5. Comment monte-t-on l'expérience pour doser l'azote en volume ? — 6. Comment dose-t-on ce gaz en ammoniaque ? — 7. Comment peut-on déterminer la formule chimique du corps analysé ?

CINQUANTE-SIXIÈME LEÇON

Carbures d'hydrogène.

1. Propriétés générales. — L'hydrogène, en s'unissant au carbone donne une série de composés binaires qu'on désigne sous le nom de carbures d'hydrogène. Avec les autres métalloïdes, le chlore, le soufre, le phosphore, il ne produit qu'un très petit nombre de composés ; mais avec le carbone il donne une infinité de corps différents. Il y en a de gazeux à la température ordinaire, comme le *gaz des marais* et le *bicarbure* ; d'autres sont des liquides très volatils, comme la *benzine* et l'*essence de térébenthine* ; enfin quelques-uns sont solides, comme la *paraffine*, l'*anthracène*, la *napthaline*, le *caoutchouc* et la *gutta-percha*.

Ils ont une propriété commune : formés de deux corps combustibles, ils brûlent tous facilement et avec flamme. Cette flamme est peu brillante quand l'hydrogène domine de beaucoup et qu'un afflux suffisant d'air brûle assez complètement le carbone. Elle est très brillante quand le carbone y entre en plus grande quantité ; elle peut même devenir fuligineuse s'il y est dominant.

2. Classification. — Les carbures d'hydrogène sont si nombreux qu'on peut les considérer comme formant la base des combinaisons organiques, On les a distribués, pour l'étude, en *séries* dont chacune renferme les carbures qui ont des propriétés analogues et qui ne diffèrent entre eux que par deux équivalents de carbone et deux d'hydrogène en plus. Les séries diffèrent les unes des autres par deux équivalents d'hydrogène en moins, pour le même nombre d'équivalents de carbone Les carbures de chaque série sont appelés des corps *homologues*.

La *première série* a pour premier terme le *gaz des marais*. . . . C^2H^4
    dont les homologues suivants sont : C^4H^6
                                                C^6H^8
                                                C^8H^{10}

La *deuxième série* commence au bicarbure. . . . . C^4H^4
    avec les homologues C^6H^6
                                               C^8H^8
                                             $C^{10}H^{10}$

La *troisième série* a pour premier terme l'*acétylène* C^4H^2
    et pour homologues C^6H^4
                                         C^8H^6

La *quatrième série* aurait pour premier terme C^8H^2
    le premier connu est l'homologue . . . $C^{10}H^6$
Le plus important est l'*essence de térébenthine*,
    un des homologues supérieurs . . . . . . $C^{20}H^{16}$

La *cinquième série* aurait pour premier
    terme . . . . C^8H^2
Il n'y a de connu que ses homologues
    et parmi eux la *benzine* . . . . . . $C^{12}H^6$

Si on les présente en un tableau d'ensemble, il est plus facile de saisir la succession des séries. Voici ce tableau, où les corps inconnus que la théorie suppose ont été mis entre parenthèses :

1re SÉRIE.	2e SÉRIE.	3e SÉRIE.	4e SÉRIE.	5e SÉRIE.
C^2H^4	(C^2H^2)			
C^4H^6	C^4H^4	C^4H^2		
C^6H^8	C^6H^6	C^6H^4	(C^6H^2)	
C^8H^{10}	C^8H^8	C^8H^6	(C^8H^4)	(C^8H^2)
$C^{10}H^{12}$	$C^{10}H^{10}$	$C^{10}H^8$	$C^{10}H^6$	$C^{10}H^4$
$C^{12}H^{14}$	$C^{12}H^{12}$	$C^{12}H^{10}$	$C^{12}H^8$	$C^{19}H^6$
etc.	etc.	etc.	etc.	etc.

Dans ce grand nombre de corps, nous n'étudierons que ceux qui présentent ou un intérêt théorique ou des applications importantes. Nous en ferons trois groupes :

1° *Le gaz des marais et ses homologues, avec les pétroles qui en sont les générateurs ;*

2° *Le bicarbure et les autres carbures divers provenant de la distillation de la houille ;*

3° *Les carbures tirés directement des végétaux.*

Nous avons étudié déjà l'acétylène. (Voyez 27e Leçon.)

GAZ DES MARAIS ET SES HOMOLOGUES.

3. Propriétés. — Le *gaz des marais*, que l'on nomme aussi *forméne*, a déjà été étudié précédemment.

Rappelons que c'est un gaz inflammable, qui brûle avec une flamme jaune éclairante ; que, mélangé avec l'air, il détone violemment au contact des flammes et amène dans les houillères, où il est répandu en grandes masses sous le nom de **grisou**, de terribles accidents.

Il monte en bulles à la surface des eaux stagnantes dont on remue le fond ; il sort spontanément du sol en divers endroits, comme autour de la mer Caspienne ; il entre pour près de moitié dans le gaz d'éclairage de la houille.

L'analyse du gaz des marais faite à l'aide de l'*eudiomètre*, montre qu'il contient quatre volumes d'hydrogène pour chaque volume de carbone. On dit alors que c'est un produit *saturé*. Il n'est possible de souder d'autres éléments au carbone que par substitution, c'est-à-dire en remplaçant l'hydrogène par des quantités équivalentes d'autres éléments.

Si l'on mélange volumes égaux de *chlore* et de *gaz des marais* et qu'on expose le flacon à la lumière solaire réfléchie irrégulièrement comme elle l'est par la surface d'un mur blanc, il se forme un produit chloré où Cl a remplacé H, et il se produit de l'acide chlorhydrique :

$$C^2H^4 + 2Cl = C^2H^3Cl + HCl.$$

Ce *chlorure organique* C^2H^3Cl, traité par la potasse, donne du *chlorure de potassium* et un *oxyde organique* qui est l'*alcool de bois*.

$$C^2H^3Cl \quad + \quad KOHO \quad = \quad KCl \quad + \quad C^2H^3OHO.$$
Chlorure organique.   Oxyde métallique.   Chlorure métallique.   Oxyde organique.

Tout comme le chlorure de cuivre, traité par la potasse, donnerait du *chlorure de potassium* et de l'*oxyde de cuivre hydraté* :

$$Cu\,Cl \quad + \quad KOHO \quad = \quad KCl \quad + \quad CuOHO$$

Le groupement C^2H^3, qui fait échange avec un métal, a reçu le nom de **méthyle** ; le chlorure formé est du chlorure de méthyle ; et l'oxyde organique hydraté est un alcool, l'alcool méthylique.

Le gaz des marais devient alors, si l'on veut conserver ce groupement composé qui fonctionne comme un corps simple et que l'on appelle un *radical*, au lieu de C^2H^4,

$$C^2H^3,\ H \quad \text{ou } \textit{hydrure de méthyle.}$$

et l'équivalent d'hydrogène isolé peut être remplacé par le chlore, le brome ou l'iode, même par un métal comme le zinc, même encore, comme nous le verrons, par d'autres groupements ou *radicaux* organiques.

Cette propriété du gaz des marais se retrouve dans ses homologues. Ainsi le premier, le carbure C^4H^6, soumis aux mêmes réactions, donne de même un chlorure et un alcool qui est l'alcool ordinaire.

Le groupement C^4H^5 porte le nom d'**éthyle** et l'alcool ordinaire C^4H^5OHO en est l'oxyde hydraté.

4. Propriété caractéristique des carbures de la première série. — La propriété caractéristique des carbures de la première série, que l'on appelle **carbures saturés**, est donc de ne se modifier que par substitution, *de contenir un équivalent d'hydrogène échangeable contre les métaux et les métalloïdes et un* radical *que l'on retrouve dans les alcools et leurs nombreux dérivés.*

Au lieu de les écrire en formules brutes, si on détache l'équivalent d'hydrogène échangeable, ce sont alors des *hydrures de radicaux alcooliques*, ces radicaux étant aux alcools ce que les métaux sont à leurs oxydes hydratés.

CARBURES		NOMS	ALCOOLS CORRESPONDANTS.
en formule brute.	en formule rationnelle.	DES RADICAUX.	
C^2H^4	C^2H^3 , H	Méthyle C^2H^3	Méthylique C^2H^3OHO ou $C^2H^4O^2$
C^4H^6	C^4H^5 , H	Éthyle C^4H^5	Éthylique C^4H^5OHO ou $C^4H^6O^2$
C^6H^8	C^6H^7 , H	Propyle C^6H^7	Propylique C^6H^7OHO ou $C^6H^8O^2$
C^8H^{10}	C^8H^9 , H	Butyle C^8H^9	Butylique C^8H^9OHO ou $C^8H^{10}O^2$
$C^{10}H^{12}$	$C^{10}H^{11}$, H	Amyle $C^{10}H^{11}$	Amylique $C^{10}H^{11}OHO$ ou $C^{10}H^{12}O^2$
etc.	etc.	etc.	etc. etc.

Tous ces hydrocarbures et un assez grand nombre d'autres qui continuent la série existent dans les pétroles d'Amérique

PÉTROLES

État naturel et extraction. — Les pétroles sont des liquides jaunes d'une odeur assez désagréable, qui brûlent avec un grand éclat et que l'on emploie depuis quelques années à l'éclairage sous le nom général d'*huiles minérales*.

On les trouve en grande quantité dans certaines contrées de l'*Amérique* comme la *Pensylvanie*, où ils sont exploités dans des puits variant de 20 à 200 mètres de profondeur. Certains de ces puits sont jaillissants et versent par leur ouverture des gaz inflammables, puis du pétrole et de l'eau salée ; la plupart sont munis de pompes destinées à faire monter le liquide combustible.

Le pétrole brut extrait des puits est de couleur foncée. Il est trop inflammable pour être employé tel et même pour être transporté sans danger. On le distille dans de grandes cornues, placées dans des bâtiments en fer, loin des foyers, et chauffées par un courant de vapeur.

Le premier produit qui passe à la distillation, entre 45° et 70°, est très léger, très inflammable, et produit avec l'air des mélanges explosifs dangereux ; c'est l'*éther du pétrole*.

Le second liquide, recueilli entre 75° et 120°, est inflammable à la température ordinaire ; il porte le nom de *naphte* ou *essence minérale*.

Le troisième, que l'on recueille de 150° à 280°, est le *photogène* ou *huile d'éclairage*, qui servira dans les lampes après avoir été raffiné.

Enfin, vers 300°, il distille des huiles lourdes que l'on peut utiliser pour lubrifier les machines ou pour le chauffage. Elles contiennent beaucoup de paraffine que l'on en peut extraire avec profit.

Le dernier produit qui reste dans la cornue est un coke plus dense que celui de la houille, mais qui brûle bien sur les grilles.

La composition des pétroles est très complexe ; on y a constaté l'existence de quatorze hydrocarbures qui sont tous de la série du gaz des marais.

6. Utilisation des parties volatiles. — L'éther de pétrole est un liquide à forte tension de vapeur, qui prend feu au contact d'un corps enflammé. Sa vapeur mêlée avec de l'air forme un gaz d'éclairage appelé *gaz Mille*.

L'essence de pétrole remplace la benzine comme dissolvant des résines et des corps gras employés pour les vernis. Elle est encore employée dans les *lampes à éponge*, aujourd'hui très répandues. Le réservoir de ces lampes est occupé par des éponges que l'on imbibe d'essence et qui la cèdent à la mèche peu à peu, par capillarité.

7. Pétrole pour lampes. — L'huile pour l'éclairage est traitée par l'acide sulfurique, lavée à l'eau, soumise à l'action de la soude caustique et à un lavage ; elle devient fluide, incolore, un peu opalescente par réflexion. C'est le pétrole *rectifié*. Il ne doit pas contenir de matières volatiles, pour n'être pas d'un maniement dangereux. Si, chauffé à 35°, il prenait feu à l'approche d'un corps enflammé, c'est qu'il serait mélangé d'essence ; il faudrait le redistiller.

Il est employé dans les lampes à réservoir où plongent des mèches plates. La mèche n'a pas besoin, à cause de la volatilité du produit, de plonger beaucoup dans le liquide comme dans les lampes à huiles végétales. Mais, comme l'huile de pétrole contient moins d'oxygène que ces dernières, il faut pour la combustion un courant d'air plus actif que l'on obtient par le rétrécissement du verre de lampe et par un disque métallique en champignon posé au-dessus de la mèche. La lumière produite est bien blanche, d'un grand éclat et présente une assez grande économie sur les autres sources lumineuses.

8. Paraffine. — La paraffine est un corps solide incolore, à texture cristalline, assez semblable au blanc de baleine, sans saveur ni odeur et translucide. Elle fond de 45° à 60°. Elle est insoluble dans l'eau et l'alcool froid, soluble dans l'éther et les huiles grasses.

Elle n'est pas attaquée à froid par les acides. Son indifférence aux réactifs chimiques la rapproche des carbures de la première série. Comme eux, elle est attaquée par le chlore et le brome. On pense que c'est un mélange d'hydrocarbures rapprochés par leur composition.

On l'emploie, en dissolution dans une huile volatile, pour protéger les surfaces métalliques. Mais son principal usage, c'est de servir avec un peu de stéarine à la fabrication des bougies ; elle brûle en effet facilement avec une flamme blanche très éclairante.

On la retire du goudron de bois, du goudron de houille, mais surtout des huiles lourdes des pétroles. Ces huiles lourdes, sorties assez chaudes du serpentin où elles se sont condensées, sont dirigées dans de vastes caves disposées en glacières souterraines. La paraffine se fige. On la comprime sous la presse hydraulique. Et pour la blanchir et la purifier on la reprend par des huiles légères que l'on exprime et qui laissent la paraffine blanche en pains.

Questionnaire. — 1. Quelles sont les propriétés générales des carbures d'hydrogène ? — 2. Comment les classe-t-on ? En quoi diffèrent les différents termes d'une série ; en quoi diffèrent deux séries consécutives ? — 3. Quelles sont les propriétés du gaz marais ou formène ? Peut-on lui souder d'autres éléments ? Comment le chlore agit-il sur ce corps ? Comment peut-on obtenir le chlorure de méthyle ? — 4. Quels sont les principaux carbures de la série du gaz des marais ? — 5. Où trouve-t-on les pétroles et comment les extrait-on ? Comment rectifie-t-on le pétrole brut et quels sont les principaux produits que l'on en peut tirer ? — 6. Comment utilise-t-on les parties volatiles ? — 7. Quels sont les propriétés et les emplois du pétrole rectifié ? — 8. Comment obtient-on la paraffine ?

CINQUANTE-SEPTIÈME LEÇON

Bicarbure d'hydrogène et carbures divers provenant de la distillation de la houille.

1. Propriétés du bicarbure d'hydrogène. — Le bicarbure d'hydrogène C^4H^4, appelé encore éthylène, retiré de la déshydratation de l'alcool ordinaire par l'acide sulfurique, a été étudié en même temps que le *protocarbure* (voyez vingt-septième leçon).

Rappelons que c'est un gaz incolore d'une légère odeur éthérée, très peu soluble dans l'eau, plus soluble dans l'alcool et l'éther. Il brûle avec une longue flamme éclairante (fig. 194). Mélangé à l'air ou à l'oxygène, il donne un mélange détonant et produit par sa combustion de l'acide carbonique et de l'eau.

Il s'unit directement au chlore et au brome, et les deux corps simples, viennent, non pas se substituer, mais s'ajouter aux éléments du carbure. A la lumière diffuse, des volumes égaux de chlore et de bicarbure se combinent pour donner le composé huileux appelé *liqueur des Hollandais.*

$$C^4H^4 + 2Cl = C^4H^4Cl^2$$

Ce composé $C^4H^4Cl^2$ est un chlorure organique, le *chlorure d'éthylène* analogue au chlorure de méthyle. Seulement le radical qui est uni au chlore est bi-atomique; il exige deux atomes des corps mono-atomiques pour être saturé.

Fig. 101. — Combustion du bicarbure d'hydrogène.

A ce chlorure d'éthylène correspond aussi un *oxyde hydraté, c'est-à-dire un alcool,* mais c'est un alcool bi-atomique,, appelé *Glycol* par *M. Wurtz* qui l'a découvert

$$C^4H^4Cl^2$$
Chlorure d'éthylène.

$$C^4H^4O^2,2HO$$
Oxyde hydraté correspondant ou glycol.

Théoriquement, on explique la formation de ce dernier corps par la réaction suivante :

$$C^4H^4 \genfrac{}{}{0pt}{}{Cl}{Cl} + \genfrac{}{}{0pt}{}{KOHO}{KOHO} = \genfrac{}{}{0pt}{}{KCl}{KCl} + C^4H^4 \genfrac{}{}{0pt}{}{OHO}{OHO}$$

Chlorure organique.   Oxyde de potassium.   Chlorure de potassium.   Oxyde hydraté biatomique d'éthylène.

Les homologues du bicarbure d'hydrogène ont des propriétés analogues, mais ils ne présentent qu'un intérêt théorique.

Le bicarbure d'hydrogène existe surtout dans le gaz d'éclairage provenant de la distillation de la houille. L'étude des produits formés dans cette distillation nous fera connaître un certain nombre d'autres carbures intéressants.

PRODUITS DE LA DISTILLATION DE LA HOUILLE.

2. Variétés de houille. — La houille est un charbon noir, en fragments plus ou moins volumineux, d'une texture en feuillets ou schisteuse, que l'on retire de la terre. Elle n'est pas placée indistinctement dans tous les terrains ; les plus anciens et les plus nouveaux n'en renferment pas.

Elle présente diverses variétés que l'on distingue d'après leur apparence externe, la manière dont elles se conduisent au feu et la nature du coke qu'elles laissent.

Le premier groupe comprend les *houilles bitumineuses, grasses*, à *longue flamme*, que l'on subdivise :

1° En *houilles grasses maréchales*, se ramollissant beaucoup au feu, donnant un coke poreux et convenant particulièrement au chauffage des forges et à la fabrication du gaz ;

2° En *houilles sèches et dures*, qui ne gonflent pas. donnent un coke dense et sont particulièrement réservées au chauffage des foyers à grilles.

Le deuxième groupe comprend les *houilles maigres* ou *anthraciteuses*, qui se réduisent en petits fragments et ne donnent pas une température très élevée.

Toutes les variétés sont plus ou moins mélangées de pyrite de fer qui peut nuire à leur qualité.

3. Distillation de la houille. — La carbonisation complète de la houille, sur les forges ou les grilles des foyers, dans le but d'en obtenir de la chaleur, ne laisse comme résidu que des cendres, quand l'air afflue convenablement. Les carbures dégagés forment la flamme en brûlant.

La carbonisation incomplète peut se faire en gros tas couverts (comme pour le charbon de bois par le procédé des forêts), ou en cylindres, avec une quantité d'air limitée ; les carbures, dégagés ne brûlent pas et le résidu poreux, caverneux et léger porte le nom de *coke*.

Aux abords des usines métallurgiques où l'on a besoin de grandes quantités de coke, c'était le premier procédé qui était employé ; il est modifié aujourd'hui de manière à permettre de recueillir par condensation les carbures dégagés qui ont de la valeur. Dans les villes, où l'on veut surtout obtenir les gaz combustibles de la houille et où le coke n'est plus qu'un accessoire, c'est la distillation sèche en cylindres que l'on pratique sur des houilles à longue flamme. Réalisée dans les laboratoires (fig. 195). cette distillation donne un gaz à longue flamme très éclairant, que l'on allume à l'extrémité du tube effilé qui le dégage.

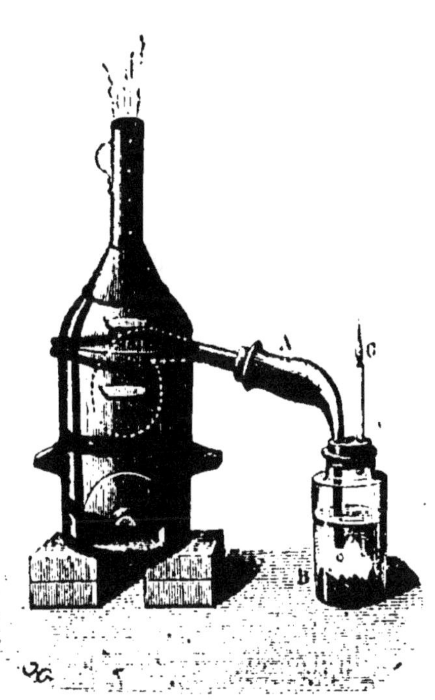

Fig. 195. — Distillation de la houille dans les laboratoires. — A, allonge recourbée fixée à la cornue ; — B, flacon laveur destiné à recueillir les liquides condensés ; — d, tube effilé où le gaz se dégage et brûle.

4. Produits de la distillation de la houille. — Les houilles, soumises à la distillatic ı sèche, donnent des produits dont la quantité et la qualité varient avec la rapidité et la température de la combustion ; pour n'en citer qu'un exemple, avec la température la moins élevée, on obtient plus de goudron ; à haute température, plus de gaz. Voici ces produits :

1° Gaz . . . . .
- Proto-carbure, bicarbure, acétylène et carbures divers.
- Hydrogène, azote.
- Oxyde de carbone, acide carbonique, hydrogène sulfuré.
- Sulfure de carbone, vapeurs des sels ammoniacaux.

2° Liquides entraînés par les gaz
- Eau ammoniacale.
- Goudron.

3° Résidus . . .
- Charbon de cornue (fixé aux parois de la cornue).
- Coke.

Nous allons passer en revue les emplois de ces différents produits.

Terminons de suite ce qui a rapport aux résidus. Le *coke*, retiré incandescent des cornues, est éteint, puis concassé pour être livré à la consommation comme matière de chauffage.

Le charbon de cornue s'accumule peu à peu et finit par acquérir une épaisseur de plusieurs centimètres. On l'enlève des cornues hors de service ; on le taille pour en faire des charbons de pile : il conduit en effet assez bien l'électricité.

Gaz d'éclairage. — (Voyez 28° leçon.)

5. **Eaux ammoniacales.** — Les liquides condensés dans les épurateurs physiques contiennent le goudron et les produits ammoniacaux. On les rassemble dans des puits où le goudron, plus lourd, gagne le fond.

On en sépare facilement, après repos, les eaux ammoniacales que l'on appelle des **eaux de condensation**. Ces eaux sont une des sources de sels ammoniacaux et d'ammoniaque. Si c'est l'alcali qu'on en veut retirer, on les distille dans des appareils complexes à plusieurs chaudières disposées pour que les vapeurs échappées de la première viennent élever la température de la seconde en s'y condensant en partie. Finalement, l'ammoniaque traverse une série de serpentins, et vient sortir dans un vase contenant de l'eau acidulée qui la retient et d'où une distillation avec de la chaux en obtiendra de l'alcali pur.

6. **Goudron.** — Le goudron est un liquide noir, visqueux ou huileux, insoluble dans l'eau, d'une odeur forte, qui se produit non seulement dans la distillation de la houille à l'abri de l'air, mais aussi dans celle de tous les combustibles que nous offre la nature. Il a été longtemps sans valeur; mais c'est aujourd'hui une source d'une multitude de produits utiles que l'on s'applique avec soin à en retirer.

Il représente 5 à 7 p. % seulement du poids de la houille distillée. Mais si l'on songe aux grandes quantités de houille que l'on emploie pour obtenir le gaz d'éclairage, aux quantités bien plus grandes encore que l'on transforme en coke par le procédé des meules, modifié pour recueillir toutes les matières qui peuvent se condenser, on comprendra que l'industrie dispose de masses considérables de goudron qu'elle sait aujourd'hui utiliser.

Le goudron est une matière des plus complexes. On y a signalé, outre l'eau et le sulfure de carbone, vingt carbures d'hydrogène divers, parmi lesquels la benzine, le toluène, la naphtaline et l'anthracène sont les plus importants, et quinze composés azotés, où nous ne retiendrons que l'aniline.

7. Distillation du goudron. — Le traitement des goudrons diffère notablement, suivant les produits que l'on veut surtout en retirer. Mais, dans tous les cas, on procède d'abord à une *distillation*. Les goudrons bien déposés sont conduits dans des chaudières cylindriques en tôle forte ou en fonte, d'une contenance de 10,000 à 20,000 litres, chauffées à feu nu. Ces chaudières sont munies d'un serpentin avec son réfrigérant. Au commencement, il faut refroidir sans cesse le serpentin conducteur ; mais à la fin on le laisse s'échauffer pour éviter que des produits solides ne s'y condensent et ne l'obstruent. Ce serpentin doit être disposé le plus loin possible du foyer, car les produits qui passent d'abord à la distillation sont éminemment inflammables.

Les premiers produits qui passent constituent l'*essence légère de houille* ou ce que l'on appelle ordinairement les *huiles légéres;* on considère comme tel tout ce qui distille entre 60° et 200° ; on en obtient environ 6 p. % du poids du goudron.

En continuant à chauffer, on recueille des produits appelés *huiles lourdes,* qui passent au-dessus de 200° ; le goudron en donne 20 à 25 p. % de son poids.

Le résidu porte le nom de *brai.*

8. Utilisation du brai. — On peut obtenir, suivant le poin.   "on arrête la distillation :

Le *brai liquide,* visqueux, pâteux à froid, renfermant des huiles lourdes. On le reçoit dans des tonnes de fer pour l'expédier aux fabricants d'*agglomérés ;*

Le *brai gras,* solide à la température ordinaire, renfermant peu d'huiles lourdes. On l'emploie en mélange avec le sable pour les asphaltes artificiels ;

Le *brai sec* et dur, qui ne contient plus d'huiles lourdes ; il ne peut servir qu'en poudre à la fabrication des briquettes.

9. Utilisation des huiles lourdes. — Les huiles lourdes recueillies au-dessus de 200° ne contiennent comme produits utilisables que la naphtaline et l'anthracène. On peut les employer directement à la conservation des bois. On a aussi proposé de les décomposer en les faisant tomber en filet dans une cornue chauffée au rouge. On les transforme ainsi en gaz d'éclairage, et on recueille une notable proportion d'huiles légères qui ont plus de valeur et que l'on peut utiliser comme il est dit plus bas.

Naphtaline ($C^{20}H^8$). — La naphtaline se dépose des huiles lourdes du goudron, comme aussi en moins grande quantité du gaz d'éclairage dans ses tuyaux de condensation. On la purifie par sublimation. Pour cela, on la chauffe lentement dans une chaudière au-dessus de laquelle on dispose un tonneau dont le fond inférieur est percé d'une ouverture égale à la section de la chaudière. On retrouve le produit sublimé sur les parois de ce tonneau.

La naphtaline est solide, en lamelles nacrées transparentes, d'une odeur empyreumatique assez agréable. Elle est très soluble dans l'alcool et l'éther. On l'emploie pour préserver les pelleteries de l'invasion des insectes parasites qui les détruisent,

Elle répond à la formule $C^{20}H^8$; elle brûle avec une flamme fuligineuse. Traitée par les différents réactifs chimiques, elle donne un grand nombre de produits dont la plupart sont colorés. Ces produits de transformation sont très curieux au point de vue théorique. Ils ont jusqu'ici reçu peu d'applications.

Anthracène. ($C^{28}H^{10}$). — L'anthracène s'obtient par la distillation jusqu'à 350° des huiles de goudron. Ce qui reste dans la cornue est dissous dans de l'huile légère bouillante qui, par le refroidissement, laisse déposer des cristaux. Ce sont ces cristaux exprimés à la presse qui forment l'anthracène brut, que l'on peut purifier par cristallisation dans l'alcool.

L'anthracène est un solide gris qui est devenu depuis quelques années la source de riches matières colorantes. C'est un de ses dérivés oxygénés qui donne l'alizarine artificielle ($C^{28}H^8O^8$), employée avantageusement à la place du produit colorant de la garance.

10. **Utilisation des huiles légères.** — Quand on recueille sous le nom d'*huiles légères* tous les produits de la distillation du goudron qui passent de 40° à 200°, on leur fait subir une rectification qui les fractionne en deux parts :

1° Celles qui passent de 40° à 150° ;

2°   —   distillent de 150° à 200°.

Les unes et les autres sont redistillées séparément, et on obtient finalement, en mélangeant les produits analogues :

Des huiles ayant distillé à 120° qui servent à la préparation de la benzine ;
Des huiles ayant distillé de 120° à 190°

On trouve dans ces huiles légères des hydro-carbures de diverses séries, de la première et de la seconde en petite quantité, de la série de la benzine et notamment la benzine $C^{12}H^6$ et le toluène son homologue $C^{14}H^8$; on y trouve encore des composés oxygénés comme le phénol $C^{12}H^6O^2$, et enfin des alcaloïdes ou composés azotés dont l'aniline $C^{12}H^7Az$ est le plus recherché. Ces deux derniers corps existent aussi bien dans l'une que dans l'autre des deux catégories d'huiles citées ci-dessus ; la première seule contient les autres.

Le premier traitement qu'on fait subir aux huiles ou essences de goudron consiste à les mélanger avec 5 p. $_0$/° de leur poids d'acide sulfurique, puis à les laver à l'eau à plusieurs reprises. L'acide se charge des alcaloïdes et peut servir à leur préparation.

Le second traitement, qui suit le premier, consiste à agiter les huiles avec une solution alcaline qui enlève le *phénol* et qui pourra servir à retirer ce corps. Les huiles sont ensuite lavées à plusieurs reprises et redistillées. C'est alors qu'on obtient des huiles légères, fractionnées entre 120° et 190°, une huile à brûler qui est livrée au commerce sous le nom d'huile sidérale, et de la portion recueillie avant 120° la *benzine du commerce*.

On peut rassembler en un tableau tous ces produits retirés du goudron et résumer les opérations par lesquelles on les obtient.

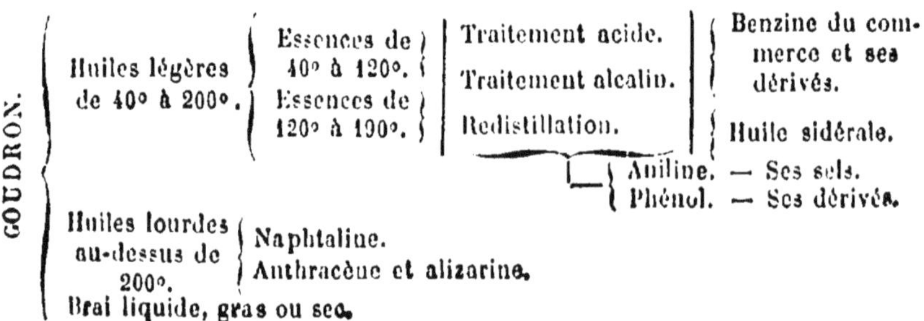

Nous n'étudierons d'abord que la benzine, parce que c'est un carbure d'hydrogène ; le *phénol* trouvera sa place après les alcools dont il se rapproche, et l'*aniline* sera étudiée avec les produits azotés.

Questionnaire. — 1. Quelles sont les propriétés du bicarbure d'hydrogène ou éthylène ? Comment fait-on son chlorure ? Qu'est-ce que la liqueur des Hollandais ? Quel alcool peut-on en dériver théoriquement ? — 2. Quelles sont les principales variétés de houilles ? — 3. Comment distille-t-on la houille ? — 4. Quels sont les produits que l'on en retire ? Indiquer les résidus, l'utilisation des gaz. — 5. Comment obtient-on les eaux ammoniacales et à quoi les fait-on servir ? — 6. Quelles sont les propriétés du goudron et les principaux produits qu'il contient ? — 7. Que retire-t-on de la distillation du goudron ? — 8. Comment utilise-t-on le brai ? — 9. Que retire-t-on surtout des huiles lourdes ? Quelles sont les propriétés de la naphtaline ? A quoi sert l'anthracène ? — 10. Comment utilise-t-on les huiles légères et quels sont les trois principaux produits que l'on en peut tirer ?

CINQUANTE-HUITIÈME LEÇON

Benzine.

Benzine ($C^{12}H^6$). — La benzine est un liquide limpide et incolore, d'une odeur agréable quand elle est pure. Elle bout à 81°. Soumise à l'action du froid, elle se prend en masse cristalline ou en lames groupées comme des feuilles de fougères. Elle est insoluble dans l'eau et flotte sur ce liquide. Elle est soluble dans l'alcool et dans l'éther. Elle est très inflammable et brûle avec une flamme brillante (on s'en sert pour rendre éclairante la flamme de l'hydrogène). Sa vapeur donne avec l'air un mélange explosif ; aussi ne doit-on pas manier la benzine sans précaution.

Elle dissout un grand nombre de substances, l'iode, le soufre, le caoutchouc, la gomme-laque, les corps gras : c'est la raison de ses usages dans les laboratoires et aussi dans l'économie domestique où elle sert à enlever les taches de graisse, sans se résinifier comme le fait l'essence de térébenthine.

Le chlore, en agissant sur elle, donne un chlorure organique dont l'oxyde hydraté n'est autre chose que le phénol. C'est une propriété analogue à celle des carbures de la première série ; en effet,

Le *protocarbure*	C^2H^4	donne	le *chlorure de méthyle*	C^2H^3Cl
ou *hydrure de méthyle*	C^2H^3H		l'*alcool méthylique*	C^2H^3OHO
La *benzine*	$C^{12}H^6$	donne	le *chlorure de phényle*	$C^{12}H^5Cl$
ou *hydrure de phényle*	$C^{12}H^5H$		l'*alcool dit phénol*	$C^{12}H^5OHO$

Cette réaction fait du phénol un alcool dont le radical $C^{12}H^5$ est uni à un équivalent d'hydrogène dans la benzine.

La benzine, sous l'influence de l'acide azotique concentré, échange un équivalent d'hydrogène contre AzO^4 le radical de l'acide azotique.

$$C^{12}H^5H + HOAzO^5 = 2HO + C^{12}H^5,AzO^4.$$

Ce composé $C^{12}H^5AzO^4$ porte le nom de nitro-benzine. C'est un produit d'une odeur agréable, rappelant celle des amandes amères. On le prépare pour la parfumerie sous le nom d'essence de mirbane.

Cette *nitro-benzine*, corps azoté, est la matière première de la fabrication artificielle de l'*aniline*, autre corps azoté, et par suite des nombreux dérivés colorants qu'on en retire. Aussi la prépare-t-on en grand pour les besoins de l'industrie.

2. Préparation de la benzine. — La benzine du commerce, que l'on appelle encore *benzol*, obtenue des huiles légères de houille, n'est pas pure : c'est le mélange d'hydrocarbures qui ont passé à la distillation de 80° à 100°; elle possède surtout une odeur assez forte qu'elle parait devoir à son homologue supérieur $C^{14}H^8$, le toluène.

Pour l'obtenir pure avec les huiles de houille, il faut employer un appareil distillatoire qui permette de ne recueillir que les produits qui passent à 80°; ou bien recueillir les produits qui distillent de 80° à 100° dans l'appareil de la figure 196. Ils constituent un bon benzol pour aniline; on les soumet ensuite au froid; la benzine seule se congèle et peut être ainsi séparée des hydrocarbures qui l'accompagnent et qui n'ont pas la même propriété.

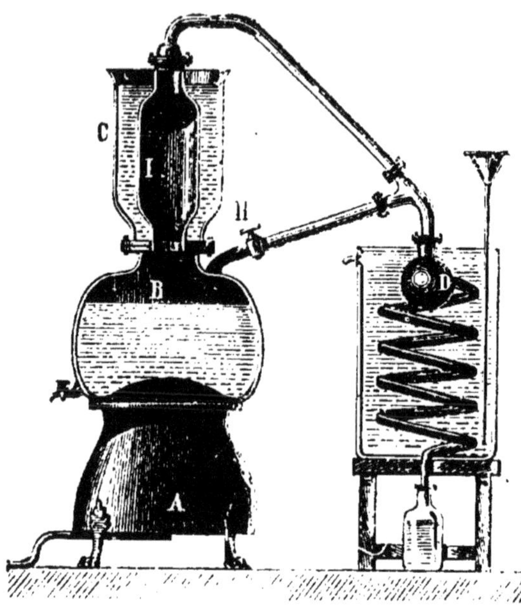

Fig. 196. — Préparation de la benzine. — A, fourneau à gaz; — B, chaudière surmontée du tube élargi I; — C, réfrigérant contenant de l'eau qui s'échauffe en condensant les vapeurs; — C-E, serpentins; — H, robinet à ouvrir pour faire passer à la distillation les vapeurs les plus lourdes.

Questionnaire. — 1. Quelles sont les propriétés de la benzine? Comment brûle-t-elle? Quels sont les corps qu'elle peut dissoudre? à quoi l'emploie-t-on? Qu'est la benzine par rapport au phénol? Comment obtient-on la nitro-benzine et à quoi sert ce corps? — 2. Comment prépare-t-on la benzine ordinaire? Quelles précautions faut-il prendre pour l'avoir pure?

CINQUANTE-NEUVIÈME LEÇON.

Carbures tirés du règne végétal.

1. On extrait des végétaux des carbures d'hydrogène appartenant à la quatrième série, qui répondent presque tous à la formule $C^{20}H^{16}$, mais qui se distinguent facilement les uns des autres par les odeurs caracté-

ristiques qu'ils présentent, aussi bien que par leurs points d'ébullition et leurs densités. Le type en est l'essence de térébenthine et avec elle ses isomères, les *essences de citron*, d'*orange*, de *bergamote*, de *genièvre*. A côté de ces carbures s'en placent d'autres où le carbone et l'hydrogène entrent dans les mêmes proportions, mais dont les formules sont des multiples de $C^{20}H^{16}$; c'est dans ces derniers que rentrent le *caoutchouc* et la *gutta-percha*.

2. Essence de térébenthine. — En incisant certains arbres de la famille des conifères, comme les pins et quelques sapins, on recueille un liquide visqueux, résineux, qui porte le nom de térébenthine brute. Le produit distillé donne un liquide limpide, c'est l'essence de térébenthine; et il reste un résidu que l'on appelle colophane ou simplement résine.

L'essence ainsi recueillie est constituée en grande partie par le carbure $C^{20}H^{16}$, bouillant à 160°, que l'on appelle térébenthène, mélangé à des carbures plus volatils et à des produits plus fixes formés par son oxydation.

Récemment préparée, l'essence est incolore, très fluide, d'une odeur forte caractéristique, d'une saveur âcre et brûlante. Elle ne tarde pas à jaunir au contact de l'air en devenant moins fluide par suite des produits oxydés qui s'y forment.

Elle est très combustible et brûle avec une longue flamme qui dépose beaucoup de noir de fumée sur les corps froids qu'on y plonge.

L'essence de térébenthine dissout les corps gras et les matières résineuses; c'est ce qui explique son emploi dans la fabrication des vernis. Elle sert à délayer les mélanges d'huile et de matières colorantes employés en peinture. On s'en sert aussi pour dissoudre le copal et le caoutchouc.

Sa vapeur peut produire des effets morbides : c'est à son action qu'on rapporte les accidents qui arrivent aux personnes couchant dans un appartement trop fraîchement peint.

3. Généralités sur les essences. — Les essences, principes odorants des végétaux, sont aussi appelées **huiles essentielles** ou **huiles volatiles.** C'est leur aspect et la tache translucide qu'elles font sur le papier qui leur a fait donner ce nom peu justifié, puisqu'elles ne ressemblent pas aux autres huiles dites fixes, et que la tache qu'elles produisent sur le papier disparaît promptement.

Elles se trouvent pour la plupart toutes formées dans les plantes, mais en proportion assez faible. On les obtient par la distillation, avec l'eau, des organes végétaux (feuilles, fleurs, fruits ou graines) qui les contiennent. Bien qu'elles soient moins volatiles que l'eau, elles sont entraînées par les vapeurs de ce liquide; et, plus légères que l'eau, elles se rassemblent en une couche huileuse à la surface du liquide. On reçoit le produit distillé dans un vase de la forme indiquée figure 197, qui a remplacé avec avantage le récipient *florentin*. L'eau reste au fond et s'écoule par la tubulure recour-

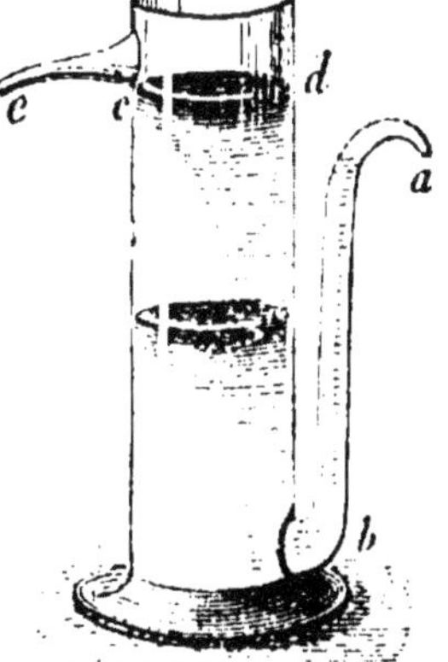

Fig. 197.
Récipient florentin modifié.

bée; l'essence gagne le haut du vase, s'écoule par le tube *ce* quand elle a atteint son niveau, ou même pendant le cours de la distillation quand on bouche l'orifice *a*.

Les essences sont très peu solubles dans l'eau, solubles au contraire dans l'alcool, l'éther et les huiles grasses dont on se sert parfois pour les extraire. Leur odeur dépend souvent de l'altération que l'air leur fait subir. Par l'oxydation, elles se foncent en couleur et se résinifient.

Ce sont presque toujours des mélanges, comme l'indiquent les variations de leur point d'ébullition : le carbure est le térébenthène $C^{20}H^{16}$ ou un de ses isomères, avec des corps oxygénés en différentes proportions. Les essences ont une assez grande importance commerciale; elles servent à la préparation des eaux aromatiques et des objets parfumés.

4. Caoutchouc. — Le caoutchouc ou gomme élastique est le suc qui s'écoule des incisions faites à certains arbres des contrées chaudes, comme le **ficus elastica** et le **siphonia cahuchu** de la *Guyane* et du *Brésil*.

On recueille le liquide sur des moules en argile sèche où il s'épaissit et se soude; après la solidification, on brise la terre, on la fait sortir par un point de l'enveloppe solidifiée, et l'on obtient le caoutchouc brut en forme de poires creuses.

Ce produit est translucide, souple, élastique; mais il devient collant à chaud et se durcit par le froid. On a beaucoup étendu ses emplois en lui incorporant du soufre; il porte alors le nom de **caoutchouc vulcanisé**. Si la proportion de soufre est faible, le caoutchouc conserve une souplesse que la température ne modifie plus. Il est alors employé à une foule d'objets. Quand la proportion de soufre est assez grande, le produit devient sec et très dur.

Les minces feuilles sont obtenues par l'évaporation rapide d'une dissolution de caoutchouc dans la benzine ou le sulfure de carbone.

5. Gutta-percha. — La *gutta-percha* produite par l'*isonandra* de la *Malaisie* est dure à la température ordinaire; mais elle devient molle si on la chauffe; on peut alors lui donner telle forme que l'on veut et qu'elle conservera en se durcissant par son refroidissement. Elle a beaucoup d'usages.

Comme le caoutchouc, c'est un carbure d'hydrogène dont on n'a pas bien fixé encore la formule chimique.

Questionnaire. — 1. Quels sont les principaux carbures que l'on peut retirer des végétaux? Quel nom leur donne-t-on? Quelle est leur propriété saillante?—2. Quelles sont les propriétés et les emplois de l'essence de térébenthine? — 3. Qu'appelle-t-on en général huiles essentielles? Comment les obtient-on? — 4. D'où vient le caoutchouc? Dans quels liquides est-il soluble? — 5. Qu'est-ce que la gutta-percha?

SOIXANTIÈME LEÇON

Composés formés de carbone, d'hydrogène et d'oxygène. — Alcools.

1. Les corps organiques qui forment la seconde classe, c'est-à-dire ceux qui contiennent du carbone, de l'hydrogène et de l'oxygène peuvent être rassemblés en *deux groupes*.

1° Ceux qu'il est possible de produire avec les carbures d'hydrogène en leur soudant de l'oxygène, que l'on peut considérer comme les oxydes hydratés des radicaux contenus dans les carbures et qui se combinent aux acides pour donner des sels : ce sont les *alcools* et leurs nombreux dérivés.

2° Les corps *neutres*, que l'on n'a pas jusqu'ici produits par synthèse, et que l'on tire des végétaux, comme la *cellulose*, l'*amidon*, la *fécule*, les *sucres*.

Nous les étudierons successivement.

ALCOOLS. — ALCOOL ORDINAIRE

2. Alcool ordinaire, $C^4H^6O^2$ ou C^4H^5O, HO. — L'alcool de vin a été longtemps le seul connu. Il est aujourd'hui le type d'une classe nombreuse de composés organiques qui ont les mêmes propriétés générales que lui, et que l'on désigne sous le nom générique d'alcools. Il y occupe la première place par ses nombreux usages, avec l'esprit de bois que l'on appelle l'*alcool méthylique*. L'étude de ses propriétés nous permettra d'établir les caractères généraux de cette classe des alcools, dont les produits sont aussi intéressants par leur mode de formation que par les nombreux dérivés qui en résultent.

La source la plus ancienne de l'alcool ordinaire, ce sont les liqueurs fermentées provenant des jus sucrés de fruits, notamment du raisin, qui laissent passer à la distillation un mélange d'alcool et d'eau. La richesse de ces mélanges est indiquée par l'alcoomètre de *Gay-Lussac*. Le produit livré au commerce sous le nom *d'esprit-de-vin* y marque ordinairement 90°, c'est-à-dire contient encore en volume 10 p. % d'eau.

3. Alcool absolu. — Pour enlever à l'alcool ses dernières traces d'eau et l'obtenir *anhydre* ou *absolu*, il faut le redistiller après l'avoir mis en contact avec des substances plus avides d'eau que l'alcool lui-même. On emploie le carbonate de potassium calciné ou mieux encore la chaux. On laisse digérer plusieurs heures l'alcool à 90°, que l'on veut rectifier, avec de la chaux en petits fragments, puis on distille au bain-marie. En répétant cette opération une seconde fois sur le produit obtenu, on arrive à avoir l'alcool absolu.

On reconnaît facilement que l'alcool est anhydre en le mettant en contact avec un fragment de sulfate de cuivre desséché par la chaleur. Ce sel doit y rester incolore; il reprend sa coloration bleue pour peu que l'alcool renferme de l'eau.

4. Propriétés de l'alcool. — L'alcool pur est un liquide limpide, très mobile, d'une odeur agréable et d'une saveur brûlante. Sa densité à 15° est 0,795.

Celle de sa vapeur rapportée à l'hydrogène est 23, c'est-à-dire la moitié de son équivalent ($C^4H^6O^2 = 46$); sa formule le représente donc sous 4 volumes de vapeur. Il en est de même des autres composés de la chimie organique.

Il bout à 78° sous la pression normale. Il n'a pas encore été solidifié, mais il devient visqueux quand il est exposé à la température du mélange d'éther et d'acide carbonique en neige.

Il a une grande tendance à s'unir à l'eau; il se produit alors une contraction du volume qui est maximum quand on ajoute à 100 volumes d'eau 112 volumes d'alcool; le tout n'occupe que 200 volumes.

L'alcool est le principal dissolvant des résines, des corps gras, des essences, des matières colorantes et des alcaloïdes.

5. **Action de l'oxygène.** — L'alcool est très inflammable; il brûle à l'air avec une flamme bleuâtre très peu éclairante. Mélangé en vapeur avec l'oxygène, il détone en présence d'un corps incandescent. Dans les deux cas, sa combustion est complète; il se produit de l'eau et de l'acide carbonique :

$$C^4H^6O^2 + O^{12} = 4CO^2 + 6HO.$$

Sa combustion incomplète donne beaucoup d'autres produits.

A froid, l'air n'agit sur l'alcool que s'il se trouve en présence de quelques corps capables de condenser l'oxygène et de le lui transmettre. Tel est le noir de platine, tels sont aussi les végétaux microscopiques, agents de l'acétification. Il y a alors deux phases dans son oxydation

1° L'alcool perd d'abord 2 équivalents d'hydrogène et se change en aldéhyde.

$$C^4H^6O^2 + O^2 = C^4H^4O^2 + 2HO.$$
Aldéhyde.

2° Il gagne ensuite deux équivalents d'oxygène et donne l'acide acétique

$$C^4H^4O^2 + O^2 = C^4H^4O^4.$$
Acide acétique.

La réaction complète s'écrit

$$C^4H^6O^2 + O^4 = C^4H^4O^4 + 2HO.$$

On constate ces faits en laissant tomber goutte à goutte, par un tube effilé, de l'alcool sur du noir de platine reposant sur une assiette couverte d'une cloche fig. 193; il apparaît des vapeurs qui se condensent sur la cloche et qui ont l'odeur de l'aldéhyde; on constate dans le liquide l'acide acétique.

La combustion lente des vapeurs d'alcool au contact d'un fil de platine rougi suffit à le maintenir quelque temps incandescent. On le prouve en suspendant un fil de platine en spirale dans la flamme d'une lampe à alcool; on souffle la lampe quand le fil est rouge; et il reste rouge encore quelque temps.

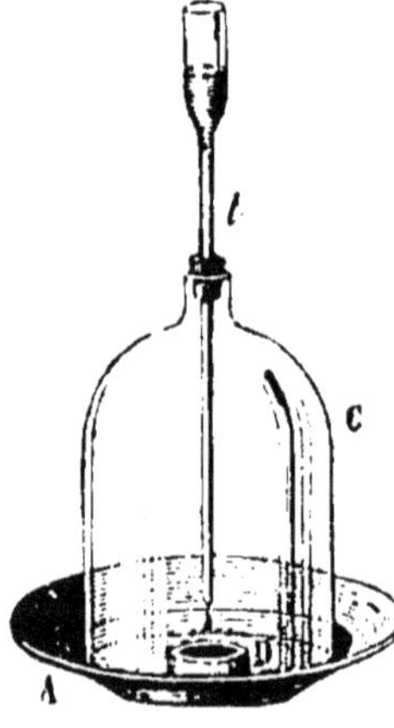

Fig. 193. — Oxydation de l'alcool. — A, assiette; — D, godet à noir de platine; — C, cloche — t, tube à entonnoir laissant écouler l'alcool goutte à goutte.

Tous les corps oxydants, en agissant sur l'alcool, produiront ce résul·
tat; il y aura formation d'*aldéhyde*, puis d'*acide acétique*.

6. Action des acides. — 1° L'*acide chlorhydrique* gazeux se dissout dans
l'alcool; la solution portée à l'ébullition dégage un chlorure organique, le
chlorure d'éthyle, pouvant faire échange avec les sels comme le font les
chlorures métalliques. Le même produit prend naissance quand on distille
un mélange d'alcool et d'acide chlorhydrique concentré.

La réaction, que l'on peut figurer,

$$C^4H^6O^2 + HCl = 2HO + C^4H^5Cl$$

est plus facile à interpréter de la manière suivante, parce qu'alors l'analogie est frappante entre l'action de l'hydracide sur l'alcool et son action
sur la potasse :

$$C^4H^5O, HO + HCl = 2HO + C^4H^5Cl.$$
Alcool
ou oxyde hydraté d'éthyle.　　　　　Chlorure d'éthyle.

$$KOHO + HCl = 2HO + KCl.$$

Les acides *bromhydrique* et *iodhydrique* agissent de même en donnant
les composés C^4H^5Br et C^4H^5I, *bromure et iodure d'éthyle*.

2° Les *acides minéraux mono-atomiques*, comme l'acide azotique $HOAzO^5$,
qui n'ont qu'un équivalent d'hydrogène à échanger, donnent avec la potasse des sels avec élimination de deux molécules d'eau. Ils donnent une
réaction parallèle avec l'alcool, et par suite, des *sels où entre le radical de
l'alcool en place d'un métal. Ces sels à radicaux alcooliques son! appelés
éthers*.

Potasse.

$$K\ OHO + HOAzO^5 = 2HO + K\ OAzO^5,$$
$$C^4H^5OHO + HOAzO^5 = 2HO + C^4H^5OAzO^5.$$
Alcool.　　　　　　　　　　　Azotate d'éthyle.

3° Les *acides organiques mono-atomiques*, comme l'acide acétique
$C^4H^4O^4$, qu'il faut figurer $HOC^4H^3O^3$ pour le rendre analogue à $HOAzO^5$,
agissent de même.

Potasse.　　　　　　　　　　　　Acétate de potassium.

$$KOHO + HOC^4H^3O^3 = 2HO + K\ OC^4H^3O^3.$$
Acide acétique.

$$C^4H^5OHO + HOC^4H^3O^3 = 2HO + C^4H^5OC^4H^3O^3.$$
Alcool.　　　　　　　　　　　　Acétate d'éthyle.

4° L'*acide sulfurique* donne trois réactions avec l'alcool, suivant la température à laquelle on opère.

(*a*) Concentré, l'acide se mélange à l'alcool avec un vif dégagement
de chaleur et formation d'un composé analogue au bisulfate de potassium où l'*éthyle* tient la place du métal. C'est l'acide éthylo-sulfurique.

$$KOHO + \begin{matrix} HOSO^3 \\ HOSO^3 \end{matrix} = 2HO + \begin{matrix} KOSO^3 \\ HOSO^3 \end{matrix}$$

$$C^4H^5OHO + \begin{matrix} HOSO^3 \\ HOSO^3 \end{matrix} = 2HO + \begin{matrix} C^4H^5OSO^3 \\ H\ OSO^3 \end{matrix}$$
Acide éthylo-sulfurique
ou sulfovinique.

(*b*) Si l'on distille à 140° un mélange de 1 partie d'alcool avec 2 parties d'acide sulfurique. on recueille de l'*éther ordinaire*; et la formation de ce produit est continue si on renouvelle l'alcool à mesure de sa transformation.

La réaction est double : dans la première partie, il se forme de l'acide éthyle-sulfurique; et, dans la seconde, cet acide se détruit au contact de l'alcool en régénérant l'acide sulfurique qui peut ainsi recommencer son action sur une nouvelle portion d'alcool.

$$\begin{matrix} C^4H^5OSO^3 \\ H\ OSO^3 \end{matrix} + C^4H^5OHO = \begin{matrix} C^4H^5O \\ C^4H^5O \end{matrix} + \begin{matrix} HOSO^2 \\ HOSO^3 \end{matrix}$$

Acide éthyle-sulfurique.   Alcool.   Éther.   Acide sulfurique

(*c*) Quand on porte la température à 160°, il se dégage du *bicarbure d'hydrogène* ou *gaz éthylène* : l'acide sulfurique enlève à l'alcool deux molécules d'eau :

$$C^4H^6O^2 - 2HO = C^4H^4.$$

Théoriquement, l'acide sulfurique peut donner deux sels dont la base est le radical alcoolique, comme il donne deux sels de potassium :
Le premier, l'*acide éthyle-sulfurique*,

$$\begin{matrix} C^4H^5OSO^3 \\ H\ OSO^3 \end{matrix}$$

correspond au bisulfate de potassium

$$\begin{matrix} KOSO^3 \\ HOSO^3 \end{matrix}$$

Le deuxième, le *sulfate d'éthyle*,

$$2\ (C^4H^5OSO^3)$$

correspond au sulfate neutre 2 ($KOSO^3$).

Il en est de même des acides bi-atomiques, comme l'acide carbonique parmi les acides minéraux et l'acide oxalique parmi les acides organiques.

Ce dernier, dont la formule est $C^4O^6\ 2HO$, donne en effet avec l'alcool la réaction suivante .

$$2\ (C^4H^5OHO) + \begin{matrix} HO \\ HO \end{matrix}\ C^4O^6 = 4HO + \begin{matrix} C^4H^5O \\ C^4H^5O \end{matrix}\ C^4O^4,$$

qui produit l'*éther oxalique* ou *oxalate d'éthyle*.

7. Action des métaux alcalins et des alcalis. — Le potassium et le sodium se dissolvent dans l'alcool avec dégagement de chaleur et mise en liberté d'hydrogène dont le métal a pris la place.

$$C^4H^5OHO + K = C^4H^5OKO + H.$$

Les alcalis, à chaud, agissent comme des oxydants : ils forment de l'acide acétique qui se combine à l'alcali pour donner un acétate alcalin

$$C^4H^5OHO + NaOHO = NaOC^4H^3O^3 + 4H.$$

Acétate de sodium.

8. Résumé des caractères de l'alcool. — Ainsi, l'alcool subit deux degrés d'oxydation : dans le premier, il donne une *aldéhyde*, dans le second un *acide organique*.

Soumis à la réaction des acides, il donne des sels à base d'un radical alcoolique, que l'on appelle les *éthers* et qui peuvent échanger leur base avec les sels minéraux.

Enfin, avec l'acide sulfurique, il donne un double oxyde de son radical qui est l'*éther ordinaire ou sulfurique*, ou encore un carbure d'hydrogène par déshydratation.

Tous ces caractères sont communs aux autres composés que l'on appelle *alcools* et qui sont des homologues de l'alcool ordinaire.

9. Usages de l'alcool ordinaire. — Les applications de l'alcool sont nombreuses et variées. Étendu de plus ou moins d'eau, il sert dans l'économie domestique sous le nom d'*eaux-de-vie* diverses qui diffèrent par leur provenance, leur odeur et leur saveur particulières. Concentré, il entre dans la fabrication des liqueurs, des parfumeries, des vernis, du vinaigre.

On ne le retire plus seulement des liquides sucrés que la nature nous offre dans les fruits, les tiges et les racines des végétaux, mais de presque toutes les substances végétales féculentes ou amylacées, après leur transformation en sucre. Aussi, nous renvoyons après l'étude de ces substances les procédés de fabrication industrielle de l'alcool, dont le principe sera plus facile à exposer et à saisir.

Questionnaire. — 1. Comment groupe-t-on les corps organiques formés de carbone, d'hydrogène et d'oxygène? — 2. Quelle est la source la plus ancienne de l'alcool ordinaire? — 3. Comment obtient-on l'alcool absolu? Comment reconnaît-on qu'il est anhydre? — 4. Quelles sont les propriétés de l'alcool ordinaire? — 5. Quelle est l'action de l'oxygène sur l'alcool? Comment se produit l'aldéhyde, l'acide acétique? — 6. Quelle est l'action de l'acide chlorhydrique sur l'alcool? L'action des acides mono-atomiques minéraux ou organiques, celle des acides polyatomiques, l'action de l'acide sulfurique? — 7. Comment agissent les métaux alcalins? — 8. Quels sont les usages de l'alcool?

SOIXANTE-ET-UNIÈME LEÇON

Alcools divers : esprit de bois; phénol, etc.

1. Préparation de l'alcool de bois. — L'*esprit de bois* est un liquide qui fait partie des produits de la distillation du bois en vase clos. Il s'y trouve associé à l'acide pyroligneux avec lequel il forme une partie aqueuse mélangée à du goudron; on sépare cette portion aqueuse du goudron après repos par décantation, et on obtient l'esprit de bois impur par une distillation où l'on ne recueille que le premier dixième des produits qui passent.

Pour avoir l'alcool de bois pur, on mélange l'esprit de bois ordinaire avec le double de son poids de chlorure de calcium fondu et pulvérisé. Les deux corps forment une combinaison cristallisée qui résiste à une température de 100° sans se décomposer. On chauffe cette combinaison au bain-marie pour chasser en vapeurs les produits étrangers à l'alcool de bois. On reprend par l'eau le résidu et on distille ; l'alcool qui passe n'est plus mélangé que d'eau dont on le débarrasse par la chaux vive.

2. Propriétés. — L'alcool de bois est un liquide incolore, d'une odeur éthérée et alcoolique, d'une saveur brûlante. Il bout à 66° et brûle avec une flamme bleue.

Il dissout les mêmes corps que l'alcool ordinaire ; aussi peut-il rem placer ce dernier dans la plupart de ses usages industriels, notamment pour la fabrication des vernis ; mais il ne peut pas le suppléer comme boisson.

Son analyse lui assigne la formule $C^2H^4O^2$ que l'on écrit C^2H^3OHO pour en faire l'oxyde hydraté du méthyle, et on l'appelle **alcool méthylique**.

Soumis à l'oxydation, il donne un acide homologue de l'acide acétique : c'est l'acide formique.

$$\begin{array}{l} \text{Alcool ordinaire.} \\ C^4H^6O^2 \; + \; O^4 \; = \; 2HO \; + \; C^4H^4O^4 \text{ ou } HO,\, C^4H^3O^3. \\ C^2H^4O^2 \; + \; O^4 \; = \; 2HO \; + \; C^2H^2O^4 \text{ ou } HO,\, C^2H\,O^3. \\ \text{Alcool méthylique.} \qquad\qquad\qquad\qquad \text{Acide formique.} \end{array}$$

Par l'action des acides, il donne des *éthers* homologues de ceux de l'alcool ordinaire. Il suffit pour trouver leur formule de remplacer, dans les réactions de l'alcool ordinaire, le radical éthyle C^4H^5 par le radical méthyle C^2H^3.

On a

$$\begin{array}{lcc} \text{l'éther méthylique,} & \text{le chlorure de méthyle,} & \text{l'azotate de méthyle} \\ \begin{matrix} C^2H^3O \\ C^2H^3O \end{matrix} & C^2H^3Cl & C^2H^3O,\, AzO^5. \end{array}$$

comme

$$\begin{array}{lcc} \text{l'éther éthylique,} & \text{le chlorure d'éthyle,} & \text{l'azote d'éthyle.} \\ \begin{matrix} C^4H^5O \\ C^4H^5O \end{matrix} & C^4H^5Cl & C^4H^5O,\, AzO^5 \end{array}$$

Et si l'on considère ces alcools comme formés de carbures d'hydrogène de la première série auxquels sont ajoutés deux équivalents d'hydrogène,

L'*alcool méthylique* $C^2H^4O^2$ dérive du 1er carbure C^2H^4 ;

Et l'*alcool éthylique* $C^4H^6O^2$ — du 2e carbure C^4H^6.

A ce titre, l'alcool méthylique est le premier terme de la série d'alcools dont l'alcool ordinaire, le premier connu, n'est que le second terme.

La théorie suppose à chaque carbure de la première série un alcool correspondant. Nous ne citerons que l'alcool amylique.

3. Alcool amylique, $C^{10}H^{12}O^2$ ou $C^{10}H^{11}OHO$. — Cet alcool se trouve dans les eaux-de-vie de pommes de terre et de céréales. On l'extrait en soumettant ces eaux-de-vie à la distillation et en recueillant à part les dernières portions dès qu'elles passent laiteuses.

Ce dernier produit agité avec l'eau laisse surnager une huile que l'on décante, que l'on dessèche à l'aide du chlorure de calcium et que l'on redistille autant de fois qu'il est nécessaire pour que le point d'ébullition se fixe à 132°.

L'alcool amylique ainsi obtenu est huileux, incolore et d'une odeur désagréable. Sa vapeur s'enflamme à 60° et brûle avec une flamme bleue peu éclairante.

Ses réactions sont identiques à celle de l'alcool ordinaire. Nous aurons occasion de citer quelques-uns de ses éthers.

PHÉNOL, $C^{12}H^6O^2$ ou $C^{12}H^5OHO$

4. Propriétés du Phénol. — La classe des alcools ne comprend pas seulement les composés dérivés de la première série, mais encore un grand nombre d'autres qui dérivent de carbures divers. Parmi ceux-ci rentre le *phénol*.

Le phénol est solide, incolore, cristallisé en longues aiguilles ; il fond à 35° et bout à 187°. Il se dissout dans l'eau, mais mieux dans l'alcool et l'éther. La moindre trace d'humidité le liquéfie ; aussi devient-il entièrement liquide lorsqu'il est conservé dans des flacons imparfaitement bouchés. Son odeur est forte.

Son caractère d'alcool est mis en évidence par son action sur le potassium et le sodium qui produit les composés $C^{12}H^5$.)KO et $C^{12}H^5ONaO$, et par la formation de sels organiques avec les principaux acides.

Sa formule, rapprochée de celle des alcools de la première série, est

$$C^{12}H^5OHO,$$

et le groupement $C^{12}H^5$ porte le nom de *phényle*. La benzine $C^{12}H^6$ ou $C^{12}H^5H$ en est l'hydrure. Le phénol correspond à la benzine $C^{12}H^6$ augmentée de O^2, comme l'alcool dérive de C^4H^6, par addition de O^2

Le nom d'*alcool phénique* donné au phénol est donc plus rationnel que celui d'*acide phénique* qu'on lui donne souvent.

L'acide azotique convertit le phénol en *phénols nitrés* dont le plus important est le *tri-nitro-phénol* ($C^{12}H^3$ (AzO^4,$^3O^2$) ou *acide picrique* ou encore *carbazotique*, dans lequel trois équivalents d'hydrogène sont remplacés par trois fois le radical (AzO^4; de l'acide azotique.

5. Usages et préparation du phénol. — Le phénol attaque fortement la peau, détruit rapidement les muqueuses et coagule l'albumine. C'est un antiseptique puissant ; aussi est-il employé avec succès dans le pansement des plaies et des ulcères ; il arrête la putréfaction des tissus et enlève l'odeur fétide des chairs en décomposition.

L'industrie l'utilise dans la conservation des peaux, dans la désinfection de beaucoup de produits où il rend à l'hygiène publique de grands services.

On en tire plusieurs matières colorantes très employées comme l'*acide picrique*, la *coralline*, l'*azuline*.

On retire le phénol des huiles de goudron de houille qui passent à la distillation entre 160° et 190°, en les traitant par la potasse qui dissout le phénol. Le produit, repris par l'eau, se sépare en deux couches : l'une huileuse qu'on enlève, l'autre que l'on sature par un acide pour la distiller et la rectifier plusieurs fois. On en obtient l'alcool phénique en cristaux par un refroidissement lent.

6. Acide picrique ou carbazotique. $C^{12}H^3(AzO^4,^3O^2$. — L'acide picrique, obtenu autrefois par l'action de l'acide azotique sur différents produits organiques comme l'indigo, est préparé industriellement aujourd'hui par l'action de l'acide azotique sur le phénol ou sur les huiles de houille contenant cet alcool.

C'est un beau produit jaune en cristaux brillants, d'une saveur amère. Il est très soluble dans l'eau, dans l'alcool et l'éther. Sa solution est jaune et colore fortement la peau et les tissus animaux. Son pouvoir colorant est si grand qu'un milligramme d'acide communique une teinte sensible à 1 litre d'eau.

Chauffé légèrement, il fond et se sublime ; mais quand on le chauffe brusquement il détone avec violence.

Il donne avec les métaux des picrates, tous amers, se décomposant tous avec une forte explosion par la chaleur et employés dans les poudres brisantes à cause de cette propriété.

L'*acide picrique* sert à teindre directement la soie et la laine dans toutes les nuances du jaune ; il ne teint pas les fibres végétales ; on peut dès lors s'en servir pour reconnaître si du coton a été introduit dans un tissu de laine ou de soie ; en teignant l'étoffe dans une dissolution chaude d'acide picrique, ce qui est soie ou laine se colore, ce qui est coton reste blanc.

Le phénol et l'acide picrique sont donc deux produits industriels importants retirés du goudron de houille.

ALCOOLS BIATOMIQUES. — GLYCOL.

7. Nous avons vu, en chimie minérale, des acides comme l'acide azotique et l'acide chlorhydrique n'échanger jamais qu'un équivalent d'hydrogène contre un métal ; d'autres acides, comme l'acide sulfurique, échanger un ou deux équivalents d'hydrogène contre les métaux, et donner deux série de sels, les sulfates et les bisulfates. Les premiers de ces acides sont dits *monoatomiques* et les seconds *biatomiques*.

Les alcools, oxydes hydratés de radicaux organiques, se classent d'une manière analogue aux acides, d'après leurs combinaisons :

1° Les uns ne peuvent échanger *qu'un équivalent* d'hydrogène contre le radical d'un acide et ne donnent par conséquent qu'une série de sels ou d'éthers. On les appelle *monoatomiques*. Tous ceux que nous venons d'étudier sont dans ce cas.

2° Il en est d'autres qui peuvent échanger 1 ou 2 équivalents d'hydrogène contre le radical d'un acide monoatomique et qui donnent par conséquent deux séries de sels ou d'éthers, comme l'acide sulfurique donne deux séries de sels métalliques : on les appelle alcools biatomiques ; le glycol en est le type.

Le *glycol* est un liquide incolore, un peu visqueux, doué d'une saveur sucrée, soluble dans l'eau et l'alcool et peu dans l'éther.

Il a été découvert par *M. Wurtz*, qui cherchait à démontrer l'existence d'alcools biatomiques placés entre les alcools ordinaires et la glycérine triatomique.

Le savant chimiste a d'abord établi la biatomicité du bicarbure d'hydrogène ou éthylène C^4H^4, qui se soude 2 équivalents de chlore pour donner la liqueur des Hollandais $C^4H^4Cl^2$ ou *chlorure d'éthylène*. Il en a ensuite dérivé le glycol qui est l'oxyde hydraté du radical de ce chlorure, comme l'alcool ordinaire est l'oxyde hydraté du radical existant dans le chlorure d'éthyle.

La formule du glycol a été alors fixée :

$$C^4H^6O^4 \text{ ou } C^4H^4O^2, 2HO.$$

Il est facile de montrer que les réactions de ce glycol ont une analogie frappante avec celles de l'alcool ordinaire, à cela près que plusieurs d'entre elles se passent par échange contre 2 molécules d'hydrogène au lieu d'une ; que c'est un véritable alcool pouvant engendrer des sels ou éthers avec les acides et se combiner avec les métaux alcalins. Nous ne développerons que les réactions qui résultent de l'oxydation, en les comparant à celles de l'alcool ordinaire.

$$C^4H^6O^2 + O^2 = C^4H^4O^2 + 2HO$$
Aldéhyde.

Alcool.

Acide acétique.
$$C^4H^6O^2 + O^4 = C^4H^4O^4 + 2HO$$

$$C^4H^6O^4 + O^4 = C^4H^4O^6 + 2HO$$
Acide Glycolique.

Glycol.

Acide oxalique.
$$C^4H^6O^4 + O^8 = C^4H^2O^8 + 4HO$$

Ainsi le premier degré d'oxydation du glycol y remplace 2H par 2O et donne l'acide *glycolique* $C^4H^4O^6$ ou $C^4H^2O^4$2HO ;

Le second degré remplace 4H par 4O et donne l'acide *oxalique* $C^4H^2O^4$ ou C^4O^6 2HO.

Le glycol n'est pas un corps isolé ; il est le type d'une série parallèle à celle des alcools monoatomiques dérivés des carbures dont le protocarbure est le premier terme. Et on obtient la formule des glycols en ajoutant O^2 aux alcools monoatomiques correspondants.

Alcool ordinaire. . . . . $C^4H^6O^2$. — Glycol. . . . . . $C^4H^6O^4$,

— propylique. . . . . $C^6H^8O^2$. — Propyl-glycol . . $C^6H^8O^4$,

— butylique. . . . . $C^8H^{10}O^2$. — Butyl-glycol. . . $C^8H^{10}O^4$,

ALCOOLS TRIATOMIQUES — GLYCÉRINE

8. Propriétés de la glycérine considérée comme alcool, $C^6H^8O^6$ ou $C^6H^5O^3$, 3HO. — La glycérine, appelée *principe doux des huiles* par *Scheele* qui l'a découverte, est un liquide sirupeux, incolore, incristallisable, soluble dans l'eau et dans l'alcool. Elle a surtout été étudiée par *M. Chevreul* qui a fixé son rôle dans les corps gras et par *M. Berthelot* qui a établi sa véritable composition chimique.

Elle se combine aux acides avec élimination d'eau, en donnant des composés comparables aux dérivés de l'alcool ; aussi la considère-t-on comme un *alcool triatomique* ayant 1, 2 ou 3 molécules d'hydrogène à échanger contre des radicaux acides, au même titre que l'acide phosphorique $PhO^5$3HO 1, 2 ou 3 équivalents d'hydrogène contre les métaux.

De toutes ses réactions qui en font un alcool, nous n'en retiendrons que deux qui doivent nous servir.

1° L'acide chlorhydrique, qui donne avec l'alcool le *chlorure d'éthyle* C^4H^5Cl, par la réaction.

$$C^4H^5OHO + HCl = C^4H^5Cl + 2HO,$$

donne avec la glycérine les trois composés suivants :

$$C^6H^8O^6 + HCl = 2HO + C^6H^7O^4Cl \text{ (1}^{er}\text{ chlorure).}$$
$$C^6H^8O^6 + 2HCl = 4HO + C^6H^6O^2Cl^2 \text{ (2}^e\text{ chlorure).}$$
$$C^6H^8O^6 + 3HCl = 6HO + C^6H^5Cl^3 \text{ (trichlorure de glycéryle).}$$

2° L'acide acétique, qui ne donne qu'un sel avec l'alcool, en donne trois avec la glycérine,

$$C^4H^5OHO + HO, C^4H^3O^3 = 2HO + C^4H^5O, C^4H^3O^3$$

Alcool.   Acide acétique.   Acétate d'éthyle.

Glycérine

$$C^6H^5O^3, 3HO + HOC^4H^3O^3 = 2HO + C^6H^5O^3, 2HO, C^4H^3O^3 (1^{er} acétate)$$
$$C^6H^5O^3, 3HO + 2(HOC^4H^3O^3) = 4HO + C^6H^5O^3, HO, 2(C^4H^3O^3) (2^e acétate).$$
$$C^6H^5O^3, 3HO + 3(HOC^4H^3O^3) = 6HO + C^6H^5O^3, 3(C^4H^3O^3) (triacétate).$$

La préparation et les usages de la glycérine seront étudiés au chapitre des corps gras, dont la constitution sera plus facile à établir avec les notions théoriques qui précèdent.

Questionnaire. — 1. Comment prépare-t-on l'alcool de bois? Comment le purifie-t-on? — 2. Quelles sont les propriétés de l'alcool de bois? Quelle est sa composition? A quel acide donne-t-il naissance? Quel rapport a-t-il avec l'alcool ordinaire? — 3. Comment obtient-on l'alcool amylique et quelles sont ses propriétés? — 4. Quelles sont les propriétés du phénol? Quelle est sa composition? Comment met-on en évidence son caractère d'alcool? — 5. Quels sont ses usages? Comment le prépare-t-on? — 6. Qu'est ce que l'acide carbazotique? Quels sont les caractères de ses sels? — 7. Comment explique-t-on l'existence des alcools biatomiques? D'où dérive le glycol? Quels acides peut-il donner? — 8. Qu'est-ce que la glycérine? Comment peut-on la considérer comme alcool? Quelle est l'action de l'acide chlorhydrique et de l'acide acétique sur la glycérine?

SOIXANTE-DEUXIÈME LEÇON

Dérivés des alcools. — Aldéhydes et acides

1. Aldéhydes. — Les aldéhydes sont les produits qui prennent naissance dans la première phase de l'oxydation des alcools.

$$C^4H^6O^2 + O^2 = C^4H^4O^2 + 2HO.$$

Ces corps sont intermédiaires entre les alcools et les acides que ces alcools peuvent produire; ils ont H^2 de moins que l'alcool et O^2 de moins que l'acide.

$$C^4H^6O^4 \qquad C^4H^4O^2. \qquad C^4H^4O^4.$$

Alcool.   Aldéhyde.   Acide acétique.

On peut les produire, d'abord en oxydant les alcools, soit par l'oxygène condensé du noir de platine, soit par l'oxygène naissant produit par les corps qui mettent facilement ce gaz en liberté (le bioxyde de manganèse et l'acide sulfurique, ou bien le bichromate de potasse et l'acide sulfurique). On les obtient encore en désoxydant les acides correspondants à l'aide de l'hydrogène naissant que met en liberté l'amalgame de sodium.

Il y a autant d'aldéhydes que d'alcools; mais peu d'entre ces composés présentent de l'intérêt.

L'aldéhyde de l'alcool ordinaire ($C^4H^4O^2$) est un liquide incolore, d'une odeur suffocante, bouillant à 21° et pouvant brûler avec une flamme blanche.

Ses deux propriétés caractéristiques, qui sont aussi celles du groupe, sont : 1° *de se combiner avec les sulfites alcalins ; 2° de réduire les sels d'argent à l'état métallique avec une grande rapidité.* On met à profit cette dernière propriété pour argenter le verre (l'intérieur d'un tube d'essai ou d'un ballon). On chauffe dans un tube (fig. 199) une solution de nitrate d'argent additionnée d'ammoniaque et d'aldéhyde ; l'argent métallique se dépose brillant sur les parois internes du vase, qui devient ainsi un beau miroir.

Fig. 199. — Argenture d'un tube. — A. solution de nitrate d'argent ammoniacal et d'aldéhyde.

L'*essence d'amandes amères* ($C^{14}H^6O^2$), liquide d'une odeur agréable que l'on obtient en distillant les tourteaux d'amandes amères ou les feuilles du laurier-cerise, est l'aldéhyde de l'alcool benzoïque ; elle est en effet comprise entre cet alcool et son acide

$$C^{14}H^8O^2. \qquad C^{14}H^6O^2 \qquad C^{14}H^6O^4.$$

Alcool benzoïque.   Aldéhyde.   Acide benzoïque.

Elle peut les reproduire tous deux en prenant ou de l'hydrogène ou de l'oxygène.

ACIDES ORGANIQUES

2. Les acides sont dérivés des alcools par oxydation. Sous l'influence de l'oxygène, un alcool perd 2H, prend 2O et donne ainsi naissance à l'acide correspondant, en éliminant 2HO.

$$\overset{\text{Alcool.}}{C^4H^6O^3} + O^4 = 2HO + \overset{\text{Acide acétique.}}{C^4H^4O^4}.$$

Telle est la réaction type que subissent tous les alcools monoatomiques.

Nous avons vu que les alcools biatomiques peuvent donner chacun deux acides par oxydation, l'un après élimination de 2HO, l'autre par élimination de 4HO.

Nous allons étudier les principaux acides organiques en commençant par ceux qui dérivent des alcools monoatomiques.

3. Acides des alcools monoatomiques. — A chaque alcool de la série de l'alcool ordinaire correspond un acide monoatomique, c'est-à-dire n'ayant qu'un équivalent d'hydrogène à échanger contre les métaux ou les radicaux organiques qui en tiennent lieu.

Alcool méthylique $C^2H^4O^2$. — Acide formique $C^2H^2O^4$ ou $C^2H O^3$, HO.
— ordinaire $C^4H^6O^2$. —   — acétique $C^4H^4O^4$ ou $C^4H^3O^3$, HO.
— propylique $C^6H^8O^2$. —   — propylique $C^6H^6O^4$.
— butylique $C^8H^{10}O^2$. —   — butylique $C^8H^8O^4$ ou $C^8H^7O^3$, HO.

L'acide acétique est le plus connu et le plus employé ; nous ferons néanmoins précéder son étude de celle de l'acide formique, dérivé de l'esprit de bois, comme l'acide acétique est formé de l'alcool ordinaire, parce qu'il est le premier terme de la série.

ACIDE FORMIQUE, $C^2H^2O^4$ ou C^2HO^3, HO

4. Propriétés. — L'acide formique pur est liquide, incolore, fumant à l'air, d'une odeur pénétrante ; il est très corrosif et détermine sur la peau de fortes brûlures. Refroidi au-dessous de zéro, il cristallise en belles lames micacées. Il bout à $100°$, s'enflamme à une température un peu plus élevée et brûle avec une flamme bleue.

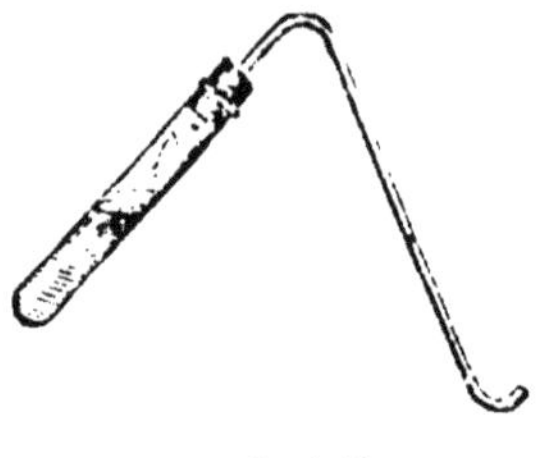

Chauffé avec l'acide sulfurique, il se dédouble en eau que l'acide absorbe et en oxyde de carbone pur qui se dégage (c'est le moyen le plus commode d'obtenir ce dernier gaz (fig. 200).

$$C^2H^2O^4 - 2HO = C^2O^2 \text{ ou } 2CO.$$

M. *Berthelot* a pu produire la réaction inverse, c'est-à-dire souder de l'eau à l'oxyde de carbone

$$2CO + 2HO = C^2H^2O^4$$

et réaliser la synthèse de l'acide formique.

Fig. 200. — Tube à décomposer l'acide formique pour obtenir l'oxyde de carbone.

L'acide formique réduit à chaud plusieurs oxydes métalliques, comme l'oxyde d'argent et l'oxyde de mercure; il se produit alors de l'acide carbonique

$$2HgO + C^2H^2O^4 = 2CO^2 + 2HO + 2Hg.$$

Lorsqu'il se combine aux métaux, il donne les *formiates* métalliques dont la formule est MO, C^2HO^3 tirée de celle de l'acide HO, C^2HO^3

5. Préparation. — L'acide formique était préparé autrefois par la distillation des fourmis rouges, et c'est de là que lui est venu son nom. On l'obtient aujourd'hui de beaucoup de réactions où des molécules organiques complexes se dédoublent pour donner ces deux corps plus simples (l'eau et l'oxyde de carbone) dont l'assemblage forme l'acide formique. Ainsi on l'obtient par l'action à une douce chaleur de la glycérine sur l'acide oxalique et la distillation du mélange. Il se produit également par l'oxydation du sucre au moyen d'un mélange d'acide sulfurique et d'oxyde de manganèse. Pour purifier l'acide obtenu par la distillation, on le combine à un oxyde (l'oxyde de plomb) avec lequel il forme un sel solide que l'on dessèche et que l'on décompose ensuite par un courant d'hydrogène sulfuré.

ACIDE ACÉTIQUE, $C^4H^4O^4$ ou $HOC^4H^3O^3$

6. Propriétés. — L'acide acétique étendu d'eau constitue le *vinaigre* connu et employé depuis très longtemps dans l'alimentation. L'acide acétique chimiquement pur n'est connu que depuis le siècle dernier. C'est un solide cristallisé en belles lames, d'une odeur piquante, au-dessous de $16°$. Au dessus de cette température, c'est un liquide incolore et limpide, d'une odeur forte, d'une saveur acide. Mis sur la peau, il détruit l'épiderme ou produit des ampoules.

Il attire l'humidité de l'air et se mêle en toutes proportions à l'alcool et à l'eau. Son mélange avec l'eau augmente sa densité par suite de la contraction qu'il éprouve.

Il dissout beaucoup de substances organiques, comme le camphre, la fibrine, l'albumine, les résines, etc.

Soumis à l'action du chlore, sous l'influence de la lumière solaire l'acide acétique perd successivement 1, 2, 3 équivalents d'hydrogène qui sont remplacés par du chlore, et donne les composés

$$C^4H^3Cl\ O^4$$
$$C^4H^2Cl^2O^4 \quad \text{acides chloracétiques}$$
$$C^4H\ \ Cl^3O^4$$

dont les propriétés fondamentales sont les mêmes que celles de l'acide générateur. Un corps combustible, l'hydrogène, y est remplacé par du chlore sans que la matière elle-même soit sensiblement modifiée.

Le dernier de ces trois acides $C^4HCl^3O^4$, moins O^2, donne le chloral $C^4HCl^3O^2$, liquide employé en médecine comme calmant des excitations nerveuses.

L'acide acétique échange une molécule d'hydrogène contre les métaux pour donner les *acétates* dont la formule générale est $MO\ C^4H^3O^3$, comme celle de l'acide est $HOC^4H^3O^3$.

L'acide acétique cristallisable a peu d'usages ; en revanche, l'acide étendu d'eau ou le *vinaigre* en a de nombreux ; il sert dans l'alimentation et dans la préparation des acétates.

7. Préparation du vinaigre. — Le vinaigre proprement dit est le produit de la fermentation acide de certaines liqueurs alcooliques dont l'alcool s'est transformé en acide acétique en absorbant de l'oxygène. Mais on désigne aussi sous ce nom l'acide pyroligneux étendu d'eau.

La préparation industrielle du vinaigre est donc réalisée *par l'oxydation de l'alcool* ou des liquides qui en contiennent et *par la distillation du bois.*

1° *Procédé d'Orléans.* — Dans un cellier où l'on maintient une température de 30°, on dispose sur trois rangées, par étages, des tonneaux dont les fonds portent aux deux tiers de leur diamètre un trou de bonde. On remplit chaque tonneau au tiers avec du vinaigre, et tous les huit jours on y ajoute 10 litres de vin ; après cinq semaines, on retire de chaque tonneau 40 litres de vinaigre et on recommence l'opération L'acétification est lente et souvent irrégulière : les vins d'un an sont ceux qui conviennent le mieux ; leur teneur en alcool ne doit pas être de plus de 10 p. %. La transformation du vin en vinaigre s'opère par le développement d'un végétal microscopique, le *mycoderme*, appelé vulgairement *mère* ou *fleur de vinaigre*, qui se développe sur le liquide comme les moisissures sur les corps organiques en décomposition, et dont le rôle est de porter l'oxygène de l'air sur l'alcool du liquide.

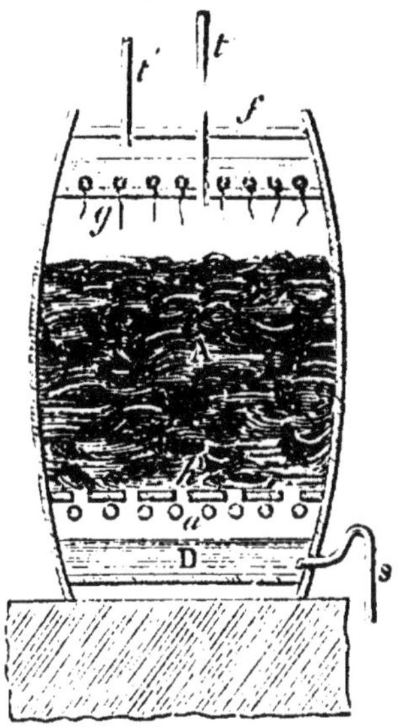

Fig. 201. — Fabrication du vinaigre. — Procédé allemand. — Coupe d'un tonneau. — A, copeaux de hêtre reposant sur le fond h ; a, ouverture d'entrée de l'air ; — g, fond percillé avec ficelles ; — f, tube à écoulement des gaz ; — t, tube à introduire l'alcool ; — s, siphon à écouler le vinaigre formé et rassemblé en D.

2° *Procédé allemand.* — Au lieu d'oxyder l'alcool du vin, on réalise l'oxydation de l'alcool lui-même étendu de 5 parties d'eau ; on peut obtenir ainsi de grandes quantités de vinaigre en trois jours. L'appareil est un long tonneau de 3 à 4 mètres posé debout. Au-dessus de son fond inférieur est un second fond percillé sur lequel on pose les uns sur les autres des copeaux de hêtre jusqu'à 25 centimètres du fond supérieur. Un peu au-dessous de celui-ci est un fond percé de trous dans chacun desquels passent des ficelles retenues par des nœuds.

Enfin, le fond supérieur porte deux tubes, l'un pour verser le liquide, l'autre pour livrer passage à l'air (fig. 201). Dans un appareil dont les copeaux et les parois sont imprégnés déjà de vinaigre, on verse le liquide à acétifier; ce liquide coule lentement le long des ficelles sur les copeaux; il se répand sur une grande surface de contact avec l'air qui remonte des ouvertures (*a*); il est bientôt convenablement oxydé. Quand il arrive au fond inférieur, d'où il peut s'écouler par un siphon, s'il n'est pas du vinaigre assez fort, on le repasse sur un deuxième et un troisième tonneau.

Ce genre de fabrication est rapide; mais il implique une perte d'alcool ou de vinaigre par l'évaporation au contact de la grande quantité d'air qui traverse l'appareil.

3° *Procédé Pasteur.* — M. *Pasteur* a démontré que le *mycoderme* est l'agent de la transformation de l'alcool en acide acétique; que, si l'on cultive ce petit végétal à la surface d'une liqueur alcoolique, par son intermédiaire, l'oxygène puisé dans l'air se porte sur l'alcool et le convertit en vinaigre. Il a alors indiqué un nouveau procédé d'acétification. Dans des cuves peu profondes, munies de couvercles, percées d'ouvertures à la partie supérieure pour permettre le mouvement de l'air, on met le liquide à acétifier (de l'eau contenant 2 % d'alcool et 1 % de vinaigre); on y ajoute une petite quantité de phosphates alcalins et terreux destinés à être les aliments minéraux du cryptogame. On sème sur le liquide le mycoderme, qui s'y développe, couvre bientôt la surface et opère son travail d'agent oxydant. Quand l'opération marche, on ajoute chaque jour de petites portions d'alcool ou de vin, et on soutire finalement le vinaigre formé.

Ce procédé est plus rapide que celui d'Orléans; il ne donne pas lieu comme ce dernier au développement des *anguillules* du vinaigre, petits infusoires qui ralentissent l'acétification en contribuant par leurs mouvements à noyer la *mère du vinaigre* qui ne peut plus jouer son rôle d'oxydant lorsqu'elle est immergée.

8. Distillation du bois. — Acide pyroligneux. — Le bois, soumis à la distillation en vase clos, donne des gaz inflammables, des liquides que l'on peut condenser, qui contiennent de l'acide acétique, de l'alcool méthylique et du goudron; il reste comme résidu du charbon. On dispose l'opération de manière à recueillir les produits liquides qui se condensent par le refroidissement et à renvoyer dans le foyer les gaz non condensés : il n'est besoin alors de combustible qu'au commencement. La figure 202 représente un des appareils les plus employés. Le réfrigérant est une série de manchons de tôle entourant le tube à dégagement et recevant l'eau d'un réservoir supérieur. On place dans la chaudière des bûchettes de bois. L'opération terminée et l'appareil refroidi, on en retire le charbon. Le liquide condensé porte le nom d'*acide pyroligneux* brut.

Chaque stère de bois produit 38 kilogrammes pour cent d'acide brut et laisse un charbon qui a toutes les qualités du charbon de bois ordinaire.

Purification de l'acide pyroligneux. — L'acide brut est d'une couleur brune ; il tient en effet en dissolution des matières empyreumatiques et du goudron.

Si on se contente de le redistiller après repos et décantation, on recueille, au commencement, de l'alcool de bois ; le reste du liquide qui passe à la distillation est l'acide pyroligneux ordinaire, coloré en jaune et employé tel.

Pour obtenir l'acide acétique, on sature l'acide pyroligneux brut par la chaux ou la craie. L'ébullition du liquide, suivie d'un repos, sépare le goudron sous forme d'écumes et permet d'obtenir une liqueur claire que l'on concentre et qui est de l'acétate de chaux brut ou du pyrolignite de calcium. On le transforme en acétate de sodium à l'aide d'une solution saturée de sulfate de sodium. L'évapo-

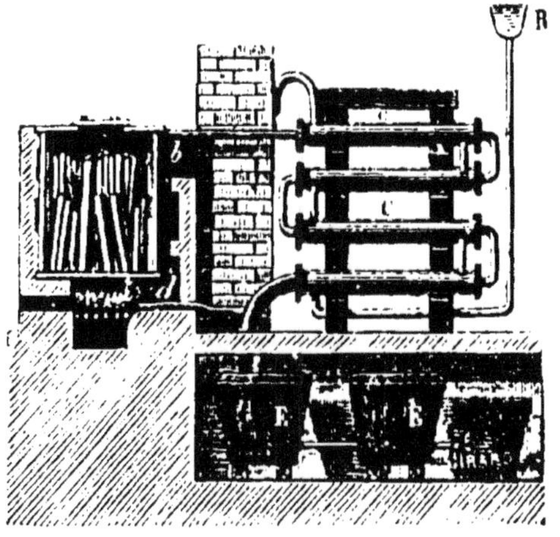

Fig. 202. — Distillation du bois pour acide pyroligneux, — A, chaudière où l'on met les buchettes de bois ; — b, tube à dégagement des produits gazeux ; — C, serpentin réfrigérant où l'eau suit une marche inverse aux gaz ; — d, tube conduisant au foyer les gaz combustibles ; — E, vase à recueillir les produits liquides condensés ; — R, réservoir d'eau du réfrigérant.

ration du liquide donne l'acétate de sodium en cristaux colorés. Pour le blanchir, on le torréfie dans des chaudières plates en évitant sa décomposition. La masse reprise par l'eau laisse cristalliser le sel incolore. On en retire l'acide acétique en le décomposant par l'acide sulfurique en quantité convenable dans un appareil distillatoire où l'acide acétique vient se condenser.

L'acide pyroligneux sert dans les ateliers d'impressions sur étoffes pour fabriquer les acétates qui doivent fonctionner comme mordants.

9. Acétates, MO $C^4H^3O^3$. — L'acide acétique peut se combiner avec tous les métaux pour donner des acétates métalliques, presque tous solubles dans l'eau. Puisqu'il est monobasique, qu'il n'a qu'un équivalent d'hydrogène à échanger il ne devrait donner qu'un sel avec chaque métal ; mais il en donne plusieurs : les uns sont acides et peuvent être considérés comme des mélanges d'acétate neutre avec l'acide acétique, tel est le biacétate de potasse :

$$KOC^4H^3O^3,$$
$$HOC^4H^3O^3$$

Les autres sont basiques, formés en réalité d'acétate neutre combiné à des oxydes ou des hydrates, comme l'acétate tribasique de plomb :

$$PbOC^4H^3O^3$$
$$(PbO\ HO)^2$$

Tous les acétates peuvent être décomposés par l'acide sulfurique, qui met en liberté l'acide acétique, facile à reconnaître par son odeur piquante.

On les prépare directement par l'action de l'acide acétique concentré sur les oxydes ou les carbonates. Toutefois ceux des métaux dont les sulfates sont solubles peuvent être obtenus en mélangeant une dissolution du sulfate métallique avec l'acétate de sodium torréfié provenant de l'acide pyroligneux.

Acétates de plomb. — L'acétate neutre de plomb, appelé vulgairement *sel* ou *sucre de Saturne*, répond à la formule

$$PbO, C^4H^3O^3 + 3 Aq.$$

Il a une saveur sucrée, suivie d'un arrière-goût astringent désagréable.

Il est très vénéneux, comme tous les sels de plomb.

On le prépare en dissolvant la *litharge* dans l'acide acétique ou encore en exposant à l'air du plomb imbibé d'acide ; le sel cristallise de ses dissolutions.

Il sert à la préparation de l'acétate d'aluminium et à celle des autres acétates de plomb.

Acétate tribasique, $PbOC^4H^3O^3, 2(PbOHO)$. — Ce composé s'obtient en faisant digérer à chaud 7 parties de litharge dans une solution aqueuse de six parties d'acétate neutre cristallisé. Il cristallise en fines aiguilles soyeuses, très solubles dans l'eau, communiquant à ce liquide une réaction alcaline très marquée.

On le nomme aussi *sous-acétate de plomb*.

Il joue un grand rôle dans la préparation de la céruse (procédé de Clichy) ; c'est en effet dans sa solution que l'acide carbonique précipite le carbonate de plomb, en laissant dans ce liquide de l'acétate neutre qui rentre dans la fabrication.

L'extrait de Saturne est préparé par l'ébullition de 9 parties d'eau avec 1 partie de litharge et 3 parties d'acétate neutre ; c'est donc une sorte de sous-acétate de plomb. *L'eau de Goulard* et l'*eau blanche* en sont des dissolutions dans l'eau des rivières, très employées comme résolutif pour l'usage externe.

Acétates de cuivre. — L'*acétate neutre de cuivre* $CuO, C^4H^3O^3 + Aq$ porte dans l'industrie le nom de *verdet* ; les *acétates basiques*, combinaisons du précédent avec l'oxyde de cuivre hydraté, sont appelés verts-de-gris.

Le *vert-de-gris de Montpellier* est obtenu en abandonnant à l'air des lames de cuivre empilées avec du marc de raisin ; l'alcool s'oxydant à l'air se transforme en acide acétique, sous l'influence duquel le cuivre s'oxyde et se dissout dans l'acide. Après quelques semaines, les lames sont couvertes de vert-de-gris que l'on racle et que l'on obtient sous forme d'une poudre bleue verdâtre

Le *verdet* ou acétate neutre s'obtient en dissolvant le vert-de-gris dans l'acide acétique. La liqueur concentrée laisse déposer de beaux cristaux verts solubles dans l'eau.

Distillé dans une cornue en grès, ce verdet produit un acide acétique concentré qu'on nomme vinaigre radical.

Les acétates de cuivre sont vénéneux ; on les emploie néanmoins dans la peinture à l'huile, la teinture et l'impression.

La combinaison de l'acétate avec l'arsénite de cuivre, obtenue par l'ébullition d'une bouillie de cinq parties de verdet dans l'eau tiède, 4 parties d'acide arsénieux et 50 parties d'eau avec un peu d'acide acétique, est un beau produit vert appelé **vert de Schweinfurt**, très employé, à cause de sa belle couleur, sur les étoffes légères et fleurs artificielles, bien que ce soit un poison énergique.

AUTRES ACIDES MONOATOMIQUES

10. La série de l'acide acétique porte le nom de série des *acides gras* parce que la plupart sont extraits du règne végétal ou animal, aussi bien que tirés de l'oxydation des alcools correspondants. On en connaît aujourd'hui seize dont dix se suivent sans interruption, chacun avec un point d'ébullition plus élevé que celui du précédent. Nous ne citerons que pour mémoire l'acide butyrique ($C^8H^8O^4$), liquide d'une odeur qui rappelle celle du beurre rance, l'acide amylique ($C^{10}H^{10}O^4$), appelé aussi valérique parce qu'il possède l'odeur de la racine de valériane.

A la fin de la série se trouvent :

L'acide *palmitique* $C^{32}H^{32}O^4$, fondant à 50°,
L'acide *margarique* $C^{34}H^{34}O^4$,   —   à 60°,
L'acide *stéarique* $C^{36}H^{36}O^4$,   —   à 72°,

Ces trois acides sont solides, brûlent avec une flamme brillante et se retirent des corps gras naturels.

D'autres acides organiques, bien que différant de formule avec les précédents, n'ont comme eux qu'une molécule d'hydrogène à échanger ; de ce nombre sont :

L'acide benzoïque ($C^{14}H^6O^4$) existant dans l'urine des herbivores et dans le benjoin ;

L'acide oléique ($C^{36}H^{34}O^4$) que l'on retire liquide du suif, et l'acide salicylique que l'on retire de certains végétaux.

Questionnaire. — 1. Que sont les aldéhydes par rapport aux alcools et aux acides qui en dérivent? Quelles sont les réactions caractéristiques des aldéhydes? Comment obtient-on l'essence d'amandes amères? Pourquoi la classe-t-on parmi les aldéhydes? — 2. Comment se forment les acides organiques? — 3. Établir la série des acides correspondants aux alcools monoatomiques. — 4. Quelles sont les propriétés de l'acide formique? Comment M. Berthelot a-t-il réalisé la synthèse de cet acide?— 5. Comment prépare-t-on l'acide formique? — 6. Quelles sont les propriétés de l'acide acétique ? — 7. Comment prépare-t-on le vinaigre ? En quoi consiste le procédé d'Orléans ? le procédé allemand ? le procédé Pasteur ? — 8. Comment obtient-on et purifie-t-on l'acide pyroligneux? — 9. Quelles sont les propriétés générales des acétates? Comment obtient-on l'acétate de plomb, les acétates de cuivre ? — 10. Quels sont les principaux acides solides de la série des acides gras? les autres acides monoatomiques non homologues de l'acide acétique ?

SOIXANTE-TROISIÈME LEÇON

Acides diatomiques.

1. L'étude du **glycol**, type des alcools diatomiques, nous a montré qu'on dérive par oxydation de ces alcools, des acides diatomiques ayant deux équivalents d'hydrogène à échanger contre les métaux.

Chaque glycol peut donner deux acides : le premier ayant H^2 de moins et O^2 de plus ; le second ayant H^4 de moins et O^4 de plus que le glycol. Voici les plus marquants :

$C^4H^6O^4$.	$C^4H^4O^6$.	$C^4H^2O^8$.
Glycol.	Acide glycolique.	Acide oxalique.
$C^6H^8O^4$.	$C^6H^6O^6$.	
Propyl-glycol.	Acide lactique.	
$C^8H^{10}O^4$.	—	$C^8H^6O^8$.
Butyl-glycol		Acide succinique.

Le plus important est l'acide oxalique.

ACIDE OXALIQUE, $C^4H^2O^8$ ou $C^4O^6, 2HO$

2. Propriétés et Usages. — L'acide oxalique est solide, incolore, en cristaux prismatiques, sans odeur, d'une saveur aiguë et piquante. Il se dissout dans 8 parties d'eau froide, dans son poids d'eau bouillante ; il est également soluble dans l'alcool. Il cristallise avec 4 équivalents d'eau qu'il perd vers 100°.

Il se sublime vers 120° et se décompose si on le chauffe davantage en dégageant de l'oxyde de carbone, de l'acide carbonique, en même temps qu'il se fait un peu d'acide formique.

Chauffé avec l'acide sulfurique qui peut lui enlever son eau, il donne des volumes égaux d'oxyde de carbone et d'acide carbonique (c'est un des moyens employés pour obtenir le premier de ces deux gaz).

$$C^4O^6, 2HO = 2HO + 2CO^2 + 2CO$$

Il s'oxyde facilement quand on le chauffe avec des corps oxydants et se transforme en acide carbonique. Si on triture 4 parties d'acide oxalique sec avec 21 parties d'oxyde puce de plomb, l'oxydation est tellement vive que la masse s'échauffe jusqu'au rouge.

L'acide oxalique est employé en teinture comme *rongeant*, c'est-à-dire pour enlever le mordant sur les portions de l'étoffe où l'on veut que la couleur ne se fixe pas. On l'emploie en dissolution sous le nom *d'eau de cuivre* pour nettoyer les objets en laiton ou en cuivre rouge, parce qu'il forme des sels de cuivre solubles. C'est une raison analogue qui le fait employer pour enlever les taches d'encre sur les étoffes. Il est vénéneux.

3. État naturel et préparation. — Sous forme de sels, l'acide oxalique est très répandu dans le règne végétal ; l'oseille lui doit sa saveur aigre. Les cellules d'un grand nombre de plantes contiennent de l'oxalate de chaux sous forme de fines aiguilles cristallisées. Son nom lui vient des *oxalis*, genre de plantes d'où l'on pouvait le retirer.

On le prépare dans les laboratoires, en oxydant par l'acide azotique, l'amidon ou le sucre. On met dans une cornue (fig. 203) 1 partie de sucre et 8 parties d'acide azotique étendu d'eau; on enfonce le col de la cornue dans un grand ballon que l'on refroidit, et on chauffe. Il se dégage d'abord des vapeurs rutilantes qui se condensent en partie. On maintient long-temps l'ébullition et le liquide de la cornue, concentré par évaporation, donne de beaux cristaux d'acide oxalique.

L'un des modes de *préparation industrielle* utilise la même réaction, en prenant

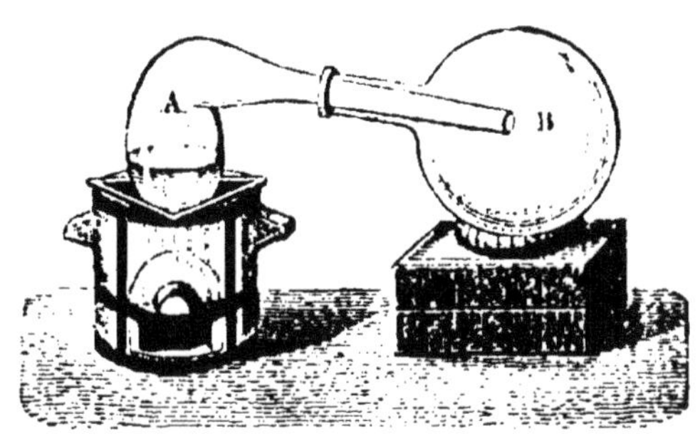

Fig. 203. — Appareil à préparer l'acide oxalique. — A, cornue contenant le mélange chauffé d'amidon et d'acide azotique; — B, ballon à condenser les vapeurs qui se dégagent.

des mélasses comme matière première et en opérant dans de grands bacs en bois doublés de plomb chauffés par un serpentin traversé par la vapeur.

Le *nouveau procédé*, employé surtout en Angleterre, repose sur l'oxydation du bois en présence d'un alcali caustique. On fait une pâte de sciure de bois et de soude que l'on calcine dans un four tournant, vers 250°. La masse poreuse calcinée est reprise par l'eau qui laisse l'oxalate de sodium formé et entraîne les alcalis que l'on caustifie pour une nouvelle opération. L'oxalate de sodium est décomposé à l'ébullition avec un lait de chaux; on régénère ainsi la soude et on forme de l'oxalate de calcium insoluble qu'on lave et qu'on décompose par l'acide sulfurique. Il ne reste plus qu'à faire cristalliser l'acide oxalique contenu dans la liqueur.

Si l'on veut l'*acide oxalique pur*, on fait cristalliser plusieurs fois l'acide du commerce en n'employant chaque fois qu'une quantité d'eau insuffisante pour dissoudre tout le produit sur lequel on opère.

4. Oxalates. — L'acide oxalique peut donner deux séries de sels, comme l'acide sulfurique :

$$MO, HO, C^4O^6,$$

Oxalates acides ou bioxalates,

$$2MO, C^4O^6,$$

Oxalates neutres.

On peut même trouver des *quadroxalates*, combinaisons d'oxalates acides avec l'acide oxalique.

Les oxalates alcalins seuls sont solubles. Tous, même ces derniers sont décomposés par la chaleur avec dégagement d'oxyde de carbone et d'acide carbonique ou formation de carbonates si la base est alcaline. Avec l'acide sulfurique, la production des deux composés oxygénés du carbone est constante et par suite caractéristique des oxalate .

Les oxalates solubles sont précipités entièrement par les sels de chaux.

Bioxalate de potassium. — Le bioxalate de potassium $KOHO, C^4O^6$ porte le nom vulgaire de *sel d'oseille*. On le retire en effet du jus des oseilles que l'on clarifie en l'agitant avec de la terre glaise et que l'on fait ensuite cristalliser.

Le sel cristallise en prismes obliques, d'une saveur acide, solubles dans l'eau froide et beaucoup plus dans l'eau chaude. Il sert aux mêmes usages que l'acide oxalique.

Oxalate neutre d'ammoniaque, $(AzH^4O)\,^2C^4O^6$. — On le prépare en saturant une dissolution d'acide oxalique par l'ammoniaque et en faisant cristalliser la liqueur. Le sel obtenu est en longs prismes incolores, d'une saveur piquante.

Il est employé dans les laboratoires comme réactif des sels de chaux. Il donne en effet avec ces sels de l'*oxalate de calcium* insoluble dans l'eau, mais soluble sans effervescence dans l'acide azotique ou l'acide chlorhydrique.

ACIDE LACTIQUE, $C^6H^6O^6$

5. L'acide lactique, qui est l'acide du lait aigri, peut être considéré comme le premier terme de l'oxydation du propyl-glycol. C'est à ce titre qu'on le classe dans les acides diatomiques.

On le trouve dans beaucoup de produits animaux; il prend naissance par l oxydation lente du lait, du sucre, de l'empois d'amidon.

Pour le préparer, on laisse fermenter, à une température de 30°, un mélange de 2 litres de lait écrémé, de 250 grammes d'amidon en empois et de 200 grammes de craie. Au bout de dix à douze jours, le mélange est une bouillie épaisse. La craie a saturé l'acide lactique à mesure de sa formation et produit du lactate de calcium. On étend la masse d'eau et on la fait bouillir, puis on filtre; la liqueur abandonne du lactate de calcium en cristaux. On les sépare pour les traiter par l'acide oxalique, qui précipite de l oxalate de calcium et laisse l'acide lactique dans la liqueur.

L'acide lactique ne cristallise pas. Quand il a été amené par le vide à son plus grand état de concentration, c'est un liquide incolore, sirupeux, très acide et très soluble.

Il forme avec les métaux des lactates dont plusieurs sont employés en médecine. Tel est le lactate de fer qui se forme directement par la digestion de limaille de fer dans l'acide lactique.

ACIDES DIATOMIQUES NON RATTACHÉS AUX GLYCOLS

6. **Acide tartrique,** $C^8H^4O^{10}$, $2HO$. **Propriétés.** — L'*acide tartrique* est solide, en beaux cristaux transparents, incolores, inaltérables à l'air. Il est très soluble dans l'eau et dans l'alcool; sa dissolution se couvre à la longue de moisissures.

Soumis à l'action de la chaleur, il fond vers 170° et se transforme sans perdre d'eau en un corps isomère, l'acide *métatartrique*. A une chaleur plus forte, il perd deux équivalents d'eau et devient une masse spongieuse, insoluble, qui est l'acide tartrique anhydre.

Chauffé à l'air, sur des charbons ardents, il répand l'odeur de pain grillé, ce qui est un de ses caractères, puis il s'enflamme et laisse finalement un charbon léger.

Il s'oxyde avec les corps capables de lui céder de l'oxygène; ainsi, broyé avec trois fois son poids d'oxyde puce de plomb, il s'échauffe jusqu'à l'incandescence et brûle en dégageant de l'acide carbonique et de l'acide formique. En solution alcaline, il réduit les sels d'argent et dépose le métal avec son aspect brillant.

Versé en excès dans une solution de potasse, il forme un précipité de bitartrate insoluble (qui se transformerait en tartrate neutre soluble si la potasse dominait). Cette réaction est mise à profit pour caractériser les sels de potassium, et les différencier des sels de sodium qui ne donnent pas de précipité.

Les chimistes distinguent, depuis les travaux de M. *Pasteur*, quatre acides tartriques répondant a la même formule : le premier tourne à droite, le deuxième à gauche le plan de la lumière polarisée; le troisième résulte de la combinaison des deux premiers, et le quatrième est dit *inactif*, parce qu'il est sans action sur la lumière.

Le premier seul a un intérêt industriel.

7. Usages. État naturel et préparation. — L'acide tartrique est beaucoup employé en teinture et en impression, aussi pour la fabrication rapide des boissons gazeuses.

L'acide tartrique existe dans un grand nombre de fruits et de végétaux. C'est le jus de raisin qui en renferme le plus sous forme de bitartrate de potassium et de tartrate neutre de chaux. Pendant la vinification, ces deux sels se déposent parce qu'ils sont insolubles dans l'eau alcoolisée ; ils forment une croûte adhérente aux parois des tonneaux. Cette croûte, qu'on appelle le **tartre brut**, a donné son nom à l'acide; elle en est l'une des matières premières. L'autre est le précipité qui se dépose dans le vin sous de *lie*.

Pour obtenir l'acide tartrique, on pulvérise le tartre brut et on le dissout dans de l'acide chlorhydrique à chaud ; la matière colorante forme un dépôt boueux d'où l'on décante le liquide. On porte celui-ci à l'ébullition et on y ajoute de la chaux éteinte tamisée. L'acide tartrique passe alors à l'état de tartrate de chaux insoluble, tandis que la potasse avec laquelle il était combiné devient du chlorure de potassium. On sépare facilement le précipité du liquide ; ce dernier sert à la fabrication du salpêtre. Le tartrate de chaux, lavé, est décomposé à chaud par de l'acide sulfurique qui dépose du sulfate de chaux.

La solution d'acide tartrique séparée du plâtre est concentrée, puis versée dans des cristallisoirs où se dépose l'acide solide. Pour avoir cet acide pur, il suffit de le faire recristalliser une ou deux fois.

8. Tartrates. — L'acide tartrique est bibasique ; il a deux équivalents d'hydrogène à échanger contre les métaux ; il peut alors donner plusieurs sels :

1° Il forme les **tartrates** neutres quand il échange ses deux équivalents d'hydrogène contre deux équivalents du même métal : tel est le tartrate neutre de calcium dont nous venons de parler :

$$C^8H^4O^{10}2CaO ;$$

2° Il forme les **tartrates acides ou bitartrates** quand il n'échange qu'un équivalent d'hydrogène contre un métal : tel est le **bitartrate de potassium** contenu dans le tartre brut :

$$C^8H^4O^{10},KOHO ;$$

3° Il donne des **tartrates doubles** quand ses deux équivalents d'hydrogène sont remplacés par deux métaux; tel est le **tartrate de sodium et de potassium** ou **sel de Seignette** :

$$C^8H^4O^{10},KONaO.$$

Enfin parmi les tartrates doubles se trouvent les **émétiques**, où l'une des bases est un oxyde de la forme MO^3, comme l'oxyde d'antimoine :

$$C^8H^4O^{10},KO,SbO^3.$$

Les tartrates sont donc très nombreux; les plus importants sont le bitartrate de potassium et l'émétique d'antimoine.

Bitartrate de potassium, $C^8H^4O^{10}KOHO$. — Ce sel est retiré du tartre brut qui le contient mélangé à du tartrate de calcium et à des matières colorantes. On l'en retire en dissolvant le tartre brut dans l'eau bouillante et en abandonnant la dissolution au repos. Après quelques jours, on décante un liquide clair qui laisse cristalliser le bitartrate ordinaire; on purifie ce dernier par de nouvelles cristallisations.

Le sel obtenu porte vulgairement le nom de **crême de tartre**; il est en petits prismes à saveur acide, peu soluble dans l'eau froide, plus soluble dans l'eau bouillante. Calciné, il laisse un résidu de carbonate de potassium mêlé de charbon qu'on appelle **flux noir**. Le **flux blanc** s'obtient quand on calcine la crème de tartre avec du salpêtre; tous deux sont employés comme fondants.

La crème de tartre sert beaucoup dans la teinture comme mordant. On l'emploie dans l'économie domestique, en poudre fine délayée dans l'eau avec de la craie et de l'alun, pour frotter l'argenterie et lui rendre son éclat.

Émétique, $C^8H^4O^{10}KOSbO^3$. — L'émétique est un tartrate double de potassium et d'antimoine obtenu par l'ébullition d'un mélange d'oxyde d'antimoine et de crème de tartre et la cristallisation de la solution.

C'est un produit solide en cristaux opaques, d'une saveur métallique très désagréable. La médecine l'emploie comme vomitif énergique à la dose de 5 à 10 centigrammes; c'est un poison violent à dose plus forte.

9. Acide citrique, $C^{12}H^8O^{14}$. — L'*acide citrique*, auquel le jus des citrons doit sa saveur aigre, existe aussi dans les groseilles, les framboises, les cerises, les fruits de l'églantier et du sorbier.

On l'extrait ordinairement des citrons. Le jus visqueux obtenu par la compression de ces fruits est abandonné à une fermentation spontanée, qui en sépare les matières visqueuses sous forme d'une pellicule verte. Le liquide filtré est saturé par la chaux, puis porté à l'ébullition; il se précipite alors du citrate de chaux insoluble qu'on sépare, qu'on lave et qu'on décompose ensuite par l'acide sulfurique. Dans cette dernière opération, il se forme du plâtre que l'on sépare par filtration; le liquide contient l'acide citrique étendu, on l'évapore jusqu'à cristallisation, et les cristaux obtenus sont purifiés par une deuxième cristallisation.

L'acide citrique est solide, incolore, d'une saveur aigre. Il est plus soluble dans l'eau bouillante que dans l'eau froide; sa solution s'altère et se couvre de moisissures. Soumis à la distillation, il se décompose en dégageant du gaz carbonique et laisse comme résidu l'*acide aconitique*, ainsi appelé parce qu'il ressemble à celui qu'on peut extraire de l'aconit napel, plante de la famille des renonculacées.

Il ne répand pas l'odeur de pain grillé, sur les charbons ardents, comme l'acide tartrique; il ne précipite pas la potasse, ni l'eau de chaux à froid.

Il sert dans la teinture et l'indiennerie; il est la base de la limonade sèche, mélange de 125 grammes de sucre et de 4 grammes d'acide citrique qu'il suffit de faire dissoudre dans un litre d'eau pour obtenir une limonade ordinaire.

Les citrates sont les sels qu'il donne avec les métaux. Les deux plus importants sont le *citrate de magnésie*, base de la limonade purgative, moins amer que le sulfate de la même base, et le *citrate de fer* employé en médecine.

Les citrates sont mono, bi ou même tribasiques.

Questionnaire. — 1. Comment explique-t-on la génération des acides diatomiques par les glycols ? — 2. Quelles sont les propriétés et les usages de l'acide oxalique ? — 3. Où le trouve-t-on ? Comment le retire-t-on de l'oseille ? Comment l'obtient-on par les moyens chimiques ? — 4. Quelle est la constitution des oxalates ? Quelles sont les propriétés du sel d'oseille, de l'oxalate d'ammoniaque ? — 5. Quelles sont les propriétés de l'acide lactique ? — 6. Quelles sont les propriétés de l'acide tartrique ? — 7. Où existe-t-il ? Comment le retire-t-on ? A quoi sert-il ? — 8. Quelle est la constitution des tartrates ? Quelles sont les propriétés de la crème de tartre et de l'émétique ? — 9. Quelles sont les propriétés de l'acide citrique ? Comment l'obtient-on ?

SOIXANTE-QUATRIÈME LEÇON.

Composés des alcools avec les acides. — Éthers.

1. **Définition des éthers.** — L'étude de l'action des acides sur l'alcool ordinaire nous a montré qu'il existe deux groupes de composés auxquels on donne le nom d'éthers :

1° L'*éther ordinaire* et les corps analogues provenant des alcools monoatomiques et que l'on peut considérer comme des oxydes des radicaux alcooliques;

2° Les éthers comparables à l'éther acétique, que l'on peut appeler *salins* parce qu'ils résultent de l'action des acides sur les alcools considérés comme des oxydes hydratés de radicaux alcooliques.

Ces deux classes de corps n'ont guère de commun que d'être dérivés des alcools par l'action des acides; mais l'éther ordinaire parmi les premiers, et un grand nombre de la seconde catégorie présentent, outre un intérêt théorique, assez d'applications pour qu'on étudie avec quelques détails leur mode de formation et leurs propriétés.

ÉTHER ORDINAIRE, $C^8H^{10}O^2$

2. **Propriétés et usages.** — L'éther ordinaire (appelé *éther sulfurique*) est un liquide incolore, très mobile, d'une odeur vive et agréable, d'une

saveur âcre et brûlante. Sa densité est 0,723 à 12°; celle de sa vapeur est 37 par rapport à l'hydrogène, ce qui correspond à sa formule $C^8H^{10}O^2$ prise sous 4 volumes. Il est assez soluble dans l'eau, très soluble dans l'alcool.

C'est un liquide très volatil, qui produit en s'évaporant un refroidissement notable. Il bout à 36°. L'éther et surtout sa vapeur est très inflammable; aussi ne faut-il manier ce liquide qu'avec beaucoup de précaution dans le voisinage d'un corps en combustion. Sa vapeur mélangée à l'air produit un mélange très détonant.

L'éther est un excellent dissolvant pour les matières grasses et résineuses; aussi l'emploie-t-on pour l'extraction d'un grand nombre de produits organiques naturels. Mélangé à l'alcool, il dissout le coton-poudre et donne le collodion photographique.

A l'air, il absorbe l'oxygène et donne une petite quantité d'acide acétique. Cette oxydation devient très prompte en présence du platine; un fil mince de ce métal, roulé en spirale, chauffé et suspendu dans un verre contenant de l'éther, reste incandescent, en même temps qu'il se forme par la combustion de l'éther des vapeurs d'aldéhyde et d'acide acétique (fig. 204).

La médecine employait l'éther comme anesthésique; on le remplace aujourd'hui par le chloroforme.

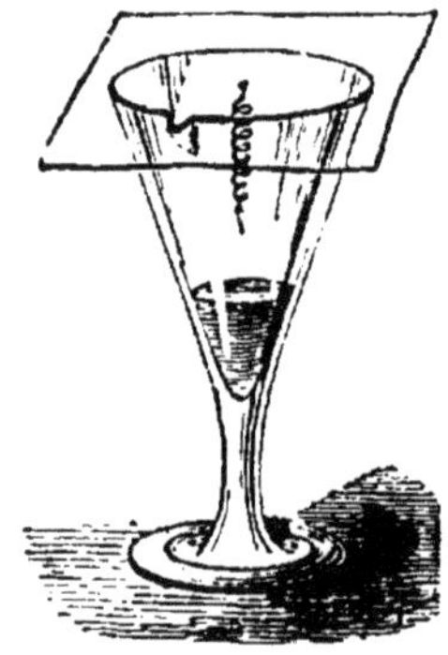

Fig. 204. — Fil de platine restant incandescent par la vapeur d'éther.

3. Préparation. — On prépare l'éther par l'action de l'acide sulfurique sur l'alcool, mélangés en telles proportions que le point d'ébullition reste environ à 140°. Le mélange s'appauvrit en alcool; on ajoute de ce liquide à mesure que l'éther distille. On peut ainsi théoriquement transformer en éther une quantité indéfinie d'alcool avec un poids donné d'acide sulfurique. Pratiquement, on arrête l'opération quand le poids de l'éther obtenu est 40 fois celui de l'acide employé.

On introduit dans une cornue tubulée un mélange de 5 parties d'alcool à 90° et de 9 parties d'acide sulfurique concentré (on fait d'abord le mélange dans un vase entouré d'eau froide). La tubulure de la cornue (fig. 205) porte un thermomètre et un tube effilé à l'extrémité plongeant dans le liquide et communiquant avec un réservoir d'alcool qui est habituellement un vase de Mariotte. Le col de la cornue se rend dans une allonge qui communique à un serpentin bien refroidi à l'extrémité inférieure duquel est un flacon à deux tubulures destiné à recevoir l'éther.

On chauffe au bain-marie, et quand le mélange est en ébullition, on fait arriver par le tube effilé un courant d'alcool que l'on règle de manière à conserver le même volume au liquide bouillant. L'éther recueilli est mélangé d'eau; on le lave à l'eau; on le met en contact avec de la chaux et on le redistille. L'éther pur ne s'obtient que par deux rectifications successives.

4. Théorie de la préparation de l'éther. — Depuis les travaux de M. *Williamson*, on sait qu'il faut deux molécules d'alcool pour produire une molécule d'éther, que la réaction est double, l'acide sulfurique formant d'abord avec l'alcool de l'acide éthyle sulfurique ou sulfovinique, qui

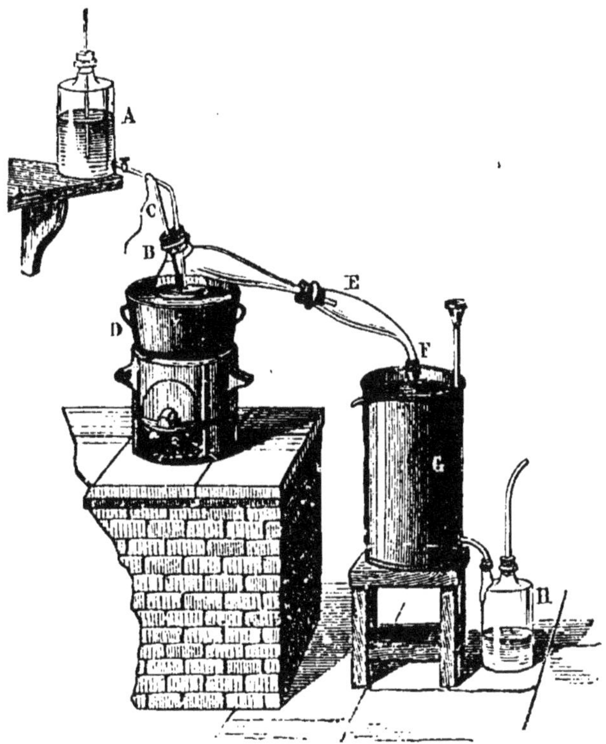

Fig. 205. — Préparation de l'éther. — A, vase de Mariotte; — B, cornue tubulée; — C, thermomètre; — D, bain-marie; — E, allonge de verre; — F, tube du serpentin; — G, réfrigérant; — H. vase à recueillir l'éther.

réagit à son tour sur l'alcool pour donner l'éther et régénérer l'acide sulfurique :

$$C^4H^5OHO + \begin{matrix} HOSO^3 \\ HOSO^3 \end{matrix} = 2HO + \begin{matrix} C^4H^5OSO^3 \\ H\ OSO^3 \end{matrix} \Big\} \begin{matrix} \text{acide éthylo} \\ \text{sulfurique.} \end{matrix}$$

Alcool.

$$\begin{matrix} C^4H^5OSO^3 \\ H\ OSO^3 \end{matrix} + C^4H^5OHO = \begin{matrix} HOSO^3 \\ HOSO^3 \end{matrix} + \begin{matrix} C^4H^5O \\ C^4H^5O \end{matrix} \Big\} \text{éther.}$$

L'éther a donc bien la formule brute $C^8H^{10}O^2$ ou la formule théorique

$$\begin{matrix} CH^5O \\ C^4H^5O \end{matrix}'$$

qui en fait un *oxyde du radical éthyle*. Le nom de sulfurique induirait en erreur s'il faisait croire que cet acide entre dans la composition de l'éther.

Cette réaction peut d'ailleurs se produire avec tous les autres alcools monoatomiques, et l'éther méthylique, obtenu de même avec l'esprit de bois, présente la formule

$$\begin{matrix} C^2H^3O \\ C^2H^3O \end{matrix} \Big\} \text{ *oxyde de méthyle.*}$$

On a même pu obtenir des *éthers mixtes*, contenant deux oxydes de deux radicaux alcooliques, en employant un alcool dans la première partie de la réaction et un second alcool dans l'autre; c'est ainsi qu'a été obtenu *l'éther mixte* **éthyle amylique**

$$C^4 H^5 O$$
$$C^{10}H^{11}O$$

qui n'a d'ailleurs d'autre intérêt que de vérifier la théorie de l'éthérifi-cation.

ÉTHERS SALINS.

5. Propriétés générales. — Les *éthers salins* sont les analogues des sels minéraux, ce sont des acides dont l'hydrogène a été remplacé par un groupe alcoolique; tels sont :

Le *chlorure d'éthyle*, l'*azotate*, l'*acétate d'éthyle*, que l'on appelle *éthers chlorhydrique, azotique, acétique*, et qui sont de tous points compara-bles au chlorure, à l'azotate, à l'acétate de potassium. Les éthers salins peuvent être partagés en classes comme les acides; on en fait d'habitude deux principales :

1º Les *éthers simples*, qui dérivent des hydracides;

2º Les *éthers composés*, qui dérivent des acides oxygénés.

Ces derniers présentent entre eux des différences, suivant que les acides qui les ont produits sont monobasiques comme l'acide azotique ou l'acide acétique, ou bibasiques comme l'acide sulfurique et l'acide oxalique, ou encore tribasiques comme l'acide phosphorique. Et de même que les sels minéraux des acides sulfurique et oxalique sont neu-tres ou acides, de même il y a des éthers acides ou neutres qui leur sont comparables.

Tous les éthers salins se décomposent facilement. Les alcalis, la baryte et la chaux, l'eau elle-même à une température élevée, les scindent, en prenant l'acide et en régénérant l'alcool. On dit dans ce cas que l'éther est saponifié, sans doute parce que cette réaction est identique à celle qui donne naissance au savon. Ainsi le chlorure, l'azotate, l'acétate d'éthyle, traités par la potasse, régénèrent l'alcool et produisent un chlo-rure, un azotate, un acétate de potassium.

Chlorure d'éthyle	C^4H^5Cl	$+ KOHO =$	$C^4H^5OHO + KCl$	chlorure
Azotate d'éthyle	C^4H^5O,AzO^5	$+ KOHO =$	$+ KOAzO^5$ azotate	
Acétate d'éthyle	$C^4H^5O,C^4H^3O^3$	$+ KOHO =$	$+ KOC^4H^3O^3$ acétate	

(de potassium)

6. Éthers simples. — Les éthers simples sont les chlorures, bromures, iodures des radicaux alcooliques. Chaque alcool peut les former; leur nombre est donc très grand. Nous n'étudierons que les *chlorures d'éthyle* et de *méthyle*, le premier comme type de série, le second parce qu'il explique la composition du chloroforme; et l'*iodure d'éthyle* seulement à cause de l'intérêt de ses transformations.

Éther chlorhydrique, C^4H^5Cl. — L'éther chlorhydrique ou **chlorure d'éthyle** est un liquide incolore, analogue à l'éther ordinaire, mais inso-luble dans l'eau. Il bout à 11°, ce qui oblige à le conserver dans des fla-cons fermés à la lampe; il brûle avec une flamme bordée de vert.

On le prépare en distillant au bain-marie de l'alcool que l'on a au préalable saturé d'acide chlorhydrique. Le récipient où l'on recueille le liquide distillé doit être refroidi avec de la glace.

L'éther chlorhydrique peut être employé en médecine comme l'éther ordinaire. Mais il est surtout intéressant parce qu'il résulte de l'action directe de l'acide sur l'alcool et qu'il est le type des chlorures alcooliques.

Éther méthyl-chlorhydrique, C^2H^3Cl. — Si l'on chauffe à une douce chaleur un mélange d'alcool de bois, de sel marin et d'acide sulfurique, on obtient un gaz incolore, d'une odeur éthérée, d'une saveur sucrée, qui peut être recueilli sur l'eau. Il brûle avec une flamme blanche, verte sur les bords. C'est le **chlorure de méthyle** ou *éther méthyl-chlorhydrique :*

$$C^2H^3OHO + NaCl + HOSO^3 = 2HO + NaOSO^3 + C^2H^3Cl.$$

Ce gaz, soumis à l'action du chlore sous l'influence des rayons solaires, peut échanger son hydrogène pour des quantités équivalentes de chlore ; lorsque cette substitution s'arrête à deux molécules, on a le *chlorure de méthyle bichloré*, qui a reçu le nom de **chloroforme**.

Chloroforme, C^2HCl^2,Cl. — Le chloroforme est un liquide éthéré, d'une odeur suave. Lorsqu'il est pur, il tombe au fond de l'eau sans la troubler. Il bout vers 60°, ne s'enflamme que difficilement et brûle avec une flamme bordée de vert. Il est un bon dissolvant du caoutchouc et des résines.

Son nom lui vient de ce qu'il donne du chlorure et du formiate de potassium quand on le traite par la potasse :

$$C^2HCl^3 + 4KOHO = 3KCl + KO,C^2HO^3 + 4HO$$
Formiate de potassium.

On ne le prépare pas par le chlorure de méthyle, mais par une dissolution de chlorure de chaux, mélangé d'alcool ordinaire, que l'on distille dans une grande cornue, en enlevant le feu sitôt que la réaction commence et que la masse se boursoufle. Le chloroforme est la couche inférieure du liquide distillé. On le rectifie sur du chlorure de calcium pour l'avoir pur.

Il est très employé comme anesthésique, et la découverte de cette propriété peut être considérée comme une des plus importantes qui aient été faites dans ce siècle, si l'on songe combien de douleurs ont été évitées par l'emploi du chloroforme dans les opérations chirurgicales.

Iodure d'éthyle, C^4H^5I. — On produit l'iodure d'éthyle par l'action sur l'alcool des corps capables de donner naissance à l'acide iodhydrique, c'est-à-dire par un mélange de phosphore et d'iode (donnant d'abord de l'iodure de phosphore que l'eau décompose ensuite).

L'iodure d'éthyle est un liquide incolore, mais qui se teinte facilement à l'air. L'eau à 150° et l'oxyde d'argent le décomposent avec facilité en régénérant l'alcool.

Chauffé avec des métaux, dans des tubes scellés, il donne naissance aux radicaux organo-métalliques comme le **zinc-éthyle** $C^8H^{10}Zn^2$, liquide curieux, avec lequel on a pu isoler l'*hydrure d'éthyle* C^4H^5H, d'une part, et d'autre part l'*éthyle* lui-même C^4H^5, le radical de l'alcool ordinaire.

7. Éthers composés. — Les éthers composés produits par les oxacides, minéraux ou organiques, sont en très grand nombre puisque chaque alcool peut en engendrer avec tous les acides. On en fait deux groupes principaux :

Ceux qui dérivent d'acides monobasiques où l'on étudie comme types *l'azote* et *l'acétate d'éthyle* avec quelques homologues de ce dernier ;

Ceux qui proviennent des acides bibasiques, où l'on cite particulièrement l'acide *éthyle-sulfurique* et l'*éther oxalique*.

Azotate d'éthyle ou éther azotique, $C^4H^5OAzO^5$. — L'éther azotique s'obtient par la distillation d'un mélange de 2 parties d'alcool avec une d'acide azotique concentré auquel on ajoute un peu d'azotate d'urée dans le but d'empêcher la production des vapeurs nitreuses. Le produit lavé à une eau alcaline, digéré sur du chlorure de calcium, est ensuite redistillé.

L'éther obtenu est un liquide d'une saveur suave, qui bout à 85° et dont la vapeur brûle avec une flamme blanche. Il faut pour le décomposer une dissolution alcoolique de potasse ; il régénère l'alcool et donne de l'azotate de potassium

$$C^4H^5O.AzO^5 + KOHO = C^4H^5OHO + KOAzO^5.$$

Sa réaction la plus curieuse est celle qu'il subit quand on le mélange d'alcool ammoniacal et qu'on le fait traverser par un courant d'hydrogène sulfuré ; il donne alors le **mercaptan** ou alcool du soufre, $C^4H^6S^2$.

$$C^4H^5O,AzO^5 + 10HS = 8S + 6HO + AzH^3 + C^4H^6S^2.$$

Acétate d'éthyle ou éther acétique, $C^4H^5O,C^4H^3O^3$. — On prépare l'éther acétique en distillant un mélange d'alcool, d'acide acétique cristallisable et d'un peu d'acide sulfurique, ou plus simplement un mélange de 100 parties d'acétate de soude, 15 d'acide sulfurique et 6 d'alcool à 90°.

$$NaOC^4H^3O^3 + HOSO^3 + C^4H^5OHO = NaOSO^3 + 2HO + C^4H^5O, C^4H^3O^3.$$

Le produit recueilli est mêlé avec de la chaux qui sature l'acide libre, puis rectifié au bain-marie sur du chlorure de calcium.

L'éther acétique est un liquide incolore, d'une odeur éthérée agréable ; il bout à 74° et brûle avec une flamme blanc-jaunâtre.

Les dissolutions alcalines le décomposent avec rapidité. L'ammoniaque liquide, par un contact prolongé, en fait un produit azoté, l'acétamide, qui sera étudié plus loin.

8. Éthers des acides bibasiques. — Les acides bibasiques peuvent donner avec le même alcool un éther neutre et un éther acide, de même qu'ils donnent avec les métaux un sel neutre et un sel acide.

Ainsi, l'acide sulfurique donne avec le radical de l'alcool

$$\left.\begin{array}{l}C^4H^5O\\C^4H^5O\end{array}\right\}2SO^3 \qquad et \qquad \left.\begin{array}{l}C^4H^5O\\H\ O\end{array}\right\}2SO^3.$$

L'éther neutre.   L'éther acide.

Comme il donne avec le potassium

$$\left.\begin{array}{l}KO\\KO\end{array}\right\}2SO^3 \qquad et \qquad \left.\begin{array}{l}KO\\HO\end{array}\right\}2SO^3.$$

Le sulfate neutre.   Le sulfate acide.

Des deux éthers, le second, l'éther acide, a quelque importance ; c'est l'acide *éthyle-sulfurique* appelé encore *sulfo-vinique*.

Acide éthyle-sulfurique, C^4H^5O HO $2SO^3$. — L'acide éthyle-sulfurique ou sulfo-vinique prend naissance par la réaction de l'acide sulfurique sur l'alcool, au-dessous de 70°.

C'est un liquide sirupeux soluble en toutes proportions dans l'eau et l'alcool. Il est le résultat de la première phase de la réaction qui donne l'éther.

On peut le combiner aux bases ; il échange en effet sa molécule d'hydrogène contre les métaux et produit des sels désignés sous le nom de sulfovinates.

Il a dans chaque alcool un homologue.

Ether oxalique ou oxalate d'éthyle $(C^4H^5O)^2$, C^4O^6. — L'acide oxalique échangeant ses deux molécules d'hydrogène contre deux fois le radical alcoolique donne l'éther neutre.

On l'obtient en distillant un mélange d'oxalate de potasse, d'acide sulfurique et d'alcool. Le produit recueilli est mélangé d'eau, d'alcool et d'éther ordinaire. On l'étend d'eau ; on en sépare ainsi un liquide huileux d'où l'on chasse par la chaleur l'éther sulfurique ; il ne reste plus qu'à le redistiller sur du chlorure de calcium pour avoir l'éther oxalique.

L'éther oxalique est plus lourd que l'eau.

Au lieu de souder à l'acide oxalique le radical de l'alcool ordinaire, on peut y souder l'oxyde de méthyle ; c'est ainsi qu'on obtient, avec l'esprit de bois, l'éther *oxalo-méthylique* dont la formule est $(C^2H^3O)^2C^4O^6$.

Il est même possible d'obtenir l'éther mixte $\left.\begin{array}{l}C^4H^5O\\C^2H^3O\end{array}\right\}$ C^4O^6 ou *oxalate double de méthyle et d'éthyle*.

Questionnaire. — 1. Comment sont formés les éthers ? Comment peut-on grouper ces corps ? — 2. Quelles sont les propriétés et les usages de l'éther ordinaire ? — 3. Comment le prépare-t-on ? — 4. Quelle est la théorie de la réaction ? — 5. Qu'appelle-t-on éthers salins ? Comment les divise-t-on ? Qu'est-ce que c'est que la saponification d'un éther ? — 6. Quels sont les principaux éthers simples ? Comment obtient-on le chloroforme ? l'iodure d'éthyle ? — 7. Quels sont les principaux éthers composés ? Comment prépare-t-on l'éther azotique, l'éther acétique ? — 8. Comment explique-t-on la formation des éthers bibasiques de l'acide éthyle sulfurique, de l'éther oxalique ?

SOIXANTE-CINQUIÈME LEÇON

Corps gras.

Caractères généraux. — On donne le nom de corps gras à des principes naturels liquides ou fusibles à une température peu élevée, incolores, sans odeur ni saveur, plus légers que l'eau, insolubles dans ce liquide, onctueux au toucher, faisant sur le papier une tache translucide que la chaleur ne dissipe pas.

Les corps gras sont répandus dans le règne animal et dans le règne végétal. Chez les végétaux, on les trouve dans les graines, comme l'huile d'œillette retirée du pavot et l'huile de colza ; dans les parties charnues des fruits, comme l'huile d'olive. Chez les animaux, la matière grasse se trouve dans les alvéoles du tissu cellulaire.

On donne habituellement le nom d'**huiles** aux corps gras liquides à la température ordinaire; on nomme **beurres** ceux qui sont mous et **graisses** ceux qui sont solides.

2. Caractères chimiques. — Les beaux travaux de *Chevreul* ont montré que les corps gras naturels sont des mélanges de deux ou plusieurs éthers de la glycérine, et que, sous l'influence des agents qui décomposent les éthers, il se saponifient, c'est-à-dire qu'ils s'assimilent les éléments de l'eau et régénèrent des acides d'une part et d'autre part la glycérine.

M. Berthelot, par des recherches nombreuses, a fixé la fonction de la glycérine comme alcool triatomique et reproduit des corps gras identiques à ceux que fournit la nature.

Ces éthers composés d'un acide gras et de glycérine, dont le mélange en proportion variable forme les corps gras, sont surtout la **marga-rine** et l'**oléine** que l'on peut extraire de l'huile d'olive, et la **stéa-rine**, qui forme la plus grande partie des suifs.

3. Glycérine, $C^6H^8O^5$ ou $C^6H^5O^3 3HO$. — La glycérine se produit dans la saponification des corps gras, c'est-à-dire dans leur décomposition sous l'influence de l'eau et des alcalis. En *Angleterre*, on prépare de grandes quantités de glycérine pure et incolore en concentrant la partie aqueuse du produit qui distille lorsqu'on soumet dans des alambics les corps gras, huiles ou suifs, à l'action de la vapeur d'eau surchauffée. On peut la reti-rer aussi des eaux qui ont servi à la saponification du suif. Il faut évapo-rer ces eaux à consistance de sirop, dissoudre le résidu dans de l'al-cool, laisser éclaircir, filtrer la partie liquide, en chasser l'alcool, redis-soudre le nouveau résidu dans l'eau, y faire digérer de l'oxyde de plomb, laisser reposer et filtrer, puis faire passer dans la liqueur un courant d'hydrogène sulfuré qui précipite du sulfure de plomb. Il reste un liquide qu'il suffit d'évaporer dans le vide après l'avoir décoloré au noir animal pour avoir enfin la glycérine.

La glycérine est un liquide sirupeux, incolore, incristallisable, d'une saveur sucrée, soluble dans l'eau et l'alcool, insoluble dans l'éther.

Elle est employée en médecine pour les maladies de la peau et le pan-sement des plaies ; elle entre dans la fabrication des cosmétiques et des cérats; elle remplace avec avantage l'eau dans les compteurs à gaz, parce qu'elle ne se congèle pas; elle sert à maintenir humides les cuirs non tannés exportés et les préserve de l'altération.

Chimiquement, c'est un alcool triatomique pouvant se combiner avec une ou deux ou trois molécules des acides pour donner avec chacun d'eux trois éthers.

La stéarine est la combinaison de la glycérine avec trois équivalents d'acide stéarique.

Glycérine.   Acide stéarique.   Stéarine ou stéarate de glycérine.

$$C^6H^5O^3 3HO + 3(C^{36}H^{35}O^3, HO) = 6HO + C^6H^5O^3 \begin{cases} C^{36}H^{35}O^3 \\ C^{36}H^{35}O^3 \\ C^{36}H^{35}O^3 \end{cases}$$

La *margarine* et l'*oléine* sont de même, l'une un tri-margarate, l'autre un tri-oléate de glycérine.

Soumise à l'action d'un mélange d'acide sulfurique et d'acide azotique, la glycérine produit une huile jaunâtre et lourde, qu'il ne faut manier qu'avec beaucoup de précaution, parce qu'elle détone par le choc. Une goutte frappée sur une enclume fait le bruit d'un coup de fusil. C'est la **nitro-glycérine** employée comme substance explosive en mélange avec des corps sableux, sous le nom de **dynamite**.

4. Margarine, $C^6H^5O^3 3(C^{34}H^{33}O^3)$. — La margarine est une substance solide blanche, d'un aspect nacré (son nom qui signifie perle fait allusion à cette apparence) ; elle est fusible à 47°.

On l'extrait facilement de l'huile d'olive. Si en effet en expose cette huile à une basse température, elle se prend en une masse qui se remplit de lamelles nacrées ; on les sépare par filtration au travers d'une toile, puis on les presse entre des feuilles de papier buvard.

La margarine existe dans la plupart des corps gras, les huiles végétales aussi bien que les graisses, le beurre comme le suif.

C'est un éther de la glycérine qui se *saponifie*, c'est-à-dire se dédouble sous l'influence de l'eau chauffée, en régénérant la glycérine et produisant l'acide margarique.

$$C^6H^5O^3,3(C^{34}H^{33}O^3) + 6HO = C^6H^5O^3,3HO + 3(C^{34}H^{33}O^3HO).$$

Margarine.   Glycérine.   Acide margarique.

Avec les alcalis, au lieu de l'eau, on obtient de même la glycérine, mais l'acide se combine avec l'alcali et donne un **margarate** ou un véritable **savon**.

$$C^6H^5O^3,^{34}H^{33}O^3) + 3(CaOHO) = C^6H^5O^3,3HO + 3CaO,C^{34}H^{33}O^3).$$

Magarate de chaux.

5. Oléine. — L'oléine est la partie de l'huile d'olive qui reste liquide à 0° ; elle n'est pas pure ; elle contient encore un peu de margarine dont il est difficile de la débarrasser. On suppose que c'est le trioléate de glycérine. Elle se dédouble par la saponification en glycérine et en acide oléique.

Elle forme la plus grande partie des huiles, mais elle entre également dans la composition de tous les autres corps gras.

6. Huiles. — Les huiles sont les corps gras liquides que l'on extrait des végétaux (presque toujours des semences et quelquefois du fruit) et aussi des animaux (baleines, cachalots, marsouins, abatis de bœufs et de moutons).

L'extraction des huiles végétales se fait en soumettant les matières oléagineuses à l'action de presses puissantes. La pression a lieu à froid dans quelques cas, mais elle se fait le plus souvent à chaud. Après une première pression, le tourteau est soumis à une seconde qui donne une huile moins pure. Le dernier tourteau retient encore un peu d'huile mélangée aux matières albuminoïdes de la graine ; on le donne comme nourriture au bétail ou on l'emploie comme engrais.

Épuration des huiles. — Les huiles, au sortir des presses, sont troubles ; elles renferment une matière colorante, des principes résineux, des matières albumineuses ; elles brûleraient mal en produisant beaucoup de fumée. Il faut les épurer. Souvent, pour l'huile de première pression, on se contente de l'abandonner au repos. Mais les huiles à brûler doivent avoir été traitées par 2 ou 3 p. %, de leur poids d'acide sulfurique ; on les mélange d'eau quand elles sont devenues noires, et on les agite fortement jusqu'à ce que le mélange ait une apparence laiteuse. Le repos fait surnager l'eau, qu'on enlève.

7. Propriétés chimiques des huiles. — Les huiles exposées à l'air s'altèrent plus ou moins rapidement ; elles prennent une saveur âcre, deviennent acides ; on dit qu'elles **rancissent.** L'huile d'olive et celle d'amandes douces résistent longtemps à cette altération ; l'huile de noix devient rance en quelques jours.

Certaines huiles perdent rapidement leur liquidité, s'épaisissent et se transforment en matières résineuses ; ou les appelle **huiles siccatives** : telles sont les huiles de lin, de chènevis, d'œillette, de noix et de ricin.

Ce changement de propriété est dû à l'action de l'oxygène ; l'oxydation d'abord lente, se fait ensuite avec rapidité. Elle est accélérée quand on ajoute aux huiles de la litharge ou du borate de manganèse et qu'on les fait bouillir.

Les huiles siccatives servent utilement dans la peinture comme véhicule des couleurs.

Les huiles non siccatives servent à l'éclairage, à l'alimentation, à la médecine. Toutes entrent dans la fabrication des savons.

8. Suif. — Sous le nom de **suif,** on désigne particulièrement la graisse des herbivores. Nous l'étudierons comme le type des corps gras solides.

Le suif est renfermé dans des cellules minces dont il faut le séparer le plus tôt possible. Le moyen le plus ancien, c'est l'emploi de la chaleur qui fond la graisse, la dilate, fait déchirer les enveloppes qui la contenaient et sépare le liquide du tissu où il était solidifié. On s. utire le suif fondu ; on le fait passer au travers d'un tamis et on y ajoute avant qu'il ne se fige quatre à cinq millièmes d'alun destinés à faire déposer les débris membraneux restés en suspension. C'est la méthode dite au **creton,** parce que les débris sont rassemblés en *pains ou cretons* pour la nourriture des porcs.

L'industrie emploie deux autres méthodes : l'ébullition du suif brut avec de l'eau acidulée par l'acide sulfurique ; ou l'ébullition avec une eau alcaline ; la dernière est préférée parce qu'elle ne présente pas l'insalubrité des deux précédentes.

Le suif est coulé en pains pour les besoins de l'industrie des bougies.

Les chandelles étaient obtenues en coulant ce suif fondu contre des mèches de coton tendues dans des cylindres ; leur principal inconvénient résultait de leur facile fusibilité ; le suif fond en effet à 38°.

Soumis à la saponification, le suif donne de la glycérine et trois éthers : l'oléine et la margarine, déjà étudiées, et la stéarine.

9. Stéarine, $C^6H^5O^3,3(C^{36}H^{35}O^5)$. — La *stéarine* est une matière blanche sous forme de petites lamelles d'un éclat nacré, fusibles vers 60°.

On l'extrait du suif en chauffant celui-ci avec l'essence de térébenthine. La dissolution décantée abandonne en refroidissant une matière solide sur laquelle on répète plusieurs fois le traitement ; on la dissout enfin à chaud dans l'éther qui laisse déposer la stéarine en se refroidissant.

C'est un éther de la glycérine contenant trois molécules d'acide stéarique. Soumise à l'action de l'eau, elle se dédouble en acide et en glycérine ; avec les bases, elle produit de même de la glycérine et donne des stéarates.

$$C^6H^5O^3,3(C^{36}H^{35}O^3) \quad + \quad 6HO \quad = C^6H^5O^3,3HO \quad + \quad 3(C^{36}H^{35}O^3\ HO)$$

Stéarine.   Glycérine.   Acide stéarique.

Stéarate de chaux.

$$C^6H^5O^3,3(C^{36}H^{35}O^3) \quad + \quad 3(CaOHO) = C^6H^5O^3,3HO \quad + \quad 3(C^{36}H^{35}O^3CaO)$$

10. Saponification des graisses. — Les graisses animales peuvent être considérées comme formées en différentes proportions des trois principes immédiats : oléine, margarine, stéarine, dont chacun est un éther de la glycérine.

Lors donc qu'on les traite par l'eau ou les alcalis, leur dédoublement s'opère et la glycérine se sépare des acides gras : *oléique, margarique, stéarique*. Ceux-ci peuvent être ainsi obtenus mélangés, ou bien combinés à l'alcali que l'on a fait agir sur le corps gras.

De sorte que la *saponification* peut se représenter par la réaction suivante :

$$\text{SUIF} \begin{cases} \text{oléine} & C^6H^5O^3,3(C^{36}H^{33}O^3) & & +3(C^{36}H^{33}O^3HO) \text{ acide oléique.} \\ \text{margarine } C^6H^5O^3,3(C^{34}H^{33}O^3)+18HO=3(C^6H^5O^3,3HO)+3(C^{34}H^{33}O^3HO) & - & \text{margarique.} \\ \text{stéarine} & C^6H^5O^3,3(C^{36}H^{35}O^3) & & +3(C^{36}H^{35}O^3HO) & - & \text{stéarique.} \end{cases}$$

Voici d'ailleurs la composition immédiate de quelques graisses animales :

	Stéarine et margarine.	Oléine.
Suif ou graisse de mouton.	80	20
— de bœuf	70	30
Moelle de bœuf.	76	24
— de mouton	26	74
Graisse de porc.	38	62
— de dindon	26	74
— d'oie.	32	68

Questionnaire. — 1. Quels sont les caractères généraux des corps gras ? Quels noms leur donne-t-on habituellement ? — 2. Quels sont leurs caractères chimiques ? — 3. Quelles sont les propriétés de la glycérine ? Comment l'obtien-on ? Quelle est sa fonction chimique ? Qu'est-ce que la nitro-glycérine et la dynamite ? — 4. Qu'est-ce que la margarine ? — 5. Qu'est-ce que l'oléine ? — 6. Quelles sont les propriétés des huiles ? Comment les épure-t-on ? — 7. Quelles sont les propriétés chimiques des huiles siccatives, des huiles non siccatives ? — 8. Qu'est-ce que le suif ? Comment fabriquait-on autrefois les chandelles ? — 9. Qu'est-ce que la stéarine ? — 10. Comment s'opère la saponification des graisses ?

SOIXANTE-SIXIÈME LEÇON

Bougies stéariques et savons.

1. Qualités et composition des bougies. — Les bougies sont formées d'un mélange d'acide stéarique et d'acide margarique, obtenus par la saponification du suif et des autres graisses. Elles contiennent une mèche tressée et fine qui brûle complètement sans qu'on ait besoin comme pour la chandelle d'enlever de temps à autre le résidu de la combustion. Le mélange des deux acides gras ayant un point de fusion plus élevé de beaucoup que celui du suif, la bougie de bonne qualité fond régulièrement près de la mèche sans couler. Aussi la bougie réalise-t-elle un éclairage qu'on n'obtenait avant elle qu'avec la cire, beaucoup plus chère et d'une production très limitée.

L'industrie de la bougie est née en France en 1831. La première fabrique établie à la barrière de l'Étoile produisait par an quelques milliers de paquets seulement

La production s'est considérablement accrue depuis ; c'est par 30 millions de kilogrammes qu'elle se chiffre aujourd'hui.

La fabrication des bougies présente deux phases distinctes : la première a pour but de transformer en acides plus ou moins colorés les matières grasses neutres, à l'aide des procédés chimiques ; la seconde extrait, par des moyens mécaniques, les acides gras et les coule en bougies.

2. Saponification des corps gras. — Séparer les acides gras dont le point de fusion est plus élevé que celui de la matière neutre qui les contient, tel est le but. Il fut d'abord atteint à l'aide de la chaux ; mais la saponification calcaire n'est plus employée : elle transformait les acides gras, séparés de la glycérine, en oléate, margarate et stéarate de chaux, c'est-à-dire en des savons calcaires qu'il fallait ensuite décomposer par l'acide sulfurique pour obtenir le mélange des deux acides.

On emploie aujourd'hui le procédé de M. *de Milly :* on saponifie les suifs dans une chaudière autoclave cylindrique où l'on a mis 2 à 3 p. % de chaux et où l'on fait venir de la vapeur à huit atmosphères dont on continue l'action plusieurs heures. Après ce temps, on extrait de l'appareil d'abord la glycérine, puis un mélange des acides gras que l'eau a mis en liberté avec le *savon calcaire* que la chaux a formé.

Ce savon est conduit dans une cuve contenant de l'eau acidulée par l'acide sulfurique qui le décompose. La proportion de ce dernier acide est bien plus faible que celle qu'il fallait dans l'ancienne saponification calcaire et, de plus, le plâtre formé retient moins des acides gras.

Les acides gras surnagent à la surface du liquide, on les enlève, on les lave et ils sont prêts à subir les opérations mécaniques qui les transformeront en bougies.

3. Saponification sulfurique. — La seconde méthode actuellement employée est la saponification sulfurique, ainsi appelée, parce que c'est cet acide qui sépare la glycérine des acides gras. Elle consiste à faire chauffer dans une chaudière vers 120°, à l'aide de la vapeur, les graisses avec 4 à 5 % d'acide sulfurique. On pense qu'il se forme d'abord des acides sulfo-glycérique, sulfo-oléique, sulfo-margarique, sulfo-stéarique, que l'eau bouillante dédouble, de sorte qu'en définitive on obtient les trois acides gras qui surnagent sur une dissolution aqueuse de glycérine et d'acide sulfurique.

Mais les corps gras subissent un commencement de décomposition et les acides obtenus sont salis d'une matière noire, sorte de goudron dont il faut les débarrasser.

On y arrive en les distillant, après les avoir bien lavés et séchés, dans des alambics presque sphériques, où l'on fait arriver de la vapeur d'eau surchauffée.

Les serpentins sont disposés pour condenser les acides gras à l'état liquide.

4. Moulage des acides gras. — Le mélange des acides gras ne peut être employé tel; son point de fusion ne dépasse pas 44°. On les fond et on les coule dans une série de petits moules étagés où ils cristallisent.

Pour les débarrasser de l'acide oléique, liquide à la température ordinaire, on les presse à froid au moyen d'une presse hydraulique verticale

Fig. 206. — Presse à froid des acides gras. — A, bâtis en fonte très-solide; — B, piston compresseur. — C, pains d'acides; — D, cuvette en fer-blanc à rebord pour recueillir l'acide oléique.

(fig. 206). Les pains sont posés sur des tissus ou treillis de chanvre, ou des étoffes de laine. L'acide oléique s'écoule à mesure que la pression s'effectue; on en extrait ainsi les $\frac{4}{5}$ de ce qui y est contenu.

Pour extraire le reste, on soumet les pains d'acides sortant de la première presse à l'action d'une seconde presse dite à *chaud*. L'appareil est horizontal; les pains y sont disposés entre des plaques de fonte dans lesquelles on fait circuler de la vapeur à 50°.

L'action combinée de la pression et de la température détermine l'expulsion de l'acide oléique, qui entraîne avec lui une petite quantité d'acide solide.

Le mélange des deux autres reste sous forme de galettes. On les refond pour les débarrasser des impuretés qui peuvent les salir, à l'aide de l'eau acidulée, et finalement on les coule en pains ou bien on les transforme de suite en bougies.

Les *mèches* des bougies sont en fils de coton tressés : elles sont trempées dans de l'acide borique dont elles s'imprègnent, et séchées avant d'être tendues dans l'axe des moules. Cette préparation a pour objet d'empêcher que les cendres de la mèche ne salissent la bougie, en retombant après la combustion. Le tressage fait sans cesse incurver l'extrémité de la mèche qui, amenée dans la portion la plus chaude de la flamme, brûle complètement. L'acide borique dissout les cendres et forme avec elle un petit globule de verre fusible que l'on voit briller à l'extrémité de la mèche.

Le coulage dans les moules demande quelques précautions. Il faut que les acides amenés à l'état liquide par fusion soient près de leur point de solidification avant d'être versés dans les moules cylindriques destinés à les recevoir. C'est le moyen d'obtenir qu'ils se refroidissent assez vite pour ne pas cristalliser, mais pour prendre une texture confuse à grains très fin :

Les bougies, démoulées, sont blanchies par l'exposition à la lumière, polies par le frottement sur du drap, coupées d'égale longueur et finalement empaquetées.

5. Bougies diverses. — Sous le nom de bougies robées, on trouve dans le commerce des bougies de qualité supérieure, formées d'un cylindre creux d'acide stéarique dans lequel on a coulé de l'acide moins pur provenant de l'huile de palme. Elles répandent une mauvaise odeur lorsqu'on les éteint.

Il en est de même des bougies inférieures qu'o . obtient avec les acides gras provenant de la saponification sulfurique suivie de la distillation.

Les bougies de paraffine à laquelle on a associé 10, 15 ou 20 p. cent d'acide gras n'ont pas ce défaut ; elles sont très éclairantes.

Les bougies colorées ne présentent aucune garantie de pureté et souvent la matière colorante peut être nuisible par les vapeurs qu'elle répand.

SAVONS.

6. Composition et propriétés. — On donne le nom général de savons aux sels que les acides gras forment en se combinant avec les oxydes métalliques. Il y a donc autant d'espèces de savons que de bases ; mais ceux des bases alcalines sont seuls solubles, par cela même les seuls aptes aux usages de la vie, les seuls que l'industrie produise.

Les savons sont si bien des sels qu'ils font double échange avec les sels métalliques. Ainsi, qu'on verse dans du sulfate de cuivre ou dans du chlorure de calcium une dissolution de savon ordinaire, il se formera un précipité onctueux, gluant, en grumeaux, vert dans le premier cas, blanc dans le second, c'est le savon de cuivre et le savon de chaux. C'est ce dernier qui se forme dans les eaux trop calcaires. Cette réaction est générale ; elle permet la préparation de tous les savons insolubles.

Les matières grasses, traitées par les alcalis, mettent en liberté de la glycérine et combinent leurs acides gras avec l'alcali. Les savons solubles sont donc des mélanges d'oléate, de margarate et de stéarate de soude ou de potasse. Ils doivent leur emploi dans le dégraissage en général à ce qu'ils présentent une source d'alcali qui abandonne facilement l'acide avec lequel il est combiné.

Les savons à base de soude sont durs ; ceux à base de potasse sont *mous*.

7. **Matières premières.** — Les matières brutes destinées à la fabrication des savons sont *des lessives alcalines* et *des matières grasses*.

Les lessives alcalines sont les soudes et les potasses naturelles ou artificielles, mais rendues caustiques par l'action de la chaux.

L'huile d'olive a été longtemps la seule matière grasse employée à Marseille ; on y joint aujourd'hui les huiles d'œillette, de sésame et d'arachide. On emploie également le suif, l'huile de palme, l'acide oléique. Chacune de ces matières donne au savon des qualités spéciales. On les mélange dans diverses proportions pour obtenir des produits divers.

8. **Principes de la fabrication des savons durs.** — On se procure d'abord une lessive de soude caustique, en décarbonatant par la chaux les soudes du commerce. On la porte à l'ébullition et on y introduit les huiles en brassant le mélange. Il se forme une émulsion blanche, une sorte de savon disséminé qui par l'ébullition prend un aspect homogène ; c'est l'*empâtage*, ou l'état de mélange intime qui précède la saponification complète.

Si l'on voulait terminer la saponification avec de la lessive plus forte, on n'y parviendrait pas ; la quantité d'eau existant dans la masse est trop grande. De là résulte la nécessité de séparer le savon des lessives faibles et usées où il a pris naissance. On y arrive à l'aide du sel marin, qui jouit de la propriété de séparer le savon de toutes ses dissolutions aqueuses ; c'est le *relargage* ou *salage*. On ajoute donc des lessives concentrées et salées, et, après brassage et ébullition, la pâte savonneuse se forme en grumeaux et nage sur le liquide dont elle se sépare par le repos.

Cette pâte doit subir ensuite la *coction* ou la *cuite* qui lui donnera la consistance convenable. Pour cela, elle est mise en ébullition dans des lessives fortes marquant 25° et fortement salées que l'on remplace plusieurs fois. Grâce à la température de plus de 100°, la pâte achève de se saponifier, pendant que le sel l'empêche de se délayer dans l'eau. La cuite est terminée quand les grains de savon pressés entre les doigts forment des écailles sèches, dures et friables.

Le savon achevé est coulé dans des caisses peu profondes, où il se solidifie et prend forme ; puis, après une douzaine de jours, il est taillé en pains.

9. **Savon blanc et savon marbré.** — Le savon ainsi obtenu est sali par un savon d'alumine et de fer provenant des impuretés de la soude. Pour en faire du savon blanc, on le délaye à une douce chaleur dans des lessives faibles et on le laisse reposer pour que la matière colorante se dépose. Le savon blanc est mis en formes ; il est toujours un peu mou quand il vient d'être fabriqué. Il renferme environ 50 p. % de son poids d'eau.

Pour obtenir le savon marbré, quand on a dissous le savon brut dans des lessives faibles, que le savon de fer noirâtre s'est déposé, au lieu de laisser le tout au repos pour le refroidissement, on brasse au moment convenable ; les particules de savon coloré se disséminent dans la masse et forment des veines bleuâtres. Ce savon est plus dur que le précédent ; il ne renferme que 30 p. % d'eau. Quand on le produit en grand, on ajoute pendant l'empâtage une dissolution de sulfate de fer, pour produire des veines noires en plus grande quantité.

10. Savons mous. — Les savons mous sont à base de potasse. On se sert pour les fabriquer de potasses perlasses du commerce et d'huiles de graines communes. L'empâtage est le même que pour les savons durs; il n'y a pas de salage ; on les cuit par évaporation et on les coule dans des tonneaux. Ils sont habituellement noirs ou verts.

11. Savons divers. — Parmi les autres savons, nous citerons le **savon d'acide oléique**, fait avec cet acide que l'industrie de la bougie produit en grandes quantités. Il est aussi estimé que le savon de Marseille. On masque l'odeur de l'acide oléique, soit par l'addition d'huile de palme, soit par un millième d'essence de mirbane (nitro-benzine).

Citons aussi le **savon jaune de suif et de résine**, d'un prix inférieur aux autres, moussant abondamment et permettant d'effectuer le savonnage même dans les eaux séléniteuses et l'eau de mer. La résine ne se saponifie pas, mais elle se dissout dans les alcalis; on l'ajoute par petites portions au savon de suif pendant la coction.

Quant aux différents savons de toilette, ils sont obtenus en refondant des savons bruts et en les parfumant avec diverses essences.

Questionnaire. — 1. Quelles sont les qualités des bougies? de quoi sont-elles formées ? — 2. Comment réalise-t-on la saponification des suifs ? — 3. Qu'est-ce que la saponification sulfurique ? — 4. Comment moule-t-on les acides gras ? Comment les débarrasse-t-on de l'acide oléique? Quelles précautions faut-il prendre pendant le coulage ? — 5. Quelles sont les diverses bougies employées ? — 6. Quelles sont les propriétés des savons? leur composition ? — 7. Quelles matières premières entrent dans leur fabrication? — 8. Quels sont les principes de la fabrication des savons durs ? — 9. Comment s'obtient le savon blanc, le savon marbré ? — 10 et 11. De quoi se composent les savons mous ? Quels sont les savons divers les plus employés?

SOIXANTE-SEPTIÈME LEÇON

Synthèse des alcools.

1. La synthèse des alcools, réalisée d'abord par M. *Berthelot*, a montré que les réactions des corps, exécutées dans les laboratoires et appuyées sur les propriétés connues de ces corps ou sur celles que la théorie fait prévoir, pouvaient réaliser de toutes pièces, avec des éléments minéraux, des corps produits jusque-là seulement par la nature vivante.

Les exemples sont nombreux des composés organiques que l'on a ainsi obtenus des éléments. Nous en choisissons trois seulement qui résumeront les principales réactions des alcools étudiées dans les leçons précédentes.

2. Synthèse de l'acide formique et de l'esprit de bois. — L'acide formique peut être considéré comme formé d'eau et d'oxyde de carbone :

$$C^2HO^3HO = 2CO + 2HO.$$

C'est en effet ainsi que la chaleur et l'acide sulfurique le décomposent : M. *Berthelot* a réussi à fixer l'eau sur l'oxyde de carbone, par l'intermédiaire de la potasse, base puissante qui provoque la formation du groupe acide.

En agitant longtemps de l'oxyde de carbone CO avec de l'eau et de la potasse, tous éléments minéraux, il a obtenu le **formiate de potasse** KO,C^2HO^3.

De ce formiate de potasse, l'action d'un acide a permis d'avoir l'acide formique, produit organique, élaboré par la nature vivante :

$$KOHO \qquad \qquad KO,C^2HO^3 \qquad HO,C^2HO^3 \text{ ou } C^2H^2O^4$$
$$2CO$$

Potasse et oxyde de carbone.   Formiate.   Acide formique.

Ce formiate de potasse, distillé, donne naissance au gaz des marais C^2H^4 qui, traité lui-même par le chlore, produit le **chlorure de formène** ou de méthyle C^2H^3Cl, éther chlorhydrique de l'esprit de bois, — d'où enfin on a pu avoir ce dernier, c'est-à-dire l'alcool, par une saponification.

3. Synthèse de l'alcool ordinaire. — La synthèse de l'acool ordinaire a été réalisée par plusieurs méthodes.

1° En chauffant dans un grand ballon du bicarbure d'hydrogène C^4H^4 avec une dissolution aqueuse d'acide iodhydrique HI, on obtient de l'iodure d'éthyle :

$$C^4H^4 + HI = C^4H^5 I.$$

C'est l'éther iodhydrique de l'alcool ordinaire ; traité par la potasse et distillé, il se saponifie, régénère l'alcool qui passe à la distillation :

$$C^4H^5I + KOHO = KI + C^4H^5O,HO.$$

2° Le même carbure d'hydrogène C^4H^4 peut être considéré comme de l'alcool auquel il manque deux équivalents d'eau $C^4H^4 + 2HO = C^4H^6O^2$.

On parvient à lui fixer d'abord un équivalent d'eau, à l'aide de l'acide sulfurique qui, après une longue agitation avec le bicarbure, donne de l'acide sulfovinique ou éthyle sulfurique ($C^4H^4HO,HO\ 2SO^3$).

Si alors on étend d'eau et qu'on distille, il passe de l'alcool à la distillation et il reste dans le ballon de l'acide sulfurique : c'est que l'eau a dédoublé l'acide éthyle-sulfurique, comme il fait d'un éther en régénérant l'alcool :

$$\left.\begin{array}{l} C^4H^5O \\ HO \end{array}\right| 2SO^3 \ +\ 2HO \ =\ 2HOSO^3 \ +\ C^4H^5OHO.$$

Acide éthyle sulfurique   Alcool.

Ce procédé, essayé industriellement, en prenant le bicarbure au gaz de la houille, n'a pas paru assez économique pour rester dans la pratique.

Par les deux méthodes qui précèdent, on obtient bien de l'alcool par synthèse ; mais on peut objecter que, prenant le bicarbure à la houille, ce n'est point là se servir seulement d'éléments minéraux, puisque la houille provient d'une ancienne végétation de la terre. On a cherché à produire le bicarbure d'hydrogène avec des matières premières qui fussent incontestablement minérales, et on y est parvenu en faisant passer du sulfure de carbone et de l'hydrogène sulfuré dans un tube contenant du cuivre chauffé :

$$4CS^2 + 4HS + 12Cu = 12CuS + C^4H^4.$$

On peut donc dire que l'alcool, dont la seule source était la fermentation des jus sucrés, a été obtenu de toutes pièces avec des éléments empruntés au règne minéral, et qu'on a pu tirer de cet alcool artificiel, par des réactions de laboratoire, tous les dérivés que l'on tire de l'alcool naturel.

4. Synthèse de la glycérine. — La synthèse de la glycérine a été réalisée par M. Wurtz. Il est parti de l'iodure de propyle C^6H^5I qu'il a d'abord transformé en tribromure $C^6H^5Br^3$.

Ce tribromure, traité par l'acétate d'argent, s'est dédoublé ; il a donné le bromure d'argent et un composé acétique qui n'est autre chose que la *triacétine*, c'est-à-dire le troisième éther acétique de la glycérine :

$$C^6H^5Br^3 + 3(AgOC^4H^3O^3) = 3(AgBr) + C^6H^5O^3 3(C^4H^3O^3).$$

Cet éther a en effet reproduit la glycérine quand on l'a eu saponifié par la baryte :

$$C^6H^5O^3,3(C^4H^3O^3) + 3BaOHO = 3(BaOC^4H^3O^3) + C^6H^5O^3,3HO.$$

Il est bien évident que si l'on avait toujours écrit la glycérine sous sa formule brute $C^6H^8O^6$, on n'aurait jamais trouvé le moyen de la produire par synthèse; c'est la considération du groupe C^6H^5, capable de se souder 3Br et de les échanger contre 3 d'oxygène en prenant en même temps 3HO, qui a conduit M. Wurtz à la méthode que nous venons de décrire.

SOIXANTE-HUITIÈME LEÇON

Cellulose. — Bois.

1. État naturel. — Les cellules, les fibres et les vaisseaux que l'anatomie constate comme formant la trame de tout végétal ont leurs parois composées de substances diverses, que les dissolvants peuvent séparer; la principale porte le nom de cellulose. La forme, la consistance, l'état d'agrégation de la cellulose varient avec l'organe qui la fournit; telle est la cellulose dure et compacte des noyaux de cerises, la cellulose en voie de formation des jeunes pousses, et entre ces deux exemples une série très nombreuse d'autres intermédiaires. La cellulose presque pure nous est offerte par le coton, par la moelle de sureau et la trame de certains joncs, par les vieux chiffons de toile.

2. Propriétés. — La cellulose pure est blanche, sans odeur ni saveur, insoluble dans les dissolvants ordinaires. Jusqu'ici on ne connaît qu'un seul

réactif capable de la gonfler et de la dissoudre, c'est le **réactif de Schweizer.** On le prépare en faisant passer de l'ammoniaque à travers de la tournure de cuivre contenue dans une allonge, jusqu'à ce que le liquide soit devenu bleu foncé et représente un oxyde ammoniacal. Ce liquide dissout le coton en bourre, la charpie de vieille toile. La dissolution, étendue de beaucoup d'eau, laisse précipiter la cellulose; la précipitation est plus complète par l'acide chlorhydrique ou l'alcool. La cellulose lavée est une masse gélatineuse privée de la forme organisée qu'elle offre dans la plante.

Elle répond à la formule $C^{12}H^{10}O^{10}$. La teinture d'iode la colore en violet, et en bleu si on ajoute une goutte d'acide sulfurique.

Action des acides. — Soumise à l'action de l'acide sulfurique concentré, la cellulose organisée éprouve des modifications diverses.

Le papier-filtre blanc plongé une demi-minute dans de l'acide sulfurique étendu d'un demi-volume d'eau, puis lavé convenablement, prend l'aspect de la consistance du parchemin ; c'est le *parchemin végétal,* utilisé dans les dialyses.

Le papier subit une désagrégation plus profonde par une immersion plus longue. Enfin un contact très prolongé de l'acide transforme la cellulose en une masse gommeuse, analogue à l'empois et en partie soluble dans l'eau. L'ébullition de cette dissolution acide donne naissance à de la glucose, ou substance sucrée.

Les acides minéraux moyennement étendus font subir aux tissus végétaux une désagrégation plus ou moins avancée. On se sert de cette propriété pour retirer la laine des vieux tissus dans lesquels la chaîne était du coton, celui-ci se désagrégeant dans une solution acide.

3. Coton-poudre. — La cellulose, trempée quelques minutes dans l'acide azotique concentré, puis lavée à grande eau, devient sans changer d'aspect, une matière inflammable, explosive, que l'on appelle **coton-poudre, fulmi-coton** ou **pyroxyle.**

Cette nouvelle substance est la cellulose où 1, 2, 3, 4 et même 5 équivalents d'hydrogène ont été remplacés par 1, 2, 3, 4, 5 fois AzO^4.

De ces diverses celluloses nitrées, celle qui renferme $5AzO^4$ est la plus explosive.

$$2(C^{12}H^{10}O^{10}) + 5HO.AzO^5 = \underbrace{C^{24}H^{15},5(AzO^4)O^{20}}_{\text{Coton-poudre.}} + 10HO$$
Cellulose.

Le coton-poudre doit sa propriété à ce qu'il peut se transformer intégralement en gaz par sa combustion :

$$C^{24}H^{15}(AzO^5)^5O^{20} = 23CO + CO^2 + 15HO + 5Az.$$

Il suffit de le porter en un point de sa masse à la température de 180°, ou d'approcher d'un de ses filaments une allumette enflammée ; il brûle entièrement et très promptement, sans laisser de résidu.

Le coton-poudre possède donc toutes les propriétés de la poudre, avec plus de violence. On ne l'emploie guère que comme poudre de mine quand on l'a comprimé en cartouche.

4. Collodion. — En immergeant pendant cinq minutes de beau coton cardé dans un mélange de 3 parties d'acide sulfurique et de 2 d'azotate de potasse, ou dans 2 parties d'acide sulfurique et 1 d'acide azotique maintenus à 60° de température, on obtient un coton-poudre qui, bien lavé et séché, n'est que médiocrement explosif, mais se dissout intégralement dans un mélange d'éther et d'alcool en prenant l'aspect d'un sirop. Ce sirop, c'est le **collodion**, employé en photographie. Étendu sur une plaque de verre, le collodion laisse une pellicule très adhérente, insoluble dans l'eau et dans l'alcool, au sein de laquelle on peut facilement incorporer les sels d'argent sensibles à la lumière. Le verre est le support plan et transparent de cette mince couche où s'impriment, sous l'action de la lumière, les images des objets éclairés.

5. **Usages de la cellulose.** — La cellulose constitue les fibres textiles avec lesquelles se fabriquent les cordes, les fils et les tissus ; les débris de ces derniers servent à faire le papier.

Les végétaux principaux qui produisent les fibres textiles sont le chanvre, le lin et le cotonnier. C'est l'écorce du chanvre et du lin que l'on emploie. Pour séparer de la tige les longues fibres souples et tenaces dont on formera les fils, on soumet la plante au **rouissage** dans le but d'enlever la matière gommeuse qui fixait l'écorce à la tige. Le broyage sépare la filasse,

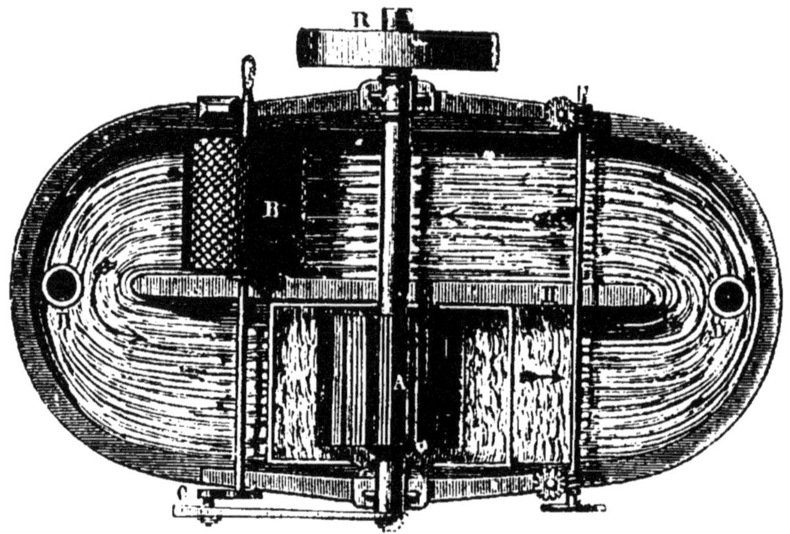

Fig. 267. — Pile à effilocher les chiffons. — A, cylindre cannelé roulant sur un plan incliné cannelé; — B, tambour en toile métallique mis en mouvement par la la roue C; — D, tube amenant l'eau; — H, cloison médiane forçant l'eau à suivre le sens des flèches; — R, roue imprimant le mouvement à l'arbre du cylindre.

qui est peignée, lissée, puis enfin filée à la main ou à la mécanique. Le chanvre sert à faire les toiles fortes et grossières : le lin est réservé aux tissus fins et légers.

Le coton est la bourre qui enveloppe les graines du cotonnier. Il est cardé et filé pour être ensuite transformé en tissus divers.

6. **Papier.** — Longtemps les chiffons ont été la seule matière première employée dans la fabrication du papier; on y joint aujourd'hui la paille, le sparte, le bois et l'alfa. Nous ne décrirons ici que les principes de la fabrication du papier de chiffons.

Les chiffons triés sont d'abord soumis au *lessivage* dans une chaudière chauffée à la vapeur et disposée de telle sorte que la lessive traverse en peu de temps un grand nombre de fois les chiffons. Après un rinçage et un lavage aussi complet que possible, on les passe à la pile pour les effilocher, c'est-à-dire pour les réduire en fibrilles comme de la charpie et obtenir une sorte de pâte. La pile (fig. 207) est une caisse ou cuve longue terminée par deux demi-cylindres; elle est partagée en deux par une cloison médiane incomplète qui en fait une sorte de canal allongé et fermé. Sur l'un des côtés tourne, au-dessus d'un plan cannelé, un gros cylindre armé de lames. L'eau arrive dans cette cuve par un tuyau; elle en sort par une sorte de tambour dont la surface est en toile métallique. Ce mouvement du cylindre effilocheur imprime à la masse de l'eau et des chiffons un mouvement circulaire qui amène ces derniers à passer entre les lames du cylindre et la platine au-dessus de laquelle il tourne. C'est dans ce mouvement que l'effilochage a lieu, les chiffons étant déchirés, pressés, triturés entre le cylindre et les lames. Et suivant le degré d'avancement du travail on obtient ou de la charpie ou une véritable pâte.

A cette opération succède le blanchiment, qui se fait au chlorure de chaux. On aide au dégagement du chlore en agitant la pâte à blanchir avec une eau légèrement acidulée.

La pâte blanchie est affinée, c'est-à-dire repassée à une pile spéciale qui en fait une pâte susceptible d'être étendue en feuilles minces. Elle est alors propre à la mise en feuilles, qui se réalise le plus souvent dans un appareil mécanique, mais aussi parfois *à la main*.

La mise en feuilles est opérée mécaniquement sur une pâte encollée préalablement avec un savon résineux et alumineux, par une machine complexe où la feuille étendue se dessèche, prend forme, et finalement se sèche et se lisse pour s'enrouler sur un cylindre d'où elle est prise pour être découpée et pliée.

Le papier *à la main* est préparé en introduisant la pâte dans un tamis en toile métallique animé d'un mouvement horizontal, où elle se sèche et laisse une feuille de la forme du tamis. Chaque feuille est encollée seulement à la surface. C'est la raison pour laquelle elle devient perméable quand on l'a grattée. Le papier à la main est réservé aux papiers de timbre, d'actes, de registres, de dessins et de lavis. Il est plus résistant, mais moins lisse et moins brillant que le papier ordinaire, obtenu mécaniquement.

BOIS

7. Propriétés. — Le bois comprend deux catégories de principes constitutifs : la première, le tissu ligneux, est formée de cellulose et de matière incrustante et représente 90 à 95 p. % du poids du bois sec; dans la seconde se retrouvent les nombreux principes immédiats extraits des végétaux, tels que gommes, fécules, sucres, alcaloïdes, matières résineuses, qui donnent à certaines espèces de bois leurs propriétés spéciales.

La densité des différentes essences de nos contrées, varie de 0,79 à 1,04 si l'on prend le bois frais; mais la fibre ligneuse, abstraction faite des pores, a pour densité 1,50.

Chauffé au contact de l'air, le bois commence à s'altérer vers 140°; à une température plus élevée, sa décomposition est plus prononcée; les produits volatils qui se forment brûlent et il ne reste finalement que des cendres.

A l'abri de l'air, le bois chauffé fournit divers gaz (acide carbonique, xyde de carbone, hydrogène, azote) et des produits goudronneux d'où l'on peut extraire l alcool méthylique et l'acide pyroligneux. Il reste environ 35 p. % de charbon.

La sciure de bois, traitée par l'hydrate de potasse ou de soude à une température élevée, se transforme en oxalate d'où l'on extrait l'acide oxalique.

8. Conservation des bois. — Les bois morts ou coupés subissent sous l'influence de l'humidité et de l'air des altérations variées, qui finissent par leur faire perdre de leur solidité, par les amener à se réduire en menus fragments ou par devenir une substance pulvérulente foncée, dont le terme final est l'humus. Cette combustion lente est souvent accompagnée des ravages d'insectes parasites, qui creusent leurs galeries dans le bois et le rendent encore plus perméable à l'air et à l'humidité. La fermentation putride y est due au développement d'infusoires microscopiques qui trouvent au sein du tissu végétal les matières nutritives utiles à leur développement.

On s'est préoccupé des moyens de prévenir cette destruction. Le plus employé consiste à faire pénétrer dans les fibres du bois des liquides antiseptiques qui détruisent tous les parasites végétaux et animaux. Le docteur Boucherie a conseillé différents modes d'injection des bois dont le plus répandu est le suivant :

La pièce à injecter est placée horizontalement. Sur le pourtour du gros bout, on applique une corde d'étoupe, puis un plateau épais en chêne que

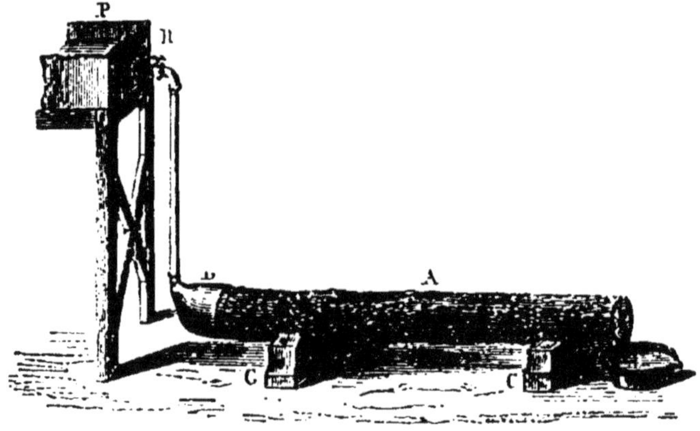

Fig. 208 — Injection du bois en grume. A, bûche posés sur deux billots C ; — B, sac de caoutchouc ; — P, réservoir du liquide à injecter ; — R, robinet du tube d'écoulement.

l'on fixe et que l on serre au moyen de crampons. On ménage ainsi, grâce à la corde, entre la pièce et le plateau, un espace vide où le liquide pourra se loger. Le plateau est percé au centre d'un trou circulaire muni d'un ajutage qui communique avec un réservoir élevé (8 ou 10 mètres) contenant le liquide à injecter (fig. 208). Le liquide s'écoule par l'autre bout de la pièce en déplaçant devant lui la sève.

Ce procédé est appliqué aux billes de chemins de fer et aux poteaux télégraphiques. Le liquide employé est le sulfate de cuivre ou encore le pyrolignite de fer.

On a aussi conseillé les huiles de goudron.

On a proposé aussi d'injecter les bois en les plaçant dans un cylindre où l'on fait le vide avant d'envoyer le liquide préservateur; la pression atmosphérique fait pénétrer ce liquide et on achève la pénétration par une compression de plusieurs atmosphères, au moyen d'une pompe. Mais c'est plus coûteux que par le premier procédé.

Questionnaire. — 1. Quel est l'état naturel de la cellulose ? — 2. A l'aide de quel réactif peut-on dissoudre la cellulose ? Quelle est l'action des acides sur la cellulose ? Comment fait-on le papier parchemin ? — 3. Qu'est-ce que le coton poudre et comment l'obtient-on ? — 4. Comment fait-on le collodion ? — 5. A quoi sert la cellulose ? — 6. Quelles sont les opérations de la fabrication du papier ? — 7. Quelles sont les propriétés du bois? — 8. Quels sont les moyens de conservation du bois?

SOIXANTE-NEUVIÈME LEÇON

Amidon. — Fécule. — Dextrine.

1. État naturel de la matière amylacée. -- La matière amylacée est une matière blanche, granuleuse, insoluble dans l'eau, qui forme fréquemment le contenu des cellules végétales. On la trouve dans les racines de beaucoup de plantes, les tubercules de pommes de terre, les bulbes, les fruits, les graines. On lui donne le nom d'amidon quand elle provient des céréales, le nom de fécule quand elle est extraite des tubercules de pommes de terre.

Pour extraire l'amidon, on fait avec de la farine une pâte que l'on malaxe sous un filet d'eau au-dessus d'un tamis placé dans une terrine ; l'amidon se dépose dans le fond de la terrine. La matière qui reste après le lavage est une substance molle, plastique ; c'est un composé azoté, le **gluten.**

Pour obtenir la fécule, on réduit les pommes de terre, au moyen d'une râpe, en pulpe que l'on agite sur un tamis fin, placé dans un vase d'eau ; la matière cellulaire reste sur le tamis ; la fécule se rassemble au fond du vase.

L'amidon a la forme de grains arrondis ou ovoïdes composés de couches concentriques se terminant par un canal appelé *hile*; toutes les couches ont la même composition ; mais elles diffèrent de condensation ; la couche extérieure est la plus dure. Pour bien constater cette structure, et bien apercevoir le hile, on dessèche des grains d'amidon à 200° ; on les plonge un instant dans l'alcool étendu ; celui-ci s'évapore et laisse une goutte d'eau qui perce l'enveloppe extérieure; si alors on place les grains dans de l'alcool très étendu, les différentes couches se

Fig. 209. — Grain de fécule exfolié par l'action de l'eau.

séparent les unes des autres. Les dimensions du grain de matière amylacée varient de 4 millièmes jusqu'à 185 millièmes de millimètre ; les plus gros sont fournis par la fécule.

2. Propriétés chimiques. — L'amidon soumis à l'analyse élémentaire accuse la formule $C^{12}H^{10}O^{10}$; il peut retenir une ou plusieurs molécules d'eau, suivant la manière dont il a été desséché. L'amidon broyé avec un peu d'eau froide forme une pâte résistante qui durcit par la dessiccation. Trituré dans un mortier à parois rugueuses avec une plus grande quantité d'eau, il y est en partie soluble ; l'enveloppe extérieure reste indissoute, mais le noyau du grain entre en dissolution.

Chauffé avec de l'eau à 75°, l'amidon se gonfle en formant une masse gélatineuse qu'on appelle empois ; l'eau en pénétrant à travers le hile du grain en distend considérablement les diverses couches. Cet empois est insoluble dans l'eau : les fibrilles d'un bulbe de jacinthe n'en absorbent que l'eau et pas la moindre trace de matière amylacée.

L'amidon est *bleui par l'iode*; suivant les uns, c'est une pénétration physique de l'iode dans les couches du grain ; suivant les autres, c'est une formation d'iodure d'amidon bleu. La coloration est bien plus vive avec l'empois, c'est-à-dire avec l'amidon désagrégé, qu'avec les grains entiers : un liquide contenant de l'empois et seulement $\frac{1}{400000}$ d'iodure de potassium bleuit encore par l'addition d'acide sulfurique chargé de vapeurs nitreuses.

L'iodure d'amidon chauffé se décolore; le refroidissement lui rend sa coloration, l'acide azotique aussi.

Cette coloration par l'iode est la réaction caractéristique qui sert à constater la présence de la matière amylacée.

Chauffée au dessus de 150°, la matière amylacée subit non seulement une désagrégation, mais une métamorphose complète ; elle prend l'aspect d'une masse transparente et gélatineuse. Sans rien perdre ni gagner, rien que par un arrangement moléculaire différent, elle s'est transformée en un nouveau corps qui ne bleuit plus l'iode, mais le colore faiblement en rouge vineux. Ce nouveau corps, de même composition élémentaire que l'amidon, c'est la dextrine.

Les acides minéraux étendus provoquent cette transformation par l'ébullition. Il est alors très facile d'en suivre les diverses phases. On fait bouillir un peu de fécule avec de l'eau acidulée et on fait, à différents intervalles, une prise d'essai du liquide. La première prise bleuit franchement l'iode ; les autres bleuissent de moins en moins et on arrive à la couleur rouge vineux, qui caractérise la dextrine.

La transformation peut aller plus loin, si l'ébullition continue; le liquide ne change plus du tout l'iode ; il s'est formé une sorte de sucre, la glucose, appelée encore sucre de fécule, qui répond à la formule $C^{12}H^{12}O^{12}2Aq$; c'est de l'amidon qui a pris 2HO de composition et 2Aq d'hydratation.

Le gluten transforme l'empois en glucose ; c'est la raison de la liquéfaction de la colle de pâte qui s'acétifie ensuite par une fermentation prolongée. La levûre de bière, la gélatine, la salive, le suc pancréatique transforment également la matière amylacée en glucose. Mais la matière azotée qui agit avec le plus de promptitude, c'est la diastase, matière organique qui se développe dans les graines au moment de la germination, pour rendre solubles, c'est-à-dire assimilables, les matériaux féculents que contient la graine et qui seront les premiers aliments de la jeune plante.

Ainsi la chaleur seule, l'eau chauffée, les acides minéraux étendus, certaines matières azotées, notamment la diastase, transforment la matière amylacée insoluble en dextrine et glucose solubles.

L'acide azotique concentré oxyde l'amidon et produit un groupement moins complexe, l'acide oxalique ; c'est un des modes de préparation de cet acide.

3. Usages des matières amylacées. — L'amidon sert à faire l'empois pour donner l'apprêt au linge. La fécule entre dans le collage du papier et dans l'apprêt des tissus.

La fécule est fréquemment convertie en glucose.

Les fécules alimentaires sont de même nature chimique que la fécule de pommes de terre dont elles ne diffèrent que par le goût. L'arrow-root, retiré de certaines plantes de l'Inde, est estimé pour les potages légers ; le *tapioca* est une fécule blanche produite par le manioc cultivé en Amérique ; le sagou provient du tissu cellulaire de certains palmiers ; le salep de la Perse est fourni par les tubercules de quelques orchis.

4. Extraction industrielle de l'amidon. — L'amidon est ordinairement extrait des diverses espèces de blé. Le grain de blé comprend des enveloppes que la mouture en sépare sous le nom de *son* et la farine qui, agitée avec l'eau, se divise en amidon et en gluten. Le gluten humide abandonné à lui-même sous l'eau finit par se liquéfier sous l'influence d'une fermentation spéciale : de là deux procédés de préparation de l'amidon.

Le premier, plus particulièrement *mécanique*, emploie la farine mélangée à l'eau sous forme de pâte, malaxe cette pâte sous un filet d'eau qui entraîne l'amidon, tandis que le gluten reste sur le tamis.

Le second, plutôt *chimique*, emploie le grain de blé grossièrement broyé, le laisse immergé pendant plusieurs semaines sous l'eau, additionnée du liquide provenant d'une opération antérieure et appelé eau sûre, jusqu'à ce que le gluten soit devenu entièrement liquide, et il sépare l'amidon de ce liquide à odeur fétide.

Le premier a l'avantage de n'être pas insalubre et de conserver le gluten que l'on peut employer à faire des pâtes alimentaires. Le second, relégué loin des habitations à cause de son insalubrité, perd le gluten, mais peut s'appliquer même aux grains avariés. L'amidon recueilli par l'un et l'autre est lavé plusieurs fois et enfin égoutté sur des toiles ou des carreaux en plâtre. Les pains d'amidon sont partagés et portés à l'étuve où ils sont desséchés graduellement. Le retrait opéré par la chaleur concasse la masse en prismes irréguliers ou aiguilles à arêtes presque parallèles, forme sous laquelle se présente habituellement l'amidon du commerce.

5. Extraction de la fécule de pommes de terre. — Les tubercules sont d'abord trempés et lavés, c'est-à-dire débarrassés de la terre et des parcelles sableuses adhérentes. Ils sont ensuite soumis à l'action d'une râpe qui déchire les cellules et met à nu les grains de fécule. La pâte est remuée au-dessus d'un tissu sous un filet d'eau qui laisse le tissu cellulaire comme résidu et entraîne la fécule qui se dépose. Cette fécule déposée est recouverte d'une couche, le *gras de fécule*, dont on la débarrasse par raclage ; elle est ensuite lavée et séchée pour être livrée au commerce.

6. Dextrine. — La dextrine a même composition chimique que l'amidon et la fécule, avec des propriétés différentes. Elle provient de la transformation de la matière amylacée par la chaleur, ou par l'ébullition avec les acides étendus, ou par la diastase que contient le **malt** ou **orge** germé.

Préparée par la chaleur en soumettant à une température croissante jusqu'à 200° de la fécule humectée d'eau et d'un peu d'acide azotique, elle porte le nom de *leicome* ou d'**amidon torréfié**.

Obtenue par le malt, sous forme d'un liquide mucilagineux, elle porte le nom de **sirop de dextrine**.

Elle sert dans les apprêts des tisserands, pour l'épaississement des mordants ou des couleurs. On l'emploie pour les étiquettes **collantes** et surtout pour les bandes agglutinatives que la chirurgie utilise à maintenir et à consolider la réduction des fractures.

Questionnaire. — 1. Sous quelle forme se trouve la matière amylacée? Comment se présente l'amidon? — 2. Quelles sont les propriétés chimiques de l'amidon? Comment fait-on l'empois? Quelle est l'action des acides? de la diastase? — 3. Quels sont les usages des matières amylacées et des fécules diverses? — 4. Comment extrait-on l'amidon? — 5. Comment extrait-on la fécule de pommes de terre? — 6. Quelle est la nature de la dextrine? quelles sont ses propriétés? comment l'obtient-on?

SOIXANTE-DIXIÈME LEÇON

Glucoses et sucrés.

1. Glucose, $C^{12}H^{12}O^{12}2Aq$. — La glucose, qu'on nommait autrefois **sucre de raisin**, se rencontre dans un grand nombre de fruits; elle constitue les efflorescences d'aspect farineux qui recouvrent les pruneaux secs. Elle fait partie du miel; on la trouve dans l'urine diabétique et même en petite quantité dans l'urine normale. Elle prend en outre naissance par la transformation de la matière amylacée et aussi par l'ébullition du sucre ordinaire avec les acides dilués.

Propriétés. — La glucose est un solide blanc en cristaux opaques, soluble dans l'eau et dans l'alcool, d'une saveur 2 fois moins sucrée que celle du sucre ordinaire. Sa formule la représente comme un corps hydraté; elle perd en effet deux équivalents d'eau à 100°; mais elle les reprend au contact de l'air humide.

L'acide azotique ordinaire la transforme en acide oxalique. L'acide monohydraté en fait un corps nitré explosif comme le coton-poudre.

Les alcalis forment avec la glucose des combinaisons que la chaleur altère et brunit très facilement.

Le caractère saillant de la glucose, c'est d'être un réducteur des solutions métalliques. Mélangée à du nitrate d'argent ammoniacal, la glucose fait déposer de l'argent métallique brillant (c'est un des moyens de produire l'argenture du verre). Cette propriété a fait considérer la glucose comme une aldéhyde. Ajoutée avec une solution de potasse à une solution de sulfate de cuivre, elle fait déposer par la chaleur un précipité d'oxyde rouge de cuivre. Cette réaction a été mise à profit pour doser la glucose.

2. Dosage de la glucose. — On prépare une liqueur d'épreuve, dite de

Fehling, en dissolvant séparément 130^{gr} de soude, 105^{gr} d'acide tartrique, 80^{gr} de potasse, 40^{gr} de sulfate de cuivre, puis en mélangeant et en étendant la liqueur de manière à faire un litre. On *titre* cette liqueur en cherchant quelle quantité est décolorée par 1^{gr} de glucose pure. Alors, pour faire l'essai d'un liquide glucosique, on prend cette quantité qu'on étend au volume de 100^{cc} et qu'on chauffe dans une capsule, et on y verse peu à peu avec une burette le liquide sucré; le volume versé pour obtenir la décoloration contenait 1^{gr} de glucose.

4. Préparation et usages. — On peut obtenir la glucose pure en délayant du miel de Narbonne dans de l'alcool, exprimant fortement le résidu et le faisant cristalliser dans l'alcool bouillant.

La glucose du commerce est livrée sous trois formes, en *sirop*, en masse solide ou en grains. Elle est obtenue dans les trois cas par l'ébullition de la fécule avec l'acide sulfurique étendu, continuée jusqu'à ce que l'iode prenne dans un essai du liquide la teinte du rhum. On sature l'acide par la craie. On évapore le liquide clair après l'avoir filtré soit jusqu'à ce qu'il marque 30° Baumé si l'on veut du *sirop*, soit plus loin si l'on veut la glucose solide.

La glucose en sirop sert dans la fabrication de la bière et dans celle de l'alcool; la glucose peut en effet subir sans changement préalable la fermentation alcoolique. On emploie de grandes quantités de glucose sous le nom de *sucre de fécule* dans la confiserie, la préparation des liqueurs et la pâtisserie.

<h2 style="text-align:center">SUCRE DE CANNE C^{24}H^{22}O^{22}</h2>

5. État naturel et propriétés. — Le sucre est très répandu dans le règne végétal; on le trouve dans les racines de betteraves, carottes, patates, angélique, grand-soleil; dans la tige de beaucoup de graminées, la canne à sucre, le sorgho, le maïs; dans la sève de certains palmiers; dans les melons, les bananes, les oranges, etc.

Le sucre pur est en grands cristaux transparents et incolores ou en petits cristaux comme dans les *pains* du commerce. Broyé dans l'obscurité, il répand une lueur phosphorescente. Il est très soluble dans l'eau, insoluble dans l'alcool absolu froid, un peu soluble dans l'alcool étendu.

Chauffé, il fond à 160° en un liquide visqueux; à 215°, il perd de l'eau et se transforme en caramel. A l'air, à une plus haute température, il dégage des gaz et laisse un résidu de charbon.

L'ébullition d'une solution de sucre, additionnée d'une petite quantité d'un acide minéral, transforme le sucre en *glucose* et *lévulose* (ce dernier produit étant un isomère de la glucose, avec une différence dans l'action sur la lumière). On pense que dans cette réaction le sucre s'est assimilé deux équivalents d'eau :

$$C^{24}H^{22}O^{22} + 2HO = C^{12}H^{12}O^{12} + C^{12}H^{12}O^{12}.$$
$$\text{Sucre.} \qquad\qquad \text{Glucose.} \qquad \text{Lévulose.}$$

On dit alors que le sucre est *interverti* parce qu'il agit différemment sur les rayons lumineux. Cette interversion a un grand intérêt : il faut que le sucre l'ait subie pour pouvoir fermenter, c'est-à-dire se transformer en alcool; et quand il l'a subie, il devient dosable comme la glucose par le réactif cupro-tartrique.

Le sucre interverti jouit de la propriété réductrice de la glucose; comme cette dernière, il fait déposer, avec l'aspect métallique, l'argent d'une solution de nitrate ammoniacal et peut dès lors servir à l'argenture du verre.

Les alcalis et les oxydes terreux, comme la baryte et la chaux, se combinent au sucre et donnent des sels, les sucrates, dont les deux plus importants sont ceux de baryte et de chaux, le premier insoluble et le second soluble dans l'eau. Le dernier se fait facilement en faisant digérer de la chaux éteinte dans de l'eau sucrée.

6. **Extraction du sucre.** — Le sucre est extrait de la *canne à sucre* en Amérique et de la *betterave* en Europe. La production du sucre de betterave atteint pour la France seule plus de quatre millions de quintaux.

La betterave cultivée de préférence est la variété blanche, dite de *Silésie*, à collet rose, dont la racine sort peu de terre et présente une chair blanche et ferme qui se conserve bien. Les betteraves récoltées bien mûres, c'est-à-dire quand les feuilles commencent à se faner, employées fraîches ou après conservation en silos, sont, à l'arrivée en fabrique, lavées et nettoyées, puis étêtées, c'est-à-dire débarrassées de la partie qui a poussé hors de terre et qui contient peu de sucre. On en extrait le jus soit en les râpant et en exprimant la pulpe dans des presses, soit en laissant macérer dans l'eau froide ou chaude la pulpe fournie par les râpes, soit enfin en découpant les racines en lanières ou tranches très minces et en extrayant le jus par l'eau, grâce à l'application convenable des phénomènes d'osmose. Les résidus constituent un bon aliment pour le bétail.

Le jus obtenu est un liquide trouble, d'abord peu coloré, mais qui ne tarde pas à prendre à l'air une teinte jaune brun. Il faut se hâter de le traiter le plus promptement possible pour éliminer les composés azotés qui l'altèrent et empêcher qu'une portion du sucre ne devienne incristal- lisable. C'est le but de la *défécation*.

Défécation des jus sucrés. — La défécation consiste à mélanger au jus sucré de l'eau de chaux qui forme des composés insolubles avec les acides organiques libres, les matières azotées et les matières colorantes et qui donne avec le sucre un *sucrate de chaux soluble* et bien moins altérable que le jus primitif. Le sucrate de chaux formé sera ensuite décomposé par un courant d'acide carbonique.

Le jus est chauffé par la vapeur dans des chaudières (fig. 210) ou l'on amène de l'eau de chaux pendant qu'on porte la température à 60°. On y fait alors dégager du gaz carbonique qui se combine à la chaux en produisant beaucoup de mousse. Tout le liquide est ensuite écoulé dans des bacs de même capacité que les chaudières où il se dépose. Le jus clair est envoyé dans une deuxième chaudière où il subit à nouveau l'action de la chaux et de l'acide carbonique, puis, quand toute la chaux est précipitée, une ébullition qui chasse l'excès d'acide. Une seconde décantation donne un jus limpide, qu'on envoie aux filtres de noir animal. Les écumes et dépôts des deux opérations sont passés dans des filtres-presses particuliers qui en extraient ce qu'il y a encore de jus sucré.

Filtration. — Le passage du jus sur le noir animal en grains a pour but de lui enlever des matières colorantes altérables et des bases alcalines, potasse et soude, qui s'y trouvent par suite de la décomposition de leurs sels par la chaux et qui gêneraient l'évaporation et la concentration. Le noir animal, qui jouit lorsqu'il est frais de la double propriété d'absorber et de décolorer, la perd rapidement par l'usage ; mais on la lui rend par la *revivification*, qui consiste à le calciner après l'avoir lavé.

Concentration du jus. — Le jus filtré doit être fortement concentré pour que le sucre puisse cristalliser. La première phase est une évaporation qui

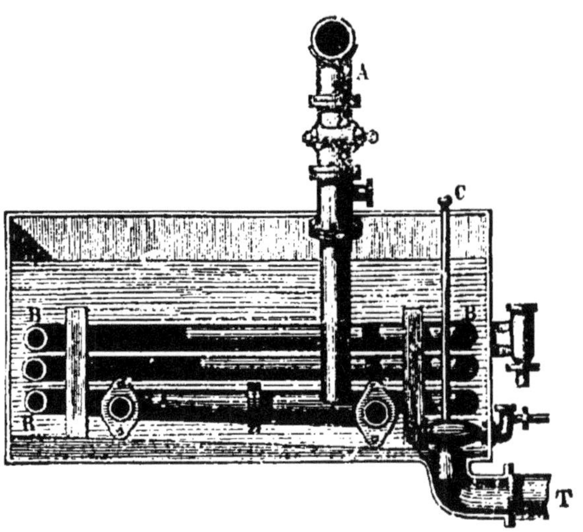

Fig. 210. — Chaudière à défécation des jus sucrés. — A, tuyau amenant l'acide carbonique dans la cuve, où il est disposé en carré : — tube en serpentin amenant la vapeur ; — C, tige de la bonde de fond ; — T, tuyau de vidange.

le réduit à moitié de son volume et le transforme en *sirop*. Elle a lieu dans des chaudières chauffées par un serpentin de vapeur et non plus comme autrefois à l'air libre, c'est-à-dire sous la pression atmosphérique, mais dans le vide, ce qui permet d'accélérer de beaucoup l'opération, d'élever bien moins la température et par suite d'éviter des causes d'alté ration du sirop.

Le sirop marquant 25 à 26° Baumé est encore filtré sur du noir animal avant d'être cuit.

Cuite. — La cuite du sirop a lieu dans des chaudières où le vide est fait et qui sont chauffées par des serpentins de vapeur. Elle peut être poussée plus ou moins loin, suivant la pureté du sirop. Quand elle est terminée, on amène la masse dans des cristallisoirs où le sucre solide se dépose au sein des sirops qui constituent les mélasses.

Pour séparer le sucre des sirops qui le salissent, on employait autrefois les formes à égoutter et le procédé du *clairçage ;* on emploie aujourd'hui partout les turbines essoreuses fondées sur la force centrifuge, qui donnent plus facilement un sucre plus blanc.

Le sucre ainsi obtenu est en petits cristaux souvent un peu colorés ; il a besoin de subir le raffinage.

7. Raffinage du sucre. — La première opération consiste à redissoudre les sucres bruts mélangés et à les clarifier en les chauffant avec un mé.

lange de noir et de sang de bœuf. Elle est suivie d'une filtration, d'abord à travers des toiles pelucheuses et ensuite sur du noir en grains qui décolore complètement le jus sucré. Le jus est cuit à cristallisation, réchauffé, puis mis dans les formes coniques, où il cristallise.

Après un égouttage qui enlève une partie du sirop non cristallisé, on *claire* les pains, c'est-à-dire qu'on dépose à leur partie supérieure un sirop de sucre qui pénètre dans le pain et chasse devant lui le sirop coloré qui peut s'y trouver. Il ne reste plus qu'à extraire les pains des formes et à leur donner de la consistance en les chauffant à 50° dans des étuves à air.

8. **Sucre candi et sucre d'orge.** — Le *sucre candi* est du sucre ordinaire en gros cristaux à facettes et à angles bien nets. On le prépare en évaporant lentement une dissolution de sucre filtré, après avoir tendu dans le vase évaporatoire des fils sur lesquels les cristaux se déposent. Il est employé dans la fabrication des liqueurs fines et du champagne.

Le sucre d'orge ne renferme que du sucre blanc ou légèrement jaunâtre. C'est un sirop de sucre clarifié, cuit jusqu'à ce qu'une goutte se solidifie dans l'eau froide, et que l'on verse sur un marbre huilé où il se prend en masse consistante qu'on découpe et qu'on roule en bâtons. Frais, il est transparent ; mais plus tard une sorte de cristallisation le rend opaque et fragile.

9. **Sucre incristallisable.** — La matière sucrée qui existe dans les fruits, raisins, groseilles, prunes, etc., n'a pas comme le sucre de betterave la propriété de cristalliser. Sa composition chimique est celle de la glucose anhydre. Elle se transforme d'ailleurs en glucose par l'exposition à l'air : c'est là l'origine des granulations blanches qui recouvrent les pruneaux secs.

Questionnaire. — 1. Qu'est-ce que la glucose et où la trouve-t-on ? — 2. Quelles sont les propriétés essentielles de ce corps ? — 3. Comment en fait-on le dosage ? — 4. Comment prépare-t-on la glucose et quels sont ses usages ? — 5. Où trouve-t-on le sucre de canne et quelles sont ses propriétés ? Qu'appelle-t-on sucre interverti ? Quelle est la composition des sucrates ? — 6. Comment extrait-on le sucre de la betterave ? Quel est le but de la défécation ? Quelles sont les précautions à prendre dans la concentration et la cuite des jus ? — 7. Comment raffine-t-on le sucre ? — 8 et 9. Qu'est-ce que le sucre candi, le sucre d'orge, le sucre incristallisable ?

SOIXANTE-ET-ONZIÈME LEÇON

Fermentations. — Boissons fermentées.

1. **Ferments.** — Une fermentation est une réaction chimique dans laquelle un composé organique, la substance fermentescible, se modifie sous l'influence d'un autre composé organique, le ferment, qui ne fournit rien de sa propre substance et dont par suite une quantité relativement petite peut opérer la transformation d'une quantité considérable du premier corps.

Dans certains cas, comme dans la transformation du sucre en alcool, de l'alcool en acide acétique, le ferment est un être organisé qui ne naît et ne se développe que dans certains liquides, et dont le développement entraîne fatalement la modification de la substance fermentescible.

Dans d'autres, le ferment est un principe azoté soluble, capable d'exercer son action sur tels ou tels groupes de corps, à une température variable mais toujours inférieure à 100°. Parmi ces *ferments solubles* se trouvent la diastase de l'orge germé qui transforme l'amidon en dextrine et glucose, la ptyaline de la salive ou diastase animale, qui joue le même rôle, le suc pancréatique et la pepsine qui portent leur action, l'un sur les corps gras, l'autre sur les aliments albuminoïdes.

Les fermentations diffèrent donc avec la nature du ferment et avec la nature de la substance fermentescible. Nous ne décrirons que la *fermentation alcoolique*, comme la plus importante et le type de ces phénomènes chimiques qui semblent liés aux fonctions physiologiques des organismes vivants sous l'influence desquels ils se produisent.

2. Fermentation alcoolique. — Du jus de raisin abandonné à l'air ne tarde pas à subir une profonde métamorphose; la liqueur s'échauffe, des bulles de gaz acide carbonique se dégagent en faisant mousser la masse; la saveur sucrée disparaît; il s'est formé de l'alcool dans le liquide. Ce phénomène, connu depuis longtemps, analysé seulement depuis Lavoisier, peut se reproduire entièrement sur une solution de glucose additionnée de levûre de bière, qui produit de l'alcool et dégage de l'acide carbonique.

Cette transformation de la substance sucrée en alcool peut donc se définir par la nature du liquide fermentescible, par les produits qui en dérivent et par le ferment qui est l'agent de la transformation.

Les substances capables de subir la fermentation alcoolique, c'est la glucose et la levûlose; le sucre, quand il a été d'abord interverti, soit par les acides étendus, soit par le ferment soluble contenu dans la levûre; l'amidon, quand il a été d'abord transformé en glucose.

Les produits de la fermentation sont l'alcool et l'acide carbonique que l'on a longtemps cru les seuls, la glycérine et l'acide succinique signalés par M. Pasteur. D'après ce savant, 100 parties de sucre, équivalant à 105,30 de glucose, produisent par fermentation :

$$
\left.
\begin{array}{lr}
\text{Alcool.} & 51,11 \\
\text{Acide carbonique.} & 49,42 \\
\text{Acide succinique.} & 0,67 \\
\text{Glycérine} & 3,16 \\
\text{Cellulose} & 1,00
\end{array}
\right\} \quad 105,36.
$$

En négligeant, pour la réaction simple, les trois derniers produits, la glucose se dédouble en parties égales d'alcool et d'acide carbonique, d'après l'équation :

$$C^{12}H^{12}O^{12} = 2(C^4H^6O^2) + 4CO^2.$$

Le sucre, pour subir cette transformation, doit s'être interverti, avoir pris l'eau qui lui manque, pour se dédoubler en glucose et lévulose.

$$
\underset{\text{Sucre.}}{C^{24}H^{22}O^{22}} + 2HO = \underset{\text{Sucre interverti.}}{C^{24}H^{24}O^{24}} \text{ ou}
\left\{
\begin{array}{l}
C^{12}H^{12}O^{12}\,\text{lévulose} \\
C^{12}H^{12}O^{12}\,\text{glucose}
\end{array}
\right.
\text{donnant } 4(C^4H^6O^2) + 8CO^2
$$

Le *ferment alcoolique* est la levûre de bière, substance insoluble qui se dépose dans le moût de bière fermenté : c'est une série de petits globules sphériques ou ovoïdes susceptibles de se reproduire par bourgeonnement. Placée dans une décoction d'orge germé, la levûre augmente par multiplication de ses globules ; le globule-mère présente d'abord une proéminence qui augmente jusqu'à la grosseur du globule primitif, et au bout d'un certain temps l'ensemble forme des paquets rameux de globules en chapelets.

Il faut à la levûre, pour cette multiplication, pendant laquelle s'accomplit l'acte chimique de la transformation du sucre en alcool, une matière azotée comme aliment. Quand la substance fermentescible ne contient pas du tout de matière azotée, la levûre se développe quelque temps aux dépens de sa propre substance et la fermentation s'arrête. M. Pasteur, qui a fait de ces phénomènes une étude très complète, pense que la fermentation alcoolique est la conséquence du développement de la vie de ces cellules végétales qui forment la levûre, que la décomposition du sucre commence avec les manifestations de la vie dans les globules, se ralentit et s'arrête avec elles, et que les sucs végétaux sucrés fermentent spontanément, au contact de l'air, parce que l'air leur apporte les germes du ferment qui trouvent un liquide favorable à leur multiplication.

BOISSONS FERMENTÉES

3. Vin. — Le vin est le produit de la fermentation du jus sucré des raisins. Des grappes de raisins foulées ou cylindrées donnent une pulpe qui, abandonnée à elle-même, fermente, pourvu que la température soit supérieure à 15°. Pendant cette fermentation qui s'opère dans de grands cuviers les matières solides soulevées par le dégagement du gaz acide carbonique montent à la surface et forment une croûte ou *chapeau* qui préserve le liquide de l'action de l'air. Après cinq à huit jours, la fermentation est terminée ; le liquide soutiré forme le *vin de première goutte;* les marcs portés au pressoir laissent sortir un *vin de pressurage* qu'on mêle parfois au premier.

Le vin mis en tonneaux continue encore à fermenter quelque temps et à dégager de l'acide carbonique, puis il dépose les matières étrangères qui le rendaient trouble et qui forment la *lie.* On le soutire pour l'enlever à l'influence de ce dépôt, et, pour éliminer un principe albuminoïde qu'il tient en suspension, on le *colle,* c'est-à-dire qu'on le clarifie avec du blanc d'œuf, du sang ou de la gélatine. On peut alors le mettre en bouteilles.

C'est ainsi que se prépare le vin rouge ou rosé, suivant qu'il provient des raisins noirs ou blancs.

Pour préparer les *vins blancs* avec des raisins noirs, on pressure la pulpe fraîche de manière à en extraire le jus, qu'on laisse fermenter et qu'on traite alors pour le reste comme le vin rouge. La matière colorante se trouve dans la pellicule de la graine ; elle ne peut se dissoudre que dans un liquide alcoolique ; si donc le jus a été séparé des pulpes, il ne pourra pas y avoir de coloration après fermentation, puisque la matière colorante sera restée sur le pressoir.

Le plus estimé des vins blancs est le champagne. Pour lui donner sa saveur particulièrement sucrée et l'acide qui le rend mousseux, on met dans chaque bouteille 3 à 5 % de sucre candi. Ce sucre subit la fermentation ; l'acide qu'il développe ne pouvant s'échapper reste dans le vin qu'il faut tenir solidement bouché pour qu'il conserve ses qualités.

4. Cidre. — Le cidre, qui remplace le vin dans les contrées où le climat s'oppose à la culture de la vigne, est le produit de la fermentation du jus des pommes. Les pommes sont conservées cinq à six semaines après leur récolte ; pendant ce temps, elles subissent un complément de maturation qui augmente la quantité du sucre. On les broie habituellement entre des cylindres cannelés.

Pour extraire le jus, on peut placer la pulpe dans des tonneaux debout où l'eau sépare le jus en vertu de déplacements osmotiques. Le plus souvent on met la pulpe à macérer avec l'eau vingt-quatre heures et on en extrait le jus par compression. Le liquide trouble recueilli est mis en fût où il fermente et se clarifie par suite du dépôt des substances lourdes et de l'ascension des matières légères, qui avec l'acide carbonique forment une écume à la surface. La fermentation est lente ; aussi le cidre conserve-t-il assez longtemps sa saveur sucrée.

Une vieille habitude fait laisser le cidre sur la lie qu'il dépose ; c'est le laisser en contact avec des causes nombreuses d'altération. Il vaudrait bien mieux le soutirer comme on le fait pour le vin.

5. Bière. — La *bière*, boisson habituelle des pays du Nord, est le résultat de la fermentation alcoolique des matières amylacées, avec une infusion de houblon qui lui donne ses qualités aromatiques.

C'est d'ordinaire l'orge, céréale peu coûteuse, qui sert à la fabrication de la bière ; cette graine développe en germant de la diastase, ferment soluble qui saccharifie très bien l'amidon ; l'orge germé ou *malt* est la matière première de la dissolution sucrée qui donnera la bière en fermentant.

La germination de l'orge ou maltage est la première opération de la fabrication. L'orge humectée, qui est tombée au fond de l'eau d'une cuve et qui s'y est gonflée, est mise en couche de 30 à 40 centimètres d'épaisseur sur des aires où la température est au moins de 15°. Dès que sa germination commence, on diminue successivement l'épaisseur de la couche et on arrête l'opération quand la gemmule a atteint une longueur des $\frac{2}{3}$ du grain, en portant les graines dans une étuve que l'on chauffe progressivement de manière à chasser l'humidité d'abord et à rendre ensuite les radicelles cassantes. Pendant cette germination, la diastase s'est peu à peu formée, et au moment où cette germination est interrompue, cette diastase n'a pas encore transformé l'amidon de la graine en un produit soluble destiné comme aliment au germe. Le malt est le grain concassé débarrassé de ses radicelles.

Ce malt est brassé ou saccharifié dans de grandes cuves où l'on amène de l'eau à 60° et où se meuvent des agitateurs. Le liquide que l'on en soutire est le moût de bière, c'est-à-dire une dissolution de glucose, provenant de l'action sur l'amidon de la diastase contenue dans le malt.

On fait bouillir ce moût avec du houblon qui lui cède son huile volatile, et le liquide *houblonné* et refroidi est porté dans les cuves à *fermentation* où il se transforme peu à peu en alcool avec dégagement d'acide carbonique et d'écumes qui, exprimées, forment la levûre de bière. Les conditions dans lesquelles s'effectue cette fermentation influent beaucoup sur la qualité de la bière.

PRÉPARATION INDUSTRIELLE DE L'ALCOOL

6. Matières premières. — Pendant longtemps l'alcool n'a été obtenu que par la distillation des boissons fermentées et principalement du vin. On l'a retiré ensuite de presque tous les liquides sucrés que la nature nous offre dans les racines, les tiges ou les fruits des végétaux ; ces liqueurs sont en effet susceptibles de fermentation alcoolique dans les conditions convenables de température et de dilution avec l'eau ; l'alcool qui s'y forme s'y trouve délayé dans une grande quantité d'eau, et pour l'en isoler il faut avoir recours à la distillation.

Mais l'industrie de l'alcool n'est pas réduite à utiliser simplement comme matières premières les jus sucrés naturels. L'amidon ou fécule, la cellulose peuvent être convertis en glucose : il en résulte que la plupart des matières amylacées servent aujourd'hui à la fabrication de l'alcool.

On l'emprunte donc à trois sources principales :

1° *Les vins et les liquides qui le contiennent très dilué ;*

2° *La glucose, le sucre, les mélasses, les betteraves, les plantes sucrées en général ;*

3° *Les céréales, les pommes de terre, certaines légumineuses, la cellulose.*

Ces dernières doivent d'abord être transformées en une substance fermentescible par l'action des acides minéraux étendus ou de la diastase; et cette liqueur mise en fermentation avec la levûre de bière doit enfin donner un *moût* alcoolique.

La fermentation doit également être provoquée dans les substances sucrées.

Ce n'est qu'après ces opérations préliminaires qu'on procède à la *séparation de l'alcool par la distillation.*

7. Distillation des liqueurs fermentées. — Les moûts fermentés ne renferment que de 3 à 15 p. % d'alcool. Quand on les porte à l'ébullition, il se forme des vapeurs de tous les principes volatils en présence ; l'alcool se vaporise proportionnellement en plus grande quantité que l'eau, de sorte qu'en condensant les vapeurs on obtient un liquide plus riche en alcool que le moût primitif.

Quand on n'opère que sur de petites quantités, on emploie les appareils distillatoires les plus simples, l'alambic ordinaire ou dans les laboratoires une cornue dont le col est emmanché dans une allonge (fig. 211) fixée à un ballon. Mais la première opération ne donne qu'un alcool aqueux.

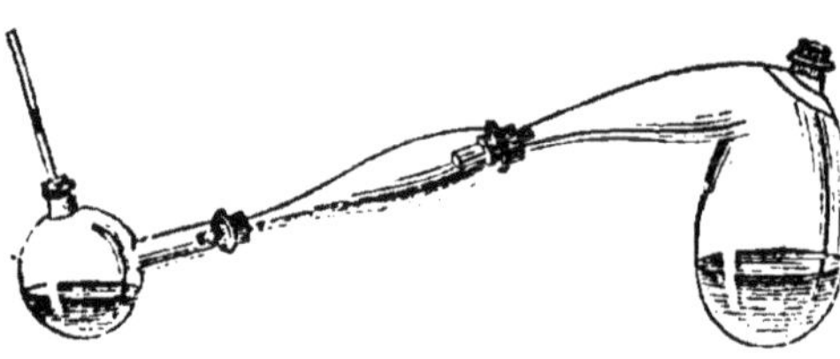

Fig. 211. — Appareil simple pour distillation.

On est donc obligé de recourir à des distillations répétées pour obtenir un liquide plus riche en alcool. C'est le mode encore adopté pour la préparation des diverses *eaux-de-vie* de raisins, de marcs et de fruits, bien que les redistillations exigent une grande dépense de temps, de combustible et de main-d'œuvre.

Dans l'industrie, quand on opère sur de grandes quantités et qu'on veut avoir un alcool fort, un esprit marquant 90° à l'alcoomètre de Gay-Lussac, on emploie d'autres appareils plus complexes, mais qui ont l'avantage de fournir l'alcool à 90° en une seule opération.

Ces appareils peuvent différer les uns des autres par la disposition, mais ils ont tous le même principe : enrichir les vapeurs en alcool par des *déflegmateurs* et des *rectificateurs* avant de les envoyer aux appareils qui les condensent.

Les déflegmateurs reposent sur les principes suivants : les vapeurs qui s'élèvent d'un liquide alcoolique bouillant sont toujours plus riches en alcool que le liquide, et elles sont d'autant plus riches que le point d'ébullition est moins élevé. En les refroidissant, mais sans produire une condensation complète, on en réalise l'analyse; il se condense une partie plus aqueuse, tandis que celle qui reste en vapeur est plus riche en alcool. Et si les choses sont arrangées de manière à ce que cette dernière portion se rende seule à l'appareil condensateur, on obtient un produit plus riche en alcool que ne le seraient les vapeurs dégagées par l'ébullition du liquide.

La forme des déflegmateurs varie beaucoup : le plus simple, c'est le haut d'une cornue, le chapiteau de l'alambic, quand ils sont disposés pour que le liquide qui s'y condense par le refroidissement de l'air retourne à a chaudière.

Les rectificateurs contiennent la liqueur alcoolique à distiller, comme substance destinée à condenser les vapeurs qui y arrivent de la chaudière. Le plus simple est une deuxième chaudière placée à la suite de la première et où se rendent les vapeurs dégagées de celle-ci. Ces vapeurs en y arrivant s'y condensent, forment un liquide plus riche en alcool et dont le point d'ébullition est plus bas que celui du premier liquide· la

chaleur qu'elles y abandonnent en se condensant fait évaporer leur con‑
tenu et il en sort des vapeurs plus riches en alcool que celles qui y sont
entrées. Il est à remarquer que les rectificateurs ne sont, en définitive,
que des alambics à redistillation, mais qui, au lieu d'exiger un chauffage
direct et spécial, utilisent la chaleur latente des vapeurs dégagées de
l'alambic principal.

Un appareil distillatoire complet comprend donc une première chau‑
dière suivie d'un certain nombre de rectificateurs, puis un ou plusieurs
déflegmateurs et enfin les réfrigérants ou serpentins condensant les
vapeurs et donnant le liquide distillé. Il est habituellement disposé de

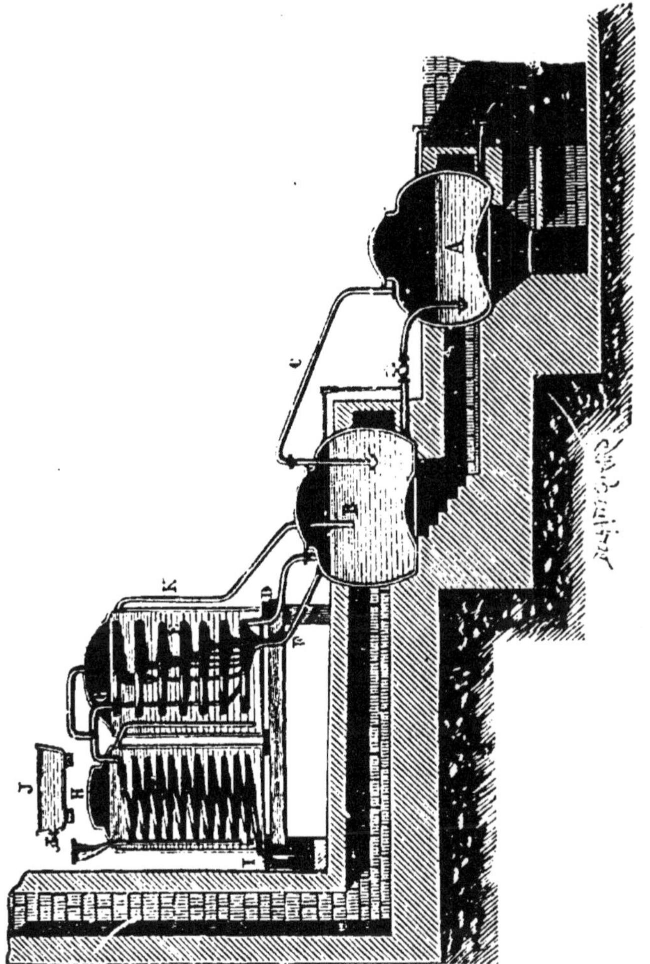

Fig. 212. — Appareil Laugier pour la distillation de l'alcool. — A, première chaudière chauffée direc‑
tement ; — B, seconde chaudière ; — C, tube emmenant les vapeurs de A en B, — ; D, tube emme‑
nant les vapeurs de B ; — E, rectificateur ; — G, tube amenant les vapeurs au serpentin H ; — I,
tube où s'écoule l'alcool distillé ; — J, réservoir du liquide à distiller servant de réfrigérant, pas‑
sant de H en E, puis par K, M, jusque dans la chaudière A.

manière à ce que la réfrigération soit faite par le liquide même à distiller,
qui s'échauffe ainsi peu à peu sans frais et qui suit une marche inverse de
celle de la vapeur.

Nous représentons l'un des plus simples, l'appareil Laugier (fig. 212),
qui n'a qu'un rectificateur B à la suite de sa chaudière A, un seul défleg‑
mateur C consistant en un serpentin dont chaque spire porte un tube

recueillant le liquide condensé, et un seul serpentin réfrigérant **D**. Il suffit à comprendre les principes que nous venons d'exposer.

8. Liqueurs alcooliques. — Le produit des distilleries prend le nom d'eau-de-vie lorsqu'il ne contient que 50 à 55 centièmes d'alcool ; il est appelé **esprit-de-vin** s'il en contient davantage.

Les diverses liqueurs alcooliques doivent leur saveur et leur odeur caractérisques à différents produits volatils, qui ont passé à la distillation avec l'alcool.

Le cognac est le produit de la distillation des vins des Charentes ou du Midi. Le rhum s'extrait des mélasses et des écumes du suc de canne à sucre. Le kirsch est fourni par les cerises fermentées avec leurs noyaux. Le genièvre vient des baies du genévrier. Le whisky de l'*Ecosse* s'obtient d'un mélange de seigle, de fécule et de prunelles. L'**aqua-ardiente des** Mexicains provient de la sève de l'agave.

9. Essais alcoométriques. — Pour évaluer la richesse alcoolique d'un liquide, on se sert de l'alcoomètre de *Gay-Lussac*, gradué à 15° de température et dont il faut corriger les indications pour les autres températures, au moyen d'une table à double entrée qui accompagne l'appareil.

L'emploi de cet alcoomètre n'est applicable qu'aux mélanges d'alcool et d'eau. Pour ceux qui renferment autre chose, comme le vin, par exemple, il faut au préalable en avoir opéré la distillation. Pour l'essai des vins, on vend un petit alambic dit **alámbic de Salleron** (fig. 213), muni de son réfrigérant, d'une éprouvette graduée, d'un alcoomètre et d'un thermomètre. On mesure le vin à essayer dans l'éprouvette jusqu'au trait 1 ; on le verse dans la bouillotte que l'on ferme et que l'on chauffe après avoir mis de l'eau dans le réfrigérant et posé

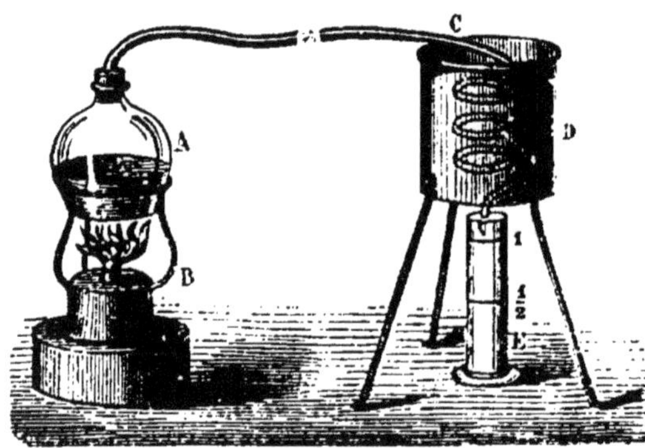

ig. 213. — Appareil de Salleron pour l'essai des vins. — A, bouilloire ; — B, lampe à alcool : — C, tube du serpentin : D, vase réfrigérant ; — E, éprouvette graduée.

sous le serpentin l'éprouvette. On arrête la distillation quand le liquide distillé est arrivé au trait $\frac{1}{2}$; tout l'alcool a distillé. On ajoute de l'eau distillée dans l'éprouvette pour compléter le volume primitif au trait 1 et on essaie le liquide en y plongeant l'alcoomètre et le thermomètre. On lire le degré alcoolique de leurs indications.

Les vins ordinaires varient de 9 à 15 p. % d'alcool : le malaga et le madère vont de 15 à 20 ; le cidre marque de 4 à 9 et les bières de 2 à 6.

SOIXANTE-DOUZIÈME LEÇON

Composés azotés : Alcaloïdes artificiels.

1. Généralités. — Les composés organiques qui renferment de l'azote, qu'ils soient ternaires si l'oxygène leur manque, ou quaternaires quand ils ont les quatre éléments principaux de la nature vivante, peuvent être partagés en deux groupes :

1° Ceux que l'on appelle alcaloïdes, parce que l'ensemble de leurs propriétés les rapproche de l'ammoniaque, qu'ils sont, comme l'alcali, sus- ceptibles de se combiner aux acides pour donner des sels, et d'être déplacés de leurs combinaisons par les bases puissantes ;

2° Les *composés quaternaires* servant comme aliments, empruntés au règne végétal et au règne animal.

Les alcaloïdes se subdivisent eux-mêmes en deux classes : dans l'une rentrent ceux qu'offrent les végétaux : ce sont les alcaloïdes naturels. Dans l'autre rentrent tous les corps que le chimiste peut créer par des réactions de laboratoire et qui ont avec les premiers des analogies frappantes : ce sont les alcaloïdes artificiels.

2. Alcaloïdes artificiels. — Les alcaloïdes artificiels qui rappellent les propriétés fondamentales de l'ammoniaque peuvent être considérés comme de l'ammoniaque dans laquelle un radical alcoolique a été substitué à l'hydrogène ; c'est pourquoi on les appelle ammoniaques composées ou plus simplement **amines.**

L'ammoniaque, en gaz sec, peut se figurer

$$\mathrm{Az} \begin{cases} \mathrm{H} \\ \mathrm{H} \end{cases}$$

Si l'on substitue, à l'équivalent hydrogène, un radical alcoolique monoatomique, le méthyle, l'éthyle, le propyle, etc., on obtient

$$\mathrm{Az} \begin{cases} C^2H^3 \\ H \\ H \end{cases} \qquad \mathrm{Az} \begin{cases} C^4H^5 \\ H \\ H \end{cases} \qquad \mathrm{Az} \begin{cases} C^6H^7 \\ H \\ H \end{cases}$$

Méthylamine.   Ethylamine.   Propylamine.

Si la substitution porte sur deux équivalents, trois équivalents d'hydrogène, auxquels on substitue le même radical alcoolique ou des radicaux différents, on obtient les composés divers.

$$\mathrm{Az} \begin{cases} C^4H^5 \\ C^4H^5 \\ H \end{cases} \quad \mathrm{Az} \begin{cases} C^4H^5 \\ C^4H^5 \\ C^4H^5 \end{cases} \quad \mathrm{Az} \begin{cases} C^2H^3 \\ C^4H^5 \\ H \end{cases} \quad \mathrm{Az} \begin{cases} C^4H^3 \\ C^2H^3 \\ C^6H^7 \end{cases}$$

Diéthylamine.   Triéthylamine.   Méthyle-éthylamine.   Méthyle-éthyle-propylamine.

La variété de ces composés ne se borne pas à ceux qu'engendrent les radicaux alcooliques monoatomiques, comme l'alcool ordinaire. Les radicaux des alcools diatomiques, comme le glycol, et triatomiques, comme la glycérine, peuvent aussi se substituer à l'hydrogène dans l'ammoniaque ; mais il faut alors représenter l'alcali avec une formule

double $\mathrm{Az}^2 \begin{cases} H^2 \\ H^2 \\ H^2 \end{cases}$ ou une formule triple $\mathrm{Az}^3 \begin{cases} H^3 \\ H^3 \\ H^3 \end{cases}$ pour y opérer ces substi- tutions.

A ne s'en tenir qu'au premier groupe, aux amines dérivées des radicaux alcooliques monoatomiques, on peut encore en tirer d'autres composés intéressants, souder un radical de plus à l'azote de l'ammoniaque.

Le chlorure et le bromure d'ammonium

$$Az \; H^4 \; Cl \qquad\qquad Az \; H^4 \; Br$$

peuvent se figurer

$$Az \left| \begin{matrix} H \\ H \\ H \\ H \end{matrix} \right| Cl \qquad et \qquad Az \left| \begin{matrix} H \\ H \\ H \\ H \end{matrix} \right| Br$$

On a pu substituer le radical éthyle C^4H^5 aux quatre équivalents d'hydrogène et obtenir les composés

$$Az \left| \begin{matrix} C^4H^5 \\ C^4H^5 \\ C^4H^5 \\ C^4H^5 \end{matrix} \right| Cl \qquad\qquad Az \left| \begin{matrix} C^4H^5 \\ C^4H^5 \\ C^4H^5 \\ C^4H^5 \end{matrix} \right| Br$$

ou $\qquad Az \; (C^4H^5)^4 \; Cl \qquad$ ou $\qquad Az \; (C^4H^5)^4 \; Br$

Chlorure de tétréthylammonium. $\qquad\qquad$ Bromure de tétréthylammonium.

Et chacun de ces corps, traité par l'oxyde d'argent, a donné

$$Az \left| \begin{matrix} C^4H^5 \\ C^4H^5 \\ C^4H^5 \\ C^4H^5 \end{matrix} \right| O \quad \text{l'oxyde de tétréthylammonium,}$$

base puissante, analogue, pour ses affinités, à la potasse et à la soude.

Les ammoniaques composées sont donc très nombreuses. Nous n'en choisirons que trois : l'éthylamine et la méthylamine pour indiquer la manière générale de les obtenir et montrer que toutes leurs réactions ressemblent bien aux réactions de l'ammoniaque ; la phénylamine, à cause de l'intérêt industriel de ses dérivés.

3. **Éthylamine et méthylamine.** — On obtient ces deux alcaloïdes en faisant réagir l'ammoniaque sur le bromure d'éthyle ou de méthyle; la réaction donne un sel qui traité par la potasse laisse libre l'alcaloïde.

Bromure d'éthyle. $\qquad\qquad\qquad$ Bromhydrate d'éthylamine.

$$C^4H^5 \, Br \quad + \quad Az \, H^3 \quad = \quad C^4H^7 \, Az \, H \, Br$$
$$C^2H^3 \, Br \quad + \quad Az \, H^3 \quad = \quad C^2H^5 \, Az \, H \, Br$$

Bromure de méthyle. $\qquad\qquad\qquad$ Bromhydrate de méthylamine.

$$C^4H^7 \, Az, \, HBr + \quad KOHO \quad = \quad K \, Br + 2HO + \left. \begin{matrix} C^4H^5 \\ H \\ H \end{matrix} \right| Az \; \textit{éthylamine.}$$

L'éthylamine est un liquide incolore, très volatil, d'une odeur vive et pénétrante identique à celle de l'ammoniaque. Sa dissolution est basique et caustique.

Elle donne toutes les réactions de l'ammoniaque, des vapeurs blanches avec l'acide chlorhydrique, des sels avec les acides minéraux :

L'azotate d'éthylamine $\quad Az \, H^2C^4H^5, HO \, Az \, O^5$ est en effet comparable à l'azotate d'ammoniaque $\quad Az \, H^3 \qquad HO \, Az \, O^5$.

Elle précipite même les sels de cuivre en bleu, redissout le précipité et donne un liquide d'un beau bleu comme l'ammoniaque.

La méthylamine est gazeuse à la température ordinaire et ne peut être différenciée de l'ammoniaque dont elle a toutes les propriétés, la solubilité, l'odeur, les affinités chimiques, que par sa combustion : elle s'enflamme au contact d'une bougie allumée et brûle avec une flamme jaunâtre, tandis que le gaz ammoniaque ne s'enflamme pas.

4. Phénylamine ou aniline, $C^{12}H^7Az$. — *L'aniline* est un alcaloïde artificiel, ne ammoniaque où l'équivalent d'hydrogène est remplacé par le radical hényle $C^{12}H^5$ dont la benzine est l'hydrure $C^{12}H^6$; sa formule brute $C^{12}H^7Az$ eut s'écrire

$$\left. \begin{array}{c} C^{12}H^5 \\ H \\ H \end{array} \right| Az \quad \text{comparée à l'ammoniaque} \quad \left. \begin{array}{c} H \\ H \\ H \end{array} \right| Az$$

aussi peut-on l'appeler *phénylamine*. C'est habituellement le nom d'aniline qu'on lui donne.

5. État naturel et préparation de l'aniline. — L'aniline existe en petite quantité toute formée dans le goudron de houille ; mais l'extraction en serait pénible et très coûteuse ; aussi préfère-t-on, pour l'obtenir en assez grande quantité, traiter la *nitro-benzine* par des réducteurs et en particulier par l'hydrogène naissant.

$$\underset{\text{Nitro-benzine.}}{C^{12}H^5AzO^4} + 6H = 4HO + \underset{\text{Aniline.}}{C^{12}H^7Az.}$$

L'hydrogène naissant est emprunté à un mélange de fer et d'acide acétique.

Pour une expérience de laboratoire, on introduit dans une cornue d'un demi-litre 50 gr. de nitro-benzine, autant d'acide acétique concentré et de limaille de fer. Une vive effervescence se produit et il se condense des vapeurs dans le récipient où l'on a engagé le col de la cornue et que l'on refroidit. Quand elle est calmée, on remet dans la cornue le contenu du récipient et l'on chauffe. L'aniline distille avec l'eau. Pour la séparer, on ajoute au liquide un peu d'éther qui dissout l'aniline et l'amène à la surface ; on décante le liquide surnageant et on le redistille.

L'industrie opère de même dans de grands appareils.

6. Propriétés de l'aniline. — Pure et fraîche, l'aniline est incolore ; à l'air, elle se teint en brun. Elle est peu soluble dans l'eau ; mais elle se dissout en toute proportion dans l'alcool et l'éther. Elle donne des sels comme les autres amines. Elle prend une coloration bleue caractéristique dans les dissolutions des chlorures décolorants ou mieux des hypochlorites alcalins.

Mais sa principale propriété, qui en fait un produit industriel d'une grande importance, c'est d'être la source de beaucoup de produits colorants de nuances d'une très grande richesse.

7. Couleurs d'aniline. — L'aniline est la base d'une infinité de couleurs très estimées dans la teinture à cause de la vivacité, de la solidité de leurs nuances et de la facilité de leur emploi. La plus ancienne est le *violet* obtenu directement avec l'aniline par Perkin en 1856. Après est venu le **rouge** dit de **fuchsine** et ses dérivés bleus et verts, puis le *noir* et les **bruns.**

Violet d'aniline ou mauveine, — Le violet de Perkin s'obtient en additionnant d'une solution concentrée de bichromate de potassium une solution d'aniline dans l'acide sulfurique ; il se forme une masse noirâtre qu'on lave à l'eau froide pour enlever les matières solubles, et que l'on traite par l'eau bouillante pour dissoudre la matière colorante formée et laisser le résidu.

Les dissolutions violettes filtrées sont précipitées par un sel alcalin, et la matière recueillie en pâte est livrée sous cet état au commerce. Pure et cristallisée, cette matière est d'un vert doré très brillant.

Rouge d'aniline. — Le rouge d'aniline porte les noms de fuchsine, de magenta, de solférino ; il a été préparé d'abord par *Verguin*, chimiste de la maison *Renard, de Lyon*.

On l'obtient dans l'industrie en faisant réagir sur l'aniline l'acide arsénique dans une grande chaudière munie d'un chapiteau et d'un serpentin, pour condenser et recueillir l'aniline qui s'échappe en vapeurs dans une notable proportion.

On laisse refroidir la masse pâteuse obtenue et on la traite par l'eau d'abord, puis par un sel alcalin ; le rouge insoluble est à l'état d'arséniate ; on le transforme en chlorhydrate pour les besoins de l'industrie, en le traitant par le sel marin et l'acide chlorhydrique, et on le recueille finalement dans des cristallisoirs de cuivre où il se dépose en beaux cristaux.

La fuchsine est un solide en cristaux verts brillants, peu soluble dans l'eau, très soluble dans l'alcool, qui donne une solution rouge rose foncée.

Au point de vue chimique, c'est le chlorhydrate d'une base à laquelle on donne le nom de **rosaniline**, qui est incolore, mais dont tous les sels sont colorés en rouge ou en rose.

Rouge de toluène. — Le toluène est un carbure d'hydrogène qui est l'homologue supérieur de la benzine. Il produit la toluidine, $C^{14}H^9Az$; et cette dernière peut être extraite des huiles de goudron par distillation fractionnée.

Traitée par l'acide arsénique, elle donne un rouge appelé *rouge de toluène* ou de *toluidine*, analogue au rouge d'aniline..

Bleus d'aniline. — Les bleus sont produits par l'action de l'aniline sur les sels de rosaniline ; on en emploie plusieurs parmi lesquels le bleu de **Lyon** est l'un des plus estimés.

Noir d'aniline. — Le *noir* n'est pas préparé isolément comme les autres couleurs ; on le produit directement sur les tissus en imprimant un mélange dont les réactions déterminent la formation du noir : c'est de l'empois d'amidon, du chlorate de potassium, du sulfure de cuivre et un sel d'aniline, qui est souvent le tartrate.

La résistance aux agents physiques et chimiques en fait une couleur estimée.

Questionnaire. — 1. Comment groupe-t-on les composés azotés ? — 2. Qu'appelle-t-on alcaloïdes artificiels ? Comment les compare-t-on à l'ammoniaque ? — 3. Quelles sont les propriétés de l'éthylamine et de la méthylamine ? — 4. Qu'est-ce que l'aniline au point de vue chimique ? — 5. Comment prépare-t-on ce produit, soit des goudrons, soit de la benzine ? — 6. Quelles sont les propriétés de l'aniline ? — 7. De quelles couleurs est-elle la base ? Citer les principales de ces couleurs.

SOIXANTE-TREIZIÈME LEÇON.

Alcaloïdes naturels.

Propriétés générales. Les alcaloïdes naturels forment une classe de composés extraits des végétaux. Ils se trouvent combinés aux acides organiques dans diverses plantes dont ils constituent le principe actif. Ils exercent sur l'économie une réaction énergique ; la plupart sont des poisons redoutables. Et cependant, à cause de leur composition toujours constante, de la facilité de les obtenir purs et de la sûreté de leur action, la médecine les emploie à faible dose ; ils deviennent ainsi de précieux auxiliaires dans l'art de guérir.

Les uns sont liquides et volatils, ils ne contiennent pas d'oxygène ; telle est la nicotine. Les autres sont solides et fixes et renferment les quatre éléments du règne organique.

Les alcaloïdes naturels possèdent la propriété de bleuir le tournesol comme les bases minérales. Mais leur propriété saillante est celle de se combiner aux acides sans élimination d'eau, comme le fait l'ammonia-que, pour donner des sels cristallisés, comparables aux sels ammonia-caux.

$$AzH^3 + HCl = AzH^4Cl, \text{ chlorhydrate d'ammoniaque.}$$

Morphine : $AzC^{17}H^{19}O^3 + HCl = AzC^{17}H^{20}O^3Cl,$ —   de morphine.

Les alcaloïdes sont peu solubles dans l'eau ; leur principal dissolvant est l'alcool ; ils se dissolvent aussi dans le chloroforme.

Les alcalis minéraux les précipitent de leurs dissolutions en s'emparant de l'acide ; on se fonde sur cette réaction pour les extraire.

Les alcaloïdes volatils seuls sont comparables pour la composition aux amines ou ammoniaques composées étudiées dans le chapitre précédent.

Ainsi la nicotine $C^{10}H^7Az$ peut s'écrire $Az \begin{cases} C^{10}H^5 \\ H \\ H \end{cases}$

Les alcaloïdes sont nombreux. Voici les principaux avec le nom du végétal dont ils sont extraits.

De l'écorce du quinquina.	Quinine. Cinchonine.
Du suc de pavot.	Codéine. Morphine. Narcotine.
De la noix vomique	Strychnine Brucine.
Du tabac.	Nicotine.
De la ciguë.	Conicine .
Du café.	Caféine .

QUINQUINAS. — QUININE ET CINCHONINE.

2. Quinquinas. —Les quinquinas sont des arbres appartenant à la famille des rubiacées qui croissent en Bolivie sur la cordillère des Andes. C'est leur écorce que l'on utilise et qui constitue le quinquina du commerce. Il y en a trois variétés distinguées par la couleur et présentant des qualités différentes : le *jaune*, riche en quinine, le *gris*, plus riche en cinchonine, le *rouge*, qui contient les deux alcaloïdes en proportions égales.

L'écorce de quinqina abandonne à l'alcool un principe amer, la *quinine*, qui donne au *vin de quinquina* ses propriétés médicinales.

3. Quinine. — La quinine s'extrait du quinquina jaune par un procédé qui peut être appliqué à l'extraction de la plupart des alcaloïdes. On fait bouillir la poudre de quinquina avec de l'eau acidulée par l'acide chlorhy-drique. Le liquide provenant de l'épuisement complet de la poudre et qui contient l'alcaloïde, est saturé par un lait de chaux ; il s'y forme un dépôt de quinine impure. On exprime ce dépôt, et on le traite par l'alcool bouillant. On distille aux 3/4 le liquide obtenu et on ajoute de l'acide sulfurique au résidu ; cette acide combine la quinine sous forme de sulfate. On décolore la liqueur ; on la fait cristalliser si l'on veut le sulfate ; et on décompose ce dernier par l'ammoniaque pour avoir la quinine pure.

4. Propriétés de la quinine. — La quinine est une poudre blanche amorphe, peu soluble dans l'eau même bouillante, soluble dans l'alcool et l'éther. Le chlore la colore en vert. Elle se combine facilement aux acides pour donner des sels qui sont tous cristallisables et amers comme la base. Ces sels sont décomposés par les alcalis, et précipités en jaune comme les sels ammoniacaux par le chlorure de platine.

Les solutions de ces sels de quinine sont fluorescentes; par la réfraction, elles prennent une teinte bleu violacé.

5. Sulfate de quinine. — Le sulfate est le plus important. C'est un sel blanc en fines aiguilles soyeuses, peu soluble dans l'eau froide, un peu dans l'eau bouillante.

La dissolution est troublée par l'acide oxalique et par le tannin.

Ce sel est très employé en médecine pour combattre les fièvres et les maladies intermittentes; il est bien plus actif que le quinquina brut.

6. Cinchonine. — Le quinquina gris, traité comme nous l'avons indiqué pour la quinine, donne un mélange de sulfate de quinine et de sulfate de cinchonine où le dernier domine. Comme la cinchonine n'est pas soluble dans l'éther, on se sert de ce réactif pour la séparer de la quinine qui s'y dissout.

La cinchonine peut cristalliser dans l'alcool, ce qui la distingue de la quinine; elle ne jouit pas d'ailleurs de la réputation médicale de cette dernière base.

ALCALOIDES DE L'OPIUM.

7. Opium. — L'opium est une matière brune d'une saveur âcre et amère, d'une odeur forte, produite par le pavot somnifère cultivé surtout en Egypte et en Turquie. Pour l'obtenir, on fait des incisions aux capsules des fruits et on recueille le suc laiteux qui s'en échappe et qui se concrète en une masse molle constituant l'opium.

On en extrait plusieurs alcaloïdes, notamment la **morphine**.

8. Morphine. — Pour obtenir la morphine, on épuise l'opium avec de l'eau tiède et l'on ajoute à la liqueur une dissolution concentrée de chlorure de calcium. La morphine était combinée à un acide organique, l'acide méconique, qui forme avec le calcium un composé insoluble qui se précipite tandis que la morphine combinée à l'acide chlorhydrique reste dans le liquide. Celui-ci décanté et concentré laisse déposer des cristaux de chlorhydrate de morphine que l'on décompose par l'ammoniaque pour avoir l'alcaloïde.

La morphine cristallise en prismes. L'eau n'en dissout que $\frac{1}{1000}$;

l'eau bouillante $\frac{1}{100}$; l'alcool chaud seulement $\frac{1}{20}$. Ses dissolutions sont très amères. Elles donnent des sels avec les acides minéraux, et ceux-ci sont solubles dans l'alcool et dans l'eau. Le chlorhydrate et l'acétate sont les plus employés.

Les dissolutions de morphine se colorent en rouge orangé par l'acide azotique, en bleu par le perchlorure de fer.

A petite dose, les sels de morphine exercent des effets narcotiques sur l'économie animale; à haute dose, ce sont des poisons violents.

9. Nicotine. — La nicotine est l'alcaloïde que l'on extrait du tabac.

C'est un liquide oléagineux, incolore, d'une odeur âcre et d'une saveur très brûlante. Il est volatil sans décomposition; sa vapeur est extrêmement irritable.

La nicotine est un poison violent.

Elle se combine aux acides, notamment à l'acide chlorhydrique, absolument de la même manière que l'ammoniaque. Elle ne contient pas d'oxygène et elle est comparable aux alcaloïdes artificiels.

Questionnaire. — 1. Quelles sont les propriétés générales des alcaloïdes naturels? Comment les obtient-on? — 2 et 3. D'où tire-t-on la quinine? Comment l'obtient-on de l'écorce de quinquina? — 4. Quelles sont ses propriétés? — 5. Quelles sont les propriétés du sulfate de quinine, ses emplois? — 7 et 8 Qu'est-ce que l'opium? Comment en tire-t-on la morphine? — 9. Comment extrait-on la nicotine?

SOIXANTE-QUATORZIÈME LEÇON

Composés azotés alimentaires.

1. Aliments plastiques. — Les composés azotés que l'on désigne sous le nom d'aliments *plastiques* parce qu'ils sont les matériaux de reconstitution du corps, ou quaternaires parce qu'ils renferment le carbone, l'hydrogène, l'oxygène et l'azote, sont empruntés aux deux règnes.

Ce sont l'*albumine*, la *fibrine*, la *caséine*, la *gélatine*, fournies par le règne animal, et le *gluten*, tiré du règne végétal.

2. Albumine. — L'albumine est la substance soluble et coagulable par la chaleur contenue dans le blanc d'œuf. On la trouve aussi dans le sang, la lymphe, le chyle, les liquides séreux, le lait et parfois l'urine.

Elle se présente sous deux modifications, l'une soluble, l'autre insoluble, mais avec la même composition et les mêmes propriétés chimiques. Sa formule est très complexe si on veut y faire figurer le soufre qui entre dans l'albumine pour moins de 2 p. $\%$; abstraction faite du soufre, les rapports des quatre autres éléments qu'elle contient s'expriment par la formule $C^{36}H^{55}Az^9O^{11}$.

Pour l'obtenir pure, on ajoute un peu d'acide acétique cristallisable à des blancs d'œuf que l'on bat en neige; on laisse reposer; on filtre le liquide, et au besoin on le concentre à une douce chaleur.

L'albumine à l'état sec forme une masse transparente et jaunâtre. Elle est soluble dans l'eau, et ses solutions concentrées sont visqueuses. Elle est insoluble dans l'alcool et l'éther.

Chauffée, elle se *coagule*, c'est-à-dire se prend en une masse solide d'un blanc mat, comme le blanc d'œuf cuit. Beaucoup de substances peuvent produire la coagulation à froid; tels sont le phénol, l'alcool, les divers acides, à part l'acide acétique et l'acide phosphorique. On utilise cette propriété quand on clarifie les vins avec du blanc d'œuf; l'albumine, au contact de l'alcool, se solidifie en une trame qui entraîne les matières qui rendaient le vin trouble.

Les bases s'unissent à l'albumine comme à un corps faiblement acide pour donner des sels peu définis. Les composés alcalins de l'albumine sont solubles : c'est sous cette forme qu'elle se rencontre dans les liquides de l'économie animale.

Les bases terreuses comme la chaux donnent des composés insolubles qui se solidifient fortement; le mastic d'albumine et de chaux, obtenu par mélange direct, sert à raccommoder la porcelaine cassée.

Certains sels métalliques donnent aussi avec l'albumine des composés insolubles; tel est le bichlorure de mercure. C'est la raison de l'emploi de ce dernier sel pour conserver les pièces anatomiques ; c'est aussi la raison de l'emploi de l'albumine comme contre-poison des sels de mercure.

L'industrie utilise l'albumine pour fixer par la vapeur les couleurs insolubles sur les étoffes ; on imprime les tissus avec un mélange de la couleur et d'albumine ; on vaporise ; la coagulation de l'albumine fixe solidement la matière colorante.

Abandonnée à l'air, l'albumine se putréfie et dégage de l'acide sulfhydrique produit par le soufre qu'elle contient.

3 **Fibrine.** — La fibrine se retire du sang frais quand on le bat avec un petit balai ; elle adhère aux brindilles, et quand on l'a lavée à l'eau, à l'alcool et à l'éther, elle est débarrassée des globules sanguins qu'elle avait entraînés et elle est complètement insoluble dans l'eau. Sa texture est celle de corpuscules adhérents les uns aux autres et formant des chapelets analogues à des fils noueux. Elle peut devenir en partie soluble par une longue ébullition avec l'eau.

Les acides la désorganisent et en forment une gelée incolore, soluble à chaud ; c'est ainsi qu'agit l'acide chlorhydrique très faible et aussi le suc gastrique dont l'action est très rapide.

4. **Caséine du lait.** — Le lait, abandonné dans un endroit frais, laisse surnager une couche jaunâtre, formée de corps gras, la *crème* ; la partie liquide qui reste constitue le *lait écrémé*. Celui-ci, additionné de quelques gouttes d'un acide, se prend en grumeaux blancs, c'est la *caséine*, qui laisse par l'égouttage un liquide, le *petit-lait*, renfermant quelques sels minéraux et un principe sucré, le *sucre de lait* ou *lactose*, capable de se transformer en *acide lactique* quand la fermentation produit le lait aigri.

La *caséine* lavée et desséchée est blanche, sans saveur, à peine soluble dans l'eau.

Elle se dissout dans les sels alcalins, et il est probable qu'elle ne reste dissoute dans le lait qu'à la faveur des carbonates dont on constate l'existence dans le petit-lait.

Elle a la même composition chimique que l'albumine et la fibrine. Elle sert à la composition du fromage.

5. **Gluten.** — Le gluten est la matière azotée des farines ; il forme le dixième environ de la farine de blé, où il est mélangé avec l'eau, l'amidon et un peu de dextrine et de glucose. La malaxation de la pâte sous un filet d'eau le laisse sous forme d'une matière d'un blanc grisâtre, souple et très plastique.

Desséché, le gluten est dur, cassant, translucide et jaune. Frais, il se décompose rapidement, se réduit en bouillie en dégageant une odeur désagréable.

Il est insoluble dans l'eau et l'éther, soluble en partie dans l'alcool. C'est un mélange de trois principes immédiats que les dissolvants peuvent séparer. Si on le soumet à l'action réitérée de l'alcool bouillant, il laisse un résidu fibreux et grisâtre qui a toutes les propriétés de la fibrine animale et que l'on appelle pour cette raison *fibrine végétale*. L'alcool laisse déposer une matière blanche analogue à la *caséine* et il retient en dissolution un troisième principe azoté qui ressemble à l'*albumine*.

Ainsi le gluten possède les matériaux des trois principaux aliments albuminoïdes qui forment la trame des animaux ; c'est ce qui explique sa propriété nutritive.

Il peut être employé en mélange avec la farine sous le nom de *gluten granulé* et de *pâtes alimentaires* ; il est le principe azoté du *pain*.

Le *gluten granulé* est obtenu par le mélange du gluten des amidonneries avec deux fois son poids de farine. La pâte desséchée est très nourrissante ; elle représente une farine bien plus azotée que la farine ordinaire.

Les *pâtes alimentaires*, vermicelle, macaroni, etc., se préparent avec la farine de blés durs, riche en gluten, que l'on pétrit avec 25 p. % de son poids d'eau chaude. La pâte, amenée à consistance convenable est pressée dans une caisse dont le fond est percé de trous ronds, annulaires ou autres; elle y prend forme et s'y dessèche.

6. Pain. — Sa fabrication. — Le pain est un mélange de farine de froment et d'eau rendu homogène, qui a subi une fermentation et une cuisson. La pâte composée seulement de farine et d'eau donnerait un pain lourd, d'une digestion difficile. Le ferment qu'on y ajoute sous le nom de levain rend la masse poreuse, légère, et par suite d'une digestion facile.

L'eau dissout les parties solubles de la farine(dextrine, glucose et sels); elle gonfle en les hydratant les parties insolubles (amidon et gluten). Le ferment rencontre dans la pâte du sucre qu'il transforme en alcool et en acide carbonique, et les bulles de gaz ne pouvant pas se dégager comme au sein d'un liquide gonflent et boursouflent la pâte. La cuisson élimine l'excès d'eau, forme une croûte dure qui maintient la forme du pain et le défend des altérations spontanées.

Le ferment peut être de la levûre de bière; mais c'est le plus souvent de la pâte d'une opération précédente, le *levain de chef*.

On pétrit ce levain avec une quantité d'eau et de farine suffisante pour doubler son volume; on a le *levain de première*. Six heures après, une opération analogue donne le *levain de seconde*; une troisième donne le *levain de tous points*, dont le volume doit être environ le tiers d'une fournée en été, la moitié en hiver.

Le *pétrissage* a pour but le mélange du dernier levain avec de la farine, de l'eau et un peu de sel qui donnera du goût au pain. La masse est soulevée, repliée, travaillée de gauche à droite et de droite à gauche. Elle est divisée en pâtons qui, exposés quelque temps à une douce chaleur, se gonflent par l'achèvement de la fermentation. L'habitude fait saisir le moment opportun pour les cuire. Si on laissait la fermentation continuer trop longtemps, le gluten deviendrait soluble par l'acide acétique formé dans la transformation de l'alcool, les gaz se dégageraient, la masse s'aplatirait, la panification serait manquée.

Le pain bien fait à une odeur agréable, une mie légère et élastique. On en obtient environ de 130 à 140 kilog. avec 100 kilog. de farine.

Il s'altère à l'air humide et se couvre de moisissures; dans cet état, il doit être rejeté de l'alimentation.

Procédé Mège-Mouriès. — Par le procédé décrit ci-dessus, on n'obtient de pain blanc qu'avec les bonnes qualités de farine. Les farines bises donnent un pain gris dont la couleur est due, d'après M. Mège-Mouriès, à une altération du gluten sous l'influence d'un ferment spécial, la céréaline, contenue dans les farines qui ont conservé quelques portions de l'enveloppe embryonnaire du grain.

Cet auteur a proposé un procédé de panification où il combat l'influence de cette céréaline, et qui permet d'obtenir un pain blanc avec les farines de seconde qualité mélangées à celles de la première. Le rendement en pain est alors plus considérable qu'avec l'ancien procédé.

7. Gélatine. — La gélatine est la substance que l'action prolongée de l'eau sépare des cartilages, de la matière animale des os, de la peau. Elle se prend en gelée par le refroidissement.

Pure, c'est une substance incolore, translucide, sans odeur ni saveur, soluble dans l'eau, mais insoluble dans l'alcool. Elle forme avec le tannin une matière insoluble qui prend l'aspect d'une masse élastique et tenace.

Impure, elle constitue la *colle-forte* dont les usages sont nombreux et que l'on obtient par l'action prolongée de l'eau sur les débris de peaux et de tendons.

La masse gommeuse produite se solidifie par refroidissement; on la divise ensuite en feuilles que l'on dessèche sur des châssis tendus. On peut aussi la retirer des os, quand on a au préalable dissous dans l'acide chlorhydrique leur matière minérale.

Questionnaire. — 1. Quels sont les principaux aliments plastiques? — 2. Quel est l'aspect de l'albumine, quelles sont ses propriétés, comment la coagule-t-on? Comment se combine-t-elle aux bases, aux matières colorantes? — 3. Quelles sont les propriétés de la fibrine? — 4. Comment obtient-on les divers produits du lait, notamment la caséine? — 5. Qu'est-ce que le gluten? Sous quelle forme est-il employé? — 6. Quelles sont les phases de la fabrication du pain? — 7. D'où tire-t-on la gélatine?

SOIXANTE-QUINZIÈME LEÇON

Conservation des substances organisées.

1. Altération des substances organiques. — Putréfaction. — La matière organisée, soustraite à l'influence de la vie, s'altère rapidement. L'oxygène de l'air, l'humidité et l'élévation de la température favorisent cette altération. La matière change de couleur et de consistance, elle se liquéfie, elle exhale une odeur fétide et sa décomposition s'accélère jusqu'à ce que tout soit converti en une sorte d'humus. C'est le phénomène de la *putréfaction*.

L'oxygène de l'air joue un rôle comburant sur les éléments de la matière organisée; il transforme l'hydrogène, le carbone et l'azote en eau, acide carbonique et ammoniaque, où les plantes trouveront leurs aliments. Mais son action serait lente s'il agissait seul. Il est aidé par les ferments, êtres inférieurs, végétaux et animaux microscopiques, dont l'air contient les germes, qui se développent avec rapidité et qui semblent être les véhicules des grandes quantités d'oxygène nécessaires pour opérer en peu de temps la combustion complète de la matière organique.

Les gaz à odeur fétide qui se dégagent sont vraisemblablement dus aux combinaisons hydrogénées du soufre et du phosphore contenus dans la matière animale.

A ces deux causes de destruction, qui transforment les éléments chimiques, vient s'en ajouter une autre d'un ordre différent: des larves innombrables d'insectes grouillent sur les cadavres et font servir la matière morte à leur développement.

Ainsi la matière qui a cessé de vivre reprend la vie sous d'autres formes en servant à l'alimentation d'êtres inférieurs; ou bien elle se minéralise en acide carbonique, eau et ammoniaque, fait momentanément retour au règne minéral pour rentrer plus tard dans les plantes qui serviront à leur tour à la nourriture des animaux. Elle parcourt un cycle fermé dans lequel elle subit de nombreuses transformations chimiques, suivant les influences auxquelles elle est soumise.

2. Conservation des substances organisées. — Tous les procédés de conservation des substances organisées doivent tendre à les soustraire à l'action de l'air, de l'humidité et des ferments capables de les altérer.

La dessiccation est un des moyens efficaces de conservation. On l'applique aux fruits entiers, comme les prunes, les figues, les raisins; aux fruits découpés en morceaux, comme les pommes et les poires; aux légumes alimentaires après les avoir soumis préalablement à l'action de la vapeur d'eau sous pression. Il n'est pas possible de l'appliquer à tous les aliments; la viande découpée en tranches minces et séchée au soleil se conserve; mais elle perd sa saveur première.

Le *froid* est aussi un excellent moyen de conservation, quand on peut l'appliquer. Le poisson et la viande de boucherie se conservent bien l'été dans les glaciers; l'un et l'autre peuvent subir sans altération de longs transports quand on les met dans des chambres suffisamment refroidies.

Le procédé **Appert** est le plus employé: il consiste à mettre les substances à l'abri de l'air après en avoir chassé celui qu'elles contiennent Si ce sont des légumes frais, on les place dans des bouteilles en verre, avec un peu d'eau; on place quelque temps ces bouteilles dans un bain bouillant d'eau salée et on les ferme. Si ce sont des viandes, on les met dans des boîtes en fer-blanc dont le couvercle soudé porte une petite ouverture. Les boîtes sont plongées dans l'eau bouillante; la vapeur qui s'en dégage chasse l'air; on ferme alors la petite ouverture par une goutte de soudure; et les matières enfermées se conservent parce qu'on les a débarrassées de leurs ferments et que l'air ne peut plus leur en apporter.

La salaison est aussi très employée, et pour la viande et pour le poisson, le sel et la saumure qu'il produit agissent comme antiseptiques. A leur action s'ajoute souvent celle de la fumée dont le principe actif est la *créosote;* quand on expose les substances dans une cheminée où l'on fait chaque jour un feu de bois ou de branchages.

Les autres antiseptiques employés sont le *phénol,* l'*alcool* pour la conservation des fruits, le *sublimé corrosif* pour les pièces anatomiques, et en général toutes les substances qui, par leur action toxique, s'opposent au développement des ferments.

3. **Conservation des peaux.** — Les peaux desséchées sans préparation s'altéreraient promptement. Il n'en est plus de même quand on les enduit d'un antiseptique ou d'un composé propre à former avec elles des combinaisons imputrescibles.

Pour la mégisserie, ou pour la préparation des fourrures, la substance dont on enduit la peau est un mélange d'alun et de sel marin qui, par double échange, produit du chlorure d'aluminium capable de se combiner à la peau et de la rendre inaltérable.

Pour former les cuirs, le principe actif est le tannin qui forme avec la peau une combinaison imputrescible; de là le nom de *tannage* donné à l'opération.

Le tannin ou acide tannique est tiré de l'écorce de chêne appelée tan. Quand on le veut pur, dans les laboratoires, on épuise la noix de galles concassée par l'éther aqueux dans une allonge posée en bouchon d'une carafe; on décante la couche éthérée qui s'est rassemblée dans la carafe, et on évapore dans le vide la couche sirupeuse, après l'avoir lavée. Le tannin est une masse spongieuse et légère, de couleur jaunâtre, un peu soluble dans l'eau, et dont le caractère chimique est de donner des précipités colorés avec les sels métalliques, notamment avec les sels de fer. L'encre est un tannate de fer étendu et mélangé de gomme.

Le *tannage* des peaux s'effectue sur les peaux fraîches ou salées ou sur les peaux desséchées. Les unes et les autres, lavées et gonflées dans l'eau, sont d'abord épilées, débarrassées des poils par un ou plusieurs trempages dans des cuves d'eau de chaux et un raclage; elles sont ensuite disposées dans des caisses les unes sur les autres avec des couches alternatives de *tan* et du liquide provenant d'une opération antérieure. Elles en sortent imputrescibles; le martelage ou le graissage ou différents apprêts les transforment en cuirs durs ou souples.

4. **Excrétion de l'azote de l'organisme.** — Urée, $C^2H^4Az^2O^2$. — L'urée, principe cristallisable de l'urine, est la forme sous laquelle l'azote est éliminé de l'organisme.

Elle existe dans le sang; mais elle en est surtout séparée par les reins et sort dans l'urine.

Pure, c'est une substance solide en prismes aplatis, incolore, à saveur fraîche et amère, soluble dans l'eau et dans l'alcool. Abandonnée à l'air

humide, elle répand une odeur ammoniacale : elle a en effet fixé les éléments de l'eau et s'est transformée en carbonate d'ammoniaque :

$$\text{Urée } C^2H^4Az^2O^2 + 4HO = 2(AzH^4O CO^3).$$

Pareille réaction se produit quand l'urine se putréfie ; elle explique les
exhalaisons ammoniacales de l'urine à l'air et l'emploi de ce liquide
comme source d'ammoniaque.

Au point de vue chimique, l'urée rentre dans la classe des *amides*,
c'est-à-dire des corps comparables à l'ammoniaque où un ou plusieurs
équivalents d'hydrogène ont été remplacés par un radical acide. Ces
amides prennent naissance par la distillation des sels ammoniacaux
à acides organiques, qui perdent deux ou quatre équivalents d'eau :

$$\text{Ainsi}\left|\begin{array}{c}\text{L'acétate d'ammoniaque}\\ AzH^4O C^4H^3O^3\end{array}\right. \text{ donne } \begin{array}{c}\text{L'acétamide}\\ Az\,C^4H^5O^2\end{array} \text{ ou } Az\left|\begin{array}{c}C^4H^3O^2\\ H\\ H\end{array}\right.$$

$$\left|\begin{array}{c}\text{L'acétate d'ammoniaque}\\ (AzH^4O)^2 C^4O^6\end{array}\right. \text{ donne } \begin{array}{c}\text{L'oxamide}\\ Az^2 C^4H^4O^4\end{array} \text{ ou } Az^2\left|\begin{array}{c}C^4O^4\\ H^2\\ H^2\end{array}\right.$$

$$\text{L'}\textit{urée}\text{ est, comme amide, figurée par }\left(Az^2\begin{array}{c}C^2O^2\\ H^2\\ H^2\end{array}\right)$$

c'est l'amide de l'acide carbonique diatomique, comme l'oxamide est l'amide
de l'acide oxalique diatomique ; elle régénère en effet le carbonate d'ammoniaque en prenant 4HO.

On peut la préparer en traitant l'urine fraîche par l'acide azotique qui combine l'urée sous forme cristalline, purifiant le sel obtenu, le
décomposant par le carbonate de baryte qui laisse l'urée mélangée d'azotate de baryte, évaporant à sec et reprenant le résidu par l'alcool pour
dissoudre l'urée seule. Mais on l'obtient plus facilement par synthèse en
faisant d'abord du cyanate de potassium, KOC²AzO, et en le traitant par
le sulfate d'ammonium

$$KOC^2AzO + AzH^4OSO^3 = KOSO^3 + AzH^4O C^2AzO.$$

Le cyanate d'ammonium, AzH⁴O,C²AzO, ou en formule brute, $Az^2C^2H^4O^2$,
que l'on peut retirer par l'alcool après évaporation à sec, est isomère de
l'urée et donne spontanément ce dernier corps.

5. L'acide urique ($C^{10}H^4Az^4O^6$) est aussi un produit azoté qui se rencontre
dans l'urine (chez les herbivores, il porte le nom d'acide hippurique).

C'est une poudre cristalline blanche, sans odeur ni saveur, peu soluble
dans l'eau, insoluble dans l'alcool. Il se dissout avec effervescence dans
l'acide azotique.

Si l'on évapore lentement cette dissolution, on obtient un résidu d'un
rouge orangé, qui traité par l'ammoniaque étendue donne un liquide d'un
rouge carmin : c'est la murexide, la première des couleurs formées
de toutes pièces par des réactions chimiques, employée quelque temps
avec succès, mais détrônée complètement aujourd'hui par les couleurs
de houille.

vue chimique? Quel est son rôle dans l'organisme? — 5. Qu'est-ce que l'acide urique ?

SOIXANTE-SEIZIÈME LEÇON

Matières colorantes. — Teinture et impression.

1. L'art de colorer les fibres textiles des étoffes est très ancien, puisque, d'après les écrivains grecs Hérodote et Strabon, l'Inde et l'Égypte ancienne savaient teindre et imprimer leurs tissus. On lui donne le nom de *teinture* quand on réalise des nuances unies, et celui d'*impression* quand on produit au contraire des dessins coloriés. L'une et l'autre mettent en œuvre différemment les mêmes matières premières : les *fibres en filés ou en tissus* d'une part, et d'autre part les *matières colorantes*.

2. Matières colorantes. — Les matières colorantes sont très nombreuses et très diverses d'espèces et d'origine. A ce dernier point de vue, on peut les classer en trois groupes : les matières colorantes **minérales**, les matières colorantes **organiques naturelles**, que l'on trouve toutes formées dans les plantes ou dans le corps de certains animaux, les matières colorantes organiques **artificielles**, dues au progrès de la synthèse chimique et dont quelques-unes, comme l'alizarine et la purpurine, dérivées de l'anthracène, ne se distinguent en rien des matières naturelles semblables extraites de la garance.

3. Matières colorantes minérales. — Ce sont des métaux, des oxydes, des hydrates d'oxydes, des sulfures et des sels plus ou moins complexes. Tantôt on les emploie sous forme de couleurs insolubles toutes faites, et on les fixe au moyen d'une substance plastique comme l'albumine. Tantôt, au contraire, on les produit et on les précipite sur la fibre à teindre par une réaction chimique, une double décomposition.

Les métaux employés sont l'argent et l'or en feuilles, et l'étain en poudre.

Les oxydes employés sont le blanc de zinc et les oxydes de manganèse.

Les hydrates d'oxydes, c'est l'hydrate de chrome et l'hydrate de peroxyde de fer ou les ocres.

Les sulfures métalliques, c'est le vermillon et le sulfure de cadmium.

Les sels sont les chromates de plomb jaunes et orangés, les verts de cuivre, le bleu d'outre-mer, les bleus dérivés des cyanoferrures, les bruns du manganèse.

4. Matières colorantes organiques naturelles. — Les matières colorantes sont répandues indistinctement dans tous les organes des plantes. Souvent elles n'y préexistent pas, mais elles dérivent de principes peu colorés ou incolores qui se modifient par l'oxydation. Les unes sont solubles dans l'eau et les autres ne s'y dissolvent qu'à la faveur des alcalis ou des acides. Elles sont nombreuses et on peut, pour en faire une nomenclature, les classer d'après la nuance.

Les plus importantes sont l'indigo, la garance, l'orseille, le tournesol, la cochenille et les bois divers.

Indigo. — L'indigo est extrait des *indigotiers* de la famille des légumineuses. On le retire des feuilles. Celles-ci, séchées au soleil, puis infusées dans trois fois leur volume d'eau froide, sont agitées à l'air et mêlées à de l'eau de chaux. C'est dans ces conditions que l'indigo se forme, c'est-à-dire prend sa couleur; la liqueur bleuit; elle donne lieu à un dépôt qui, lavé à l'eau bouillante, séché et coupé en morceaux, constitue l'indigo du commerce.

L'indigo est en morceaux irréguliers, légers, faciles à rompre, à cassure terne, mais devenant brillante et d'un rouge cuivré par le frottement.

La matière colorante, l'*indigotine*, dérive d'un principe incolore, l'*indigo blanc*, qui bleuit rapidement au contact de l'air.

Cet indigo blanc présente de l'intérêt parce qu'il est une des formes sous lesquelles l'indigo est employé en teinture. C'est une poudre blanche cristallisée que l'on prépare en réduisant l'indigo bleu par un mélange de chaux, de sulfate de fer et d'eau. Elle est soluble dans les liqueurs alcalines qu'elle colore en jaune ; mais fixée sur une étoffe, elle bleuit promptement par l'exposition à l'air.

La seconde forme d'emploi de l'indigo, c'est l'acide sulfo-indigotique, obtenu en dissolvant l'indigo en poudre dans l'acide sulfurique de Nordhausen et les sels que donne cet acide. Il est la base du bleu de Saxe employé en teinture pour produire des bleus intenses pourprés.

Garance. — La garance est la racine d'une rubiacée qui croît en Vaucluse et en Alsace. On l'emploie séchée et moulue sous le nom de poudre de garance. Lavée sur des filtres en laine, elle est débarrassée des principes solubles et porte ainsi le nom de *fleur de garance*. Celle-ci, bouillie avec de l'acide sulfurique, puis lavée et séchée, donne la *garancine*. Enfin on peut en tirer l'alizarine, le principe colorant pur, par un traitement à l'alcool de la garancine et la sublimation de l'extrait alcoolique.

Toutes ces préparations servent à toutes les teintes du rouge, depuis le rose clair jusqu'au rouge violacé, suivant le fixateur chimique employé.

Orseille. — L'orseille est la matière colorante de certains lichens des genres rocella et lecanora. Macérés avec de l'urine ammoniacale et de l'alun, ces lichens fournissent l'orseille en pâte, d'une couleur violette à teintes vives et éclatantes, employée sur soie et sur laine.

Tournesol. — Le tournesol en pain se prépare avec les mêmes lichens que l'orseille. Séchés et pulvérisés, ils sont malaxés avec de la potasse et de l'urine, abandonnés à la fermentation, additionnés de craie en poudre quand la couleur bleue s'est produite, puis moulés.

La matière colorante pure est rouge ; c'est celle qui apparaît quand on verse un acide dans du tournesol dissous. Les combinaisons avec les bases sont bleues ; de là les deux changements utilisés si souvent dans les laboratoires.

Cochenille. — La cochenille est un petit hémiptère vivant sur les nopals. Desséchés et pulvérisés, ces petits insectes donnent la cochenille commerciale, qui fournit le *carmin* par l'action sur la dissolution dans l'eau des sels alcalins à acide organique faible, et la *laque carminée* par le mélange avec l'alumine précipitée.

Bois divers. — Les principaux bois de teinture sont le *campêche*, le *brésil*, le *santal*, le *bois jaune*. Ils abandonnent à l'eau leurs principes colorants. On en prépare des extraits pour les besoins de la teinture.

5. Matières colorantes organiques artificielles. — On désigne sous ce nom les matières tirées du goudron de houille, dérivées de l'aniline ou du phénol, et l'alizarine dérivée de l'anthracène. Elles sont aujourd'hui d'un emploi journalier et fournissent à la teinture de belles teintes vives et variées.

6. Teinture. — La teinture proprement dite n'a pas uniquement pour but de colorer les fils et les tissus d'une façon quelconque, mais de fixer la couleur d'une manière durable. Il faut d'abord que la fibre végétale ou animale à teindre ait été débarrassée des matières étrangères qui en altèrent la pureté et de tous les corps gras que le travail a pu y introduire; il faut qu'elle ait été *blanchie* pour prendre une teinte absolument uniforme.

Le *blanchiment* des matières végétales, qui se faisait autrefois par des expositions répétées sur le pré aux alternatives d'air, d'humidité et de lumière, alternant avec des lessivages fréquents, est remplacé aujourd'hui par l'action du chlorure décolorant de chaux, qui succède à un lessivage et qui est elle-même suivie d'un lavage à grande eau.

Le blanchiment de la laine et de la soie, la première désuintée par des dissolutions ammoniacales, la seconde décreusée par des solutions de savon, se fait à l'acide sulfureux dans des soufroirs. Un lavage subséquent donne à ces deux fibres animales une éclatante blancheur.

7. Mordants. — Un certain nombre de matières colorantes se fixent sur les tissus sans intermédiaire; tel est le rouge d'aniline, qui teint directement la laine et la soie. Mais la plupart des matières tinctoriales ne se fixent sur le tissu que par l'intermédiaire d'oxydes métalliques, qui en se combinant avec la matière colorante forment une *laque* adhérente aux fibres textiles. On donne à ces intermédiaires le nom de *mordants*.

Le mordant ne détermine pas seulement la fixation de la matière colorante; mais il provoque encore, suivant sa nature, la teinte que l'on veut obtenir. Ainsi l'alumine hydratée en s'unissant, plus ou moins, aux divers pigments de la garance, fournit le rouge et ses dégradations jusqu'au rose clair. La même matière colorante donne avec l'oxyde de fer du violet et du lilas. La cochenille donne avec l'alumine un rouge violacé, un gris bleuâtre avec l'oxyde de fer, un rouge ponceau très vif avec l'oxyde d'étain.

Le mordant est souvent un sel de l'oxyde métallique que l'on veut employer, mais un sel à acide faible qui puisse facilement perdre cet acide. Les plus répandus sont les sels d'alumine, surtout l'acétate, les hydrates de fer, de chrome et d'étain.

On les emploie de deux manières : 1° on imprègne la fibre uniformément ou par places du mordant choisi, puis on la passe au bain de teinture, ordinairement chaud, contenant la matière colorante en solution ; 2° on imprime une préparation épaissie contenant à la fois la matière colorante et le mordant, puis, par l'action prolongée de la vapeur d'eau, on détermine simultanément la fixation du mordant et la teinture. Dans le premier cas, le *mordançage* a précédé la teinture; dans le second, il l'accompagne.

8. Impression des tissus. — La fabrication des tissus imprimés, qui consiste à fixer sur étoffes des dessins coloriés, exige un matériel bien plus complexe que la teinture proprement dite. Le préparation des couleurs ou des mélanges capables de les produire met en œuvre toutes les ressources de la chimie. Nous ne pouvons ici qu'indiquer brièvement quelques-unes des manipulations de cet art de l'indienneur créé seulement au siècle dernier et que la chimie a fait depuis considérablement progresser.

Les étoffes de coton destinées à l'impression subissent, avant d'être blanchies, un tondage ou un flambage qui ont pour but d'égaliser la surface du tissu et d'enlever les filaments qui nuiraient à la pureté du dessin.

L'impression se fait sur l'étoffe blanchie, à la planche ou au rouleau. L'une comme l'autre portent en relief le dessin à produire et sont enduits de la matière colorante. Celle-ci est mélangée avec le mordant convenable, auquel on ajoute un *épaississant*, c'est-à-dire une matière gommeuse (amidon, dextrine, albumine, gomme) dont le but est d'empêcher la substance de couler hors des traits du dessin. Quand l'étoffe a reçu toutes ses couleurs, on la soumet à l'action de la vapeur d'eau chauffée : alors seulement la matière colorante se développe, se forme en laque et se fixe sur le tissu. Un lavage termine l'opération.

9. Genres réserves et rongeants. — Teindre en *réserves*, c'est préserver de la teinte uniforme quelques parties du tissu que l'on veut blanches, en y déposant au préalable une substance qui empêchera la matière colorante de s'y fixer.

Teindre par *rongeants*, c'est, après avoir produit une teinte uniforme, déposer aux endroits de l'étoffe que l'on veut incolores, une pâte formée de corps capables de faire disparaître la couleur et qui ont reçu le nom de *rongeants*.

Les réserves varient avec la nature de la matière colorante. Les rongeants sont des mélanges d'acides épaissis, qui par l'immersion de la pièce teinte dans un bain de chlorure décolorant font dégager, aux places où il sont imprimés, du chlore qui enlève promptement la couleur.

Questionnaire. — Comment divise-t-on les matières colorantes ? Quelles sont les principales tirées du règne minéral, tirées du goudron de houille, tirées du règne végétal ? Quels sont les principes sur lesquels reposent la teinture et l'impression des tissus ? Qu'appelle-t-on mordants, réserves, rongeants ? Quelles sont les opérations successives que nécessite l'impression sur étoffes ?

TABLE

DES PRINCIPAUX CORPS SIMPLES AVEC LEURS SYMBOLES, LEURS ÉQUIVALENTS
ET LEURS POIDS ATOMIQUES

Les équivalents sont rapportés à H représentant 1 gramme sous 2 volumes.
Les poids atomiques ont pour base H représentant 1 gramme sous 1 volume.

MÉTALLOIDES

Corps	Symbole	Équivalent	Poids atomique		Corps	Symbole	Équivalent	Poids atomique
Arsenic	As	75	...		Iode	I	127	...
Azote	Az	14	...		Oxygène	O	8	16
Bore	Bo	11	...		Phosphore	Ph	31	...
Brôme	Br	80	...		Sélénium	Se	39.5	79
Carbone	C	6	12		Silicium	Si	28	...
Chlore	Cl	35.5	...		Soufre	S	16	32
Fluor	Fl	19	...		Tellure	Te	64.5	128

MÉTAUX

Corps	Symbole	Équivalent	Poids atomique		Corps	Symbole	Équivalent	Poids atomique
Aluminium	Al	13,75	27,5		Mercure	Hg	100	200
Antimoine	Sb	120	...		Molybdène	Mo	48	96
Argent	Ag	108	...		Nickel	Ni	29.5	59
Baryum	Ba	68.5	137		Or	Au	98.5	197
Bismuth	Bi	105	210		Palladium	Pd	53	106
Cadmium	Cd	56	112		Platine	Pt	99	198
Calcium	Ca	20	40		Plomb	Pb	103.5	207
Chrome	Cr	26	52		Potassium	K	39	...
Cobalt	Co	29.5	59		Rubidium	Rb	85	...
Cuivre	Cu	31.75	63.5		Sodium	Na	23	...
Etain	Sn	59	118		Strontium	St	43.5	87
Fer	Fe	28	56		Tantale	Ta	37.6	...
Lithium	Li	7	...		Thallium	Tl	204	...
Magnésium	Mg	12	24		Uranium	U	60	120
Manganèse	Mn	27.5	55		Zinc	Zn	33	66

TABLE DES MATIÈRES.

PREMIÈRE PARTIE
Métalloïdes.

DEUXIÈME PARTIE
Métaux et leurs sels.

TROISIÈME PARTIE

Chimie organique.

FIN DE LA TABLE DES MATIÈRES.

Paris. — Chromotyp. E. Capiomont, rue Mazarine, 25.

9 782013 462938